计算机科学丛书

概率逻辑程序设计

语言、语义、学习与推理

[意] 法布里奇奥 · 里古齐（Fabrizio Riguzzi）著

谢刚 杨波 赵远英

Foundations of Probabilistic Logic Programming

Languages, Semantics, Inference and Learning

机械工业出版社
China Machine Press

图书在版编目（CIP）数据

概率逻辑程序设计：语言、语义、学习与推理 /（意）法布里奇奥·里古齐（Fabrizio Riguzzi）著；谢刚，杨波，赵远英译．—北京：机械工业出版社，2020.6
（计算机科学丛书）
书名原文：Foundations of Probabilistic Logic Programming: Languages, Semantics, Inference and Learning

ISBN 978-7-111-65669-2

I. 概… II. ①法… ②谢… ③杨… ④赵… III. 概率逻辑－程序设计 IV. TP311.1

中国版本图书馆 CIP 数据核字（2020）第 089592 号

本书版权登记号：图字 01-2019-0947

概率逻辑程序是在逻辑程序的基础上增加对不确定性信息的表示。概率逻辑程序是由以下两个用途广泛的领域交叉形成的：逻辑和概率的统一、概率程序。逻辑用于表示实体之间的复杂关系，而概率论对构建属性和关系的不确定性模型有帮助。统一这两个理论是非常有价值的。概率逻辑程序与带知识表示能力的逻辑语言和带计算能力的图灵复杂语言类似，它是两种语言的最佳组合。越来越多的研究者开始关注概率逻辑程序，并已产生了许多语言、推理和学习算法。本书主要对该领域提供一个概要，同时介绍分布语义下的具体语言。本书主要介绍语义、推理、学习和它们之间的关系。

出版发行：机械工业出版社（北京市西城区百万庄大街 22 号 邮政编码：100037）
责任编辑：赵亮宇　　责任校对：马荣敏
印　　刷：北京市荣盛彩色印刷有限公司　　版　　次：2020 年 6 月第 1 版第 1 次印刷
开　　本：185mm×260mm　1/16　　印　　张：16.25
书　　号：ISBN 978-7-111-65669-2　　定　　价：99.00 元

客服电话：（010）88361066　88379833　68326294　　投稿热线：（010）88379604
华章网站：www.hzbook.com　　读者信箱：hzjsj@hzbook.com

出版者的话

文艺复兴以来，源远流长的科学精神和逐步形成的学术规范，使西方国家在自然科学的各个领域取得了垄断性的优势；也正是这样的优势，使美国在信息技术发展的六十多年间名家辈出、独领风骚。在商业化的进程中，美国的产业界与教育界越来越紧密地结合，计算机学科中的许多泰山北斗同时身处科研和教学的最前线，由此而产生的经典科学著作，不仅擘划了研究的范畴，还揭示了学术的源变，既遵循学术规范，又自有学者个性，其价值并不会因年月的流逝而减退。

近年，在全球信息化大潮的推动下，我国的计算机产业发展迅猛，对专业人才的需求日益迫切。这对计算机教育界和出版界都既是机遇，也是挑战；而专业教材的建设在教育战略上显得举足轻重。在我国信息技术发展时间较短的现状下，美国等发达国家在其计算机科学发展的几十年间积淀和发展的经典教材仍有许多值得借鉴之处。因此，引进一批国外优秀计算机教材将对我国计算机教育事业的发展起到积极的推动作用，也是与世界接轨、建设真正的世界一流大学的必由之路。

机械工业出版社华章公司较早意识到"出版要为教育服务"。自1998年开始，我们就将工作重点放在了遴选、移译国外优秀教材上。经过多年的不懈努力，我们与Pearson、McGraw-Hill、Elsevier、MIT、John Wiley & Sons、Cengage等世界著名出版公司建立了良好的合作关系，从它们现有的数百种教材中甄选出Andrew S. Tanenbaum、Bjarne Stroustrup、Brian W. Kernighan、Dennis Ritchie、Jim Gray、Afred V. Aho、John E. Hopcroft、Jeffrey D. Ullman、Abraham Silberschatz、William Stallings、Donald E. Knuth、John L. Hennessy、Larry L. Peterson等大师名家的一批经典作品，以"计算机科学丛书"为总称出版，供读者学习、研究及珍藏。大理石纹理的封面，也正体现了这套丛书的品位和格调。

"计算机科学丛书"的出版工作得到了国内外学者的鼎力相助，国内的专家不仅提供了中肯的选题指导，还不辞劳苦地担任了翻译和审校的工作；而原书的作者也相当关注其作品在中国的传播，有的还专门为其书的中译本作序。迄今，"计算机科学丛书"已经出版了近500个品种，这些书籍在读者中树立了良好的口碑，并被许多高校采用为正式教材和参考书籍。其影印版"经典原版书库"作为姊妹篇也被越来越多实施双语教学的学校所采用。

权威的作者、经典的教材、一流的译者、严格的审校、精细的编辑，这些因素使我们的图书有了质量的保证。随着计算机科学与技术专业学科建设的不断完善和教材改革的逐渐深化，教育界对国外计算机教材的需求和应用都将步入一个新的阶段，我们的目标是尽善尽美，而反馈的意见正是我们达到这一终极目标的重要帮助。华章公司欢迎老师和读者对我们的工作提出建议或给予指正，我们的联系方法如下：

华章网站：www.hzbook.com

电子邮件：hzjsj@hzbook.com

联系电话：(010) 88379604

联系地址：北京市西城区百万庄南街1号

邮政编码：100037

华章科技图书出版中心

译者序

本书以 Fabrizio Riguzzi 和他的团队在该研究领域中 15 年来的优秀研究成果为基础，是目前比较全面地介绍概率逻辑程序设计的经典著作。原著叙述深入浅出、条理清楚，辅以丰富的实例，非常通俗易懂。本书适合计算机科学和人工智能领域的专业人员、概率逻辑程序研究人员，也适合本科生和研究生阅读。

本书由贵州师范大学谢刚教授、贵阳学院杨波教授和赵远英博士共同翻译，在本书出版之际，感谢所有曾经给予我们帮助的人！

本书是经典的概率逻辑程序设计专著，我们在翻译本书的过程中，无时无刻不感觉到如履薄冰，唯恐因为才疏学浅，无法正确再现原著的风貌，因此，我们一直努力做好每件事情。但是，无论如何尽力，错误和疏漏在所难免，敬请广大读者批评指正。我们的邮件地址为 48263091@qq. com，如果你在阅读中遇到问题，可随时与我们联系，我们将尽力提供帮助，也随时欢迎你提出意见。最后，感谢关注本书的每一位读者！

逻辑学和机器学习是构成人工智能计算基础的两大基石。计算逻辑已经广泛用在基于逻辑的知识表示和自动推理等方法框架内，比如逻辑程序、回答集程序、约束逻辑程序、描述逻辑和时序逻辑。机器学习及深度学习已广泛用于视频监控、社交媒体、大数据分析、天气预报、垃圾邮件过滤、在线客服等众多领域。

研究人员一直致力于将逻辑学和机器学习两个领域联结起来，相关研究成果不断产生。如论文“Hybrid Probabilistic Programs”(混合概率程序)在2017年获得了逻辑程序协会颁发的“历经20年考验论文奖”(prize test-of-time，20 years)。同年，Holger H. Hoos受邀在国际逻辑程序会议上作了题为“The best of both worlds: Machine learning meets logical reasoning”(两全其美：当机器学习遇到逻辑推理)的主题报告。报告中提到，可利用机器学习提升组合问题的启发式搜索效率，比如说借助SAT或ASP技术对组合问题进行编码。几个月后，在意大利人工智能协会(Italian Association for Artificial Intelligence，AI*IA)组织的一次专题讨论会中，机器学习领域的研究者Marco Gori提出了四个问题，这些问题包括：如何将庞大的知识库自然且有效地整合到学习过程中？如何打破机器学习和逻辑程序两个研究领域间的藩篱？如何推导出一个在符号化方法及其子领域中都可用的可计算学习和推理模型？如何学习到潜在的语义？Marco Gori认为，只有解决了上述基本问题，人工智能研究才可能有质的飞跃。同时，逻辑语言才能将结构化语义和统计推理结合到一起。

本书以Fabrizio Riguzzi和他的团队在该研究领域中15年来的优秀研究成果为基础，对前述问题和两个研究领域间的衔接问题进行了阐述和讨论。同时，对几种成熟、一致的概率逻辑程序设计语言进行了回顾。读者可以选择自行探究全部技术细节，或仅通过费拉拉(Ferrara)大学的Fabrizio团队维护的网站来运用这些逻辑程序语言而不必安装相应的编程工具。

本书的内容是自成一体的。书中首先对离散数学(通常作为逻辑推理基础部分)、连续数学、概率和统计(机器学习基础部分)等相关的预备知识作了详细介绍。尽管本书对所有的相关研究都进行了总结，但是作者对基于分布语义的研究进行了更为详尽的介绍。接下来讨论了随着程序(和数据)规模的增加，甚至在非标准推理(如概率推理)情形下，系统如何进行精确或近似的推理。之后介绍了参数学习和结构学习，这使得减小和消除与机器学习之间的距离成为可能。本书在结尾处提供了一个易读的章节，展示了一些概率逻辑程序的代码。拥有一些逻辑编程知识的读者可以先从这一章开始，该章中的测试程序都很有趣，比如，在Truel游戏(一个由三个枪手轮流射击的决斗游戏)中找出最佳策略，之后再过渡到其余的理论章节。

作为意大利逻辑程序协会(Italian Association for Logic Programming)的会长，我为我们的同事、前执行委员会成员取得的这一有意义的成就而感到自豪。我确信本书对于大数据时代的研究人员将会是十分有益的参考，可用来应对来自大数据推理的新挑战。

Agostino Dovier
乌迪内大学

前　言

人们对概率逻辑程序(Probabilistic Logic Programming，PLP)的研究始于20世纪90年代初，代表性的著作包括文献[Dantsin，1991]、[Ng & Subrahmanian，1992]、[Poole，1993b]和[Sato，1995]等。

事实上，将逻辑与概率论相结合的尝试可追溯到20世纪50年代[Carnap，1950；Gaifman，1964]。但是，直到20世纪80年代后期到90年代初，当研究人员试图在人工智能领域中同时应用概率和逻辑两种方法时[Nilsson，1986；Halpern，1990；Fagin & Halpern，1994；Halpern，2003]，如何协调运用二者的问题才受到人们关注。

将逻辑和概率两种方法结合，即结合了前者表达实体间复杂关系的能力和后者对属性和实体上不确定性进行建模的能力。逻辑程序是一种基于逻辑的图灵完备语言，因而可作为结合逻辑和概率方法的一个非常合适的候选工具。

自概率逻辑程序诞生伊始，该领域的研究热度一直在稳步增长。研究人员提出了多种用于推理和学习的语言和算法。这些语言大致可分为两类：一类是使用分布语义(DS)的一种变体[Sato，1995]定义的语言；另一类则是使用知识库模型构造(KBMC)方法进行定义的语言[Wellman et al.，1992；Bacchus，1993]。

在分布语义下，一个概率逻辑程序定义为一个正规逻辑程序上的概率分布。根据查询和程序的联合概率分布，可计算出基查询的概率。这类语言的代表有概率逻辑程序[Dantsin，1991]，概率Horn溯因推理[Poole，1993b]，PRISM[Sato，1995]，独立选择逻辑程序[Poole，1997]，pD[Fuhr，2000]，带标注析取的逻辑程序[Vennekens et al.，2004]，ProbLog[De Raedt et al.，2007]，P-log[Baral et al.，2009]和CP-logic[Vennekens et al.，2009]。

然而，在知识库模型构造语言中，一个程序被视为一个用于生成基图模型的模板，可以是贝叶斯网，也可以是马尔可夫网。这类语言的代表有关系贝叶斯网[Jaeger，1998]，CLP(BN)[Costa et al.，2003]，贝叶斯逻辑程序[Kersting & De Raedt，2001]和Prolog因式语言[Gomes & Costa，2012]。基于分布语义的逻辑程序能够转换成图模型，因此DS语言和KBMC语言的区别实际上并非泾渭分明。

本书旨在给出一个概率逻辑程序领域的概览，并且会重点关注基于分布语义的语言。这么做是由于这类语言中结合逻辑和概率的方法相当简单且具有跨语言的一致性，同时又能足够有效地应用于各种领域。此外，只使用纯粹的逻辑术语就能定义它们的语义，而并不需要转换为图模型。

但本书无意于对概率逻辑程序进行完整全面的介绍，即使是只针对基于分布语义的那类。因为自从关于概率逻辑程序的一个专门的研讨会系列在2014年启动之后，该领域的研究内容愈加广泛。我们的目的是介绍语义、推理和学习方面的主要思想，并且指出不同方法间的联系。

本书的目标受众是计算机科学和人工智能领域中希望了解概率逻辑程序概貌的研究人员，可作为本科生和研究生认识该领域的入门读物，也可作为想要了解各种方法内部运作细节的相关领域从业人员的参考材料。

书中的示例程序可通过 SWISH 网站中的 cplint 链接(http://cplint.eu)获取，通过它可在线运行代码[Riguzzi，et al.，2016a；Alberti，et al.，2017]。我们在费拉拉大学开发的这个系统包括了各种语言的推理和学习的算法。

本书第 1 章给出逻辑程序和图模型的基础知识。第 2 章介绍基于分布语义的概率逻辑程序语言，讨论了语义的基本形式，并将其与概率逻辑程序和人工智能中的其他语义进行比较。第 3、4 章描述复杂情形下，即带函数符号的语言和带连续随机变量的语言的语义。第 5 章给出各种精确推理算法。第 6、7 章分别讨论提升推理和近似推理。第 8 章描述非标准推理问题。随后的第 9、10 章分别对学习参数和程序结构问题进行阐述。第 11 章给出 cplint 系统的使用示例。第 12 章对全书进行总结，并对该领域的一些开放问题进行讨论。

致谢

感谢很多人给予的帮助与鼓励。Evelina Lamma 和 Paola Mello 让我爱上逻辑推理，并且一直支持我，特别是在我最困难的时期。在费拉拉大学，与我的同事 Elena Bellodi、Riccardo Zese、Giuseppe Cota、Marco Alberti、Marco Gavanelli 和 Arnaud Naguembang Fadja 开展令人振奋的合作和有见地的讨论让我对 PLP 有了一定的认识和见解。我也足够幸运，能够与 Theresa Swift、Nicola Di Mauro、Stefano Bragaglia、Vitor Santos Costa 和 Jan Wielemaker 合作，书中的很多方法源于这些合作。

Agostino Dovier、Evelina Lamma、Elena Bellodi、Riccardo Zese、Giuseppe Cota 和 Marco Alberti 阅读了本书的草稿并给我提出了很多有用的建议。

对很多启示性的想法，我也想感谢 Michela Milano、Federico Chesani、Paolo Torroni、Luc De Deadt、Angelika Kimmig、Wannes Meert、Joost Vennekens 和 Kristian Kersting。

这本书是由很多文献演化而来的。特别是，第 2 章以文献[Riguzzi & Swift，2018]为基础，第 3 章以文献[Riguzzi，2016]为基础，5.6 节以文献[Riguzzi & Swift，2010，2011，2013]为基础，5.9 节以文献[Riguzzi，2014]为基础，7.2 节以文献[Riguzzi，2013]为基础，第 6 章以文献[Riguzzi et al.，2017a]为基础，9.4 节以文献[Bellodi & Riguzzi，2013，2012]为基础，10.2 节以文献[Riguzzi，2004，2007b，2008b]为基础，10.5 节以文献[Bellodi & Riguzzi，2015]为基础，第 11 章以文献[Riguzzi et al.，2016a；Alberti et al.，2017；Riguzzi et al.，2017b；Nguembang Fadja & Riguzze，2017]为基础。

最后，我想特别感谢我的妻子 Cristina，感谢她容忍我放弃休假去写一本书。没有她的支持，我不可能写完这本书。

关于作者

法布里奇奥·里古齐(Fabrizio Riguzzi)是费拉拉大学数学与计算机科学系计算机科学专业副教授，在此之前，他是该大学的助理教授。他在博洛尼亚大学获得硕士和博士学位，他还是意大利人工智能协会副主席，是官方杂志 *Intelligenza Artificiale* 的主编。他在机器学习、归纳逻辑程序设计和统计关系学习等领域发表了150多篇论文。他的目标是开发一个能将人工智能、逻辑和统计进行融合的智能系统。

关于译者

谢　刚　贵州师范大学大数据与计算机科学学院教授，贵州大学“计算机软件与理论”方向工学博士，贵州省“千层次”创新型人才。长期从事概率逻辑程序设计和人工智能等领域的研究工作，参与国家级项目10余项，发表论文20余篇，指导学生参加比赛并多次获奖。

杨　波　贵阳学院数学与信息科学学院教授，贵州大学“计算机软件与理论”方向工学博士。主要研究方向为软件形式化、知识表示与推理、数据挖掘，在国内外学术刊物及会议上发表专业研究论文10余篇。

赵远英　贵阳学院数学与信息科学学院副教授，云南大学“概率论与数理统计”方向理学博士。主要研究方向为缺失数据分析、贝叶斯统计及应用，在国内外学术刊物发表论文10余篇。

出版者的话
译者序
序言
前言
关于作译者

第 1 章　预备知识 …… 1
1.1　序、格和序数 …… 1
1.2　映射和不动点 …… 2
1.3　逻辑程序 …… 3
1.4　正规逻辑程序的语义 …… 8
1.4.1　程序完备化 …… 8
1.4.2　良基语义 …… 10
1.4.3　稳定模型语义 …… 13
1.5　概率论 …… 14
1.6　概率图模型 …… 21

第 2 章　概率逻辑程序语言 …… 27
2.1　基于分布语义的语言 …… 27
2.1.1　带标注析取的逻辑程序 …… 27
2.1.2　ProbLog …… 28
2.1.3　概率 Horn 溯因 …… 28
2.1.4　PRISM …… 29
2.2　不带函数符号的程序的分布语义 …… 30
2.3　示例程序 …… 33
2.4　表达能力的等价性 …… 36
2.5　将 LPAD 转换成贝叶斯网络 …… 38
2.6　分布语义的通用性 …… 41
2.7　分布语义的扩展 …… 42
2.8　CP-Logic …… 43
2.9　不可靠程序的语义 …… 47
2.10　KBMC 概率逻辑程序设计语言 …… 49
2.10.1　贝叶斯逻辑程序 …… 50
2.10.2　CLP(BN) …… 50
2.10.3　Prolog 因子语言 …… 51
2.11　概率逻辑程序的其他语义 …… 52
2.11.1　随机逻辑程序 …… 53
2.11.2　ProPPR …… 54
2.12　其他概率逻辑语义 …… 54
2.12.1　Nilsson 概率逻辑 …… 55
2.12.2　马尔可夫逻辑网络 …… 55
2.12.3　带标注的概率逻辑程序 …… 58

第 3 章　带函数符号的语义 …… 59
3.1　带函数符号程序的分布语义 …… 60
3.2　解释的无穷覆盖集 …… 63
3.3　与 Sato 和 Kameya 的定义的比较 …… 71

第 4 章　混合程序的语义 …… 74
4.1　混合 ProbLog …… 74
4.2　分布子句 …… 76
4.3　扩展的 PRISM …… 79
4.4　Cplint 混合程序 …… 80
4.5　概率约束逻辑程序 …… 83

第 5 章　精确推理 …… 92
5.1　PRISM …… 93

5.2 知识编译 …… 95
5.3 ProbLog1 …… 96
5.4 cplint …… 98
5.5 SLGAD …… 99
5.6 PITA …… 100
5.7 ProbLog2 …… 103
5.8 T_P 编译 …… 111
5.9 PITA 中的建模假设 …… 113
5.9.1 PITA(OPT) …… 115
5.9.2 用 PITA 实现的 MPE …… 117
5.10 有无限个解释的查询的推理 …… 118
5.11 混合程序的推理 …… 118

第 6 章 提升推理 …… 123

6.1 提升推理预备知识 …… 123
6.1.1 变量消除 …… 124
6.1.2 GC-FOVE …… 126
6.2 LP^2 …… 127
6.3 使用聚合 parfactor 的提升推理 …… 129
6.4 加权一阶模型计数 …… 130
6.5 带环逻辑程序 …… 132
6.6 各种方法的比较 …… 132

第 7 章 近似推理 …… 133

7.1 ProbLog1 …… 133
7.1.1 迭代深化 …… 133
7.1.2 *k*-best …… 134
7.1.3 蒙特卡罗方法 …… 134
7.2 MCINTYRE …… 136
7.3 带无穷多个解释的查询的近似推理 …… 138
7.4 条件近似推理 …… 138
7.5 通过采样对混合程序进行近似推理 …… 140
7.6 混合程序的带有界误差的近似推理 …… 141
7.7 *k*-优化 …… 142
7.8 基于解释的近似加权模型计数 …… 144
7.9 带 T_P 编译的近似推理 …… 146
7.10 DISTR 和 EXP 任务 …… 146

第 8 章 非标准推理 …… 149

8.1 可能性逻辑程序设计 …… 149
8.2 决策-理论 ProbLog …… 150
8.3 代数 ProbLog …… 155

第 9 章 参数学习 …… 161

9.1 PRISM 参数学习 …… 161
9.2 LLPAD 和 ALLPAD 参数学习 …… 166
9.3 LeProbLog …… 166
9.4 EMBLEM …… 169
9.5 ProbLog2 参数学习 …… 176
9.6 混合程序的参数学习 …… 177

第 10 章 结构学习 …… 178

10.1 归纳逻辑程序 …… 178
10.2 LLPAD 和 ALLPAD 结构学习 …… 181
10.3 ProbLog 理论压缩 …… 182
10.4 ProbFOIL 和 $ProbFOIL_+$ …… 182
10.5 SLIPCOVER …… 186
10.5.1 语言偏好 …… 186
10.5.2 算法描述 …… 187
10.5.3 运行实例 …… 191

10.6 数据集实例 …………………… 192

第 11 章 cplint 实例 …………………… 194

11.1 cplint 命令 …………………… 194
11.2 自然语言处理 …………………… 197
11.2.1 概率上下文无关文法 …… 197
11.2.2 概率左角文法 …………… 197
11.2.3 隐马尔可夫模型 ………… 198
11.3 绘制二元决策图 ……………… 199
11.4 高斯过程 …………………… 200
11.5 Dirichlet 过程 ………………… 203
11.5.1 Stick-Breaking 过程 …… 203
11.5.2 中餐馆过程 ……………… 206
11.5.3 混合模型 ………………… 207
11.6 贝叶斯估计 ………………… 208
11.7 Kalman 滤波器 ……………… 209
11.8 随机逻辑程序 ……………… 211
11.9 方块地图生成 ……………… 213
11.10 马尔可夫逻辑网络 ………… 214
11.11 Truel ……………………… 215
11.12 优惠券收集者问题 ………… 217
11.13 一维随机游走 ……………… 220
11.14 隐含 Dirichlet 分配 ………… 220
11.15 印度人 GPA 问题 …………… 223
11.16 Bongard 问题 ……………… 224

第 12 章 总结 …………………… 227

附录 缩略语及符号对照表 ……… 228

参考文献 ………………………… 231

预备知识

本章给出逻辑程序和图模型相关的必备知识。首先，在简要介绍一些必需的数学基础知识后，对逻辑程序及多种表达否定的语义进行了说明。然后对概率论和图模型作了简单的回顾。

有关逻辑程序更详细的内容参见文献[Lloyd，1987；Sterling & Shapiro，1994]，对图模型更详细的描述参见文献[Koller & Friedman，2009]。

1.1 序、格和序数

一个偏序($\leqslant$)是一个自反的、反对称的和传递的关系。一个带偏序$\leqslant$的集合S称为偏序集，记为$(S,\leqslant)$。例如，对自然数(非负整数)集$\mathbb{N}$、正整数集$\mathbb{N}_1$和实数集$\mathbb{R}$，$(\mathbb{N},\leqslant)$，$(\mathbb{N}_1,\leqslant)$和$(\mathbb{R},\leqslant)$都是偏序集，其中$\leqslant$是标准的小于等于关系。同样，集合S的幂集$\mathbb{P}(S)$与S各子集间的包含关系$\subseteq$也构成偏序集$(\mathbb{P}(S),\subseteq)$。给定偏序集$S$，对任一$a\in S$和$X\subseteq S$，若对任一$x\in X$都有$x\leqslant a$，则称$a$是$X$的一个上界；类似地，对任一$b\in S$，若对任一$x\in X$都有$b\leqslant x$，则称$b$是$X$的一个下界。若同时有$a\in X$和$b\in X$，则称$a$是$X$的最大元，$b$是$X$的最小元。

若元素$a(a\in S)$是子集X的一个上界，且对X的每一上界a'有$a\leqslant a'$，则称a是X的最小上界；若元素$b(b\in S)$是子集的一个下界，且对X的每一下界b'有$b'\leqslant b$，则称b是X的最大下界。X的最小上界不一定存在，如果存在，则该最小上界是唯一的，记为$\text{lub}(X)$。类似地，X的最大下界不一定存在，如果存在，则该最大下界也是唯一的，记为$\text{glb}(X)$。例如，对$\mathbb{P}(S)$和$X\subseteq\mathbb{P}(S)$，$\text{lub}(X)=\bigcup_{x\in X}x$，$\text{glb}(X)=\bigcap_{x\in X}x$。

对偏序集L的每个子集X，若都存在$\text{lub}(X)$和$\text{glb}(X)$，则称L是一个完备格。称$\text{lub}(L)$为L的顶元，记为$\top$；$\text{glb}(L)$为L的底元，记为$\bot$。例如幂集就是一个完备格。

关系“$<$”由$a<b$定义，当且仅当$a<b$和$a\neq b$与S上的任何偏序“$\leqslant$”有关。

若对任意a，$b\in S$，都有$a\leqslant b$或$b\leqslant a$成立，则称集合S上的偏序“$\leqslant$”是全序。带全序的集合S称为全序集。如果S是全序集且S的每一非空子集都有最小元，则集合S是良序的。自然数集合按照自然序是良序，而实数集则不是。

函数$f:A\rightarrow B$是一一映射，如果$f^{-1}(\{b\})$中只包含一个元素。若$f(A)=B$，则称f映射到B。集合A与集合B等势，当且仅当存在从A到B的一一映射f。等势的直观含义是两个集合具有相同的元素个数。

一个集合S是可列的，当且仅当S与$\mathbb{N}$等势。集合S是可数集，当且仅当S是有限集或可列集，否则，S是不可数集。

序数是自然数的泛化。序数的集合Ω是良序的。本书称Ω中的元素为序数，表示为希腊小写字母。由于Ω是良序的，因此它有一个最小元素，我们用0表示这个最小元素。若$\alpha<\beta$，则称α是β的前驱，β是α的后继。若α是比β小的最大序数，则称α是β的直接前驱。若β是比α大的最小序数，则称β是α的直接后继。每个序数α都有一个直接后继，记为$\alpha+1$。若一个序数有前驱但无直接前驱，则称它是极限序数。其余的序数称为后继序

数。本书中记最小元0的直接后继为1，1的直接后继为2，以此类推。所以，Ω中前面的数0，1，2，…是自然数。因为Ω是良序的，所以存在一个比0，1，2，…大的最小序数，记为ω，称为第一个无穷序数且ω是可数的。同时，我们可以构造ω的后继$\omega+1$，$\omega+2$，…。即将$\mathbb{N}$“拷贝”到ω的尾部。比$\omega+1$，$\omega+2$，…大的最小序称为2ω。依此方法，可以继续构造3ω，4ω等。

比上述这些序数大的最小序数是ω^2，重复此过程可数次构造出ω^3、ω^4等。

序数的规范表示法(又称冯·诺依曼序数)是将每个序数视为其前驱的集合，即$0=\varnothing$，$1=\{\varnothing\}$，$2=\{\varnothing, \{\varnothing\}\}$，$3=\{\varnothing, \{\varnothing\}, \{\varnothing, \{\varnothing\}\}\}$，…。在该情况下，序就是集合的成员。

序数的序列也称为*超限序数*。使用*超限归纳原理*可将数学归纳法应用于序数。假设$P(\alpha)$是对所有序数$\alpha\in\Omega$定义的一个性质，为运用超限归纳法证明对所有的序数P为真，我们需要假设对于所有的$\beta<\alpha$有$P(\beta)$为真这一事实，并证明$P(\alpha)$为真。超限归纳证明常常考虑三种情况：α为0，α为后继序数或α为极限序数。

有关序数的完整形式化定义参见文献[Srivastava，2013]，文献[Willard，1970；Hitzler & Seda，2016]中对序数的介绍较易理解。

1.2 映射和不动点

从一个格(lattice)L到其自身的函数$T:L\rightarrow L$称为一个*映射*。如果对任意满足$x\leqslant y$的x，y都有$T(x)\leqslant T(y)$，则称T是*单调的*。对于任意的$a\in L$，若$T(a)=a$，则称a为T的*不动点*。已知a是T的不动点，若对T的所有不动点b，$a\leqslant b$成立，则称a是T的*最小不动点*。类似地，可以定义最大不动点。

给定一个完备格L和一个单调映射$T:L\rightarrow L$，T的*递增序数幂*定义如下：

- $T\uparrow 0=\bot$。
- $T\uparrow\alpha=T(T\uparrow(\alpha-1))$，如果$\alpha$是一个后继序数。
- $T\uparrow\alpha=\mathrm{lub}(\{T\uparrow\beta|\beta<\alpha\})$，如果$\alpha$是一个极限序数。

T的*递减序数幂*定义如下：

- $T\downarrow 0=\top$。
- $T\downarrow\alpha=T(T\downarrow(\alpha-1))$，如果$\alpha$是一个后继序数。
- $T\downarrow\alpha=\mathrm{glb}(\{T\downarrow\beta|\beta<\alpha\})$，如果$\alpha$是一个极限序数。

Knaster-Tarski定理[Knaster & Tarski，1928；Tarski，1955]指出，如果L是完备格且T是单调映射，则T在L中的不动点构成的集合也是一个格。该定理的一个重要推论如下：

命题1(*单调函数有一个最小不动点和一个最大不动点*) *给定一个完备格L和一个单调映射$T:L\rightarrow L$，那么T有一个最小不动点，记为$\mathrm{lfp}(T)$，还有一个最大不动点，记为$\mathrm{gfp}(T)$。*

对于所有$\beta\leqslant\alpha$有$x_\beta\leqslant x_\alpha$成立，则称序列$\{x_\alpha|\alpha\in\Omega\}$是*递增的*；若对于所有$\beta\leqslant\alpha$有$x_\alpha\leqslant x_\beta$成立，则称序列$\{x_\alpha|\alpha\in\Omega\}$是*递减的*。

一个单调映射的递增序数幂和递减序数幂分别形成一个递增序列和一个递减序列。下面运用超限归纳法证明对于$T\uparrow\alpha$，此结论成立。

若α是一个后继序数，归纳假设为$T\uparrow(\alpha-2)\leqslant T\uparrow(\alpha-1)$。根据$T$的单调性，有$T(T\uparrow(\alpha-2))\leqslant T(T\uparrow(\alpha-1))$，所以$T\uparrow(\alpha-1)\leqslant T\uparrow\alpha$。由于对所有$\beta\leqslant\alpha-1$，有$T\uparrow\beta\leqslant T\uparrow(\alpha-1)$，根据$\leqslant$的传递性，结论成立。

如果 α 是一个极限序数，则 $T\uparrow\alpha=\text{lub}(\{T\uparrow\beta|\beta<\alpha\})$，结论亦成立。

对 $T\downarrow\alpha$ 也可作类似的证明。注意通常情况下 T 是单调映射并不意味着对所有 x 都有 $x\leqslant T(x)$ 成立。

1.3 逻辑程序

本节对一阶逻辑语言和逻辑程序的相关基础概念进行介绍。

一个*一阶逻辑语言*由一个字母表定义。该字母表包括以下符号集：变量、常量、函数符号、谓词符号、逻辑连接词、量词和标点符号。后三类符号集是所有逻辑语言都具有的符号。连接词有¬(否定)、∧(合取)、∨(析取)、←(蕴含)和↔(等价)。量词有存在量词∃和全称量词∀。标点符号有“(”“)”“,”。

语言的合适公式(Well-Formed Formula，WFF)是语言中符合语法规则的子句，可由基本公式(称为*原子公式*)、逻辑连接词和量词作归纳定义得到。原子公式则是将谓词符号应用于基本项得到。

一个*项*的递归定义如下：一个变量是一个项；一个常量也是一个项；若 f 是一个 n 元函数符号，t_1，…，t_n 是项，则 $f(t_1, \cdots, t_n)$ 也是一个项。一个*原子公式*(或简称*原子*)a 是将 n 元谓词符号 p 应用于 n 个项得到的，即 $p(t_1, \cdots, t_n)$。

本书关于符号的约定：谓词、函数和常量以小写字母开头，变量则以大写字母开头(与 Prolog 程序语言一致，见后文)。因此，x，y，…是常量；X，Y，…是变量。粗体用于表示向量，因此 $\boldsymbol{X}$，$\boldsymbol{Y}$，…都是逻辑变量向量。

项的例子有：常量 mary 是一个项；father(mary)是一个复杂项，其中 father 是一元函数符号。原子的一个例子是 parent(father(mary)，mary)，其中 parent 是二元谓词。为了表示函数和谓词涉及的参数个数(以下称*元数*)，通常在函数和谓词后标示其元数，如前述函数符号 father 和谓词符号 parent 可分别表示为 father/1 和 parent/2。在这种情况下，符号 father 和 parent 称为*函子*。原子通常表示为小写字母 a，b，…。

一个 WFF 递归定义如下：

- 每一个原子 a 是一个 WFF。
- 如果 A 和 B 都是 WFF，那么 $\neg A$，$A\wedge B$，$A\vee B$，$A\leftarrow B$，$A\leftrightarrow B$ 也是 WFF(可能包含在成对的括号内)。
- 如果 A 是 WFF 且 X 是一个变量，则 $\forall X\,A$ 和 $\exists X\,A$ 也是 WFF。

将一个公式 ϕ 中的所有变量重命名，则得到的是 ϕ 的一个*变体* ϕ'。

子句有一些重要的性质。一个*子句*是一个如下形式的公式：

$$\forall X_1\ \forall X_2 \cdots \forall X_s(a_1 \vee \cdots \vee a_n \vee \neg b_1 \vee \cdots \vee \neg b_m)$$

其中，每个 a_i，b_i 是原子，X_1，X_2，…，X_s 是 $(a_1\vee\cdots\vee a_n\vee\neg b_1\vee\cdots\vee\neg b_m)$ 中出现的所有变量。上面的子句也可以表示为

$$a_1;\cdots;a_n \leftarrow b_1,\cdots,b_m$$

其中逗号表示合取，分号表示析取。符号←前的部分称为子句的*头*，而←后面的部分称为*体*。一个原子或其否定形式称为一个*文字*。一个*正文字*是一个原子，一个*负文字*则是一个原子的否定。有时，子句可表示成一个文字集：

$$\{a_1,\cdots,a_n,\neg b_1,\cdots,\neg b_m\}$$

一个子句的例子如下：

$$\text{male}(X);\text{female}(X) \leftarrow \text{human}(X)$$

一个子句中若不含正文字，则称其是否定的；若一个子句中只有一个正文字，则称其是确定的；若一个子句包含一个以上正文字，则称其为析取子句。一个Horn子句或者是一个确定的子句，或者是一个否定的子句。称一个不带负文字的确定子句为事实。一个事实中的←符号是被省略掉的。一个子句C是范围受限的，当且仅当出现在子句头中的变量是子句体中出现的变量的子集。一个确定的逻辑程序P是一个由确定子句构成的有限集。

下面分别是确定子句、否定子句和事实的例子：

$\mathrm{human}(X) \leftarrow \mathrm{female}(X)$
$\leftarrow \mathrm{male}(X), \mathrm{female}(X)$
$\mathrm{female}(\mathrm{mary})$

本书中用等宽字体表示子句，特别是当它们直接作为逻辑程序系统(有具体语法要求)的输入时。在这种情况下，蕴含符号表示为“:-”，如以下代码所示：

```
human(X) :- female(X).
```

在逻辑程序中，还需要考虑另一类型的否定，即默认否定～。公式～a(其中a是一个原子)称为一个默认负文字，在上下文中无歧义时也简称为负文字。一个默认文字要么是一个原子(正文字)，要么是一个默认负文字。在上下文无歧义时，“默认”一词也可略去。

一个正规子句是一个如下形式的子句：

$$a \leftarrow b_1, \cdots, b_m$$

其中每个b_i都是一个默认文字。一个正规逻辑程序是一个由正规子句构成的有限集。默认否定的具体语法可用\+(Prolog)或`not`(回答集程序)表示。本书中采用Prolog的语法，用\+表示默认失败。

一个替换$\theta=\{X_1/t_1, \cdots, X_k/t_k\}$是一个将变量映射为项的函数。$\theta=\{X/\mathrm{father}(\mathrm{mary}), Y/\mathrm{mary}\}$是一个替换的例子。将一个应用$\theta$替换到一个公式$\phi$中，意味着用一个相同的项$t_j$替换$\phi$中每个有$X_j$的项。例如，$\mathrm{parent}(X, Y)\theta=\mathrm{parent}(\mathrm{father}(\mathrm{mary}), \mathrm{mary})$，这里$X$替换为项father(mary)，$Y$替换为项mary。

一个逆替换$\theta^{-1}=\{t_1/V_1, \cdots, t_m/V_m\}$是一个从项到变量的函数映射。在一个逆替换中，项必须满足：所有项或者互不相等，或者不为其他项的子项，否则该替换过程就不是合适定义的。如果一个逆替换满足上述约束，则它是替换$\theta=\{V_1/t_1, \cdots, V_m/t_m\}$的逆运算。在这种情况下，对于任意的公式$\phi$，有$\phi\theta\theta^{-1}=\phi$。

一个基子句(项)是一个不含变量的子句(项)。若一个替换θ应用于公式ϕ得到的$\phi\theta$是基公式(即不含变量的公式)，则称θ为基替换。

一个语言或程序的Herbrand域$\mathcal{U}$是一个集合，该集合中的元素为由语言或程序中出现的符号生成的所有基项。一个语言或程序的Herbrand基$\mathcal{B}$是一个由语言或程序中出现的符号生成的所有基原子的集合。有时也用$\mathcal{U}_P$和$\mathcal{B}_P$分别表示程序P的Herbrand域和Herbrand基。将一个程序P的各子句中的变量以所有可能的方式替换为$\mathcal{U}_P$中的项，则得到P的基程序ground(P)。

如果程序P不包含函数符号，那么$\mathcal{U}_P$即为常量集且是有穷的，否则它是无穷的(比如，若P包含常量0和函数符号$s/1$，则$\mathcal{U}_P=\{0, s(0), s(s(0)), \cdots\}$)。因此，若程序$P$不包含函数符号，则ground($P$)是有穷的；若程序$P$包含函数符号和至少一个变量，则ground($P$)是无穷的。不带函数符号的程序语言称为Datalog。

本书利用解释和模型定义公式集的语义。这里只讨论Herbrand解释和Herbrand模型的特殊情形，因为这种些特殊情形已足以定义子句集的语义。对于解释和模型的通常定义，参见文献[Lloyd，1987]。一个 Herbrand 解释(或称二值解释)I 是 Herbrand 基的一个子集，即 $I \subseteq \mathcal{B}$。给定一个 Herbrand 解释，即能按后述规则为一个公式指派一个真值。一个基原子 $p(t_1, t_2, \cdots, t_n)$在解释 I 下为真，当且仅当 $p(t_1, t_2, \cdots, t_n) \in I$。原子公式 $b_1, \cdots, b_m$ 的一个合取式在 I 中为真，当且仅当 $b_1, \cdots, b_m \subseteq I$。一个基子句 $a_1; \cdots; a_n \leftarrow b_1, \cdots, b_m$ 在解释 I 下为真，当且仅当在体为真的情况下至少有一个头原子为真。一个子句 C 在解释 I 下为真，当且仅当 $\mathcal{U}$ 中项的所有基例示在解释 I 下都为真。一个子句集 Σ 在解释 I 下为真，当且仅当所有子句 $C \in \Sigma$ 都为真。

一个二值解释 I 表示一个真原子集，这样若 $a \in I$，则 a 在解释 I 下为真；若 $a \notin I$，则 a 在解释 I 下为假。程序 P 的二值解释集 Int2 构成一个完备格，其中对应的偏序是包含关系。最小上界是 $\mathrm{lub}(X) = \bigcup_{I \in X} I$，最大下界是 $\mathrm{glb}(X) = \bigcap_{I \in X} I$。底元是 $\varnothing$，顶元是 $\mathcal{B}_P$。

如果子句集 Σ 在解释 I 下为真，称解释 I *满足*子句集 Σ，记为 $I \vDash \Sigma$。我们也称 I 是 Σ 的*模型*。如果解释满足某个子句集，则该子句集是*可满足的*，否则是*不可满足的*。如果一个子句集 Σ 的所有模型也是子句 C 的模型，则称 Σ 逻辑蕴含 C 或 C 是 Σ 的一个*逻辑结论*，记为 $\Sigma \vDash C$。我们使用同一符号表示蕴含关系和解释与公式间的可满足关系，是为了服从标准的逻辑实践。在某些可能产生误解的情形下，将明确指出符号的真实含义。

在下述意义下，用 Herbrand 解释和模型定义子句集的语义是充分的：一个子句集是不可满足的，当且仅当它没有一个 Herbrand 模型，即没有一个 Herbrand 定理[Herbrand，1930]的结论。对于有穷子句的集合，Herbrand 模型有特殊的重要性，因为各模型间是相关的：对一个有穷子句集 P，其各个 Herbrand 模型的交集仍然是 P 的一个 Herbrand 模型。P 的所有 Herbrand 模型的交集称为 P 的*最小 Herbrand 模型*，记为 $\mathrm{lhm}(P)$。P 的最小 Herbrand 模型总是存在且唯一的。程序 P 的*模型论语义*是作为 P 的逻辑结论的所有基原子的集合。最小 Herbrand 模型给出了 P 的模型论语义：$P \vDash a$，当且仅当 $a \in \mathrm{lhm}(P)$，其中 a 是一个基原子。

例如，对如下程序 P：

$$\mathrm{human}(X) \leftarrow \mathrm{female}(X)$$
$$\mathrm{female}(\mathrm{mary})$$

有 $\mathrm{lhm}(P) = \{\mathrm{female}(\mathrm{mary}), \mathrm{human}(\mathrm{mary})\}$。

一个*证明过程*是一个算法，该算法检查一个公式能否从一个理论得到证明。如果由公式集 Σ 出发可证明公式 ϕ，记为 $\Sigma \vdash \phi$。证明过程中的两个重要性质是可靠性和*完备性*。若每当 $\Sigma \vdash \phi$ 成立则有 $\Sigma \vDash \phi$ 成立，则称一个证明过程关于模型论语义是*可靠的*。若每当 $\Sigma \vDash \phi$ 成立则有 $\Sigma \vdash \phi$ 成立，则称该证明过程是*完备的*。

适合在计算机上进行自动化推理的子句逻辑证明方法是*消解法*[Robinson，1965]。消解推理规则允许根据子句 $F_1 \vee l_1$ 和 $F_2 \vee \neg l_2$ 证明子句$(F_1 \vee F_2)\theta$，其中 F_1 和 F_2 是文字的析取式，θ 是 l_1 和 l_2 的*最一般的合一置换*，即使得 $l_1\theta = l_2\theta$ 成立的最小替换。对于确定子句，这包括将一个子句的头与另一个子句的体中的文字相匹配。为了从一个子句集 Σ 证明一个文字的合取式 ϕ(称一个*查询*或*目标*)，需要对 ϕ 取反得到 $\leftarrow \phi$，并将其增加到子句集 Σ 中：如果能重复应用消解推理规则从 $\Sigma \cup \{\leftarrow \phi\}$ 得到空的否定 $\leftarrow$，那么 ϕ 是从 Σ 可证的，记为 $\Sigma \vdash \phi$。例如，若想要证明 $P \vdash \mathrm{human}(\mathrm{mary})$，需要从 $P \cup \{\leftarrow \mathrm{human}(\mathrm{mary})\}$ 得到 $\leftarrow$。在这种情况下，根据 $\mathrm{human}(X) \vee \neg \mathrm{female}(X)$ 和 $\mathrm{female}(\mathrm{mary})$，应用消解规则可得到 $\mathrm{human}(\mathrm{mary})$。

逻辑程序的提出最初源于 Horn 子句，同时吸纳了一种特别的消解方法——SLD 消解[Kowalski，1974]的思想。SLD 消解构造一个公式序列 ϕ_1，ϕ_2，…，ϕ_n，其中 $\phi_1=\leftarrow\phi$，称为一个推导。在推导过程中的每一步，新的公式 ϕ_{i+1} 通过对其前一公式 ϕ_i 进行消解得到，这需要用到程序 P 的子句中的一个变量。若不能再进行消解，则 $\phi_{i+1}=\text{fail}$，同时推导终止。如果 $\phi_n=\leftarrow$，则推导成功；如果 $\phi_n=\text{fail}$，则推导失败。对一个查询 ϕ，如果存在一个成功的推导，则 ϕ 被证明(或查询 ϕ 成功)，否则查询失败。已证明 SLD 消解(在特定条件下)对 Horn 子句是可靠和完备的(证明过程见文献[Lloyd，1987])。

定义一个特定的逻辑程序语言，需要：(1)选定一条规则(称选择规则)，用以选择每一步要从当前公式中消去的文字；(2)选定一个搜索策略(深度优先或广度优先)。在 Prolog[Colmerauer et al.，1973]程序语言中，选择规则选取当前目标中最左边的文字，并采用带时序回溯的深度优先搜索策略。Prolog 构建一个 SLD 树来回答查询：公式表示为树中结点，每条从根到叶子的路径代表一个 SLD 推导；当用一个结点的目标能消解一个以上的子句时，即产生分枝。Prolog 采用了 SLD 消解法的一个拓展，即 SLDNF 消解，该方法能通过否定即失败[Clark，1978]处理正规子句：对选中的负文字 $\sim a$，若对 a 的证明失败，则将 $\sim a$ 从当前目标删除。一个 SLDNF 树即为一个 SLD 树，对树中结点上的文字 $\sim a$ 的处理是通过为 a 构造一个嵌套树进行的：如果嵌套树中没有成功的推导，则从结点中删除文字 $\sim a$，然后推导继续；否则结点作为唯一的孩子，推导失败。

如果目标 ϕ 包含变量，对 ϕ 的一个解是一个替换 θ，该替换是由 SLDNF 树中一个成功的分枝上的替换组合而成的。ϕ 的成功集是 ϕ 的解的集合。如果一个正规程序是范围受限的，目标 ϕ 的每一个成功的 SLDNF 推导都是对 ϕ 的完全基例化[Muggleton，2000a]。

例 1（路径- Prolog）　下面的程序是计算一个图中的路径：

$\text{path}(X,X).$
$\text{path}(X,Y)\leftarrow \text{edge}(X,Z),\text{path}(Z,Y).$
$\text{edge}(a,b).$
$\text{edge}(b,c).$
$\text{edge}(a,c).$

◀

如果图中存在一条从 X 到 Y 的路径，则 path(X,Y)为真，图中的边表示为谓词 edge/2 代表的事实。该程序是计算关系 edge 的传递闭包。由于程序中包含对谓词 path/2 的归纳定义，因此使得完成这一任务成为可能。传递闭包的计算展示了一阶逻辑是不充分的，因而需要一种图灵完备的语言。归纳定义使得 Prolog 具备了这样的表达能力。

第一个子句说明存在一个结点到其自身的一条路径。第二个子句则说明：若存在一个结点 Z 使得从 X 到 Z 有一条边且从 Z 到 Y 有一条路径，则从结点 X 到结点 Y 就有一条路径。对仅出现在子句的体中(如前面的 Z)的变量，当它们的全称量词移至子句体外以整个体为辖域时，则将改写为存在量词。

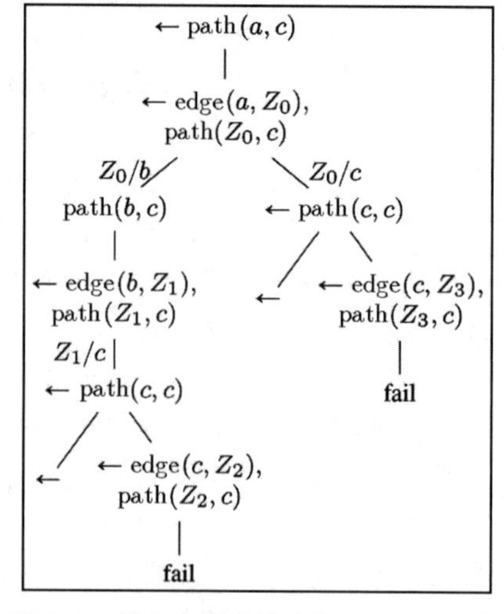

图 1.1　例 1 中程序的查询 path(a,c)的 SLD 树

图 1.1 给出了查询 path(a,c)对应的 SLD 树。边的标记表明使用了最一般的合一置换。

该查询有两个成功的推导，对应于从根到←叶子的路径。

假定我们向程序中增加下列子句：

$\mathrm{ends}(X,Y) \leftarrow \mathrm{path}(X,Y), \sim\mathrm{source}(Y).$
$\mathrm{source}(X) \leftarrow \mathrm{edge}(X,Y).$

如果存在一个从 X 到 Y 的路径并且 Y 是一个终端结点，即 Y 没有出边，则 $\mathrm{ends}(X,Y)$ 为真。

查询 $\mathrm{ends}(b,c)$ 对应的 SLDNF 树如图 1.2 所示：为了证明 $\sim\mathrm{source}(c)$，首先为 $\mathrm{source}(c)$ 构建一个 SLDNF 树，见图 1.2 中的矩形部分。由于 $\mathrm{source}(c)$ 的推导失败，所以 $\sim\mathrm{source}(c)$ 成功，并能将其从目标中删除。

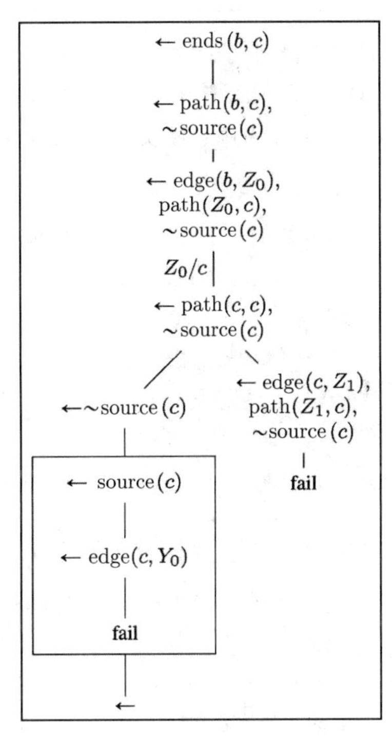

图 1.2　例 1 中程序的查询 $\mathrm{ends}(b,c)$ 的 SLDNF 树

对一个基原子和一个查询 ϕ，若该基原子出现在 $\mathrm{atoms}(\phi)$ 中一个原子的证明中，则说该基原子对于 ϕ 是相关的。这里 $\mathrm{atoms}(\phi)$ 返回出现在文字 ϕ 的合取式中的原子的集合。如果一个基规则只包含相关的原子，则称该规则是相关的。在例 1 中，$\mathrm{path}(a,b)$，$\mathrm{path}(b,c)$ 和 $\mathrm{path}(c,c)$ 对于 $\mathrm{path}(a,c)$ 来说是相关的，而 $\mathrm{path}(b,a)$，$\mathrm{path}(c,a)$ 和 $\mathrm{path}(c,b)$ 则是不相关的。对于查询 $\mathrm{ends}(b,c)$，$\mathrm{path}(b,c)$，$\mathrm{path}(c,c)$ 和 $\mathrm{source}(c)$ 是相关的，$\mathrm{source}(b)$ 则是不相关的。

证明过程提供了一种自顶向下回答查询的方法。我们也可使用 T_P 或直接结论算子计算程序所有可能的结论来执行自底向上的回答查询过程。

定义 1（T_P 算子） 给定一个确定程序 P，定义算子 T_P 为 Int2→Int2，如下：

$T_P(I)=\{a \mid P$ 中存在一个子句 $b \leftarrow l_1, \cdots, l_n$，一个基替换 θ，使得 $a=b\theta$，且对于每一个 $l_i\theta \in I(1 \leqslant i \leqslant n)$ 成立$\}$。

T_P 算子满足其最小不动点等于程序的最小 Herbrand 模型，即 $\mathrm{lfp}(T_P)=\mathrm{lhm}(P)$。

可以证明 T_P 算子最多在第一个无穷序数 ω 处就能达到其最小不动点[Hitzler & Seda，2016]。

在逻辑程序中，数据和代码都采用相同的形式，因此很容易编写处理代码的程序。例如，写一个元解释器或一个解释其他程序的程序是非常简单的。一个用于纯 Prolog 语言的元解释器如下所示[Sterling & Shapiro，1994]：

```
solve(true).
solve((A,B)) :-
  solve(A),
  solve(B).
solve(Goal) :-
  clause(Goal,Body),
  solve(Body).
```

其中，子句 `clause(Goal,Body)` 是一个谓词，若 `Goal:- Body` 是程序的一个子句，且 `-` 的每次出现都表示一个不同的匿名变量（即作为占位符且我们并不关心其值的变量），则该谓词成立。

可扩展纯 Prolog 程序使其包含控制搜索过程的原语。例如 cut 就是一个谓词！/0，该谓词总是成立，且对选择点进行切割。如果我们有以下程序：

```
p(S1) :- A1.
...
p(Sk) :- B, !, C.
...
p(Sn) :- An.
```

在计算第 k 个子句时，若 B 成功，那么！成功，并且继续计算 C。在有回溯的情况下，对 B 的所有替换都被删去，同样对由第 k 个子句到第 n 个子句提供的对 p 的替换也要删去。

Prolog 使用 cut 实现 if-then-else 结构，该结构表示为

```
(B->C1;C2).
```

该结构首先计算 B 的值，若其成功，则计算 C1，否则计算 C2。

if-then-else 结构的实现如下：

```
if_then_else(B, C1, C2) :- B, !, C1.
if_then_else(B, C1, C2) :- C2.
```

Prolog 系统通常包含许多内置谓词。谓词 is/2(通常写为中缀表达式)先将第二个参数作为一个算术表达式计算其值，然后将结果与第一个参数统一。例如，A is 3+ 2 就是如此，其执行结果是将 5 与 A 统一。

1.4　正规逻辑程序的语义

在一个正规程序中，子句的体中可以包含默认负文字，这样一个通常的规则形如：

$$C = h \leftarrow b_1, \cdots, b_n, \sim c_1, \cdots, \sim c_m \tag{1.1}$$

此处 h、b_1，…，b_n，c_1，…，c_m 都是原子。

文献[Apt & Bol，1994]中介绍了正规逻辑程序的多种语义，其中基于 Clark 完备的良基语义(Well-Founded Semantics，WFS)和稳定模型语义是使用最多的两种语义。

1.4.1　程序完备化

程序完备化(或称 Clark 完备化)[Clark，1978]构建了一个可表示程序含义的一阶逻辑理论，用于为一个正规程序赋予语义。这种方法的思想其实是对以下事实的形式化建模：不能由程序中的规则推出的原子即视为不成立。

对一个带变量 Y_1，…，Y_d 的子句：

$$p(t_1, \cdots, t_n) \leftarrow b_1, \cdots, b_m, \sim c_1, \cdots, \sim c_l$$

对其进行完备化后的程序是如下子句：

$$p(X_1, \cdots, X_n) \leftarrow \exists Y_1, \cdots, \exists Y_d ((X_1 = t_1) \wedge \cdots \wedge (X_n = t_n) \wedge b_1 \wedge \cdots \wedge b_m \wedge \neg c_1 \wedge \cdots \wedge \neg c_l)$$

其中“＝”是一个表示相等的新谓词。若程序包含 $k \geqslant 1$ 个关于谓词 p 的子句，可以得到如下 k 个公式：

$$p(X_1, \cdots, X_n) \leftarrow E_1$$
$$\vdots$$
$$p(X_1, \cdots, X_n) \leftarrow E_k$$

则 p 完备的定义是

$$\forall X_1,\cdots,\forall X_n(p(X_1,\cdots,X_n)\leftrightarrow E_1 \vee \cdots \vee E_k)$$

若程序中某个谓词没有出现在任一子句的头中，则添加如下公式：

$$\forall X_1,\cdots,\forall X_n \neg p(X_1,\cdots,X_n)$$

谓词“=”的含义由以下称为等值理论的公式定义：

1）对任意两个不相同的常元 c、d，$c\neq d$。

2）对任意两个不相同的函数符号 f、g，$\forall(f(X_1,\cdots,X_n)\neq g(Y_1,\cdots,Y_m))$。

3）对每个包含 X 但不同于 X 的项 $t[X]$，$\forall(t[X]\neq X)$。

4）对每个函数符号 f，$\forall((X_1\neq Y_1)\vee\cdots\vee(X_n\neq Y_n)\rightarrow f(X_1,\cdots,X_n)\neq f(Y_1,\cdots,Y_n))$。

5）$\forall(X=X)$。

6）对每个函数符号 f，$\forall((X_1=Y_1)\wedge\cdots\wedge(X_n=Y_n)\rightarrow f(X_1,\cdots,X_n)=f(Y_1,\cdots,Y_n))$。

7）对每个谓词符号 p(包括“=”)，$\forall((X_1=Y_1)\wedge\cdots\wedge(X_n=Y_n)\rightarrow p(X_1,\cdots,X_n)\rightarrow p(Y_1,\cdots,Y_n))$。

给定一个正规程序 P，其对应的完备形式 comp(P)是由 P 中每个谓词的完备定义和等值理论构成的理论。

需要注意的是，一个程序的完备形式可能是不协调的。在此情形下，该理论没有模型，且其逻辑推论可以是任何结论。要避免这种情形，就需要对程序的形式做一些限制。

基于 Clark 完备化的语义的思想是考虑由以下基原子

$$b_1,\cdots,b_m,\sim c_1,\cdots,\sim c_l$$

构成的合取式：

$$b_1\wedge\cdots\wedge b_m\wedge\neg c_1\wedge\cdots\wedge\neg c_l$$

若上式是 comp(P)的逻辑推论，则其为真，即

$$\text{comp}(P)\models b_1\wedge\cdots\wedge b_m\wedge\neg c_1\wedge\cdots\wedge\neg c_l$$

已经证明 SLDNF 消解在特定条件下关于 Clark 完备化是可靠且完备的[Clark，1978]。

例2（Clark 完备化） 考虑以下程序 P_1：

$b\leftarrow\sim a.$
$c\leftarrow\sim b.$
$c\leftarrow a.$

其完备形式 comp(P_1)是

$b\leftrightarrow\neg a.$
$c\leftrightarrow\neg b\vee a.$
$\neg a$

我们已有 comp(P_1) $\models\neg a$，b，$\neg c$，因此利用 SLDNF 消解可推出$\sim a$、b 和$\sim c$。图 1.3 给出了查询 c 的 SLDNF 树，如我们预期，返回结果为假。

考虑以下程序 P_2：

$p\leftarrow p$

其完备形式 comp(P_2)是

$p\leftrightarrow p$

此处 comp(P) $\not\models p$ 且 comp(P) $\not\models\neg p$。查询 p 的 SLDNF 消解过程将一直循环。这说明 SLDNF 消解法不能很好地处理正循环。

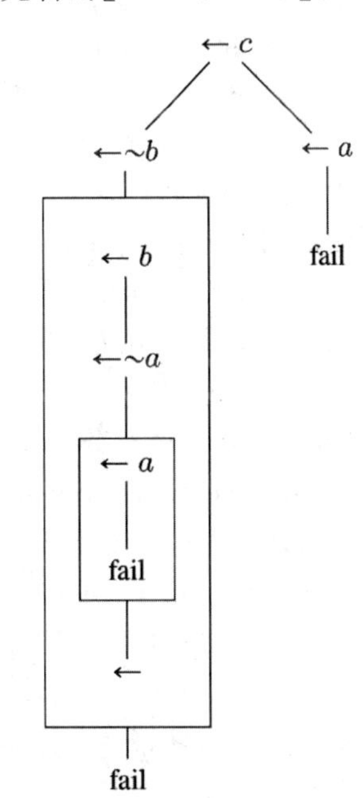

图 1.3 例 2 的程序中查询 c 的 SLDNF 树

考虑程序 P_3：

$p \leftarrow \sim p$

其完备形式 comp(P_3)是

$p \leftrightarrow \neg p$

上式是不协调的，这样可得到任何结论。查询 p 的 SLDNF 消解过程也会一直循环。可见 SLDNF 消解法也不能处理好负循环(即全程否定的循环)。◀

1.4.2 良基语义

良基语义(Well-Founded Semantics，WFS)[Van Gelder et al.，1991]可为一个程序指派一个三值模型，即将程序的含义视为一个协调的三值解释。

一个三值解释 $\mathcal{I}$ 是一个二元组 $\langle I_T, I_F\rangle$，其中 I_T 和 I_F 都是 $\mathcal{B}_P$ 的子集，前者是值为真的原子集，后者是值为假的原子集。对 $\mathcal{I}$ 中的原子 a，若 $a \in I_T$，则 a 为真，若 $a \in I_F$，则 a 为假。对 $\mathcal{I}$ 中的原子 $\sim a$，若 $a \in I_F$，则 $\sim a$ 为真，若 $a \in I_T$，则 $\sim a$ 为假。若 $a \notin I_T$ 且 $a \notin I_F$，则 a 取第三个真值 undefined。若 $a \in I_T$，记为 $\mathcal{I} \models a$。若 $a \in I_F$，则记为 $\mathcal{I} \models \sim a$。一个协调的三值解释 $\mathcal{I} = \langle I_T, I_F\rangle$ 应满足 $I_T \cap I_F = \varnothing$。两个三值解释 $\langle I_T, I_F\rangle$ 和 $\langle J_T, J_F\rangle$ 的并集定义为 $\langle I_T, I_F\rangle \cup \langle J_T, J_F\rangle = \langle I_T \cup J_T, I_F \cup J_F\rangle$。两个三值解释 $\langle I_T, I_F\rangle$ 和 $\langle J_T, J_F\rangle$ 的交集定义为 $\langle I_T, I_F\rangle \cap \langle J_T, J_F\rangle = \langle I_T \cap J_T, I_F \cap J_F\rangle$。有时也可将一个三值解释表示为一个由文字构成的集合 $\mathcal{I} = \langle I_T, I_F\rangle$，即

$$\mathcal{I} = I_T \cup \{\sim a \mid a \in I_F\}$$

由一个程序 P 的所有三值解释构成的集合 Int3 是一个完备格，其上的偏序关系 $\langle I_T, I_F\rangle \leqslant \langle J_T, J_F\rangle$ 定义为：若 $I_T \subseteq J_T$ 和 $I_F \subseteq J_F$，则有 $\leqslant$。其最小上界和最大下界分别定义为 $\text{lub}(X) = \bigcup_{\mathcal{I} \in X} \mathcal{I}$ 和 $\text{glb}(X) = \bigcap_{\mathcal{I} \in X} \mathcal{I}$。其底元和顶元分别是 $\langle \varnothing, \varnothing\rangle$ 和 $\langle \mathcal{B}_P, \mathcal{B}_P\rangle$。

给定一个三值解释 $\mathcal{I} = \langle I_T, I_F\rangle$，我们定义三个函数 $\text{true}(\mathcal{I}) = I_T$、$\text{false}(\mathcal{I}) = I_F$ 和 $\text{undef}(\mathcal{I}) = \mathcal{B}_P \setminus I_T \setminus I_F$，它们分别返回真值为真、假和未定义的原子集合。

文献[Van Gelder et al.，1991]中借助一个算子的最小不动点定义了 WFS。该算子由两个子算子组成，其中一个计算逻辑结论，另一个计算无根据(即没有事实支持)的集合。下面给出文献[Przymusinski，1989]中基于迭代不动点的另一种 WFS 定义。

定义 2($\text{OpFalse}_{\mathcal{I}}^P$ 和 $\text{OpFalse}_{\mathcal{I}}^P$ 算子)　对于一个正规程序 P，基原子集合 Tr 和 Fa，以及一个三值解释 $\mathcal{I}$，我们定义算子 $\text{OpTrue}_{\mathcal{I}}^P$：Int2→Int2 和 $\text{OpFalse}_{\mathcal{I}}^P$：Int2→Int2 如下：

$\text{OpTrue}_{\mathcal{I}}^P(Tr) = \{a \mid a$ 在 $\mathcal{I}$ 中不为真，且有一个 P 中子句 $b \leftarrow l_1, \cdots, l_n$ 和一个基替换 θ 使得 $a = b\theta$，对每个 $i(1 \leqslant i \leqslant n)$，有 $l_i\theta$ 在 $\mathcal{I}$ 中为真，或 $l_i\theta \in Tr\}$。

$\text{OnFalse}_{\mathcal{I}}^P(Fa) = \{a \mid a$ 在 $\mathcal{I}$ 中不为假，且对 P 中每个子句 $b \leftarrow l_1, \cdots, l_n$ 和一个基替换 θ 使得 $a = b\theta$，有一个 $i(1 \leqslant i \leqslant n)$ 使得 $l_i\theta$ 在 $\mathcal{I}$ 中为假，或 $l_i\theta \in Fa\}$。

或者说，算子 $\text{OpTrue}_{\mathcal{I}}^P(Tr)$ 在解释 $\mathcal{I}$ 中添加了新的真原子，这些原子可由 P 根据 $\mathcal{I}$ 和真原子集 Tr 推出。算子 $\text{OpFalse}_{\mathcal{I}}^P(Fa)$ 则由 $\mathcal{I}$ 和假原子集 Fa 计算 P 中新的假原子。$\text{OpTrue}_{\mathcal{I}}^P$ 和 $\text{OpFalse}_{\mathcal{I}}^P$ 都是单调的[Przymusinski，1989]，因此它们都有最小不动点和最大不动点。下面说明一个迭代的不动点算子如何通过构造连续的三值解释逐步建立一个动态分层。

定义 3(迭代不动点)　对正规程序 P，将 IFP^P：Int3→Int3 定义为

$$\text{IFP}^P(\mathcal{I}) = \mathcal{I} \cup \langle \text{lfp}(\text{OpTrue}_{\mathcal{I}}^P), \text{gfp}(\text{OpFalse}_{\mathcal{I}}^P)\rangle$$

IFP^P 是单调的[Przymusinski，1989]，因此有最小不动点 $\mathrm{lfp}(\mathrm{IFP}^P)$。$P$ 的良基模型 $\mathrm{WFM}(P)$ 即为 $\mathrm{lfp}(\mathrm{IFP}^P)$。若 δ 是使得 $\mathrm{WFM}(P)=\mathrm{IFP}^P\uparrow\delta$ 成立的最小序数，则 δ 称为 P 的深度。原子 a 的层级是满足 $a\in\mathrm{IFP}^P\uparrow\beta$ 的最小序数 β(a 可能出现在 $\mathrm{IFP}^P\uparrow\beta$ 中为真或为假的部分)。WFM 中未定义的原子不属于任何层级，它们不会被添加到任何序数 δ 的 $\mathrm{IFP}^P\uparrow\delta$ 中。

若 $\mathrm{undef}(\mathrm{WFM}(P))=\varnothing$，则称 WFM 为完全的或二值的，且称程序 P 是动态分层的。

例 3 (**WFS 计算**) 考虑例 2 中的程序 P_1：

$b\leftarrow\sim a.$
$c\leftarrow\sim b.$
$c\leftarrow a.$

其迭代不动点是

$\mathrm{IFP}^P\uparrow 0=\langle\varnothing, \varnothing\rangle$；
$\mathrm{IFP}^P\uparrow 1=\langle\varnothing, \{a\}\rangle$；
$\mathrm{IFP}^P\uparrow 2=\langle\{b\}, \{a\}\rangle$；
$\mathrm{IFP}^P\uparrow 3=\langle\{b\}, \{a, c\}\rangle$；
$\mathrm{IFP}^P\uparrow 4=\mathrm{IFP}^P\uparrow 3=\mathrm{WFM}(P_1)$.

则 P_1 的深度是 3，且它的 WFM 为

$\mathrm{true}(\mathrm{WFM}(P_1))=\{b\}$
$\mathrm{undef}(\mathrm{WFM}(P_1))=\varnothing$
$\mathrm{false}(\mathrm{WFM}(P_1))=\{a, c\}$.

因此 $\mathrm{WFM}(P_1)$是二值的，P_1 是动态分层的。

考虑文献[Przymusinski，1989]中的程序 P_4：

$b\leftarrow\sim a.$
$c\leftarrow\sim b.$
$c\leftarrow a,\sim p.$
$p\leftarrow\sim q.$
$q\leftarrow\sim p,b.$

它的迭代不动点是

$\mathrm{IFP}^P\uparrow 0=\langle\varnothing, \varnothing\rangle$；
$\mathrm{IFP}^P\uparrow 1=\langle\varnothing, \{a\}\rangle$；
$\mathrm{IFP}^P\uparrow 2=\langle\{b\}, \{a\}\rangle$；
$\mathrm{IFP}^P\uparrow 3=\langle\{b\}, \{a, c\}\rangle$；
$\mathrm{IFP}^P\uparrow 4=\mathrm{IFP}^P\uparrow 3=\mathrm{WFM}(P_4)$

因此 P_4 的深度是 3，且 P_4 的 WFM 如下：

$\mathrm{true}(\mathrm{WFM}(P_4))=\{b\}$
$\mathrm{undef}(\mathrm{WFM}(P_4))=\{p, q\}$
$\mathrm{false}(\mathrm{WFM}(P_4))=\{a, c\}$

再考虑例 2 中的程序 P_2：

$p\leftarrow p.$

它的迭代不动点是

$\mathrm{IFP}^P\uparrow 0=\langle\varnothing, \varnothing\rangle$；
$\mathrm{IFP}^P\uparrow 1=\langle\varnothing, \{p\}\rangle$；

$\mathrm{IFP}^P\uparrow 2=\mathrm{IFP}^P\uparrow 1=\mathrm{WFM}(P_2)$.

P_2是动态分层的，且使得 p 的真值为假。这样即可通过将原子赋值为假来求解正循环。

考虑例 2 中的程序 P_3：

$p\leftarrow\sim p.$

其迭代不动点是

$\mathrm{IFP}^P\uparrow 0=\langle\varnothing,\ \varnothing\rangle$；

$\mathrm{IFP}^P\uparrow 1=\mathrm{IFP}^P\uparrow 0=\mathrm{WFM}(P_3)$.

P_3不是动态分层的，并将 p 赋值为 undefined。这样可通过将原子赋值为 undefined 求解负循环。

考虑下面的程序 P_5：

$p\leftarrow\sim q.$
$q\leftarrow\sim p.$

它的迭代不动点是

$\mathrm{IFP}^P\uparrow 0=\langle\varnothing,\ \varnothing\rangle$；

$\mathrm{IFP}^P\uparrow 1=\mathrm{IFP}^P\uparrow 0=\mathrm{WFM}(P_5)$.

这样，P_5的深度是 0，且其 WFM 为

$\mathrm{true}(\mathrm{WFM}(P_5))=\varnothing$

$\mathrm{undef}(\mathrm{WFM}(P_5))=\{p,\ q\}$

$\mathrm{false}(\mathrm{WFM}(P_5))=\varnothing$

因此 $\mathrm{WFM}(P_5)$是三值的且 P_5不是动态分层的。◀

与运算符 T_P 相似，可以证明 $\mathrm{OpTrue}_{\mathcal{I}}^P$ 最多在第一个无穷序数 w 处会到达不动点。IFP^P 反而并不满足这一性质。下面的例子说明了这一点。

例 4（在 ω 之后 IFP^P 的不动点） 考虑文献[Hitzler & Seda，2016]中的一个程序：

$p(0,0).$
$p(Y,s(X))\leftarrow r(Y),p(Y,X).$
$q(Y,s(X))\leftarrow\sim p(Y,X).$
$r(0).$
$r(s(Y))\leftarrow\sim q(Y,s(X)).$
$t\leftarrow\sim q(Y,s(X)).$

图 1.4 给出了 IFP^P 的序数幂，其中 $s^n(0)$是函子 s 对 0 作用 n 次得到的项。计算这个程序的 WFS 需要达到 ω 的直接后继。

基于以下属性可确认几个重要的程序类别。

定义 4(无环程序，分层程序和局部分层程序)

- 程序 P 的一个层次映射是一个函数 $|\ |:\mathcal{B}_P\rightarrow\mathbb{N}$，这是从基原子到自然数的映射。对任一 $a\in\mathcal{B}_P$，$|a|$是 a 的层次。若 $l=\neg a$，$a\in\mathcal{B}_P$，则有$|l|=|a|$。
- 若存在一个层次映射，使得对 T 的任一子句的每个基例示 $a\leftarrow B$，a 的层次都大于 B 中每个文字的层次，则称程序 T 是无环的[Apt & Bezem，1991]。
- 若存在一个层次映射，使得对 T 的任一子句的每个基例示 $a\leftarrow B$，a 的层次大于 B 中每个负文字的层次，且不小于每个正文字的层次，则称程序 T 是局部分层的。
- 若存在一个层次映射，使得 T 是局部分层的，则称程序 T 是分层的，由同一谓词得到的所有基原子都被映射为相同的层次。

局部分层程序的 WFS 具有以下性质。

$$
\begin{aligned}
\mathrm{IFP}^P \uparrow 0 &= \langle\varnothing,\varnothing\rangle;\\
\mathrm{IFP}^P \uparrow 1 &= \langle\{p(0,s^n(0)|n\in\mathbb{N}\}\cup\{r(0)\},\\
&\quad \{q(s^m(0),0)|m\in\mathbb{N}\}\rangle;\\
\mathrm{IFP}^P \uparrow 2 &= \langle\{p(0,s^n(0))|n\in\mathbb{N}\}\cup\{r(0)\},\\
&\quad \{q(0,s^n(0))|n\in\mathbb{N}_1\}\cup\{q(s^m(0),0)|m\in\mathbb{N}\}\rangle;\\
\mathrm{IFP}^P \uparrow 3 &= \langle\{p(s^m(0),s^n(0))|n\in\mathbb{N},m\in\{0,1\}\}\cup\\
&\quad \{r(0),r(s(0))\},\\
&\quad \{q(0,s^n(0))|n\in\mathbb{N}_1\}\cup\{q(s^m(0),0)|m\in\mathbb{N}\}\rangle;\\
\mathrm{IFP}^P \uparrow 4 &= \langle\{p(s^m(0),s^n(0))|n\in\mathbb{N},m\in\{0,1\}\}\cup\\
&\quad \{r(0),r(s(0)),r(s(s(0)))\},\\
&\quad \{q(0,s^n(0)),q(s(0),s^n(0))|n\in\mathbb{N}_1\}\cup\\
&\quad \{q(s^m(0),0)|m\in\mathbb{N}\}\rangle;\\
&\cdots\\
\mathrm{IFP}^P \uparrow 2(i+1) &= \langle\{p(s^m(0),s^n(0)))|n\in\mathbb{N},m\in\{0,\ldots,i\}\}\cup\\
&\quad \{r(s^m(0))|m\in\{0,\ldots,i+1\}\},\\
&\quad \{q(s^m(0),s^n(0))|n\in\mathbb{N}_1,m\in\{0,\ldots,i\}\}\cup\\
&\quad \{q(s^m(0),0)|m\in\mathbb{N}\}\rangle;\\
&\cdots\\
\mathrm{IFP}^P \uparrow \omega &= \langle\{p(s^m(0),s^n(0)))|n,m\in\mathbb{N}\}\cup\\
&\quad \{r(s^m(0))|m\in\mathbb{N}\},\\
&\quad \{q(s^m(0),s^n(0))|n,m\in\mathbb{N}\}\rangle;\\
\mathrm{IFP}^P \uparrow \omega+1 &= \langle\{t\}\cup\{p(s^m(0),s^n(0)))|n,m\in\mathbb{N}\}\cup\\
&\quad \{r(s^m(0))|m\in\mathbb{N}\},\\
&\quad \{q(s^m(0),s^n(0))|n,m\in\mathbb{N}\}\rangle;
\end{aligned}
$$

图 1.4 例 4 中程序的 IFP^P 的序数幂

定理 1(局部分层程序的 WFS[Van Gelder et al., 1991]) *若程序 P 是局部分层的，则 P 有完全的 WFM。*

例 5 中的程序 P_1 和 P_2 是(局部)分层的，P_3、P_4 和 P_5 不是(局部)分层的。注意分层强于局部分层，后者又强于动态分层。

SLG 消解[Chen & Warren，1996]是一个(在特定条件下)可靠且完备的对 WFS 的证明。SLG 消解使用一种嵌合方法：它始终将推导过程中生成的子目标和对这些子目标的回答保存在同一存储区。若某个子目标在推导过程中重现，则直接从存储区取得其回答，而不需要重新计算。这样处理除了可节省时间，还能保证不带函数符号的程序的终止性。文献[Riguzzi & Swift，2014]中对 SLG 在一般情况下的终止性质进行了讨论。SLG 消解在 Prolog 系统 XSB[Swift & Warren，2012]、YAP[Santos Costa et al.，2012]和 SWI-Prolog[Wielemaker et al.，2012]中都得到了实现。

1.4.3 稳定模型语义

稳定模型语义[Gelfond & Lifschitz，1988]可为一个正规程序确定 0 个、1 个或更多的二值模型。

定义 5(归约) *给定一个正规程序 P 和一个二值解释 I，P^I 关于 I 的归约可从 ground(P)中进行以下操作得到：*

1）对每个 $a\in I$，删去所有含负文字 $\sim a$ 的规则。

2）对剩余的每条规则，删去它们的体中的负文字。

这样，P^I 是一个不含否定(即失败符号)且具有唯一最小 Herbrand 模型 lhm(P^I)的程序。

定义 6(稳定模型) *对一个二值解释 I 和一个程序 P，若 $I=\mathrm{lhm}(P^{\mathcal{I}})$，则称 I 是 P 的*

一个稳定模型或回答集。

程序 P 的稳定模型语义是其所有稳定模型的集合。

下面两个定理[Van Gelder et al.，1991]给出了 WFS 和稳定模型语义之间的关系。

定理 2(WFS 完全模型与稳定模型) 若程序 P 有完全的 WFM，则该模型是唯一的稳定模型。

定理 3(WFS 与稳定模型) 程序 P 的 WFM 是其每个稳定模型的一个子集，可视为一个三值解释。

回答集程序(Answer Set Programming，ASP)是一种基于程序回答集计算的问题-求解范式。

例 5 (回答集计算) 考虑例 2 中的程序 P_1：

$b \leftarrow \sim a.$
$c \leftarrow \sim b.$
$c \leftarrow a.$

它的唯一回答集是$\{b\}$。

考虑文献[Przymusinski，1989]中的程序 P_4：

$b \leftarrow \sim a.$
$c \leftarrow \sim b.$
$c \leftarrow a, \sim p.$
$p \leftarrow \sim q.$
$q \leftarrow \sim p, b.$

这个程序的回答集是$\{b, p\}$和$\{b, q\}$，且 $\text{WFM}(P_4)=\langle\{b\}, \{a, c\}\rangle$是两个视为三值解释$\langle\{b, p\}, \{a, c, q\}\rangle$和$\langle\{b, q\}, \{a, c, p\}\rangle$的子集。

考虑例 2 中的程序 P_2：

$p \leftarrow p.$

它有唯一的回答集$\varnothing$。

再考虑例 2 中的程序 P_3：

$p \leftarrow \sim p.$

它没有回答集。

对于程序 P_5：

$p \leftarrow \sim q.$
$q \leftarrow \sim p.$

它有两个回答集$\{p\}$和$\{q\}$，且 $\text{WFM}(P_5)=\langle\varnothing, \varnothing\rangle$是两个视为三值解释$\langle\{p\}, \{q\}\rangle$和$\langle\{q\}, \{p\}\rangle$的子集。

一般地，含奇数次否定的循环可能导致程序没有回答集，而含偶数次否定的循环则可能使得程序有多个回答集。从这个意义上说，稳定模型语义不同于 WFS，后者在前述两种循环中都是将涉及的原子赋值为 undefined 来考虑的。 ◀

求解 ASP 的系统还有 DLV[Leone et al.，2006；Alviano et al.，2017]、Smodels[Syrjänen & Niemelä，2001]和 Potassco[Gebser et al.，2011]。

1.5 概率论

概率论为处理不确定性提供了一个形式化的数学框架。下面对本书中用到的概率论的基本概念做简要的回顾，想要了解更完整的概率论知识，请参见文献[Ash & Doléan-Dade，2000；Chow & Teicher，2012]。

若希望对一个随机过程进行建模，该随机过程的所有可能的输出结果构成一个集合 W，称 W 为样本空间。例如，考虑抛掷一枚硬币这一随机过程，其样本空间为 $W^{coin}=\{h, t\}$，其中 h，t 分别代表硬币的正面与反面。如果随机过程为抛掷一枚骰子，则样本空间为 $W^{die}=\{1, 2, 3, 4, 5, 6\}$。如果抛两枚硬币，则样本空间为 $W^{2\_coins}=\{(h, h), (h, t), (t, h), (t, t)\}$。如果抛无限枚硬币，则样本空间为 $W^{coins}=\{(o_1, o_2, \cdots) \mid o_i \in \{h, t\}\}$。如果随机过程为测量数轴上物体的位置，则样本空间为 $W^{pos\_x}=\mathbb{R}$。如果在一个平面上测量物体的位置，则样本空间为 $W^{pos\_x\_y}=\mathbb{R}^2$。若在一个空间上测量物体的位置，则样本空间为 $W^{pos\_x\_y\_z}=\mathbb{R}^3$。如果测量物体的位置限制在单位区间、单位平面和单位空间上，则 $W^{unit\_x}=[0, 1]$，$W^{unit\_x\_y}=[0, 1]^2$，$W^{unit\_x\_y\_z}=[0, 1]^3$。

定义 7(代数) 集合 W 的子集构成的集合 Ω 称为 W 上的代数，当且仅当

- $W \in \Omega$；
- Ω 关于补集运算是封闭的，即 $\omega \in \Omega \rightarrow \omega^C=(\Omega \setminus \omega) \in \Omega$；
- Ω 关于有限并集运算是封闭的，即 $\omega_1 \in \Omega$，$\omega_2 \in \Omega \rightarrow (\omega_1 \cup \omega_2) \in \Omega$。

定义 8(σ 代数) 集合 W 的子集构成的集合 Ω 称为 W 上的 σ 代数，当且仅当 Ω 是一个代数且 Ω 关于可列并集运算是封闭的；即若 $\omega_i \in \Omega (i=1, 2, \cdots)$，则 $\bigcup_i \omega_i \in \Omega$。

定义 9(最小 σ 代数) 集合 W 的子集构成的集合 $\mathcal{A}$。包含 $\mathcal{A}$ 的所有元素的所有 σ 代数的交集称为由 $\mathcal{A}$ 生成的 σ 代数，或称为由 $\mathcal{A}$ 生成的最小代数。记为 $\sigma(\mathcal{A})$。

当 $\Sigma \supseteq \mathcal{A}$ 且 Σ 是一个代数时，$\sigma(\mathcal{A})$ 满足 $\Sigma \supseteq \sigma(\mathcal{A})$。$\sigma(\mathcal{A})$ 总是存在且是唯一的[Chow & Teicher，2012]。

W 上的 σ 代数 Ω 的元素称为可测集或事件，(W, Ω) 称为可测空间。当 W 为有限集时，通常 Ω 为 W 的幂集。但一般而言，并不是每一个 W 的子集都需要出现在 Ω 中。

当抛掷一枚硬币时，事件集为 $\Omega^{coin}=\mathbb{P}(W^{coin})$ 且 $\{h\}$ 对应于抛一枚硬币正面朝上的随机事件。当抛掷一枚骰子时，一个可能事件集是 $\Omega^{die}=\mathbb{P}(W^{die})$ 且事件 $\{1, 3, 5\}$ 表示骰子点数为奇数的结果。当抛掷两枚硬币时，$(W^{2\_coins}, \Omega^{2\_coins})$ 为一可测空间，其中 $\Omega^{2\_coins}=\mathbb{P}(W^{2\_coins})$。

当抛掷无限个硬币时，事件 $\{(h, t, o_3, \cdots) \mid o_i \in \{h, t\}\}$ 表示前两枚硬币的结果分别为正面朝上和反面朝上的所有结果。当测量数轴上物体的位置且 $W^{pos\_x}=\mathbb{R}$ 时，Ω^{pos_x} 可以是由闭区间集 $\{[a, b]: a, b \in \mathbb{R}\}$ 所生成的实数集上的 Borel σ 代数 $\mathcal{B}$，则事件 $[-1, 1]$ 对应于物体位置落入 $[-1, 1]$ 区间上的结果。如果物体被限制在单位区间 W^{unit_x} 上，则 $\Omega^{unit\_x}=\sigma(\{[a, b]: a, b \in [0, 1]\})$。

定义 10(概率测度) 给定 W 的子集的可测空间 (W, Ω)，满足下列公理的函数 $\mu: \Omega \rightarrow \mathbb{R}$ 称为概率测度：

μ-1 对任意的 $\omega \in \Omega$ 有 $\mu(\omega) \geqslant 0$。

μ-2 $\mu(W)=1$。

μ-3 μ 满足可数可加性，即如果 $O=\{\omega_1, \omega_2, \cdots\} \subseteq \Omega$ 是一个由互不相交的一对集合构成的可数集，则 $\mu\left(\bigcup_{\omega \in O} = \sum_i \mu(\omega_i)\right)$。

(W, Ω, μ) 称为一个概率空间。

我们还需要考虑有限可加概率测度。

定义 11(有限可加概率测度)　给定一个样本空间 W 与 W 子集的代数 Ω，满足定义 10 中公理(μ-1)、(μ-2)及下述公理(m-3)的函数 $\mu:\Omega\to\mathbb{R}$ 称为有限可加概率测度：

m-3　μ 满足有限可加性，即对所有的 ω_1，$\omega_2\in\Omega$，有 $\omega_1\cap\omega_2=\varnothing\to\mu(\omega_1\cup\omega_2)=\mu(\omega_1)+\mu(\omega_2)$。

(W, Ω, μ)称为一个有限可加概率空间。

例 6 (概率空间)　当抛掷一枚硬币时，$(W^{\text{coin}}, \Omega^{\text{coin}}, \mu^{\text{coin}})$是一个(有限可加)概率空间，且 $\mu^{\text{coin}}(\varnothing)=0$，$\mu^{\text{coin}}(\{h\})=0.5$，$\mu^{\text{coin}}(\{t\})=0.5$，$\mu^{\text{coin}}(\{h, t\})=1$。当抛掷一枚骰子时，$(W^{\text{die}}, \Omega^{\text{die}}, \mu^{\text{die}})$是一个(有限可加)概率空间，且 $\mu^{\text{coin}}(\omega)=|\omega|\cdot\frac{1}{6}$。

当抛掷两枚硬币时，$(W^{2_\text{coins}}, \Omega^{2_\text{coins}}, \mu^{2_\text{coins}})$是一个(有限可加)概率空间，且 $\mu^{2\_\text{coins}}(\omega)=|\omega|\cdot\frac{1}{36}$。对于测量数轴上物体位置的随机试验，$(W^{\text{unit}_x}, \Omega^{\text{unit}_x}, \mu^{\text{unit}_x})$是一个概率空间，$\mu^{\text{unit}_x}(I)=\int_I \mathrm{d}x$。$(W^{\text{pos}_x}, \Omega^{\text{pos}_x}, \mu^{\text{pos}_x})$也是一个概率空间，且 $\mu^{\text{pos}\_x}(I)=\int_{I\cap[0,1]}\mathrm{d}x$。 ◀

(W, Ω, μ)记为一个概率空间，(S, Σ)为一个可测空间。对任意的 $\sigma\in\Sigma$，若 X 下的 σ 原像是在 Ω 中，则称函数 $X:W\to S$ 是可测的，即

$$X^{-1}(\sigma)=\{w\in W\,|\,X(w)\in\sigma\}\in\Omega, \forall\sigma\in\Sigma$$

定义 12(随机变量)　将(W, Ω, μ)记为一个概率空间，(S, Σ)为一个可测空间。一个可测函数 $X:W\to S$ 称为一个随机变量。称 S 的元素为 X 的值。对 $\sigma\in\Sigma$，随机变量 X 在 σ 上取值的概率被定义为 $\mu(X^{-1}(\sigma))$，记为 $P(X\in\sigma)$。

若 Σ 是有限的或可数的，则 X 是一个离散型随机变量。若 Σ 是不可数的，则 X 是一个连续型随机变量。

我们用大写的罗马字母 X，Y，…表示随机变量，用小写的罗马字母 x，y，…表示随机变量的取值。

当$(W, \Omega)=(S, \Sigma)$时，X 常常取恒等函数且 $P(X=\omega)=\mu(\omega)$。

对于离散型随机变量，对所有 $x\in S$，$P(X\in\{x\})$的值定义了随机变量 X 的概率分布，通常缩写为 $P(X=x)$和 $P(x)$。记随机变量的概率分布为 $P(X)$。

例 7 (离散型随机变量)　概率空间$(W^{\text{coin}}, \Omega^{\text{coin}}, \mu^{\text{coin}})$的一个离散型随机变量 X 的例子是恒等函数，其概率分布为 $P(X=h)=0.5$，$P(X=t)=0.5$。当抛掷一枚骰子时，离散型随机变量 X 可能是恒等函数，且其概率分布为 $P(X=n)=\frac{1}{6}(n\in\{1, 2, 3, 4, 5, 6\})$。抛骰子试验中，另一个离散随机变量 E 可以表示结果为偶数或奇数，$(S, \Sigma)=(\{e, o\}, \mathbb{P}(S))$且 $E:W^{\text{die}}\to S$ 定义为 $E=\{1\to o, 2\to e, 3\to o, 4\to e, 5\to o, 6\to e\}$，则概率分布为 $P(E=e)=\mu^{\text{die}}(\{2, 4, 6\})=\frac{1}{6}\times 3=\frac{1}{2}$ 和 $P(E=o)=\mu^{\text{die}}(\{1, 3, 5\})=\frac{1}{6}\times 3=\frac{1}{2}$。

对于概率空间$(W^{2_\text{coins}}, \Omega^{2_\text{coins}}, \mu^{2_\text{coins}})$，一个离散型随机变量可以是函数 $X:W^{2\_\text{coins}}\to W^{\text{coins}}$，其定义如下：

$$X(\{c_1, c_2\})=c_1$$

即返回第一枚硬币的结果的函数。对 $h \in W^{\text{coin}}$，有

$$X^{-1}(\{h\}) = \{(h,h),(h,t)\}$$

且

$$P(X = h) = \mu^{2\_\text{coins}}(\{(h,h),(h,t)\}) = 0.5$$

对于连续随机变量，下面定义累积分布和概率密度。 ◀

定义 13(累积分布和概率密度) 随机变量 $X:(W, \Omega) \to (\mathbb{R}, \mathcal{B})$ 的累积分布是函数 $F(x):\mathbb{R} \to [0, 1]$，其定义如下：

$$F(x) = P(X \in \{t \mid t \leqslant x\})$$

也可将 $P(X \in \{t \mid t \leqslant x\})$ 记为 $P(X \leqslant x)$。对任意的可测集 $A \in \mathcal{B}$，随机变量 X 的概率密度被定义为如下函数：

$$P(X \in A) = \int_A p(x)\mathrm{d}x$$

该定义使得以下式子成立：

$$F(x) = \int_{-\infty}^{x} p(t)\mathrm{d}t$$

$$p(x) = \frac{\mathrm{d}F(x)}{\mathrm{d}x}$$

$$P(X \in [a,b]) = F(b) - F(a) = \int_a^b p(x)\mathrm{d}x$$

一个离散随机变量由其概率分布 $P(X)$ 描述，而一个连续随机变量则由它的累积分布 $F(x)$ 或概率密度 $p(x)$ 描述。

例 8 (连续型随机变量) 在单位区间$(W^{\text{unit}_x}, \Omega^{\text{unit}_x}, \mu^{\text{unit}_x})$上的物体的概率空间，恒等函数 X 是一个连续型随机变量，且其累积分布和概率密度分别为

$$F(x) = \int_0^x \mathrm{d}t = x$$

$$p(x) = 1$$

这里 $x \in [0, 1]$。对于概率空间$(W^{\text{pos}_x}, \Omega^{\text{pos}_x}, \mu^{\text{pos}_x})$，恒等函数 X 是一个连续型随机变量，其累积分布和概率密度分别是

$$F(x) = \begin{cases} 0 & x < 0 \\ x & x \in [0,1] \\ 1 & x > 1 \end{cases}$$

$$p(x) = \begin{cases} 1 & x \in [0,1] \\ 0 & \text{其他} \end{cases}$$

这是一个均匀分布的例子。更一般地，在区间上的均匀分布的概率密度为

$$p(x) = \begin{cases} \dfrac{1}{b-a} & x \in [a,b] \\ 0 & \text{其他} \end{cases}$$

另一个著名的概率密度是正态分布(即高斯分布)的概率密度，其表达式为

$$p(x) = \frac{1}{\sqrt{2\pi\sigma^2}} \mathrm{e}^{-\frac{(x-\mu)^2}{2\sigma^2}}$$

这里参数 μ 和 σ 表示均值与标准差(σ^2 为方差)。我们用符号 $\mathcal{N}(\mu, \sigma)$ 表示正态分布的概率

密度。图 1.5 给出了各种不同参数的高斯分布的概率密度图像。◀

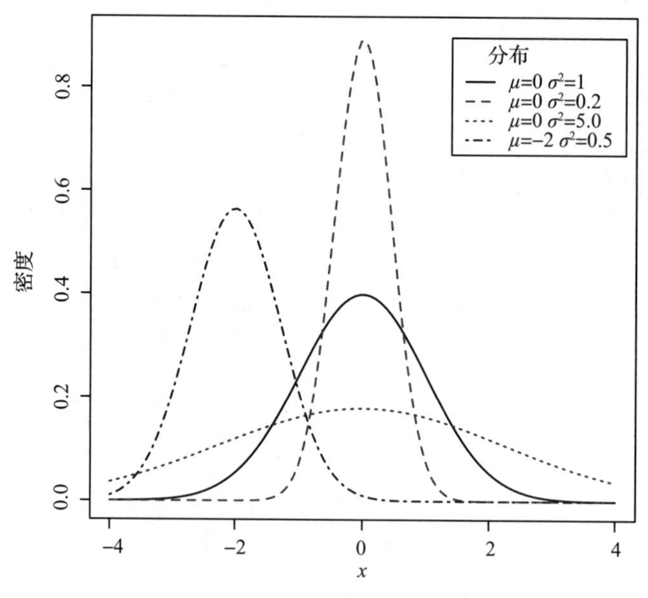

图 1.5　高斯分布概率密度

当一个随机变量的取值是数值型时，可以计算它的期望值或期望，直观地理解就是无限次重复随机试验获得的值的平均。离散型随机变量的期望为

$$E(X)=\sum_{x}xP(x)$$

连续型随机变量 X 在实数域 $\mathbb{R}$ 上的期望为

$$E(X)=\int_{-\infty}^{+\infty}xp(x)\mathrm{d}x$$

当$(W,\ \Omega)\neq(S,\ \Sigma)$时，也能定义在样本空间$(W,\ \Omega,\ \mu)$上的多重随机变量。假设 X、Y 是定义在样本空间$(W,\ \Omega,\ \mu)$上的两个随机变量，且各自的可测空间为$(S_1,\ \Sigma_1)$与$(S_2,\ \Sigma_2)$。对任意的 $\sigma_1\in\Sigma_1$ 和 $\sigma_2\in\Sigma_2$，定义联合概率 $P(X\in\sigma_1,\ Y\in\sigma_2)$为 $\mu(X^{-1}(\sigma_1)\cap Y^{-1}(\sigma_2))$。由于 X 和 Y 是随机变量，Ω 是一个 σ 代数，因此 $X^{-1}(\sigma_1)\cap Y^{-1}(\sigma_2)\in\Omega$ 且联合概率是合适定义的。如果 X、Y 是离散型随机变量，对所有 $x\in S_1$ 和 $y\in S_2$，定义 X 和 Y 的联合概率分布为 $P(X=\{x\},\ Y=\{y\})$的值，且通常缩写为 $P(X=x,\ Y=y)$和 $P(x,\ y)$。我们称 $P(X,\ Y)$为 X 和 Y 的联合概率分布。若 X 和 Y 是连续型随机变量，定义 X、Y 的联合累积分布 $F(x,\ y)$为 $P(X\in\{t|t\leqslant x\},\ Y\in\{t|t\leqslant y\})$，定义 X、Y 的联合概率密度为 $p(x,\ y)$，使得 $P(X\in A,Y\in B)=\int_A\int_B p(x,y)\mathrm{d}x\mathrm{d}y$ 。

若 X 是离散型随机变量，Y 是连续型随机变量，仍可定义 X 和 Y 的联合累积分布 $F(x,\ y)$为 $P(X=x,\ Y\in\{t|t\leqslant y\})$，联合概率分布为 $p(x,\ y)$，使得 $P(X=x,Y\in B)=\int_B p(x,y)\mathrm{d}y$ 。

例 9（**联合分布**）　当抛掷两枚硬币时，可定义两个随机变量 X_1 和 X_2，分别为 $X_1((c_1,\ c_2))=c_1$ 与 $X_2((c_1,\ c_2))=c_2$。第一个随机变量返回第一枚硬币的结果，第二个随机变量返回第二枚硬币的结果。对任意的 $x_1,\ x_2\in\{h,\ t\}$，X_1 和 X_2的联合概率分布为 $P(X_1=x_1,\ X_2=x_2)=1/4$。

对于平面上一个物体的位置，可分别用随机变量 X 和 Y 表示该物体在 X 轴和 Y 轴上的位置。一个联合概率密度的例子是多变量正态密度(或称高斯密度)：

$$p(x)=\frac{\exp\left(-\frac{1}{2}(\boldsymbol{x}-\boldsymbol{\mu})^{\mathrm{T}}\boldsymbol{\Sigma}^{-1}(\boldsymbol{x}-\boldsymbol{\mu})\right)}{\sqrt{(2\pi)^{k}\det\boldsymbol{\Sigma}}} \tag{1.2}$$

其中，$\boldsymbol{x}$ 表示一个二维的实数列向量，均值 $\boldsymbol{\mu}$ 是一个二维实数列向量，协方差矩阵 $\boldsymbol{\Sigma}$ 是一个 2×2 的对称正定矩阵[⊖]，$\det\boldsymbol{\Sigma}$ 表示 $\boldsymbol{\Sigma}$ 的行列式。

图 1.6 描述了一个二元高斯密度，其参数 $\boldsymbol{\mu}=[0,0]^{\mathrm{T}}$，协方差矩阵为

$$\boldsymbol{\Sigma}=\begin{bmatrix}1 & 0\\0 & 1\end{bmatrix}=\boldsymbol{I}$$

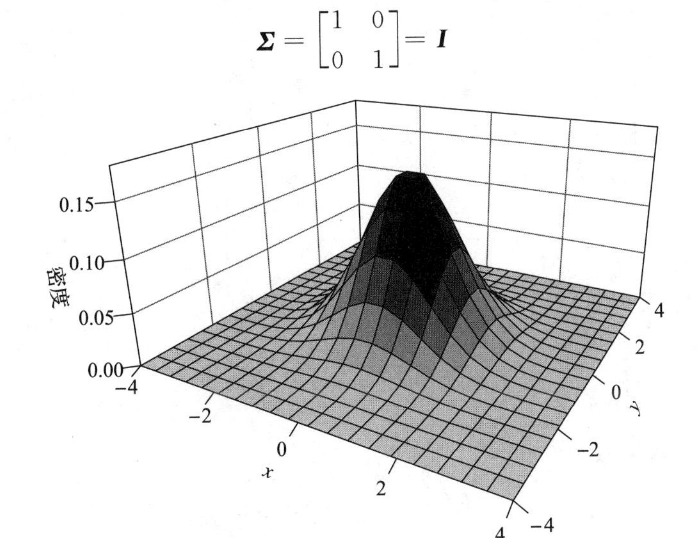

图 1.6 二元高斯密度

定义 14(乘积 σ 代数与乘积空间) 给定两个可测空间(W_1，Ω_1)和(W_2，Ω_2)，定义乘积 σ 代数 $\Omega_1\otimes\Omega_2$ 为

$$\Omega_1\otimes\Omega_2=\sigma(\{\omega_1\times\omega_2\,|\,\omega_1\in\Omega_1,\omega_2\in\Omega_2\})$$

注意，$\Omega_1\otimes\Omega_2$ 不同于笛卡儿积 $\Omega_1\times\Omega_2$，这是因为它是由来自 Ω_1 与 Ω_2 的成对元素的所有可能笛卡儿积生成的最小 σ 代数。

接下来定义乘积空间(W_1，Ω_1)×(W_2，Ω_2)为

$$(W_1,\Omega_1)\times(W_2,\Omega_2)=(W_1\times W_2,\Omega_1\otimes\Omega_2)$$

考虑定义在概率空间(W，Ω，μ)上的两个随机变量 X 和 Y，它们的可测空间分别为(S_1，Σ_1)与(S_2，Σ_2)。定义函数 XY 使得 $XY(w)=(X(w),Y(w))$。这样的函数是一个定义在相同概率空间和乘积可测空间(S_1，Σ_1)×(S_2，Σ_2)上的随机变量[Chow & Teicher, 2012]。例如，两个取值分别为 x_i 与 y_j，联合分布为 $P(X,Y)$ 的离散型随机变量 X 和 Y 可解释为一个值为(x_i，y_j)、分布为 $P((X,Y))$ 的随机变量 XY。因此，若用随机变量的一个向量(或集合)替换一个随机变量，下述结论也成立。我们通常用大写粗体字母如 $\boldsymbol{X}$，$\boldsymbol{Y}$，…表示随机向量，用粗体小写字母如 $\boldsymbol{x}$，$\boldsymbol{y}$，…表示随机向量的取值。

定义 15(条件概率) 给定两个离散型随机变量 X 和 Y 以及它们的取值 x 和 y，若 $P(X)>0$，定义条件概率 $P(x|y)$ 为

⊖ 其所有特征值都是正值。

$$P(x|y) = \frac{P(x,y)}{P(y)}$$

若 $P(y)=0$，则 $P(x|y)$没有定义。

$P(x|y)$提供了在给定随机变量 Y 的观测值为 y 时，随机变量 X 的概率分布。根据条件概率的定义，可以得到重要的乘积原理：

$$P(x,y) = P(x|y)P(y)$$

即用条件分布来表示联合分布。

此外，交换 x 和 y 的位置可以得到 $P(x, y)=P(y|x)P(x)$，由于上述两个表达式相等，则可得到贝叶斯公式

$$P(x|y) = \frac{P(y|x)P(x)}{P(y)}$$

现在考虑两个离散随机变量 X 和 Y，X 取有限个观测值$\{x_1, \cdots, x_n\}$且记 Y 的观测值为 y，由于 X 是一个函数，所以集合

$$X^{-1}(\{x_1\}) \cap Y^{-1}(\{y\}), \cdots, X^{-1}(\{x_n\}) \cap Y^{-1}(\{y\})$$

两两不交，且

$$Y^{-1}(y) = X^{-1}(\{x_1\}) \cap Y^{-1}(\{y\}) \cup \cdots \cup X^{-1}(\{x_n\}) \cap Y^{-1}(\{y\})$$

考虑到概率测度具有可加性，因此：

$$P(X \in \{x_1, \cdots, x_n\}, y) = P(y) = \sum_{i=1}^{n} P(x_i, y)$$

这就是概率论中的加法原理，也可以表示为

$$P(y) = \sum_x P(x,y)$$

加法原理从一个联合分布中消去一个随机变量，也就是说，对该随机变量求和并对联合分布做了边缘化。

对连续型随机变量，当 $p(y)>0$ 时，可以类似地定义条件概率密度 $p(X|y)$为

$$p(x|y) = \frac{p(x,y)}{p(y)}$$

同时可以获得测量值 Y 的加法原理和乘法原理的形式：

$$p(x,y) = p(x|y)p(y)$$

$$p(y) = \int_{-\infty}^{\infty} p(x,y)\mathrm{d}x$$

当 X 分别为离散型和连续型随机变量时，也可分别定义条件期望为

$$E(X|y) = \sum_x xP(x|y)$$

$$E(X|y) = \int_{-\infty}^{+\infty} xp(x|y)\mathrm{d}x$$

对于连续型随机变量，我们以一个测量值 y 的形式来证明 Y。在很多实际情形下(如高斯分布)，对 Y 的所有取值 y，都有 $P(y)=0$，因此条件概率 $P(X\in \omega_1, y)$没有定义，这就是著名的 Borel-Kolmogorov 悖论[Gyenis et al.，2017]。

在某些情形下，上述悖论可通过定义如下条件概率密度得到解决：

$$P(X \in \omega_1 | y) = \lim_{dv \to 0} \frac{P(X \in \omega_1, Y \in [y - dv/2, y + dv/2])}{P(Y \in [y - dv/2, y + dv/2])}$$

但极限并不总有定义。

定义 16(独立与条件独立)　两个随机变量 X 与 Y 相互独立，当且仅当对任意 $P(y)>0$ 都有 $P(x|y)=P(x)$，记为 $I(X, Y, \varnothing)$。在给定 Z 时，两个随机变量 X 与 Y 条件独立，当且仅当对任意 $P(y, z)>0$ 都有 $P(x|y, z)=P(x|z)$，记为 $I(X, Y, Z)$。

1.6　概率图模型

使用一系列的随机变量来描述一个域(domain)通常很方便。例如，一个家用入侵检测系统能用下列随机变量来描述：

- 地震(E)，若地震发生则记为 t，否则记为 f。
- 盗窃(B)，若盗窃发生则记为 t，否则记为 f。
- 警铃(A)，若警铃响则记为 t，否则记为 f。
- 邻居电话(N)，若接到邻居电话则记为 t，否则记为 f。

这些随机变量可以描述这个家用入侵检测系统在某一具体时刻(比如前一天晚上)的具体情形。我们想要回答类似下面的问题：

- 发生盗窃的概率是多少？(计算 $P(B=t)$，信念计算。)
- 在已知接到邻居电话的条件下，发生盗窃的概率是多少？(计算 $P(B=t|N=t)$，信念更新。)
- 在地震发生且接到邻居电话的条件下，发生盗窃的概率是多少？(计算 $P(B=t|N=t, E=t)$，信念更新。)
- 在地震发生且接到邻居电话的条件下，发生盗窃和警铃响起的概率分别是多少？(计算 $P(A=t, B=t|N=t, E=t)$，信念更新。)
- 在接到邻居电话的条件下，发生盗窃的最可能的概率值是多少？(计算 $\arg\max_b P(b|N=t)$，信念修改。)

当给赋予这些随机变量因果关系时，以上问题也称为：

- 诊断问题：计算 $P(\text{cause}|\text{symptom})$。
- 预测问题：计算 $P(\text{symptom}|\text{cause})$。

另一个推理问题是分类问题，计算 $\arg\max_{\text{class}} P(\text{class}|\text{data})$。

一般而言，我们想计算在给定证据 $\boldsymbol{e}$(随机变量 $\boldsymbol{E}$ 的一组赋值)下查询 $\boldsymbol{q}$(随机变量 $\boldsymbol{Q}$ 的一组赋值)发生的概率 $P(\boldsymbol{q}|\boldsymbol{e})$。这个问题称为推理。若 $\boldsymbol{X}$ 是由描述域的随机变量构成的集合，且已知其联合概率分布为 $P(\boldsymbol{X})$，即对所有的 x，$P(x)$都已知。利用条件概率的定义和加法原理，我们能回答所有类型的查询：

$$P(\boldsymbol{q}|\boldsymbol{e})=\frac{P(\boldsymbol{q},\boldsymbol{e})}{P(\boldsymbol{e})}=\frac{\sum_{\boldsymbol{y},\boldsymbol{Y}=\boldsymbol{X}\setminus\boldsymbol{Q}\setminus\boldsymbol{E}}P(\boldsymbol{y},\boldsymbol{q},\boldsymbol{e})}{\sum_{\boldsymbol{z},\boldsymbol{Z}=\boldsymbol{X}\setminus\boldsymbol{E}}P(\boldsymbol{z},\boldsymbol{e})}$$

然而，如果有 n 个二元随机变量($|\boldsymbol{X}|=n$)，易知其联合分布需要存储 $O(2^n)$个不同的值。即使我们有存储所有 2^n个不同的值的空间，计算 $P(\boldsymbol{q}|\boldsymbol{e})$也需要进行 $O(2^n)$次运算。因此，在实际问题中这种方法并不实用，必须考虑其他方法。

首先要注意，如果 $\boldsymbol{X}=\{X_1, \cdots, X_n\}$的一个取值 X 是元组$(x_1, \cdots, x_n)$，也称为一个联合随机事件，且有

$$\begin{aligned}P(x)=P(x_1,\cdots,x_n)=&\\&P(x_n|x_{n-1},\cdots,x_1)P(x_{n-1},\cdots,x_1)=\\&\cdots\\&P(x_n|x_{n-1},\cdots,x_1)\cdots P(x_2|x_1)P(x_1)=\end{aligned}\tag{1.3}$$

$$\prod_{i=1}^{n} P(x_i \mid x_{i-1},\cdots,x_1)$$

其中式(1.3)是通过重复应用乘法原理得到，这个公式就是所谓的链式法则。

若已知对每个变量 X_i 有一个 $\{X_{i-1},\ \cdots,\ X_1\}$ 的子集 Pa_i，在给定 Pa_i 的条件下，X_i 与 $\{X_{i-1},\ \cdots,\ X_1\}\setminus\mathrm{Pa}_i$ 条件独立，即当 $P(x_{i-1},\ \cdots,\ x_1)>0$ 时，有

$$P(x_i \mid x_{i-1},\cdots,x_1) = P(x_i \mid \mathrm{pa}_i)$$

于是可得到：

$$\begin{aligned} P(x) &= P(x_1,\cdots,x_n) = P(x_n \mid x_{n-1},\cdots,x_1)\cdots P(x_2 \mid x_1)P(x_1) \\ &= P(x_n \mid \mathrm{pa}_n)\cdots P(x_2 \mid \mathrm{pa}_1)P(x_1 \mid \mathrm{pa}_1) \\ &= \prod_{i=1}^{n} P(x_i \mid \mathrm{pa}_i) \end{aligned}$$

因此，为了计算 $P(x)$，对所有的 x_i 和 a_i，必须存储 $P(x_i \mid \mathrm{pa}_i)$。值 $P(x_i \mid \mathrm{pa}_i)$ 的集合称为随机变量 X_i 的条件概率表(CPT)。如果 Pa_i 比 $\{X_{i-1},\ \cdots,\ X_1\}$ 小很多，则可节省很多空间。例如，若 Pa_i 的最大规模为 k，则存储空间需求量是 $O(n2^k)$ 而不是 $O(2^n)$。所以考虑随机变量间的独立性是非常重要的，这是因为它们能加快推理速度。方法之一就是借助于图模型，这是一种可表示独立性的图结构。

图模型的一个例子是贝叶斯网(BN)[Pearl，1988]，其用有向图描绘了一组随机变量。图中每个结点代表一个随机变量，若 $X_j \in \mathrm{Pa}_i$，则有一条从 X_j 到 X_i 的边。Pa_i 中的随机变量实际上也称为 X_i 的父结点，称 X_i 为 Pa_i 中每个结点的子结点。考虑 $\mathrm{Pa}_i \subseteq \{X_{i-1},\ \cdots,\ X_1\}$，则 X_i 的父结点将总有一个小于 i 的下标，且序列 $\{X_1,\ \cdots,\ X_n\}$ 是图的拓扑排序，因此形成一个无环图。一个带有条件概率表 $P(x_i \mid \mathrm{pa}_i)$ 的贝叶斯网定义了一个联合概率分布。

例10 (**Alarm-贝叶斯网**)　对于家用入侵检测系统和随机变量序列 $\langle E,\ B,\ A,\ N\rangle$，我们可以识别下列独立性：

$$\begin{aligned} P(e) &= P(e) \\ P(b \mid e) &= P(b) \\ P(a \mid b,e) &= P(a \mid b,e) \\ P(n \mid a,b,e) &= P(n \mid a) \end{aligned}$$

由以上式子可得到图1.7中的贝叶斯网，同时也给出了条件概率表。

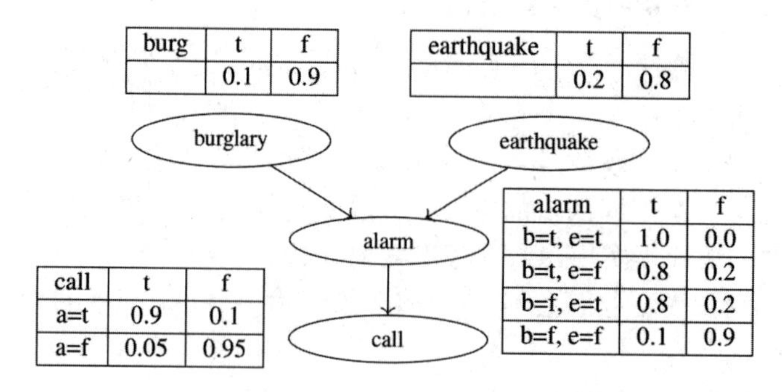

图1.7　贝叶斯网的例子　◀

当一个条件概率表只包含0.0和1.0两个值时，子结点对父结点的依赖是确定的，且条件概率表可以用一个函数表示：给定父结点的值，子结点的值是完全确定的。例如，若

随机变量是布尔类型，则一个确定的条件概率表可以用 AND 或 OR 布尔函数表示。

一个结点的祖先结点和子孙结点的概念可定义为父子关系的传递闭包：如果存在一条从 X_i 到 X_j 的有向路径，则 X_i 是 X_j 的祖先结点，X_j 是 X_i 的后代结点。用 ANC(X)和 DESC(X)分别表示 X 的祖先结点和后代结点的集合。

从贝叶斯网的定义可知，给定父结点，一个随机变量独立于它的祖先结点。但是，贝叶斯网允许运用 d-分隔的概念识别独立关系。

定义 17(d 分隔[Murphy，2012]) 在贝叶斯网中的一条无向路径 P 是指一条连接两个结点但不考虑边的方向的路径。

一条无向路径 P 被结点集 $\boldsymbol{C}$ 作 d 分隔，当且仅当下列条件至少满足一个：

- P 包含一条链，$S \to M \to T$ 或 $S \leftarrow M \leftarrow T$，其中 $M \in \boldsymbol{C}$。
- P 包含一个分叉，$S \leftarrow M \to T$，其中 $M \in \boldsymbol{C}$。
- P 包含一个对撞，$S \to M \leftarrow T$，其中 $M \notin \boldsymbol{C}$ 且 $\forall X \in \mathrm{DESC}(M): X \notin \boldsymbol{C}$。

给定集合 $\boldsymbol{C}$，两个随机变量集合 $\boldsymbol{A}$ 与 $\boldsymbol{B}$ 是 d 分隔的，当且仅当每一个结点 $A \in \boldsymbol{A}$ 到 $B \in \boldsymbol{B}$ 的每一条无向路径都被集合 $\boldsymbol{C}$ 作 d 分隔。

给定集合 $\boldsymbol{C}$，可以证明 $\boldsymbol{A}$ 独立于 $\boldsymbol{B}$，当且仅当给定 $\boldsymbol{C}$ 时 $\boldsymbol{A}$ 与 $\boldsymbol{B}$ 是 d 分隔的，因此条件独立和 d 分隔是等价的。

一个随机变量的父结点、子结点以及父结点的其他子结点构成的集合使该随机变量与其他的随机变量 d 分隔，这就形成一个充分的结点集，使得该变量独立于所有其他随机变量。这样的结点集称为一个马尔可夫覆盖，见图 1.8。

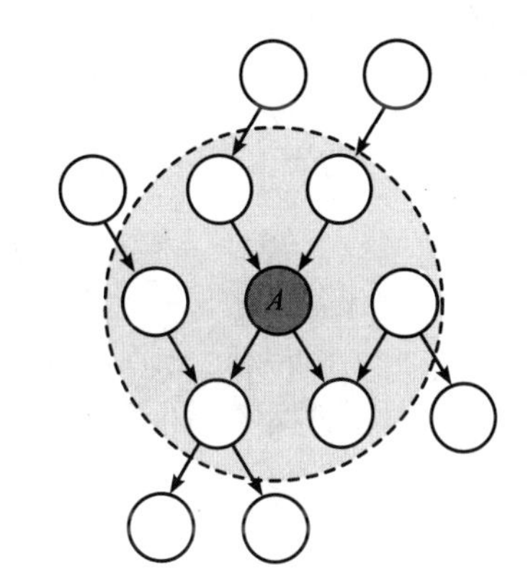

图 1.8 马尔可夫覆盖(https://commons.wikimedia.org/wiki/File:Diagram_of_a_Markov_blanket.svg)

图模型是一种描述联合分布的分解的方法。贝叶斯网以条件概率方式表示分解。一般地，一个分解模型具有下面的形式：

$$P(\boldsymbol{x}) = \frac{\prod_{i=1}^{m} \phi_i(\boldsymbol{x}_i)}{Z}$$

其中，每个 $\phi_i(\boldsymbol{x}_i)(i=1, \cdots, m)$是一个位势或因子，它是定义在 $\boldsymbol{X}$ 的子集 $\boldsymbol{X}_i$ 上的非负函数。因子表示为 ϕ，$\psi\cdots$。

由于上面分式的分子可能不是一个概率分布(所有分子的和可能不为 1)，因此加入分母 Z 使其成为一个概率分布，其中 Z 的表达式为

$$Z = \sum_{\boldsymbol{x}} \prod_{i} \phi_i(\boldsymbol{x}_i)$$

即 Z 是分子上所有可能值的和。所以 Z 是归一化常数，也称为分割函数。

一个位势 $\phi_i(\boldsymbol{x}_i)$可视为一个表格，对于 $\boldsymbol{X}_i$ 中的随机变量的值的所有可能组合，该表格返回一个非负数。由于所有的位势都是非负的，对所有 $\boldsymbol{x}$ 都有 $P(x) \geqslant 0$。这样，位势以如下的方式影响概率分布：在所有其他值都相等的前提下，随机变量值的一个组合的较大位势对应于 $\boldsymbol{X}$ 的实例的较大概率值。

例如，假设讨论的问题域是一个大学里学生的智力与学习表现的关系，定义位势为随机变量智力(Intelligent)和优秀成绩(GoodMarks)的函数，随机变量 Intelligent 和 GoodMarks 分别表示一个学生是否聪明和该学生能否取得优秀成绩。位势可表示为下表：

Intellignet	GoodMarks	$\phi_i(I, G)$
false	false	4.5
false	true	4.5
true	false	1.0
true	true	4.5

其中聪明但没有获得好成绩的学生的位势值明显低于其他几种组合。

可认为一个贝叶斯网定义了一个分解模型，该模型将每个结点族(指一个结点和其父结点)的位势定义为 $\phi_i(x_i, \mathrm{pa}_i)=P(x_i|\mathrm{pa}_i)$。容易看出，在这种情形下 $Z=1$。

如果所有的位势严格为正，那么可以用指数函数 $\exp(w_i f_i(\boldsymbol{x}_i))$ 替换每个特征 $\phi_i(\boldsymbol{x}_i)$，其中 w_i 是一个实数，称为权重；$f_i(\boldsymbol{x}_i)$ 是一个将 $\boldsymbol{X}_i$ 的值映射为实数(通常是 $\{0, 1\}$)的函数，称为特征。如果所有的位势严格为正，则重新参数化总是可能的。此时，分解模型变为

$$P(\boldsymbol{x})=\frac{\exp(\sum_i w_i f_i(\boldsymbol{x}_i))}{Z}$$

$$Z=\sum_x \exp(\sum_i w_i f_i(\boldsymbol{x}_i))$$

这也称为对数线性模型，因为联合概率的对数是特征的线性函数。对应前面位势例子的特征的一个例子是

$$f_i(\text{Intelligent}, \text{GoodMarks})=\begin{cases}1 & \neg \text{Intelligent} \vee \text{GoodMarks} \\ 0 & \text{其他}\end{cases}$$

在这个例子中，若 $w_i=1.5$，则对随机变量 I、G 的任意取值 i、g 来说，$\phi_i(i, g)=\exp(w_i f_i(i, g))$ 都成立。

马尔可夫网(MN)或马尔可夫随机场[Pearl，1988]是一个描述分解模型的无向图。在马尔可夫网中，每个随机变量都表示为一个结点，且在位势的域中每对成对出现的结点间由一条边连接。换言之，每个位势的域中的结点构成一个团，即为一个完全连接的结点的子集。

例11　(大学-马尔可夫网)　图1.9给出了大学问题的马尔可夫网。网中包括前面的位势集，以及涉及三个随机变量 GoodMarks、CouDifficulty 和 TeachAbility 的位势。

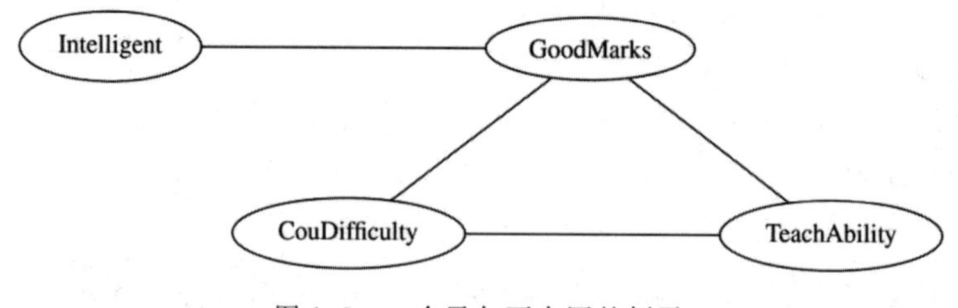

图1.9　一个马尔可夫网的例子

和贝叶斯网一样，马尔可夫网也能从图中识别独立性。在一个对任意 $\boldsymbol{x}$ 都有 $P(\boldsymbol{x})>0$(严格正分布)的马尔可夫网中，给定集合 $\boldsymbol{C}$，两个随机变量集合 $\boldsymbol{A}$ 和 $\boldsymbol{B}$ 相互独立，当且仅当从每一个结点 $A\in\boldsymbol{A}$ 到每一个结点 $B\in\boldsymbol{B}$ 的每条路径都经过集合 $\boldsymbol{C}$ 的某一个元素[Pearl，1988]。这样一个随机变量的马尔可夫覆盖正是它的邻集。故从一个图中识别独立性比从贝叶斯网中识别容易得多。

马尔可夫网和贝叶斯网，一个能识别独立性而另一个不能[Pearl，1988]，因此它们的

表达能力是不可比的。马尔可夫网的优势在于可以更方便地定义位势/特征，这是因为它们不必遵从条件概率必须遵守的归一化原则。此外，很难对一个马尔可夫网的参数进行解释，因为它们对联合分布的影响依赖于整个位势集，而在贝叶斯网中，由于参数是条件概率，所以解释和估计都较容易。

给定一个贝叶斯网，通过对图进行修正，可得到一个与该贝叶斯网表示相同的联合分布的马尔可夫网。方法如下：为每对含共同子结点的结点间（即配对的父结点）添加一条边，然后将图中所有边变为无向边。用这种方法，贝叶斯网中的每个族$\{X_i,\ \mathrm{Pa}_i\}$形成马尔可夫网中的一个团，其位势为$\phi_i(x_i,\ \mathrm{pa}_i)=P(x_i\,|\,\mathrm{pa}_i)$。

给定一个马尔可夫网，可得到一个等价的贝叶斯网，该贝叶斯网中将每个随机变量表示为一个结点，每个位势ϕ_i表示为一个布尔型结点F_i。随后添加各条边，使得一个位势结点能将其范围内的所有结点作为父结点。图1.10中的贝叶斯网等价于图1.9中的马尔可夫网。

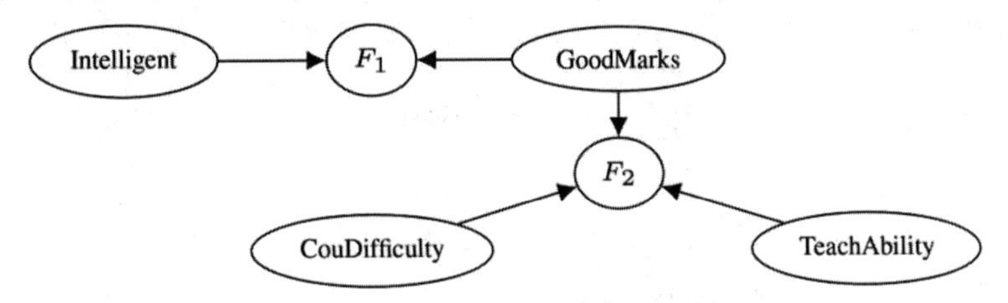

图1.10　等价于图1.9中马尔可夫网的贝叶斯网

结点F_i的条件概率表为

$$P(F_i=1\,|\,\boldsymbol{x}_i)=\frac{\varphi_i(\boldsymbol{x}_i)}{C_i}$$

其中C_i是一个依赖于位势的常数，这样可保证上式的值是一个概率值，即值总在区间[0，1]上。C_i的值是可选的，只要$C_i\geqslant\max_{\boldsymbol{x}_i}\phi(\boldsymbol{x}_i)$即可，例如，可以选择$C_i=\max_{\boldsymbol{x}_i}\phi(\boldsymbol{x}_i)$或$C_i=\sum_{\boldsymbol{x}_i}\phi_i(\boldsymbol{x}_i)$。条件概率表为每个随机变量结点指派一个均匀概率值，即$P(x_j)=1/k_j$，其中k_j是X_j的值的个数。

这样贝叶斯网的联合条件分布$P(\boldsymbol{x}\,|\,\boldsymbol{F}=1)$等价于马尔可夫网的联合条件分布。事实上：

$$\begin{aligned}P(\boldsymbol{x},\boldsymbol{F}=1)&=\prod_i P(F_i=1\,|\,x_i)\prod_j P(x_j)=\prod_i\frac{\phi_i(\boldsymbol{x}_i)}{C_i}\prod_j\frac{1}{k_j}\\&=\frac{\prod_i\phi_i(\boldsymbol{x}_i)}{\prod_i C_i}\prod_j\frac{1}{k_j}\end{aligned}$$

且

$$P(\boldsymbol{x}\,|\,\boldsymbol{F}=1)=\frac{P(\boldsymbol{x},\boldsymbol{F}=1)}{P(\boldsymbol{F}=1)}=\frac{P(\boldsymbol{x},\boldsymbol{F}=1)}{\sum_{x'}P(\boldsymbol{x}',\boldsymbol{F}=1)}$$

$$=\frac{\dfrac{\prod_i\phi_i(x_i)}{\prod_i C_i}\prod_j\dfrac{1}{k_j}}{\sum_{x'}\dfrac{\prod_i\phi_i(x'_i)}{\prod_i C_i}\prod_j\dfrac{1}{k_j}}=\frac{\dfrac{1}{\prod_i C_i}\prod_j\dfrac{1}{k_j}\prod_i\phi_i(\boldsymbol{x}_i)}{\dfrac{1}{\prod_i C_i}\prod_J\dfrac{1}{k_j}\sum_{x'}\prod_i\phi_i(\boldsymbol{x}'_i)}=\frac{\prod_i\phi_i(\boldsymbol{x}_i)}{Z}$$

因此，对一个查询 $\boldsymbol{q}$，当马尔可夫网给定证据 $\boldsymbol{e}$ 时，可使用等价的贝叶斯网计算 $P(\boldsymbol{q}|\boldsymbol{e}, \boldsymbol{F}=1)$ 来进行回答。◀

倘若将条件结点集扩展加入因子结点，等价的贝叶斯网可表达与马尔可夫网相同的条件独立性，这样一个在马尔可夫网中成立的独立性 $I(\boldsymbol{A}, \boldsymbol{B}, \boldsymbol{C})$ 也将在等价的贝叶斯网中以 $I(\boldsymbol{A}, \boldsymbol{B}, \boldsymbol{C} \cup \boldsymbol{F})$ 的形式成立。例如，给定因子结点 F_i，一对来自一个因子的范围 $\boldsymbol{X}_i$ 中的结点总不是相互独立的，无论任何结点被加到条件结点集中，这是 d-分隔造成的，就如马尔可夫网中它们构成了一个团。

第三种类型的图模型是因子图(Factor Graph，FG)，它可描述广义的分解模型。一个因子图是无向、二分的，即图中结点划分为两个不相交的集合，一个为随机变量集，另一个为因子集，图中每条边的两个端点分别属于两个集合。一个因子对应于模型中的一个位势。一个因子图中包含一条连接每个因子和其域内所有随机变量的边，因此从一个因子图中能立即识别模型中的分解。图1.11给出表示图1.9中分解模型的因子图。

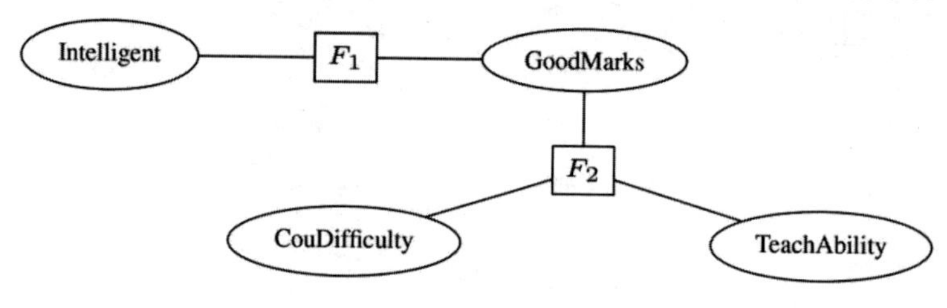

图1.11　一个因子图的例子

因子图对于表示推理算法特别有用，特别是因子图在表示信念传播的公式时比贝叶斯网和马尔可夫网更为简便。

概率逻辑程序语言

研究人员提出了多种将逻辑程序与概率理论结合的方法。这些方法大致分为两类：基于分布语义（Distribution Semantics，DS）[Sato，1995]的方法和沿用知识库模型构造（Knowledge Base Model Construction，KBMC）的方法。

在第一类方法使用的语言中，使用一个不带函数符号的概率逻辑程序来定义正规逻辑程序（我们称其为世界）上的概率分布。为定义一个查询的概率，这一分布可扩展为查询和世界的联合分布。通过对联合分布进行边缘化（即对世界求和），则可得到查询的概率。对于带函数符号的概率逻辑程序，定义较为复杂，我们将在第 3 章中讨论。

通过对子句的随机选择过程进行表达，可定义程序的分布。每个选择生成一个子句的可能的版本，且选择的集合与概率分布相关联。基于分布语义的各种语言的不同之处在于它们各自对选择的表达方式不同。但是，在所有语言中，选择都是相互独立的。

与此不同的是，在知识库模型构造方法中，一个概率逻辑程序以紧凑、简洁的方式表达大的图模型（一个 BN 或 MN）。在知识库模型构造方法中，程序的语义定义为从程序到图模型的映射，即一个程序可理解为构建图模型的方法。

2.1 基于分布语义的语言

基于分布语义的各种语言的区别表现在：它们表达子句选择的方法不同，对这些子句的概率的表述也不相同。读者在 2.4 节中将会看到，这些语言都具有相同的表达能力。这表明语言间的差别仅仅是语法层面上的，同时也证明了分布语义的合理性。

2.1.1 带标注析取的逻辑程序

在带标注析取的逻辑程序（Logic Programs with Annotated Disjunction，LPAD）[Vennekens et al.，2004]中，选择表达为子句的标注析取头。一个标注析取子句 C_i 形如：

$$h_{i1}:\Pi_{i1};\cdots;h_{in_i}:\Pi_{in_i} \leftarrow b_{i1},\cdots,b_{im_i}$$

其中 h_{i1}，…，h_{in_i} 是逻辑原子，b_{i1}，…，b_{im_i} 是逻辑文字，Π_{i1}，…，Π_{in_i} 是区间[0，1]上的实数，且有 $\sum_{k=1}^{n_i}\Pi_{ik}=1$。一个带标注析取的逻辑程序是一个由标注析取子句构成的有穷集。

通过从一个标注析取子句的每个基例示的头中选取一个原子，即构成一个世界。

例 12（医学症状-LPAD） 下面的 LPAD 将医学症状的表现建模为疾病的结果。一个人如果患了流感或花粉症，则会打喷嚏：

```
sneezing(X) : 0.7 ; null : 0.3 ← flu(X).
sneezing(X) : 0.8 ; null : 0.2 ← hay_fever(X).
flu(bob).
hay_fever(bob).
```

第一个子句理解为：若 X 患了流感，则其打喷嚏的概率为 0.7，而不打喷嚏的概率为 0.3。类似地，第二个子句理解为：若 X 患了花粉症，则 X 打喷嚏的概率为 0.8，而不打喷嚏的概率为 0.2。与其他基于分布语义的语言一样，此处原子 null 没有出现在任何子句的体中，该原子用于表示没有选择任何原子的情形。也可将其删去后得到：

```
sneezing(X) : 0.7 ← flu(X).
sneezing(X) : 0.8 ← hay_fever(X).
flu(bob).
hay_fever(bob).
```

从此例中可以看到，LPAD 以一种自然的方式表达程序中的因果机制：流感和花粉症是打喷嚏的或然原因，因为即使患了流感或花粉症，打喷嚏或不打喷嚏都有可能。2.8 节中将对分布语义（特别是带标注析取的逻辑程序）和因果推理间的关系进行讨论。◀

2.1.2　ProbLog

ProbLog[De Raedt et al.，2007]的设计思想源于希望对 Prolog 进行最简单的概率化扩展。在 ProbLog 中，替换选择表示为如下的概率化事实：

$$\Pi_i :: f_i$$

其中 $\Pi_i \in [0, 1]$ 且 f_i 是一个原子。上式表示 f_i 的每个基例示 $f_i\theta$ 为真的概率为 Π_i，为假的概率是 $1-\Pi_i$。对所有概率化事实的基例示的一种选择即生成一个世界。

例 13（医学症状- ProbLog）　例 12 可表示为如下 ProbLog 形式：

```
sneezing(X) ← flu(X), flu_sneezing(X).
sneezing(X) ← hay_fever(X), hay_fever_sneezing(X).
flu(bob).
hay_fever(bob).
0.7 :: flu_sneezing(X).
0.8 :: hay_fever_sneezing(X).
```
◀

2.1.3　概率 Horn 溯因

概率 Horn 溯因（Probabilistic Horn Abduction，PHA）[Poole，1993b]和独立选择逻辑（Independent Choice Logic，ICL）[Poole，1997]利用事实表示可选项，称为析取语句，形式如下：

$$\text{disjoint}([a_{i1} : \Pi_{i1}, \cdots, a_{in_i} : \Pi_{in_i}])$$

其中每个 a_{ik} 是一个逻辑原子，每个 Π_{ik} 是区间[0，1]上的一个数且 $\sum_{k=1}^{n_i} \Pi_{ik} = 1$。借助其基例示可对这样的语句进行解释：对语句中原子所做的每一基替换 θ，各 $a_{ik}\theta$ 都是随机的可选项，且各 $a_{ik}\theta$ 为真的概率分别是 Π_{ik}。从程序中每个析取语句的各个不同基例示中选取一个原子，则生成一个世界。事实上，一个析取语句的每个不同的基例示都对应于一个随机变量，该随机变量和语句中的可选项具有相同个数的取值。

例 14（医学症状- ICL）　例 12 可以采用独立选择逻辑表示为如下形式：

```
sneezing(X) ← flu(X), flu_sneezing(X).
sneezing(X) ← hay_fever(X), hay_fever_sneezing(X).
flu(bob).
hay_fever(bob).
```

```
disjoint([flu_sneezing(X) : 0.7, null : 0.3]).
disjoint([hay_fever_sneezing(X) : 0.8, null : 0.2]).
```
◀

在 ICL、LPAD 和 ProbLog 中，对概率化子句的每个基例示都与一个随机变量相关联。该随机变量对于 ICL 和 IPAD 具有和可选项/析取头相同个数的值，对于 ProbLog 则具有两个值。这个随机变量对应于一个概率化子句的不同基例示，它是独立同分布(Independent and Identically Distributed，IID)的。

2.1.4　PRISM

PRISM 语言[Sato & Kameya，1997]类似于 PHA/ICL，但借助谓词 msw/3(*多项开关*)引入了随机事实：

$$msw(SwitchName, TrialId, Value)$$

该谓词的第一个参数是一个*随机转换名称*，代表一个离散随机变量的集合；第二个参数 TrialId 是一个整数；第三个参数代表之前变量的值。一个转换的所有可能值的集合由如下的事实定义：

$$values(SwitchName, [v_1, \cdots, v_n])$$

其中 SwitchName 仍然代表一个转换的名称，每个 v_i 是一个项。每一对基例化后的(SwitchName，TrialId)表示一个不同的随机变量，与相同的转换相关联的随机变量集是独立同分布的。

与 SwitchName 相关联的随机变量的值上的概率分布由下式定义：

$$\leftarrow set\_sw(SwitchName, [\Pi_1, \cdots, \Pi_n])$$

其中 Π_i 是变量 SwitchName 取值为 v_i 的概率。为每个随机转换的每个 TrialId 选取一个值，即生成一个世界。

例 15 **(抛硬币-PRISM)**　对抛硬币过程的建模显示了不同概率逻辑程序语言在表示独立同分布随机变量时的区别。假定已知硬币 c_1 不是公平的，但对 c_1 的所有抛掷结果都具有相同的概率。也就是说，对 c_1 的每一次抛掷的结果都来自独立同分布随机变量的集合。用 PRISM 方式表示为

```
values(c1, [head, tail]).
←set_sw(c1, [0.4, 0.6])
```

谓词 msw/3 的参数 TrialId 可用于标识对 c_1 的每次不同的抛掷。

在 PHA/ICL 和其他许多概率逻辑程序语言中，语句 disjoint/1 的每个基例示都表示一个不同的随机变量，因此独立同分布的随机变量需要借助语句的基例示模式进行表示，比如：

```
disjoint([coin(c1,TossNumber, head) : 0.4,
  coin(c1,TossNumber, tail) : 0.6]).
```

在实践中，PRISM 系统接受一个 msw/2 谓词，其中的原子都不包含 TrialId，且它在程序中的每次出现都视为与一个不同的新变量关联。◀

例 16 **(医学症状-PRISM)**　在 PRISM 中，例 14 可表示为

```
sneezing(X) ← flu(X), msw(flu_sneezing(X), 1).
sneezing(X) ← hay_fever(X), msw(hay_fever_sneezing(X), 1).
flu(bob).
hay_fever(bob).

values(flu_sneezing(_X), [1, 0]).
```

values(hay_fever_sneezing (_X), [1, 0]).
← set_sw(flu_sneezing (_X), [0.7, 0.3]).
← set_sw(hay_fever_sneezing (_X), [0.8, 0.2]). ◀

2.2 不带函数符号的程序的分布语义

由于 ProbLog 的语法最简单，我们首先给出其分布语义。一个 ProbLog 程序 $\mathcal{P}$ 由一个正规规则集 $\mathcal{R}$ 和一个概率化事实集 $\mathcal{F}$ 构成。一个概率化事实形如 $\Pi_i::f_i$，其中 $\Pi_i \in [0, 1]$且 f_i 是一个原子[⊖]，该事实表示 f_i 的每个基例示 $f_i\theta$ 为真的概率是 Π_i，为假的概率是 $1-\Pi_i$。对每个概率化事实的基例化进行不同选择则得到不同的世界。

一个原子选择指明了一个概率化事实 $F=p::f$ 的基例示 $f\theta$ 是否被选取，它表示为一个三元组(f, θ, k)，其中 $k\in\{0, 1\}$。$k=1$ 表示该事实被选取，$k=0$ 则表示未被选。若一个原子选择的集合 κ 不包含两个原子选择(f, θ, k)和$(f, \theta, j)$$(k\neq j$，即每一基例化的概率事实只选择一个替换选项)，则是协调的。若 κ 是协调的，则函数 consistent(κ)返回值为真。一个复合选择 κ 的概率是

$$P(\kappa)=\prod_{(f_i,\theta,1)\in\kappa}\Pi_i\prod_{(f_i,\theta,0)\in\kappa}(1-\Pi_i)$$

一个选取 σ 是一个完全复合的选择，即对每个概率事实的每个基例示，只包含其中的一个原子选择。称由一个选取 σ 识别的一个逻辑程序为一个世界 w_σ。w_σ 由原子构成，其中每一原子对应于 σ 的每个原子选择$(f, \theta, 1)$。

一个世界 w_σ 的概率是 $P(w_\sigma)=P(\sigma)$。本节中讨论不含函数符号的程序，因此每个概率事实的基例示集是有穷的，且由世界 $W_\mathcal{P}$ 构成的集合也是有穷的。相应地，对一个 ProbLog 程序 $\mathcal{P}$，$W_\mathcal{P}=\{w_1, \cdots, w_m\}$。此外，$P(w)$是一个在世界上的分布：$\sum_{w\in W_\mathcal{P}}P(w)=1$。若一个程序的每个世界都有一个二值的良基模型(WFM)，则称这个程序是可靠的。这里只考虑可靠程序，非可靠程序参见 2.9 节。

令 q 是以基原子形式表达的一个查询。对给定世界 w，查询的条件概率 q 定义为：若 q 在 w 中为真，则 $P(q|w)=1$，否则为 0。由于程序是可靠的，在此世界中 q 只可能取真或假两个值。这样，通过对查询和世界的联合分布中的世界求和，可计算出 q 的概率：

$$P(q)=\sum_w P(q,w)=\sum_w P(q|w)P(w)=\sum_{w\models q}P(w) \tag{2.1}$$

由于一个世界中的基原子合取式是合适定义的，上式也可用于计算基原子合取式 $q_1, \cdots, q_n$ 的概率。对以基原子的合取式形式 $e_1, \cdots, e_m$ 出现的证据 e，我们可用下式计算查询 q 的条件概率：

$$P(q|e)=\frac{P(q,e)}{P(e)} \tag{2.2}$$

也可通过定义一个概率空间来为查询 q 指派一个概率。由于 $W_\mathcal{P}$ 是有穷的，则$(W_\mathcal{P}, \mathbb{P}(W_\mathcal{P}))$是一个可测空间。对任一 $\omega\in\mathbb{P}(W_\mathcal{P})$，定义 $\mu(\omega)$如下：

$$\mu(\omega)=\sum_{w\in\omega}P(w)$$

其中世界 $P(w)$的概率如前述定义。这样，容易看出$(W_\mathcal{P}, \mathbb{P}(W_\mathcal{P}), \mu)$是一个有穷可加概率空间。

⊖ 有时我们使用 $\mathcal{F}$ 表示包含原子 f_i 的集合，$\mathcal{F}$ 的具体含义可根据上下文确定。

给定一个基原子 q，定义函数 $Q:W_{\mathcal{P}}\rightarrow\{0,1\}$ 如下：

$$Q(w)=\begin{cases}1 & w\vDash q\\0 & \text{其他}\end{cases}\tag{2.3}$$

由于事件的集合是幂集，则对所有 $\gamma\subseteq\{0,1\}$ 有 $Q^{-1}(\gamma)\in\mathbb{P}(W_{\mathcal{P}})$，且 Q 是一个随机变量。Q 的分布由 $P(Q=1)$ 定义（$P(Q=0)$ 由 $1-P(Q=1)$ 计算），且 $P(Q=1)$ 表示为 $P(q)$。

现在 $P(q)$ 可计算如下：

$$P(q)=\mu(Q^{-1}(\{1\}))=\mu(\{w|w\in W_{\mathcal{P}},w\vDash q\})=\sum_{w\vDash q}P(w)$$

这样可得到与式(2.1)相同的结果。

由世界上的分布也可导出解释上的分布，即给定一个解释 I，对于给定世界 w 的条件概率 I 定义为：若 I 是 w 的模型($I\vDash w$)，则 $P(I|w)=1$，否则为 0。这样解释上的分布可由一个类似于式(2.1)的公式给出：

$$P(I)=\sum_{w}P(I,w)=\sum_{w}P(I|w)P(w)=\sum_{I\vDash w}P(w)\tag{2.4}$$

对满足 $P(I)>0$ 的所有解释 I，由于它们是至少一个世界的解释，我们称这样的解释为可能模型。

现在定义函数 $\boldsymbol{I}:W_{\mathcal{P}}\rightarrow\{0,1\}$ 如下：

$$\boldsymbol{I}(I)=\begin{cases}1 & I\vDash w\\0 & \text{其他}\end{cases}\tag{2.5}$$

对所有 $\gamma\subseteq\{0,1\}$，有 $\boldsymbol{I}^{-1}(\gamma)\in\mathbb{P}(W_{\mathcal{P}})$，因此 $\boldsymbol{I}$ 是概率空间($W_{\mathcal{P}}$，$\mathbb{P}(W_{\mathcal{P}})$，$\mu$)的一个随机变量。$\boldsymbol{I}$ 的分布由 $P(\boldsymbol{I}=1)$ 定义，且 $P(\boldsymbol{I}=1)$ 表示为 $P(I)$。

现在 $P(I)$ 可计算如下：

$$P(I)=\mu(\boldsymbol{I}^{-1}(\{1\}))=\mu(\{w|w\in W_{\mathcal{P}},I\vDash w\})=\sum_{I\vDash w}P(w)$$

这样得到与式(2.4)相同的结果。

通过定义一个查询 q 对于给定解释的条件概率并对 I 作边缘化，可从解释的分布计算得到 q 的概率，这里对于解释的条件概率定义为若 $I\vDash q$，则 $P(q|I)=1$，否则为 0，由此得到：

$$P(q)=\sum_{I}P(q,I)=\sum_{I}P(q|I)P(I)=\sum_{I\vDash q}P(I)=\sum_{I\vDash q,I\vDash w}P(w)\tag{2.6}$$

这样，对一个查询为真时所有可能模型的概率求和，可得到该查询的概率。

例 17 **(医学症状-世界-ProbLog)** 考虑例 13 中的程序，该程序具有 4 个世界，分别为

```
w1 = {                              w2 = {
    flu_sneezing(bob).
    hay_fever_sneezing(bob).            hay_fever_sneezing(bob).
   }                                   }
P(w1) = 0.7 × 0.8                   P(w2) = 0.3 × 0.8
w3 = {                              w4 = {

    flu_sneezing(bob).
   }                                   }
P(w3) = 0.7 × 0.2                   P(w4) = 0.3 × 0.2
```

查询 sneezing(bob)在三个世界中为真，其概率为

$$P(\text{sneezing(bob)})=0.7\times0.8+0.3\times0.8+0.7\times0.2=0.94$$

注意取自两个子句的成分是析取联结的。因此，计算查询的概率需要借助于两个独立

的布尔型随机变量的析取式的概率计算规则：

$$P(a \vee b)=P(a)+P(b)-P(a)P(b)=1-(1-P(a))(1-P(b))$$

本例中，$P(\text{sneezing(bob)})=0.7+0.8-0.7\cdot 0.8=0.94$。◀

现在我们给出带标注析取的逻辑程序的语义。一个子句

$$C_i=h_{i1}:\Pi_{i1};\cdots;h_{in_i}:\Pi_{in_i}\leftarrow b_{i1},\cdots,b_{im_i}$$

代表一个概率子句的集合，每个概率子句是 C_i 的一个基例示 $C_i\theta$。每个基例化的概率子句代表对 n_i 个正规子句的一个选择，每一个正规子句形如：

$$h_{ik}\leftarrow b_{i1},\cdots,b_{im_i}$$

其中 $k=1$，…，n_i。此外，另一个子句

$$\text{null}\leftarrow b_{i1},\cdots,b_{im_i}$$

是隐式表达的，且与概率 $\Pi_0=1-\sum_{k=1}^{n_i}\Pi_k$ 关联。对带标注析取的逻辑程序 P 而言，一个原子选择是在概率子句 C_i 的一个基例示 $C_i\theta_j$ 的头原子中所做的一个选取，包括原子 null。此种情形下一个原子选择表示为一个三元组(C_i，θ_j，k)，其中 θ_j 是一个基替换，$k\in\{0,1,\cdots,n_i\}$。一个原子选择表示一个形如 $X_{ij}=k$ 的等式，其中 X_{ij} 是一个与 $C_i\theta_j$ 关联的随机变量。对原子选择的协调集、复合选择的协调集和复合选择的概率的定义与 ProbLog 中对应概念的定义相同。此外，一个选取 σ 是一个完全复合选择(含每个概率子句的每个基例示的一个原子选择)。一个选取 σ 可识别一个逻辑程序 w_σ(一个世界)，该程序中所含的正规子句通过选取每个原子选择(C_i，θ，k)的头原子 $h_{ik}\theta$ 得到：

$$\begin{aligned}w_\sigma=\{(h_{ik}\leftarrow b_{i1},\cdots,b_{im_i})\theta\mid(C_i,\theta,k)\in\sigma,\\ C_i=h_{i1}:\Pi_{i1};\cdots;h_{in_i}:\Pi_{in_i}\leftarrow b_{i1},\cdots,b_{im_i},C_i\in\mathcal{P}\}\end{aligned}$$

对于 ProbLog，w_σ 的概率是 $P(w_\sigma)=P(\sigma)=\prod_{(C_i,\theta_j,k)\in\sigma}\Pi_{ik}$，由世界 $W_P=\{w_1,\cdots,w_m\}$ 构成的集合是有穷的，且 $P(w)$ 是在世界上的一个分布。

若 q 是一个查询，可关于 ProbLog 定义 $P(q|w)$，且 q 的概率由式(2.1)给出。

例18（医学症状-世界-LPAD）　例12的 LPAD 有4个世界：

```
w1 = {
        sneezing(bob) ← flu(bob).
        sneezing(bob) ← hay_fever(bob).
        flu(bob).  hay_fever(bob).
     }
P(w1) = 0.7 × 0.8
w2 = {
        null ← flu(bob).
        sneezing(bob) ← hay_fever(bob).
        flu(bob).  hay_fever(bob).
     }
P(w2) = 0.3 × 0.8
w3 = {
        sneezing(bob) ← flu(bob).
        null ← hay_fever(bob).
        flu(bob).  hay_fever(bob).
     }
P(w3) = 0.7 × 0.2
```

$w_4 = \{$

null ← flu(bob).
null ← hay_fever(bob).
flu(bob). hay_fever(bob).

$\}$

$P(w_4) = 0.3 \times 0.2$

sneezing(bob)在 3 个世界中都为真，其概率是

$$P(\text{sneezing(bob)}) = 0.7 \times 0.8 + 0.3 \times 0.8 + 0.7 \times 0.2 = 0.94$$ ◀

2.3 示例程序

本节将给出一些示例程序以便更好地说明概率逻辑程序语言的语法和语义。

例 19 **(详细医学症状-LPAD)** 下列 LPAD[1]采用比例 12 更为详尽的方式对医学症状进行了描述：

```
strong_sneezing(X) : 0.3 ; moderate_sneezing(X) : 0.5 ←
  flu(X).
strong_sneezing(X) : 0.2 ; moderate_sneezing(X) : 0.6 ←
  hay_fever(X).
flu(bob).
hay_fever(bob).
```

此处子句的头中有 3 个替换项，其中与原子 null 相关联的那个是隐式表达的。该程序有 9 个世界，查询 strong_sneezing(bob)在其中的 5 个世界为真，其概率 P(strong_sneezing(bob))=0.44。 ◀

例 20 **(硬币问题-LPAD)** 文献[Vennekens et al.，2004]中的硬币问题表示如下[2]：

```
heads(Coin) : 1/2 ; tails(Coin) : 1/2 ←
  toss(Coin), ~biased(Coin).
heads(Coin) : 0.6 ; tails(Coin) : 0.4 ←
  toss(Coin), biased(Coin).
fair(Coin) : 0.9 ; biased(Coin) : 0.1.
toss(coin).
```

第一个子句表示如果我们抛掷一个无偏好的硬币，那么正面朝上和背面朝上的概率相等。第二个子句表示如果硬币是有偏好的，则正面朝上的概率稍大。第三个子句表示硬币无偏好的概率为 0.9，有偏好的概率为 0.1。最后一个子句表示确定地抛掷硬币。该程序有 8 个世界，查询 heads(coin)在其中 4 个为真，且其概率为 0.51。 ◀

例 21 **(火山喷发问题-LPAD)** 本例的 LPAD[3]取自[Riguzzi & Di Mauro，2012]，其受意大利斯特罗姆博利岛的形态特征启发生成：

```
C1 = eruption : 0.6 ; earthquake : 0.3 :- sodden_energy_release,
     fault_rupture(X).
C2 = sodden_energy_release : 0.7.
C3 = fault_rupture(southwest_northeast).
C4 = fault_rupture(east_west).
```

斯特罗姆博利岛位于两条地质断层的交汇处，一条是西南-东北走向，另一条则为东

[1] http://cplint.eu/e/sneezing.pl
[2] http://cplint.eu/e/coin.pl
[3] http://cplint.eu/e/eruption.pl

西走向。意大利三座活火山中的一座就位于该岛上。该程序对在斯特罗姆博利岛发生火山喷发或地震的可能性进行建模。程序中各语句的含义为：如果岛下有突然的能量释放和断层断裂，则岛上发生火山喷发的概率为0.6，发生地震的概率为0.3，发生能量释放的概率为0.7，且两个基层均会发生断裂。

子句 C_1 有两个基例示，$C_1\theta_1$ 的 θ_1 定义如下：

$$\theta_1 = \{X/\text{southwest\_northeast}\}$$

和 $C_2\theta_2$ 的 θ_2 定义如下：

$$\theta_2 = \{X/\text{east\_west}\}$$

而语句 C_2 有一个单一的基例示 $C_2\varnothing$。因为 C_1 有三个头原子，C_2 有两个头原子，所以程序有3×3×2个世界。查询 eruption 在其中五个世界中为真，且其概率是 $P(\text{eruption})=0.6\cdot0.6\cdot0.7+0.6\cdot0.3\cdot0.7+0.6\cdot0.1\cdot0.7+0.3\cdot0.6\cdot0.7+0.1\cdot0.6\cdot0.7=0.588$。◀

例22（蒙蒂霍尔问题-LPAD）　蒙蒂霍尔问题[Baral et al.，2009]是指由蒙蒂霍尔主持的电视游戏节目。在该节目中，玩家必须在三扇关闭的门中选择一扇门并打开。在这三扇门中，其中一扇后面有奖品，而其余两扇后什么东西都没有。玩家选择一扇门后，蒙蒂霍尔开启剩下的没有奖品的一扇门，并问玩家要不要换另一扇仍然关上的门。该游戏的问题就是要确定如果玩家换另一扇门，是否会增加获奖的概率？下面的程序提供了一个解决方案[㊀]，奖品在每扇门后的概率相同：

prize(1):1/3;prize(2):1/3;prize(3):1/3

玩家选择1号门：

selected(1)

如果1号门后面有奖品，那么蒙蒂霍尔打开2号门和3号门的概率都为0.5：

open_door(2):0.5;open_door(3):0.5 ← prize(1)

如果3号门后面有奖品，那么蒙蒂霍尔打开2号门：

open_door(2) ← prize(3)

如果2号门后面有奖品，那么蒙蒂霍尔打开3号门：

open_door(3) ← prize(2)

如果玩家已经选择了有奖品的门，那么玩家保持选择并获得奖品：

win_keep ← prize(1)

如果后面有奖品的门没有被选中，那么玩家改变选择并获得奖品：

win_switch ← prize(2),open door(3)

win_switch ← prize(3),open door(2)

查询 win_keep 和 win_switch 的概率分别为1/3和2/3。因此，玩家应该改变选择。注意如果在玩家所选择的门后有奖品的情况下改变蒙蒂霍尔打开门的概率分布，则改变选择后获得奖品的概率是相同的。◀

例23（三囚徒谜题-LPAD）　下面的程序[㊁]取自文献[Riguzzi et al.，2016a]的三囚徒谜题。Grünwald 和 Halpern[2003]将该问题描述如下：

三个囚犯 a，b，c 中的两个要被执行死刑，但是 a 不知道是谁。因此，a 认为任意一

㊀ http://cplint.eu/e/monty.swinb

㊁ http://cplint.eu/e/jail.swinb

个人 $i\in\{a, b, c\}$ 被执行死刑的概率为 2/3。a 对狱警说："由于 b 或 c 肯定会被执行死刑，如果你告诉我一个将要被执行死刑的人的名字(b 或 c)，你就不会告诉我关于我的机会的任何信息。"但是，不管狱警怎么说，a 天真地相信他被处死的概率由 2/3 下降到 1/2。

每个囚犯是安全的的概率为 1/3：

safe(a)：1/3； safe(b)：1/3； safe(c)：1/3

如果 a 是安全的，那么狱警判识其他两位中的一位将被执行死刑的概率是均匀随机的：

tell_executed(b)：1/2； tell_executed(c)：1/2 ← safe(a)

否则，狱警判识将要被执行死刑的那一个：

tell_executed(b) ← safe(c)

tell_executed(c) ← safe(b)

狱警如果能判识某人将被执行死刑，他会说出来：

tell ← tell_executed(_)

如果 a 是安全的并且狱警确实说了话，那么狱警说完话后 a 是安全的。

safe_after_tell：— safe(a)，tell

通过计算 safe(a)和 safe_after_tell 的概率，我们得知其概率都是 1/3。因此，狱警的话并不能改变 a 安全的概率。

我们也可利用条件概率得到该结论：在狱警说话的条件下 safe(a)的概率是

$$P(\text{safe}(a)\mid\text{tell})=\frac{P(\text{safe}(a),\text{tell})}{P(\text{tell})}=\frac{P(\text{safe\_after\_tell})}{P(\text{tell})}=\frac{1/3}{1}=1/3$$

这是由于 tell 的概率是 1。◀

例 24 (俄罗斯双枪轮盘赌-LPAD) 下面的程序[⊖]是对俄罗斯双枪轮盘赌的建模[Bara et al.，2009]。扣左侧枪的扳机导致玩家死亡的概率和扣右侧枪的扳机导致玩家死亡的概率都为 1/6：

```
death : 1/6 ← pull_trigger(left_gun).
death : 1/6 ← pull_trigger(right_gun).
pull_trigger(left_gun).
pull_trigger(right_gun).
```

通过查询死亡的概率，可以得到玩家死亡的可能性。◀

例 25 (孟德尔遗传规律-LPAD) Blockeel[2004]给出一个程序[⊜]用以表示豌豆植株颜色的遗传规律。一株豌豆的颜色由一种有两种形式(紫色 p 和白色 w)的基因(称为等位基因)决定。对于一对染色体上的颜色基因来说，每一种植物都有两个等位基因。cg(X，N，A)表明植株 X 在染色体 N 上有等位基因 A。程序如下：

```
color(X, white) ← cg(X, 1, w), cg(X, 2, w).
color(X, purple) ← cg(X, _A, p).
cg(X, 1, A) : 0.5 ; cg(X, 1, B) : 0.5 ←
  mother(Y, X), cg(Y, 1, A), cg(Y, 2, B).
cg(X, 2, A) : 0.5 ; cg(X, 2, B) : 0.5 ←
  father(Y, X), cg(Y, 1, A), cg(Y, 2, B).
mother(m, c).  father(f, c).
cg(m, 1, w).  cg(m, 2, w).  cg(f, 1, p).  cg(f, 2, w).
```

⊖ http://cplint.eu/e/trigger.pl

⊜ http://cplint.eu/e/mendel.pl

程序中的事实表明 c 是 m 和 f 的后代，m 的等位基因是 ww，f 的等位基因是 pw。析取规则表示这样一个事实：后代从母亲那里继承1号染色体上的等位基因，从父亲那里继承2号染色体上的等位基因。特别地，父母的每个等位基因有50%的概率被传递下来。有关颜色的确定子句表述这样一个事实：如果至少一个等位基因是 p，即等位基因 p 是起支配作用的，那么植物的颜色就是紫色。同样地，血型的遗传规律也可以用带标注析取的逻辑程序表示[1]。 ◀

例 26（**路径概率-LPAD**） 在分布语义下概率逻辑程序的一个有趣应用计算一个图中任意两个结点间某条路径的概率，该图中每条边上都带一个概率值[2]，程序如下：

$\mathrm{path}(X,X).$
$\mathrm{path}(X,Y) \leftarrow \mathrm{path}(X,Z), \mathrm{edge}(Z,Y).$
$\mathrm{edge}(a,b):0.3 \quad \mathrm{edge}(b,c):0.2. \quad \mathrm{edge}(a,c):0.6.$

该程序用Problog编写，文献[De Raedt et al.，2007]用其计算两个生物概念在BIOMINE网络[Sevon et al.，2006]中相关的概率。 ◀

分布语义下的概率逻辑程序可表示贝叶斯网络[Vennekens et al，2004]，方法是：用基原子表示每个随机变量的值，条件概率表(CPT)中的每一行表示为一条规则，其中父结点值作为规则的体，子结点值的概率分布则出现在规则的头中。

例 27（**警报贝叶斯网-LPAD**） 出于可读性考虑，我们在图2.1中重复使用了例10中的贝叶斯网，它可编码为如下程序[3]：

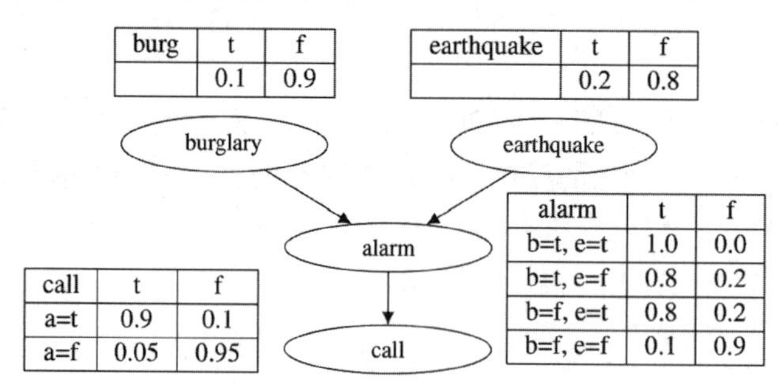

图2.1　一个贝叶斯网络的例子

$\mathrm{burg}(t):0.1;\mathrm{burg}(f):0.9.$
$\mathrm{earthquake}(t):0.2;\mathrm{earthquake}(f):0.8.$
$\mathrm{alarm}(t) \leftarrow \mathrm{burg}(t), \mathrm{earthq}(t).$
$\mathrm{alarm}(t):0.8;\mathrm{alarm}(f):0.2 \leftarrow \mathrm{burg}(t), \mathrm{earthq}(f).$
$\mathrm{alarm}(t):0.8;\mathrm{alarm}(f):0.2 \leftarrow \mathrm{burg}(f), \mathrm{earthq}(t).$
$\mathrm{alarm}(t):0.1;\mathrm{alarm}(f):0.9 \leftarrow \mathrm{burg}(f), \mathrm{earthq}(f).$
$\mathrm{call}(t):0.9;\mathrm{call}(f):0.1 \leftarrow \mathrm{alarm}(t).$
$\mathrm{call}(t):0.05;\mathrm{call}(f):0.95 \leftarrow \mathrm{alarm}(f).$ ◀

2.4　表达能力的等价性

为了说明所有这些语言具有相同的表达能力，我们将讨论不同语言间的概率结构之间的转换。

[1] http://cplint.eu/e/bloodtype.pl
[2] http://cplint.eu/e/path.swinb
[3] http://cplint.eu/e/alarm.pl

一个 PHA/ICL 与 PRISM 之间的映射将每个 PHA/ICL 的互斥语句转换为一个多分支的声明，其逆映射将一个多分支声明变换为一个 PHA/ICL 的互斥语句。从 PHA/ICL 和 PRISM 到 LPAD 之间的映射则是将每个互斥语句/多路切换声明转换为一个析取 LPAD 事实。

从 LPAD 到 PHA/ICL 的转换首次出现在文献[Vennekens & Verbaeten，2003]中，对于每个带 v 个变量(记为 $\overline{X}$)的子句 C_i，有

$$h_1:\Pi_1;\cdots;h_n:\Pi_n \leftarrow B$$

该映射通过添加 n 个新的谓词{choice_{i1}/v, …, choice_{in}/v}和一个互斥语句，将 C_i 重写为 PHA/ICL：

$$\begin{aligned}&h_1 \leftarrow B,\text{choice}_{i1}(\overline{X})\\&\vdots\\&h_n \leftarrow B,\text{choice}_{in}(\overline{X})\\&\text{disjoint}([\text{choice}_{i1}(\overline{X}):\Pi_1,\cdots,\text{choice}_{in}(\overline{X}):\Pi_n])\end{aligned}$$

例如，例 19 中描述医疗症状的 LPAD 的第一个子句被转换成如下子句：

strong_sneezing $(X) \leftarrow \text{flu}(X)$ $\text{choice}_{11}(X)$.
moderate_sneezing $(X) : 0.5 \leftarrow \text{flu}(X), \text{choice}_{12}(X)$.
disjoint $([\text{choice}_{11}(X) : 0.3, \text{choice}_{12}(X) : 0.5, \text{choice}_{13} : 0.2])$.

这里由于 null 不能出现在任何子句的体中，所以删除子句 null←flu(X)，choice_{13}。

最后，正如文献[De Raedt et al.，2008]所述，为了将 LPAD 转换为 ProbLog，每个带 v 个变量(记为 $\overline{X}$)的子句 C_i

$$h_1:\Pi_1;\cdots;h_n:\Pi_n \leftarrow B$$

被翻译成 ProbLog，翻译过程是通过对谓词{f_{i1}/v, …, f_{in}/v}添加 $n-1$ 个概率事实完成的：

$$\begin{aligned}&h_1 \leftarrow B,f_{i1}(\overline{X})\\&h_2 \leftarrow B,\sim f_{i1}(\overline{X}),f_{i2}(\overline{X})\\&\vdots\\&h_n \leftarrow B,\sim f_{i1}(\overline{X}),\cdots,\sim f_{in-1}(\overline{X})\\&\pi_1::f_{i1}(\overline{X})\\&\vdots\\&\pi_{n-1}::f_{in-1}(\overline{X})\end{aligned}$$

其中：

$$\begin{aligned}&\pi_1=\Pi_1\\&\pi_2=\frac{\Pi_2}{1-\pi_1}\\&\pi_3=\frac{\Pi_3}{(1-\pi_1)(1-\pi_2)}\\&\cdots\end{aligned}$$

通常

$$\pi_i=\frac{\Pi_i}{\prod_{j=1}^{i-1}(1-\pi_j)}.$$

注意，将 LPAD 转换到 ProbLog 时引入了否定，所引入的否定只涉及概率事实，因此只要原来的程序有一个二值模型，转换后的程序也有一个二值模型。

例如，例19中有关医疗症状的LPAD的第一个子句转换为

$\text{strong\_sneezing}(X) \leftarrow \text{flu}(X), f_{11}(X).$
$\text{moderate\_sneezing}(X):0.5 \leftarrow \text{flu}(X), \sim f_{11}(X), f_{12}(X).$
$0.3 :: f_{11}(X).$
$0.71428571428 :: f_{12}(X).$

2.5 将LPAD转换成贝叶斯网络

本节讨论如何将一个无环的基LPAD转换为贝叶斯网。首先对定义4进行扩充，定义LPAD的无环性质。在一个LPAD中，如果可以为每个基原子指定一个整数层级，以使每个基规则头部的每个原子的层级都相同，且比规则体中的每个原子的层级高，则称该LPAD是无环的。

一个无环的基LPAD $\mathcal{P}$可被转换为一个贝叶斯网$\beta(\mathcal{P})$[Vennekens et al.，2004]。将$\beta_{\mathcal{P}}$中的每个原子a关联到一个值为真(1)和假(0)的二值变量a，即生成$\beta(\mathcal{P})$。此外，对于ground($\mathcal{P}$)中每个如下形式的规则C_i：

$$h_1:\Pi_1;\cdots;h_n:\Pi_n \leftarrow b_1,\cdots,b_m,\sim c_1,\cdots,\sim c_l$$

将新变量ch_i(代表"选择规则C_i")添加到$\beta(\mathcal{P})$中。ch_i的父结点是b_1，…，b_m，c_1，…，c_l。ch_i的值是h_1，…，h_n和null，对应于各个头原子。ch_i的条件概率图CPT如下：

	…	$b_1=1$，…，$b_m=1$，$c_1=0$，…，$c_l=0$	…
$\text{ch}_i=h_1$	0.0	Π_1	0.0
…			
$\text{ch}_n=h_n$	0.0	Π_n	0.0
$\text{ch}_i=\text{null}$	1.0	$1-\sum_{i=1}^{n}\Pi_i$	1.0

该CPT可以表示为

$$P(\text{ch}_i \mid b_i,\cdots,c_l)=\begin{cases}\Pi_k & \text{ch}_i=h_k,b_i=1,\cdots,c_l=0\\ 1-\sum_{j=1}^{n}\Pi_j & \text{ch}_i=\text{null},b_i=1,\cdots,c_l=0\\ 1 & \text{ch}_i=\text{null},\neg(b_i=1,\cdots,c_l=0)\\ 0 & \text{其他}\end{cases} \tag{2.7}$$

若规则体为空，则ch_i的CPT如下：

$\text{ch}_1=h_1$	Π_1
…	
$\text{ch}_n=h_n$	Π_n
$\text{ch}_i=\text{null}$	$1-\sum_{i=1}^{n}\Pi_i$

此外，对于每个原子$a\in\mathcal{B}_{\mathcal{P}}$对应的变量$a$，其双亲是头部含$a$的规则$C_i$中的所有变量$\text{ch}_i$，$a$的CPT是下面的确定表格：

	至少有一个父结点等于 a	剩余的列
$a=1$	1.0	0.0
$a=0$	0.0	1.0

上表表示了以下函数：

$$a = f(\mathbf{ch}_a) = \begin{cases} 1 & \exists\, \mathrm{ch}_i \in \mathbf{ch}_a : \mathrm{ch}_i = a \\ 0 & \text{其他} \end{cases}$$

其中，$\mathbf{ch}_a$ 是 a 的双亲。注意，为了将含变量的 LPAD 转换为一个贝叶斯网络，必须对该 LPAD 进行基例化。

例 28 （LPAD 转换为贝叶斯网络） 考虑下面的 LPAD $\mathcal{P}$：

$$\begin{aligned} C_1 &= a_1 : 0.4 \,;\, a_2 : 0.3. \\ C_2 &= a_2 : 0.1 \,;\, a_3 : 0.2. \\ C_3 &= a_4 : 0.6 \,;\, a_5 : 0.4 \leftarrow a_1. \\ C_4 &= a_5 : 0.4 \leftarrow a_2, a_3. \\ C_5 &= a_6 : 0.3 \,;\, a_7 : 0.2 \leftarrow a_2, a_5. \end{aligned}$$

◀

其对应的网络 $\beta(\mathcal{P})$ 如图 2.2 所示，其中，a_2 和 ch_5 的 CPT 分别如表 2.1 和表 2.2 所示。

表 2.1 a_2 的条件概率表

ch_1，ch_2	a_1，a_2	a_1，a_3	a_2，a_2	a_2，a_3
$a_2=1$	1.0	0.0	1.0	1.0
$a_2=0$	0.0	1.0	0.0	0.0

表 2.2 ch_5 的条件概率表

a_2，a_5	1，1	1，0	0，1	0，0
$\mathrm{ch}_5=x_6$	0.3	0.0	0.0	0.0
$\mathrm{ch}_5=x_7$	0.2	0.0	0.0	0.0
$\mathrm{ch}_5=\mathrm{null}$	0.5	1.0	1.0	1.0

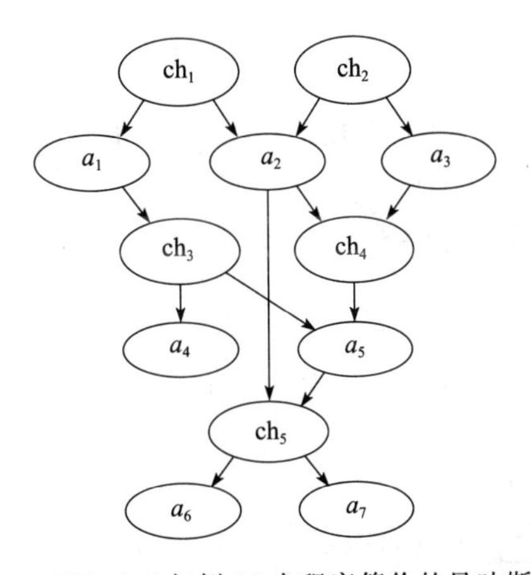

图 2.2 BN $\beta(\mathcal{P})$ 与例 28 中程序等价的贝叶斯网络

基程序 P 的另一种翻译 $\gamma(\mathcal{P})$ 包括 $\mathcal{B}_{\mathcal{P}}$ 中的每个原子 a 对应的随机变量 a 和 $\beta_{\mathcal{P}}$ 中的每个子句 C_i 对应的变量 ch_i。另外，$\gamma(\mathcal{P})$ 还包括布尔随机变量 body_i 和每个子句 C_i 对应的值为 $h_1 \cdots h_n$ 及 null 的随机变量 X_i。

body_i 的双亲为 b_1，…，b_m，c_1，…，c_l，其 CPT 表示确定的布尔函数 AND：

	…	$b_1=1$，…，$b_m=1$，$c_1=0$，…，$c_l=0$	…
$\text{body}_i=0$	1.0	0.0	1.0
$\text{body}_i=1$	0.0	1.0	0.0

若规则体为空，则 CPT 使 body_i 确定为真：

$\text{body}_i=0$	0.0
$\text{body}_i=1$	1.0

X_i 没有双亲且它的 CPT 是

$\text{ch}_i=h_1$	Π_1
…	
$\text{ch}_i=h_n$	Π_n
$\text{ch}_i=\text{null}$	$1-\sum_{i=1}^{n}\Pi_i$

ch_i 的双亲为 X_i 和 body_i，且确定的 CPT 为

body_i，X_i	0，h_1	…	0，h_n	0，null	1，h_1	…	1，h_n	1，null
$\text{ch}_i=h_1$	0.0	…	0.0	0.0	1.0	…	0.0	0.0
…								
$\text{ch}_i=h_n$	0.0	…	0.0	0.0	0.0	…	1.0	0.0
$\text{ch}_i=\text{null}$	1.0	…	1.0	1.0	0.0	…	0.0	1.0

ch_i 的定义如下：

$$\text{ch}_i = f(\text{body}_i, X_i) = \begin{cases} X_i & \text{body}_i = 1 \\ \text{null} & \text{body}_i = 0 \end{cases}$$

$\gamma(\mathcal{P})$中每个变量 a 的双亲是规则 C_i 中的变量 ch_i，C_i 的头部与 $\beta(\mathcal{P})$一样含有变量 a，且 CPT 与 $\beta(\mathcal{P})$相同。

$\gamma(\mathcal{P})$与子句 C_i 相关的部分如图 2.3 所示。

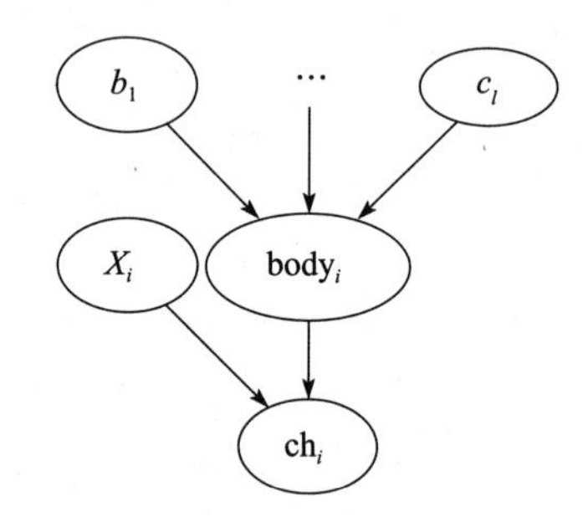

图 2.3 $\gamma(\mathcal{P})$与子句 C_i 相关的部分

若通过边缘化如下概率

$$P(\text{ch}_i, \text{body}_i, X_i \mid b_1, \cdots, b_m, c_1, \cdots, c_l)$$

来计算 $P(\text{ch}_i \mid b_1$，…，b_m，c_1，…，$c_l)$，可得到与 $\beta(\mathcal{P})$相同的依赖关系：

$$\begin{aligned} P= & (\text{ch}_i \mid b_1, \cdots, c_l) = \\ & = \sum_{x_i}\sum_{\text{body}_i} P(\text{ch}_i, \text{body}_i, x_i \mid b_1, \cdots, c_l) \\ & = \sum_{x_i}\sum_{\text{body}_i} P(\text{ch}_i \mid \text{body}_i, x_i) P(x_i) P(\text{body}_i \mid b_1, \cdots, c_l) \\ & = \sum_{x_i} P(x_i) \sum_{\text{body}_i} P(\text{ch}_i \mid \text{body}_i, x_i) P(\text{body}_i \mid b_1, \cdots, c_l) \end{aligned}$$

$$= \sum_{x_i} P(x_i) \sum_{\text{body}_i} P(\text{ch}_i \mid \text{body}_i, x_i) \begin{cases} 1 & \text{body}_i = 1, b_1 = 1, \cdots, c_l = 0 \\ 1 & \text{body}_i = 0, \neg(b_1 = 1, \cdots, c_l = 0) \\ 0 & \text{其他} \end{cases}$$

$$= \sum_{x_i} P(x_i) \sum_{\text{body}_i} \begin{cases} 1 & \text{ch}_i = x_i, \text{body}_i = 1, b_1 = 1, \cdots, c_l = 0 \\ 1 & \text{ch}_i = \text{null}, \text{body}_i = 0, \neg(b_1 = 1, \cdots, c_l = 0) \\ 0 & \text{其他} \end{cases}$$

$$= \sum_{x_i} P(x_i) \begin{cases} 1 & \text{ch}_i = x_i, b_1 = 1, \cdots, c_l = 0 \\ 1 & \text{ch}_i = \text{null}, \neg(b_1 = 1, \cdots, c_l = 0) \\ 0 & \text{其他} \end{cases}$$

$$= \begin{cases} \Pi_k & \text{ch}_i = h_k, b_i = 1, \cdots, c_l = 0 \\ 1 - \sum_{j=1}^{n} \Pi_j & \text{ch}_i = \text{null}, b_i = 1, \cdots, c_l = 0 \\ 1 & \text{ch}_i = \text{null}, \neg(b_i = 1, \cdots, c_l = 0) \\ 0 & \text{其他} \end{cases}$$

这与式(2.7)相同。

根据图 2.3 和 d-separation(参见定义 17)的使用，可知 X_i 变量序列中的任意两个都是无条件独立的，这是由于每一对之间都存在对撞 $X_i \rightarrow \text{ch}_i \leftarrow \text{body}_i$。

图 2.4 给出了例 28 的 $\gamma(\mathcal{P})$。

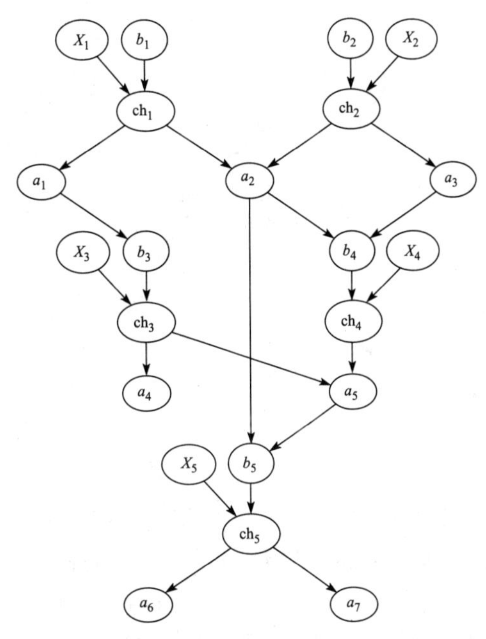

图 2.4 与例 28 中程序等价的 BN 的 $\gamma(\mathcal{P})$

2.6 分布语义的通用性

与基子句相关的随机变量独立性假设可能是受限的。但是，布尔随机变量间可表示为 BN 的任何概率关系都可以此方式建模。例如，对于涉及谓词 $a/1$、$b/1$ 和常量 i 的基原子 $a(i)$ 和 $b(i)$，若要建模二者间的一般依赖关系，可由图 2.5 中的 BN 表示。

$a(i)$ 与 $b(i)$ 上的联合概率分布 $P(a(i), b(i))$ 为

$$P(0,0) = (1 - p_1)(1 - p_2)$$
$$P(0,1) = (1 - p_1)(p_2)$$
$$P(1,0) = p_1(1 - p_3)$$
$$P(1,1) = p_1 p_3$$

该依赖关系可表示为 LPAD $\mathcal{P}$ 的如下带标注析取的逻辑程序：

$$C_1 = a(i) : p_1$$
$$C_2 = b(X) : p_2 \leftarrow a(X)$$
$$C_3 = b(X) : p_3 \leftarrow \sim a(X)$$

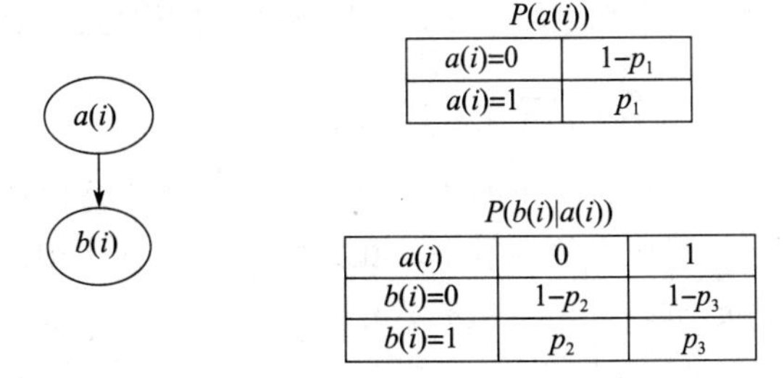

$P(a(i))$

$a(i)=0$	$1-p_1$
$a(i)=1$	p_1

$P(b(i) \mid a(i))$

$a(i)$	0	1
$b(i)=0$	$1-p_2$	$1-p_3$
$b(i)=1$	p_2	p_3

图 2.5 表示 $a(i)$ 和 $b(i)$ 间依赖关系的 BN

我们可将布尔随机变量 X_1，X_2，X_3 分别与 C_1，$C_2\{X/i\}$，$C_3\{X/i\}$关联，其中 X_1，X_2，X_3 是相互独立的。这三个随机变量生成八个世界。例如，$\neg a(i) \wedge \neg b(i)$在如下的世界中为真：

$$w_1 = \varnothing, \quad w_2 = \{b(i) \leftarrow a(i)\}$$

它们的概率为

$$P'(w_1) = (1-p_1)(1-p_2)(1-p_3)$$
$$P'(w_2) = (1-p_1)(1-p_2)p_3$$

因此

$$P'(\neg a(i), \neg b(i)) = (1-p_1)(1-p_2)(1-p_3) + (1-p_1)(1-p_2)p_3 = P(0,0)$$

类似地，我们可证明对于 $a(i)$和 $b(i)$的任意联合状态，分布 P 和 P'一致。

用上述程序表示 $a(i)$和 $b(i)$之间的依赖关系，等价于与用图 2.6 所示的网络 $\gamma(\mathcal{P})$表示图 2.5 中的 BN。

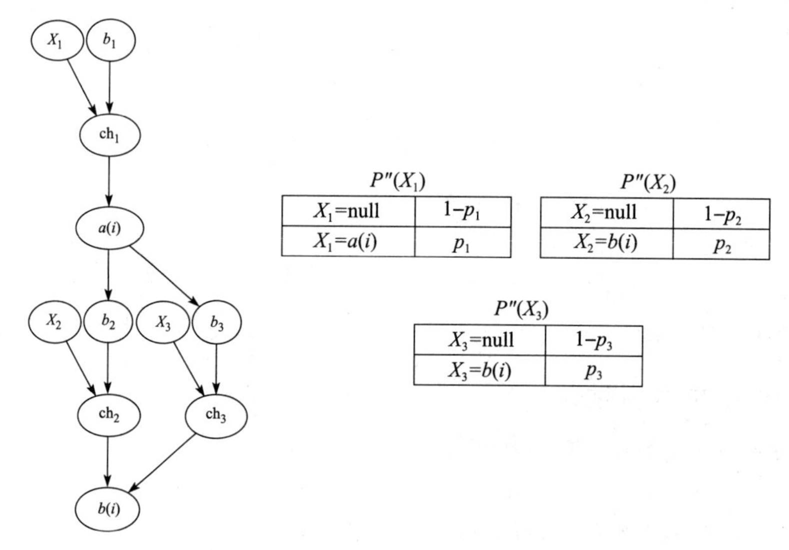

P″(X1)

X_1=null	$1-p_1$
$X_1=a(i)$	p_1

P″(X2)

X_2=null	$1-p_2$
$X_2=b(i)$	p_2

P″(X3)

X_3=null	$1-p_3$
$X_3=b(i)$	p_3

图 2.6　对 $a(i)$、$b(i)$、X_1、X_2、X_3 上的概率分布进行建模的 BN

由于 $\gamma(\mathcal{P})$定义了与 $\mathcal{P}$ 相同的概率分布，则由 $\gamma(\mathcal{P})$定义的分布 P 和 P''在变量 $a(i)$和 $b(i)$上是一致的，即对 $a(i)$和 $b(i)$的任意值，有

$$P(a(i), b(i)) = P''(a(i), b(i))$$

由图 2.6 可以清楚地知道 X_1、X_2、X_3 是无条件独立的，因此用独立的随机变量表示任意的依赖关系是可能的。这样就能用分布语义对基原子之间的一般依赖关系建模。

这也证实了 2.3 节和 2.5 节中的结果：在分布语义下，图模型可以转换为概率逻辑程序，反之，概率逻辑程序也可以转换为图模型。因此，这两种形式系统具有相同的表达能力。

2.7　分布语义的扩展

分布语义下的程序可能包含柔性概率[De Raedt & Kimmig，2015]，或包含依赖于程序计算所得值的概率。在此情形下，程序中的概率标注是变量，如文献[De Raedt & Kimmig，2015]中给出的程序[⊖]。

⊖　http://cplint.eu/e/flexprob.pl

```
red(Prob):Prob.

draw_red(R, G):-
  Prob is R/(R + G),
  red(Prob).
```

查询 draw_red(R, G)成功的概率与从缸中取出红色球的概率相同，其中 R 和 G 分别是缸中红色球和绿色球的数量。

柔性概率允许在推理过程中动态计算概率。然而，在推理过程中计算概率时，柔性概率必须是基例化的概率。许多推理系统通过对程序的形式施加约束来支持柔性概率的计算。

规则体中还可能包含元谓词(如 prob/2)的文字，用于计算一个原子的概率。因此，允许嵌套的或元概率计算[De Raedt & Kimming, 2015]。在对此特征的各种用法中，De Raedt 和 Kimming[2015]提到了两种：一种是滤除基于子查询概率的证明，另一种则是对组合规则的形式进行化简。

第一种用法的例子如下㊀：

```
a:0.2:-
  prob(b,P),
  P>0.1.
```

其中，只有当 b 的概率大于 0.1 时，a 成功的概率为 0.2。

第二种用法的例子如下㊁：

```
p(P):P.

max_true(G1, G2) :-
  prob(G1, P1),
  prob(G2, P2),
  max(P1, P2, P), p(P).
```

其中 max_true(G1, G2)表示成功的概率更大。

2.8 CP-Logic

CP-Logic[Vennekens et al., 2009]是一种表示因果法则的语言。它与 LPAD 有很多相似之处，但其具体目的是对概率因果关系进行建模。从语法上讲，CP-逻辑程序(或称 CP-理论)与带标注析取的逻辑程序是相同的㊂，它们都是由标注析取子句组成，这些析取子句解释为对于程序中一个子句的每一基例示：

$$h_1:\Pi_1;\cdots;h_m:\Pi_n \leftarrow B$$

B 表示一个事件，其作用是使得最多只有一个 h_i 为真，且 h_i 的概率值受 Π_i 影响。下面将介绍几个医学上的例子。

例 29 (**CP-逻辑程序——感染[Vennekens et al., 2009]**)　一个病人被细菌感染(infection)可能会导致肺炎(pneumonia)或心绞痛(angina)。反过来，心绞痛可以引起肺炎，肺炎也可以引起心绞痛。可用 CP-逻辑程序表示如下：

$$\text{angina}:0.2 \leftarrow \text{pneumonia} \tag{2.8}$$

$$\text{pneumonia}:0.3 \leftarrow \text{angina} \tag{2.9}$$

㊀ http://cplint.eu/e/meta.pl

㊁ http://cplint.eu/e/metacomb.pl

㊂ CP-逻辑的一些版本有更通用的语法，但这对于此处的讨论并不重要。

$$\text{pneumonia}:0.4;\text{angina}:0.1 \leftarrow \text{infection} \quad (2.10)$$

$$\text{infection} \quad (2.11)$$

CP-逻辑程序的语义由概率树给出，该概率树表示了程序中表达的事件的可能过程。我们首先考虑程序是正的情况，即规则体不包含负文字。◀

定义 18(正概率树)　程序 $\mathcal{P}$ 的概率树[⊖] T 是一棵树，其每个结点 n 上标记一个二值解释 $I(n)$和一个概率 $P(n)$。T 的构造过程如下：

- 根结点 r 的概率 $P(r)=1.0$，解释 $I(r)=\varnothing$。
- 每个内部结点 n 都与一个基子句 C_i 相关，使得 n 的所有祖先都与 C_i 无关，body(C_i)中的所有原子在 $I(n)$下都为真。

  对每个原子 $h_k\in\text{head}(C_i)$，n 都有一个孩子结点。第 k 个孩子的解释为 $I(n)\cup\{h_k\}$，概率为 $P(n)\cdot\Pi_k$。
- 根据上述规则，任何叶子与子句无关联。

一棵概率树定义了程序 $\mathcal{P}$ 的解释的概率分布 $P(I)$：一个解释 I 的概率是叶子结点 n 的概率之和，使得 $I=I(n)$。

例 2.11 对应的概率树如图 2.7 所示。解释的概率分布如下表：

I	{inf，pn，ang}	{inf，pn}	{inf，ang}	{inf}
$P(I)$	0.11	0.32	0.07	0.5

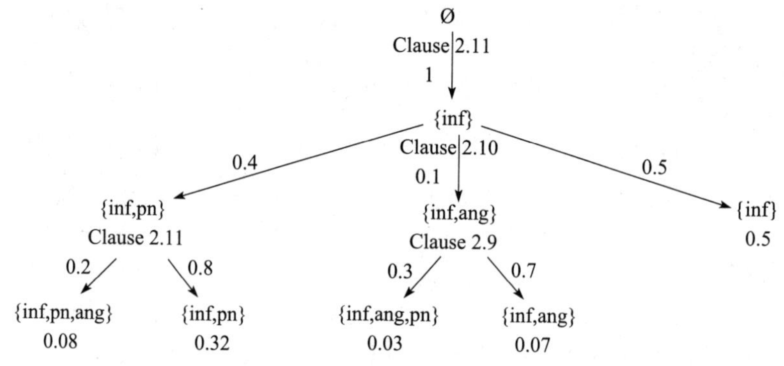

图 2.7　例 2.11 的概率树[Vennekens et al.，2009])

一个程序的概率树可能不止一棵，但 Vennekens 等人[2009]认为程序的所有概率树定义的概率分布都相同，所以能概称为程序 $\mathcal{P}$ 的概率树，这就定义了 CP-逻辑程序的语义。此外，每个程序至少有一棵概率树。

同时，Vennekens 等人[2009]也证明了用 LPAD 的语义定义的概率分布与用 CP-逻辑语义定义的概率分布是相同的，因此概率树是 LPAD 的分布语义的另一种表示。

若程序中包含否定，那么检查一个子句体的真值时必须仔细，因为一个当前不在 $I(n)$中的原子在此后可能会变为真。所以，我们必须确保对于 body(C_i)中的每个负文字～a，不能初始时就使正文字 a 在 $I(n)$中为真。

例 30 (CP-逻辑程序-肺炎[Vennekens et al.，2009])　一个人患有肺炎，如果不治疗，可能会发烧。

⊖ 此处我们沿用[Shterionov et al.，2015]中的简洁定义。

$$\text{pneumonia} \tag{2.12}$$

$$\text{treatment}:0.95 \leftarrow \text{pneumonia} \tag{2.13}$$

$$\text{fever}:0.7 \leftarrow \text{pneumonia}, \sim \text{treatment} \tag{2.14}$$

上述程序的两棵概率树分别如图 2.8 和图 2.9 所示。虽然两棵树都满足定义 18，但定义了两种不同的概率分布。图 2.8 中，子句 2.14 的体中包含负文字～treatment，该子句在 treatment 的真值仍可能为真时才能应用，如下一层结点所示。

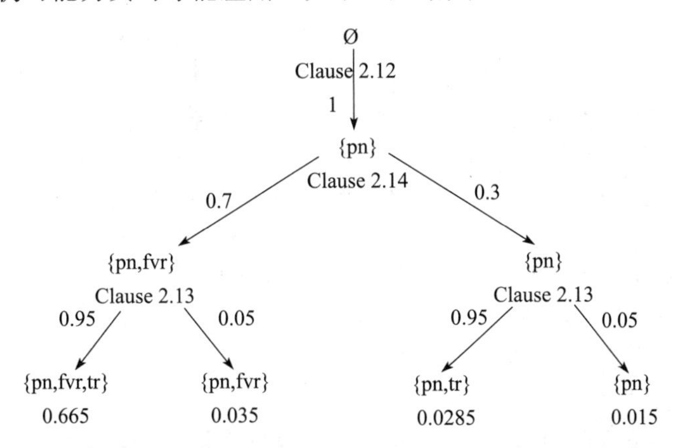

图 2.8　例 30 的一棵错误的概率树[Vennekens et al., 2009]

图 2.9 中则不同，子句 2.14 在含 treatment 的唯一规则已被触发时才得到应用，因此在第二层的结点的右孩子上，treatment 的真值不可能变为 true，且子句 2.14 的使用是安全的。◀

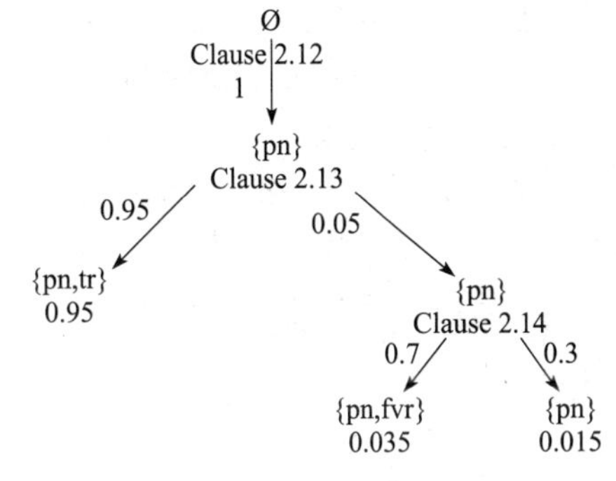

图 2.9　例 30 的概率树[Vennekens et al., 2009]

为了给出一个形式化的定义，我们需要使用下面的三值逻辑。一个三值逻辑中的合取式中若不含假文字，则其值要么为真，要么未定义。

定义 19(假设推导序列)　*在结点 n 中的一个假设推导序列 $(\mathcal{I}_i)_{0 \leqslant i \leqslant n}$ 是一个满足下列性质的三值解释序列：将 $\mathcal{I}_0$ 所有不在 $I(n)$ 中的原子赋值为 false。对每一 $i>0$，$\mathcal{I}_{i+1}=\langle I_{T,i+1}, I_{F,i+1}\rangle$ 经由以下步骤得到 $\mathcal{I}_i=\langle I_{T,i}, I_{F,i}\rangle$：对于规则 R，body(R)在 $\mathcal{I}_i$ 中的真值要么为 true，要么未定义；R 的头中的原子 a 在 $\mathcal{I}$ 中为 false。然后得到 $I_{T,i+1}=I_{T,i+1}$ 且 $I_{F,i+1}=I_{F,i+1}\setminus\{a\}$。*

每个假设推导序列都达到同一个极限。对于概率树中的结点 n，我们把这个唯一的极限记为 $\mathcal{I}(n)$。它表示可能变为 true 的原子集；换句话说，在 $\mathcal{I}(n)$中为 false 的所有原子永远不会变成 true，因此认为它们的真值为 false。

带否定的程序的概率树的定义如下。

定义 20(一般概率树)　*程序 $\mathcal{P}$ 的概率树 T 是一棵满足下列性质的树：*

- *满足定义 18 的条件。*
- *对每个结点 n 及其关联的子句 C_i，body(C_i)中的每个负文字～a，有 $a \in I_F$ 且 $\mathcal{I}(n)=\langle I_T, I_F\rangle$。*

根据定义 20，程序的所有概率树在解释上的概率分布都相同。

显然，假设推导序列极限的假原子集等于算子的最大不动点 $\text{OpFalse}_{\mathcal{I}}^{\mathcal{P}}$(见定义 2)，其

中 $\mathcal{I}=\langle I(n), \varnothing\rangle$，$P$ 是一个程序。对于程序中的每条规则：

$$h_1:\Pi_1;\cdots;h_m:\Pi_n \leftarrow B$$

$\mathcal{P}$ 包含以下规则：

$$h_1 \leftarrow B$$
$$\cdots$$
$$h_m \leftarrow B$$

换句话说，如果 $\mathcal{I}(n)=\langle I_T, I_F\rangle$ 且 $\mathrm{gfp}(\mathrm{OpFalse}_{\mathcal{I}}^{P})=F$，则 $I_F=F$。

事实上，对于在 $\mathcal{I}_i=\langle I_{T,i}, I_{F,i}\rangle$ 中为真或未定义的子句体，每个正文字 a 一定不在 $I_{F,i}$ 中且每个负文字 $\sim a$ 一定使 a 也不在 $I_{T,i}$ 中，这是算子定义中的补充条件 $\mathrm{OpFalse}_{\mathcal{I}}^{P}(Fa)$。

另一方面，使用规则 C_i 生成结点 n 的孩子 n' 时将向 $I(n)$ 中添加一个原子 a，这可看作 $\mathrm{OpTrue}_{\mathcal{I}(n)}^{P}$ 的一次应用。因此 CP-逻辑和良基语义间存在密切的联系。

在图 2.8 和图 2.9 的树中，根的孩子 $n=\{\mathrm{pn}\}$ 有 $I_F=\varnothing$，这样，由于 $\mathrm{treatment}\notin I_F$，因此子句 2.14 不能使用，此时只有图 2.9 中的树符合定义 20。

CP-逻辑的语义满足以下因果原则：

- *普遍因果关系原则*是说只有一个因果关系的前提条件得到满足，论域的状态才会变化。
- *充分因果关系原则*是说如果一个因果关系的前提条件得到满足，那么它所触发的事件最终一定会发生。

因此 CP-逻辑特别适用于表示因果关系。

此外，CP-逻辑满足*时间优先假设*，该假设是说一条规则 R 在其前提条件处于最终状态之前不会被触发。换句话说，一条规则只有在决定其前提是否满足的因果过程完成时才被触发。这是 CP-逻辑对否定的处理方式所要求的。

有些 CP-逻辑程序没有对应的概率树，如下面的例子所示。

例 31（**无效的 CP-逻辑程序**[Vennekens et al., 2009]）　在一个双人游戏中，如果黑棋不赢则白棋赢，如果白棋不赢则黑棋赢。

$$\mathrm{win}(\mathrm{white}) \leftarrow \sim \mathrm{win}(\mathrm{black}) \tag{2.15}$$

$$\mathrm{win}(\mathrm{black}) \leftarrow \sim \mathrm{win}(\mathrm{white}) \tag{2.16}$$

在该程序的概率树的根上，尽管子句 2.15 和 2.16 的体都为真，但对于根结点，其 I_F 为 $\varnothing$，这两个子句都不会被触发。这样，在两个规则的体都为真之处，根实际是一个叶子结点，这就违反了定义 18 中要求叶子结点不能与规则关联的条件。◀

从因果关系的角度来看，这个理论是有问题的，因为不可能定义一个服从因果法则的过程。因此，我们要排除这些情况，只考虑有效的 CP-理论。

定义 21（**有效 CP-理论**）　*如果一个 CP-理论至少有一棵概率树，则该理论是有效的。*

LPAD 和 CP-逻辑语义的等价性也可用于含否定的一般程序上：有效 CP-理论定义的概率分布与通过将程序解释成 LPAD 来定义的概率分布是相同的。

然而，有一些可靠的 LPAD 是无效的 CP-理论。一个可靠的 LPAD 中每个可能世界都有一个二值的 WFM。

例 32（**可靠的 LPAD-无效的 CP-理论**[Vennekens et al., 2009]）　程序如下：

$p:0.5\,;\,q:0.5 \leftarrow r.$
$r \leftarrow \sim p.$
$r \leftarrow \sim q.$

这一程序没有概率树，因此它是一个无效的 CP -理论。它的可能世界有

$$\{p \leftarrow r; r \leftarrow \sim p; r \leftarrow \sim q\}$$

和

$$\{q \leftarrow r; r \leftarrow \sim p; r \leftarrow \sim q\}$$

这两个世界都有各自完全的 WFM，即$\{r, p\}$和$\{r, q\}$，因此该 LPAD 是可靠的。

事实上，很难为该程序想象一个因果过程。◀

因此，LPAD 和 CP -逻辑有一些不同之处，但这些不同只出现在不重要的情况下。因此，有时将 CP -逻辑和 LPAD 作为同义词使用。这也表明在许多情况下，可以为 LPAD 中的子句指派一个因果解释。

语义间的等价性意味着，对于一个有效的 CP 理论来说，概率树的各叶子结点与可能世界的良基模型相关联。这些模型通过以下方法得到：对所有出现在根到叶子的路径上的子句，选出其子句头与孩子结点的选择相符的子句。如果程序是确定的，则有唯一的叶子结点与程序的完全良基模型相关联。

2.9 不可靠程序的语义

在 2.2 节，我们只介绍了可靠程序。在这些程序中，每个可能世界都有一个二值的 WFM。通过这种方式，我们可以避开程序的非单调性，只借助概率论就能处理不确定性。

事实上，当一个程序不可靠时，为概率逻辑程序指派一个语义并不容易，如下面的例子所示。

例 33 (失眠[Cozman & Mauá, 2017]) 考虑以下程序：

```
sleep ←∼work, ∼insomnia.
work ←∼sleep.
α :: insomnia.
```

该程序有两个世界：w_1 包含 insomnia，而 w_2 不包含。w_1 有一个稳定模型和完全 WFM，即

$$I_1 = \{\text{insomnia}, \sim \text{sleep}, \sim \text{work}\}$$

w_2 有两个稳定模型：

$$I_2 = \{\text{insomnia}, \sim \text{sleep}, \text{work}\}$$

$$I_3 = \{\text{insomnia}, \text{sleep}, \sim \text{work}\}$$

α 也有一个 WFM $\mathcal{I}_2$，其中 insomnia 为真，其余两个原子无定义。

如果我们需要求解 sleep 的概率，第一个概率为 α 的世界 w_1 与此无关。我们不能确定如何处理第二个世界，这是由于 sleep 只能存在于一个稳定模型中且它在 WFM 中是无定义的。◀

为处理上述类似程序，Hadjichristodoulou 和 Warren[2012]为概率逻辑程序提出了 WFS。在 WFS 中，程序为 WFM 定义一个概率分布而不是二值模型，这将产生与原子相关联的随机变量的一个概率分布，这些原子是三值的而不是布尔型的。

另外一种方法是 credal 语义[Cozman & Mauá, 2017]，它将此类程序看作在解释上定义一组概率测度。将语义这样命名是由于概率分布的集合通常被称为 credal 集。

credal 语义认为程序在语法上等价于 ProbLog(即非概率规则和概率事实)，并像 ProbLog 一样生成世界。该语义要求程序的每个世界至少有一个稳定模型。这样的程序称为协调的程序。

程序定义了其所有可能的二值解释集合上的一个概率分布集。该集合中的每个分布 P 称为一个概率模型，其必须满足两个条件：

1）对于满足 $P(I)>0$ 的每个解释 I 必须是世界 w_σ 的稳定模型，该世界在概率事实上的真值与 I 一致。

2）w 的稳定模型的概率之和必须与 $P(\sigma)$ 相等。

之所以得到的是一组分布，是因为当存在多个稳定模型时，我们并不指定一个世界 w_σ 的概率质量 $P(\sigma)$ 在其稳定模型上是如何分布的。我们用 $\mathbf{P}$ 表示概率模型集，并称其为程序的 credal 语义。给定一个概率模型，可以通过对所有 q 为真的解释 I 的 $P(I)$ 求和来计算一个查询 q 在分布语义下的概率。

在这种情况下，给定一个查询 q，我们感兴趣的是 q 的上、下限概率，分别定义如下：

$$\underline{P}(q) = \inf_{P\in\mathbf{P}} P(q)$$

$$\overline{P}(q) = \sup_{P\in\mathbf{P}} P(q)$$

如果同时还有证据 e，Cozman 和 Mauá[2017]定义的上下限概率如下：

$$\underline{P}(q|e) = \inf_{P\in\mathbf{P}, P(e)>0} P(q)$$

$$\overline{P}(q|e) = \sup_{P\in\mathbf{P}, P(e)>0} P(q)$$

对所有 $P\in\mathbf{P}$，当 $P(e)=0$ 时，概率无定义。

例 34（失眠(续)[Cozman & Mauá，2017]） 再讨论例 33 的程序。对于 $\gamma\in[0, 1]$，一个将下面概率指派给程序模型的概率模型满足语义的两个条件且属于 $\mathbf{P}$。$\mathbf{P}$ 的元素通过对 γ 取不同值得到。

$$P(I_1) = \alpha$$

$$P(I_2) = \gamma(1-\alpha)$$

$$P(I_3) = (1-\gamma)(1-\alpha)$$

考虑查询 sleep，容易看出，$\underline{P(\text{sleep}=\text{true})}=0$ 且 $\overline{P(\text{sleep}=\text{true})}=1-\alpha$。

相反，用文献[Hadjichirstodolou & Warren，2012]中的语义，我们有

$$P(I_1) = \alpha$$

$$P(I_2) = 1-\alpha$$

所以

$$P(\text{sleep} = \text{true}) = 0$$

$$P(\text{sleep} = \text{false}) = \alpha$$

$$P(\text{sleep} = \text{undefined}) = 1-\alpha$$

◀

例 35（理发师悖论[Cozman & Mauá，2017]） 理发师悖论由罗素提出来[1967]。如果村里的理发师只给那些不给自己刮胡子的人刮胡子，请问，理发师会给自己刮胡子吗？

该悖论可以概率逻辑程序表示如下：

```
shaves(X,Y) ← barber(X), villager(Y), ~shaves(Y,Y).
villager(a).
barber(b).
0.5 :: villager(b).
```

并且查询为 shaves(b，b)。

以上程序有两个世界 w_1 和 w_2，w_1 中不包含事实 villager(b)，w_2 则包含事实 villager(b)。w_1 有一个稳定模型 $I_1=\{$villager(a)，barber(b)，shaves(b，a)$\}$，该模型也是完全

WFM。在 w_2 中，该规则有一个可以简化为 shaves(b, b)←～shaves(b, b)的例式，由于它包含一个进行奇数次否定的循环，所以该世界中没有稳定模型且有一个三值 WFM：

$$\mathcal{I}_2 = \{villager(a), barber(b), shaves(b,a), \sim shaves(a,a), \sim shaves(a,b)\}$$

因此，该程序是不协调的，且其 credal 语义未定义，而文献[Hadjichristodoulou & Warren，2012]的语义仍然是有定义的，并将得到：

$$P(shaves(b,b) = true) = 0.5$$

$$P(shaves(b,b) = undefined) = 0.5$$

◀

概率逻辑程序的 WFS 将语义指派给更多的程序。然而，它引入真值 undefined 表示不确定性，而由于概率也用于处理不确定性，因此可能会引起一些混淆。例如，有人可能会问(q=true|e=undefined)的值是多少。如果 e=undefined 意味着我们对 e 一无所知，那么 $P(q=true|e=undefined)$应该等于 $P(q=true)$，但这一般不成立。credal 语义通过只考虑两个真值来避免这些问题。

Cozman 和 Mauá[2017]指出集合 **P** 是在一个无穷单调 Choquet 容度中占优势的所有概率测度的集合。

一个无限单调 Choquet 容度是从集合 W 上的代数 Ω 到实区间[0，1]的函数 $\underline{P}$，使得 $\underline{P}(W)=1-\underline{P}(\varnothing)=1$，且对任何 ω_1，…，$\omega_n \subseteq \Omega$，有

$$\underline{P}\left(\bigcup_i \omega_i\right) \geqslant \sum_{J \subseteq \{1,\cdots,n\}} (-1)^{|J|+1} \underline{P}\left(\bigcap_{j \in J} \omega_j\right) \tag{2.17}$$

无限单调 Choquet 容度是有穷可加概率测度的一个泛化：后者是前者的特殊情况，此时式(2.17)成立。事实上，式(2.17)的右边应用了容斥原理，以求解非不相交集合的并集的概率。无穷单调 Choquet 容度也可用 Dempster-shafer[Shafer，1976]理论中的信念函数表示。

给定一个无穷单调 Choquet 容度 $\underline{P}$，我们能构造在 $\underline{P}$ 中占优的测度集 $D(\underline{P})$如下：

$$D(\underline{P}) = \{P \mid \forall \omega \in \Omega: P(\omega) \geqslant \underline{P}(\omega)\}$$

我们认为 $\underline{P}$ 生成了 credal 集 $D(\underline{P})$，称 $D(\underline{P})$为无穷单调 credal 集。可以证明 $D(\underline{P})$的下限概率恰好为生成的无穷单调 Choquet 容度：$\underline{P}(\omega)=\inf_{P \in D(\underline{P})} P(\omega)$。

无穷单调 credal 集是封闭且凸形的。凸形意味着若 P_1 和 P_2 在 credal 集中，则对于 $\alpha \in [0, 1]$，$\alpha P_1+(1-\alpha)P_2$ 也在 credal 集中。给定一个协调的程序，它的 credal 语义就是概率测度的封闭凸形集。

此外，给定一个查询 q，我们有

$$\underline{P}(q) = \sum_{w \in W, AS(w) \subseteq J_q} P(\sigma) \overline{P}(q) = \sum_{w \in W, AS(w) \cap J_q \neq \varnothing} P(\sigma)$$

其中 J_q 是所有 q 为真的解释的集合，$AS(w)$是世界 w_σ 的稳定模型的集合。

查询 q 的下限概率和上限概率由以下两式给出：

$$\underline{P}(q|e) = \frac{\underline{P}(q,e)}{\underline{P}(q,e) + \overline{P}(\neg q,e)} \tag{2.18}$$

$$\overline{P}(q|e) = \frac{\overline{P}(q,e)}{\overline{P}(q,e) + \underline{P}(\neg q,e)} \tag{2.19}$$

2.10 KBMC 概率逻辑程序设计语言

本节中我们给出知识库模型构造(KBMC)语言的三个例子：贝叶斯逻辑程序(BLP)，CLP(BN)以及 Prolog 因子语言(PFL)。

2.10.1 贝叶斯逻辑程序

BLP[Kersting & De Raedt，2001]使用逻辑编程语言对一个大的BN进行紧凑表示。BLP中每个基原子表示一个(不一定是布尔型的)随机变量，子句定义了基原子间的依赖关系。形如

$$a\,|\,a_1,\cdots,a_m$$

$(a|a_1, \cdots, a_m)\theta$ 的子句表示对它的每一个基例示，$a\theta$ 都有父结点 $a_1\theta$，⋯，$a_m\theta$。基原子/随机变量的论域和CPT在模型中不同的部分定义。当一个基原子出现在多个子句的头部时，使用一个组合规则将各子句的CPT组合得到整体的CPT。

比如，在例25的孟德尔基因程序中，依赖关系将一个植株的染色体1上颜色基因的值表示为其母亲的颜色基因的函数，该依赖关系可以表示为

$$cg(X,1)\,|\,mother(Y,X),cg(Y,1),cg(Y,2)$$

这里基于谓词cg/2的原子的域是{p，w}且其mother(Y，X)的论域是布尔型的。应定义一个合适的CPT，为其母亲将遗传给该植株的等位基因指派相同的概率。

多种学习系都采用BLP作为表示语言：RBLP[Revoredo & Zaverucha，2002；Paes et al.，2005]，PEORTE[Paes et al.，2006]以及SCOOBY[Kersting & De Raedt，2008]。

2.10.2 CLP(BN)

在一个BLP(CN)程序[Costa et al.，2003]中，逻辑变量可能是随机的。它们的论域、双亲以及CPT都在程序中定义。借助约束逻辑程序(Constraint Logic programming，CLP)中的约束，概率依赖关系可表示为如下形式：

```
{ Var = Function with p(Values, Dist) }
{ Var = Function with p(Values, Dist, Parents) }
```

第一种形式说明逻辑变量`Var`是与论域`Values`和CPT `Dist`有关，而与其双亲无关的随机变量；第二种形式则定义了一个与双亲有关的随机变量。在两种形式中，`Function`是一个逻辑变量上的项，用于随机变量的参数化：为项中逻辑变量的每个基例示定义一个不同的随机变量。例如，下面以学校为论域的程序片段

```
course_difficulty(CKey, Dif) :-
  { Dif = difficulty(CKey) with p([h,m,l],
    [0.25, 0.50, 0.25]) }.
```

以`h`、`m`及`l`的值定义了随机变量`Dif`，该变量表示由`CKey`标识的课程的难度。`CKey`的每一个基例示(即每一门课程)都对应一个不同的随机变量。用相同的方式，学生的智力`Int`由`SKey`标识，表示为

```
student_intelligence(SKey, Int) :-
  { Int = intelligence(SKey) with p([h, m, l],
    [0.5,0.4,0.1]) }.
```

使用上述谓词，下面的程序片段可预测一个学生在某一门课程考试中所得到的成绩。

```
registration_grade(Key, Grade) :-
  registration(Key, CKey, SKey),
  course_difficulty(CKey, Dif),
  student_intelligence(SKey, Int),
  { Grade = grade(Key) with  p(['A','B','C','D'],
   % h/h  h/m  h/l  m/h  m/m  m/l  l/h  l/m  l/l
    [0.20,0.70,0.85,0.10,0.20,0.50,0.01,0.05,0.10,
```

```
  % 'A'
  0.60,0.25,0.12,0.30,0.60,0.35,0.04,0.15,0.40,
  % 'B'
  0.15,0.04,0.02,0.40,0.15,0.12,0.50,0.60,0.40,
  % 'C'
  0.05,0.01,0.01,0.20,0.05,0.03,0.45,0.20,0.10],
  % 'D'
[Int,Dif]) }.
```

这里 Grade 表示一个随机变量，其参数是某个学生选某一门课的注册标识符 Key。这段代码表明对每个学生在某一门课的注册，都有一个不同的随机变量 Grade，且每个随机变量都有可能取值为“A”“B”“C”“D”。随机变量的实际值依赖于学生的智力水平与课程的难度，二者因此成为该变量的父结点。利用 registration/3 的如下事实：

```
registration(r0,c16,s0).  registration(r1,c10,s0).
registration(r2,c57,s0).  registration(r3,c22,s1).
...
```

前述代码定义了一个 BN，其中每个注册对应一个随机变量 Grade。CLP(BN)实现为 YAP Prolog 的库函数。对一个查询，该库函数先构建与这一查询相关的子网络，然后应用 BN 推理算法来对查询进行回答。

只需在 YAP 的命令行中提交一个查询，即能计算得到随机变量的无条件概率。

查询中的逻辑变量的值表示不同的随机变量，对该查询的回答正是逻辑变量值的概率分布，比如：

```
?- registration_grade(r0,G).
      p(G=a)=0.4115,
      p(G=b)=0.356,
      p(G=c)=0.16575,
      p(G=d)=0.06675 ?
```

通过向查询中加入代表证据的基原子，可形成条件查询。

例如，在给定学生高智商(h)的条件下，注册 r0 的成绩的概率分布表示如下：

```
?- registration_grade(r0,G),
      student_intelligence(s0,h).
      p(G=a)=0.6125,
      p(G=b)=0.305,
      p(G=c)=0.0625,
      p(G=d)=0.02 ?
```

一般情况下，正如 clp(pdf(Y))[Angelopoulos，2003，2004]和概率约束逻辑程序(Probabilistic Constraint Logic Programming，PCLP)[Michels et al.，2015]所证实的，CLP 为概率逻辑程序(PLP)提供了一个有用的工具，参阅 4.5 节。

2.10.3 Prolog 因子语言

Prolog 因子语言(PFL)[Gomes & Costa，2012]是 Prolog 的一个扩展，用于表示一阶概率模型。

许多图模型(如 BN 和 MN)把一个联合概率分布简洁地表示为一组因子。一组随机变量 X 取值为 $\boldsymbol{x}$ 的概率可表示为 n 个因子的乘积：

$$P(X=x)=\frac{\prod_{i=1,\cdots,n}\phi_i(\boldsymbol{x}_i)}{Z}$$

其中，$\boldsymbol{x}_i$ 是第 i 个因子依赖的 $\boldsymbol{x}$ 的子向量，Z 是归一化常数。在一个图模型中，相同的因子常常会重复出现在网络中，为了确保表达的简洁性，我们可以将这些因子参数化。

一组参数化的随机变量(Parameterized Random Variable，PRV)是一个逻辑原子，它表示了一组随机变量，每个变量对应该原子的一个基例示。我们记PRV为X，Y…，记PRV的向量为**X**，**Y**…

一个参数因子(parfactor)[Kisynski & Poole，2009b]是一个三元组$\langle \mathcal{C}, \mathcal{V}, F\rangle$，其中$\mathcal{C}$是一组对参数(逻辑变量)进行约束的不等式，$\mathcal{V}$是一组PRV，$F$是一个因子，它是一个从$\mathcal{V}$中PRV的取值范围的笛卡儿积到实数域的一个函数。若无约束存在，一个parfactor也可表示为$F(\mathcal{V})|\mathcal{C}$或$F(\mathcal{V})$。一个受约束的PRV形如$\mathsf{V}|\mathcal{C}$，其中$\mathsf{V}=p(X_1, \cdots, X_n)$是一个非基原子，$\mathcal{C}$是一组对逻辑变量$\boldsymbol{X}=\{X_1, \cdots, X_n\}$的约束。每个受约束的PRV代表一组随机变量$\{P(\boldsymbol{x})|\boldsymbol{x}\in\mathcal{C}\}$，其中$\boldsymbol{x}$是常数元组$(x_1, \cdots, x_n)$。给定一个(受约束的)PRV V，我们用$RV(\mathsf{V})$表示V所代表的一组随机变量。每一个基原子与一个随机变量相关联，该变量可取range(V)中的任意值。

PFL对Prolog进行了扩展以支持带参数因子的概率推理。一个PFL因子是一个形如

$$\text{Type } \mathbf{F};\phi;\mathcal{C}$$

的parfactor，其中Type表示定义parfactor的网络的类型(bayes表示有向网，markov表示无向网)；**F**是一系列Prolog目标，每一个目标都定义了一个在$\mathcal{C}$中约束下的PRV(因子的参数)。如果$\boldsymbol{L}$是**F**上的一组逻辑变量，则$\mathcal{C}$是一组在$\boldsymbol{L}$上施以约束的Prolog目标($\mathcal{C}$中目标的成功替换就是将$\boldsymbol{L}$中变量的值替换为有效值)。ϕ是一个表格，它将因子定义为一组实数值。默认情况下，所有的随机变量都是布尔型的，但可以定义不同的论域。每个parfactor代表它的基例示集合。要基例化一个parfactor，将$\boldsymbol{L}$中所有变量替换为$\mathcal{C}$中约束允许的值。基例化的因子构成的集合定义了所有随机变量的联合概率分布的一个分解。

例36（**PEL程序**）　下面的PFL程序由文献[Milch et al.，2008]中的研讨会问题演化而来。该问题对研讨会的组织过程进行建模。已知研讨会邀请了很多人出席，`series`表示该研讨会能否成功，进而成为一个系列会议，`attends(P)`则表示一个人`P`是否出席研讨会。

这个问题可建模为一个PFL程序：

```
bayes series, attends(P); [0.51, 0.49, 0.49, 0.51];
  [person(P)].
bayes attends(P), at(P,A); [0.7, 0.3, 0.3, 0.7];
  [person(P),attribute(A)].
```

一个研讨会能否成为一个系列会议取决于出席人数的多少。而人们是否出席则取决于研讨会的一些性质，如会议地点、日期以及组织者等。概率原子`at(P, A)`表示一个人`P`是否会因为性质`A`而出席会议。

第一个PFL因子以随机变量`series`和`attends(P)`作为参数(都是布尔型)，以[0.51，0.49，0.49，0.51]作为表，以列表`[person(p)]`作为约束。◀

由于KBMC语言是定义在图模型转换的基础上，可构建分布语义下的PLP语言和KBMC语言间的转换。前者的优势在于它们的语义通过逻辑术语就能理解，而不必涉及图模型。

2.11　概率逻辑程序的其他语义

这里我们简单讨论几个PLP框架下的例子，这些例子并不遵循分布语义。本节的目标很简单，对其他可能方法的优点进行概要介绍，不对这些框架进行完全阐述。

2.11.1 随机逻辑程序

随机逻辑程序(Stochastic Logic Programs，SLP)[Muggleton et al.，1996；Cussens，2001]是带参数化子句的逻辑程序，这类程序定义了对目标所做的反驳上的一个分布。该分布通过边缘化给出了一个查询的变量约束的分布。SLP是随机语法和隐马尔可夫模型的推广。

一个随机逻辑程序 S 是一个确定的逻辑程序，其中一些子句形如 $p:C$，这里 $p\in\mathbb{R}$，$p\geqslant 0$ 且 C 是一个确定子句。记 $n(S)$ 是由移除概率标注后得到的确定逻辑程序。一个纯SLP的所有子句都带概率标注。在一个归一化的SLP中，所有头部含相同谓词符号的子句的概率标注之和为1。

在纯SLP中，将一个查询 q 的每个SLD推导的各步骤上的标注相乘，即得到各SLD推导的实数标注值。在某个推导步骤，若所选择的原子与子句 $p_i:C_i$ 的头相符，则该推导步骤的标注即为 p_i。从 q 开始的一次成功推导的概率是该推导的标注除以所有成功推导的标注之和所得的值。这就构成了从 q 开始的所有成功推导的一个分布。

一个例式 $q\theta$ 的概率是所有能推出 $q\theta$ 的成功推导的概率之和。可以证明，对一个在 $n(S)$成功的谓词 q，其所有原子的概率之和为1，即 S 定义了一个在 $n(S)$中成功的 q 的集合上的概率分布。

在非纯SLP中，未参数化的子句被视为非概率的论域知识，起到约束的作用。推导由它们使用的参数化子句集标识。以此方式，只有与未参数化子句有差异的那些推导才构成一个等价类。

事实上，SLP定义了一个查询的SLD树上结点的孩子的概率分布：一个连接结点 u 和其子结点 v 的推导步骤 $u\rightarrow v$ 的概率赋值为 $P(v|u)$。这就得到一个从SLD树的根到所有叶子结点的路径的概率分布，进而得到所有对查询的回答的概率分布。

由于与随机语法和隐马尔可夫模型的相似性，SLP特别适于表示这些类型的模型。它们与分布语义的不同之处在于：SLP定义了一个查询的所有例式的概率分布，而分布语义通常定义了各基原子的真值的概率分布。

例37 (概率上下文无关文法——SLP) 考虑如下的概率上下文无关文法：

$$
\begin{aligned}
&0.2:S\rightarrow aS\\
&0.2:S\rightarrow bS\\
&0.3:S\rightarrow a\\
&0.3:S\rightarrow b
\end{aligned}
$$

如下SLP：

$$
\begin{aligned}
&0.2:s([a|R])\leftarrow s(R)\\
&0.2:s([b|R])\leftarrow s(R)\\
&0.3:s([a])\\
&0.3:s([b])
\end{aligned}
$$

定义了一个 $s(S)$中 S 的值的概率分布，其与上述概率上下文无关文法所定义的分布相同。例如，根据程序可以得到 $P(s([a,b]))=0.2\cdot 0.3=0.06$，而根据上述文法则可得 $P(ab)=0.2\cdot 0.3=0.06$。◀

有很多方法中都讨论了学习SLP的问题。Muggleton[2000a，b]提出使用归纳逻辑程序(Inductive Logic Programming，ILP)系统Progol[Muggleton，1995]来学习程序的结构，并在第二阶段中应用相对频率的一种扩展对参数进行调优。

借助失败调整最大化的优化[Cussens，2001；Angelopoulos，2016]，通过解代数方程[Muggleton，2003]也可以对参数进行学习。

2.11.2 ProPPR

ProPPR[Wang et al.，2015]是与PPR(Personalized PageRank)[Page et al.，1999]相关的一种对SLP的推广。

ProPPR以两种方式对SLP进行推广。第一种方式计算所有推导步骤的标记。一个推导步骤 $u \to v$ 不是简单地赋值为与此步骤中子句相关联的参数，而是使用对数线性模型 $P(v|u) \propto \exp(\boldsymbol{w} \cdot \phi_{u \to v})$ 计算 $P(v|u)$，其中 $\boldsymbol{w}$ 是一个实值权重向量，$\phi_{u \to v}$ 是一个0/1“特征”向量，此特征向量依赖于所使用的子句。这些特征是由用户定义的，且子句与特征间的关联用标注进行标示。

例38 (ProPPR程序)　以下ProPPR程序[Wang et al.，2015]：

$$
\begin{array}{ll}
\text{about}(X,Z) \leftarrow \text{handLabeled}(X,Z). & \#\text{base} \\
\text{about}(X,Z) \leftarrow \text{sim}(X,Y), \text{about}(Y,Z). & \#\text{prop} \\
\text{sim}(X,Y) \leftarrow \text{link}(X,Y). & \#\text{sim, link} \\
\text{sim}(X,Y) \leftarrow \text{hasWord}(X,W), \text{hasWord}(Y,W), & \\
\quad \text{linkedBy}(X,Y,W). & \#\text{sim, word} \\
\text{linkedBy}(X,Y,W). & \#\text{by}(W)
\end{array}
$$

基于可能的人工标注或与其他网页的相似性对网页的主题进行计算。依赖于两个页面间的链接和单词，也可以概率方式对相似性进行定义。◀

子句由一组原子(在标识符号#之后)进行标注，这些原子中可能包含子句头中的变量。例如，第三个子句以原子列表sim,link标注，最后一个子句则以原子by(W)标注。列表中每个原子的每个基例示代表不同的特征，因此，sim、link和by(sprinter)代表三个不同的特征。对于推导步骤 $u \to v$ 使用的子句，为与其标注中原子相关联的特征赋值为1，对与这些原子无关联的特征赋值为0，这样可以得到向量 $\phi_{u \to v}$。如果原子中包含变量，它们是与子句头相同的，并用 $u \to v$ 中所使用的子句例示的值进行了基例化。

所以一个ProPPR程序由一个带标注的程序及权重 $\boldsymbol{w}$ 的值定义。这种标注方法很大程度上增加了SLP标记的灵活性：ProPPR标注能在子句间通用且能根据推导步骤中使用的特定子句基例示生成标记。一个SLP也是ProPPR程序，其中每一子句都有一个由无参数原子组成的标注。

第二种方法中，通过向SLD树中添加边的方式实现ProPPR对SLP的推广，添加方法为：(a)为每一个(代表解答的)叶子结点添加一条到自身的边；(b)从每个结点到起始结点添加一条边。

之后，在所得的图中为SLP的查询赋以概率值。自环连接以启发式方法增大解结点的权重，且从同一结点出发的连接使得SLP的图遍历成为一个PPR过程[Page et al.，1999]：一个PageRank可与每个结点相关联，表示从根结点出发到达该结点的概率。

从同一结点出发的连接支持以下可简短证明的结果：如果在每个结点 u 重新出发的概率是 α，则到达深度为 d 的任意结点的概率必为 $(1-\alpha)^d$。

利用随机梯度下降法，可实现ProPPR的参数学习[Wang et al，2015]。

2.12 其他概率逻辑语义

本节中我们将讨论那些不是基于逻辑程序的概率逻辑语言的语义。

2.12.1 Nilsson 概率逻辑

Nilsson 概率逻辑[Nilsson，1986]结合了逻辑和概率，但又不同于分布语义：Nilsson 概率逻辑考虑分布的集合，分布语义则计算可能世界的一个分布。在 Nilsson 概率逻辑中，一个概率解释 Pr 定义了一个关于解释集 Int2 的概率分布。根据 Pr，逻辑公式 F 的概率(记为 $\mathrm{Pr}(F)$)是所有满足 $I\in \mathrm{Int2}$ 且 $I\models F$ 的概率 $\mathrm{Pr}(I)$的和。一个概率知识库(probability knowledge base)$\mathcal{K}$ 是一个形如 $F\geqslant p$ 的概率公式的集。一个概率解释 Pr 满足 $F\geqslant p$，当且仅当 $\mathrm{Pr}(F)\geqslant p$。Pr 满足 $\mathcal{K}$(或称 Pr 是 $\mathcal{K}$ 的一个模型)，当且仅当 Pr 满足所有 $F\geqslant p\in\mathcal{K}$。$\mathrm{Pr}(F)\geqslant p$ 是 $\mathcal{K}$ 的一个紧性逻辑结论，当且仅当 p 是在 $\mathcal{K}$ 的所有模型 Pr 的集合的下确界 $\mathrm{Pr}(F)$。通过求解一个线性优化问题可以计算来自概率知识库的紧性逻辑结论。

在 Nilsson 逻辑中，可从逻辑公式得到的逻辑结论不同于从分布语义下得到的逻辑结论。考虑一个由事实 $0.4::c(a)$、$0.5::c(b)$构成的 ProbLog 程序(见 2.1 节)，以及一个由 $c(a)\geqslant 0.4$ 和 $c(b)\geqslant 0.5$ 组成的概率知识库。对分布语义，$P(c(a)\vee c(b))=0.7$，而对 Nilsson 逻辑，使得 $\mathrm{Pr}(c(a)\vee c(b))\geqslant p$ 成立的最小的 p 为 0.5。造成两者间这一差异的原因是 Nilsson 逻辑并不假设语句的独立性，而在分布语义中，认为概率公理是独立的。然而通过仔细选择参数的取值，可在 Nilsson 逻辑中表示独立性，从理论的角度理解独立性则变得更为困难。

但是，正如 2.6 节所示，概率公理的独立性假设并没有限制其表达能力。

2.12.2 马尔可夫逻辑网络

一个马尔可夫逻辑网络(Markov Logic Network，MLN)是一个一阶逻辑理论，其中每个语句都与一个实值权重相关联。一个 MLN 是一个用于生成 MN 的模板。给定定义逻辑变量论域的常量集，一个 MLN 定义了一个 MN，对于每个基原子和连接同时出现在一个基公式中原子的边，该 MN 中都有一个对应的布尔结点。MLN 沿用了 KBMC 的方法以定义概率模型[Wellman et al.，1992；Bacchus，1993]。由一个马尔可夫网络 MLN 表示的概率分布为

$$P(x)=\frac{1}{Z}\exp\Big(\sum_{f_i\in M}w_i n_i(x)\Big)$$

其中 x 是对 Herbrand 基中的所有原子的一个联合的真值赋值，这里 Herbrand 基是有穷的(因为不含函数符号)，M 表示 MLN，f_i 是在 M 中的第 i 个公式，w_i 是其权重，$n_i(x)$ 是在 x 中满足的公式 f_i 的基例示的数量，Z 是归一化常量。

例 39 (马尔可夫逻辑网络) 下面的 MLN 表示朋友的智力水平和其获得的分数间的关系：

```
1.5 Intelligent(x) => GoodMarks(x)
1.1 Friends(x,y) => (Intelligent(x)<=>
                     Intelligent(y))
```

如果某人很聪明，则第一个公式赋予一个正的权重值，他将在考试中获得一个好成绩。若朋友的智力与他相当，则第二个公式对此事实也赋予一个正权值。特别地，该公式表明若 x 和 y 是朋友，则 x 是聪明的，当且仅当 y 是聪明的，因此他们要么都聪明，要么都不聪明。

如果论域中包含两个个体 Anna 和 Bob，记为 A 和 B，我们可以获得图 2.10 中的基例化的 MN。◀

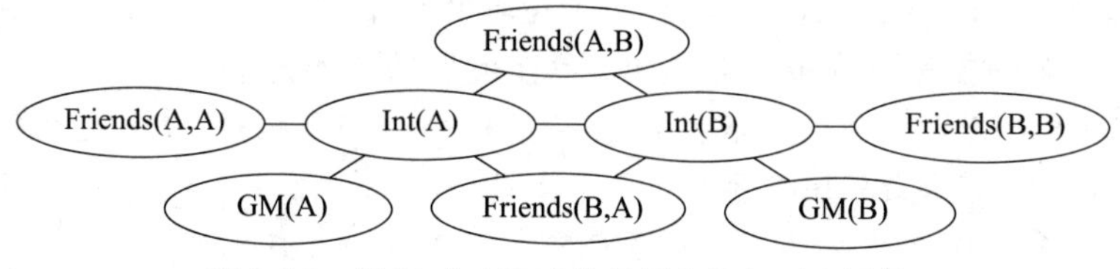

图 2.10　例 39 中 MLN 的基例化马尔可夫网络

用概率逻辑程序表示马尔可夫逻辑网络

用 LPAD 表示 MN 和 MLN 是可能的。表示方法所基于的 BN 等价于 MN(见 1.6 节)：一个 MN 因子可表示为等价的 BN 中的一个附加结点。为了用 LPAD 建模 MLN 公式，可对每个公式 $F_i = w_i C_i$ 添加一个附加原子 $\mathrm{clause}_i(\boldsymbol{X})$，其中 w_i 是与 C_i 相关联的权值，$\boldsymbol{X}$ 是出现在 C_i 中的变量向量。这样，在给定证据 e 的前提下，若要求一个查询 q 的概率，必须求给定 $e \wedge ce$ 时 q 的概率，其中 ce 是 $\mathrm{clause}_i(\boldsymbol{X})$ 对所有 i 值的基例示的合取。

子句 C_i 必须转换为析取范式(DNF) $C_{i1} \vee \cdots \vee C_{in_i}$，其中的析取项都是互斥的，且 LPAD 中应包含子句：

$$\mathrm{clause}_i(\boldsymbol{X}) : \mathrm{e}^{\alpha}/(1+\mathrm{e}^{\alpha}) \leftarrow C_{ij}$$

其中 j 取 1，…，n_i 内每一个值，$1+\mathrm{e}^{\alpha} \geqslant \max_{\boldsymbol{x}_i} \phi(\boldsymbol{x}_i) = \max\{1, \mathrm{e}^{\alpha}\}$。类似地，$\neg C_i$ 必须被转换为一个 DNF $D_{i1} \vee \cdots \vee D_{im_i}$，且 LPAD 应包含子句

$$\mathrm{clause}_i(\boldsymbol{X}) : 1/(1+\mathrm{e}^{\alpha}) \leftarrow D_{il}$$

这里 l 取 1，…，m_i 范围内每个值。

此外，对每个谓词 p/n，应在程序中添加子句

$$p(\boldsymbol{X}) : 0.5$$

该子句为每个基原子赋予一个先验的均匀概率。

另一方面，如果 α 是负数，则 e^{α} 小于 1 且 $\max_{\boldsymbol{x}_i} \phi(\boldsymbol{x}_i) = 1$。因此在子句

$$\mathrm{clause}_i(\boldsymbol{X}) : \mathrm{e}^{\alpha} \leftarrow C_{ij}$$

$$\mathrm{clause}_i(\boldsymbol{X}) \leftarrow D_{il}$$

中，使用两个概率值 e^{α} 和 1。这种方法的优势在于一些子句是非概率化的，减少了随机变量的数目。若 α 在公式 αC 中是正值，则考虑等价的公式 $-\alpha \neg C$。

以下例子说明了上述变换。给定以下 MLN：

```
1.5 Intelligent(x) => GoodMarks(x)
1.1 Friends(x,y) => (Intelligent(x)<=>Intelligent(y))
```

第一个公式翻译为以下子句：

```
clause1(X):0.8175 :- \+intelligent(X).
clause1(X):0.1824 :- intelligent(X),
                     \+good_marks(X).
clause1(X):0.8175 :- intelligent(X),good_marks(X).
```

其中，$0.8175 = \mathrm{e}^{1.5}/(1+\mathrm{e}^{-1.5})$，$0.1824 = 1/(1+\mathrm{e}^{-1.5})$。

第二个公式翻译为以下子句：

```
clause2(X,Y):0.7502 :- \+friends(X,Y).
clause2(X,Y):0.7502 :- friends(X,Y),
                       intelligent(X),
                       intelligent(Y).
```

```
clause2(X,Y):0.7502 :- friends(X,Y),
                       \+intelligent(X),
                       \+intelligent(Y).
clause2(X,Y):0.2497 :- friends(X,Y),
                       intelligent(X),
                       \+intelligent(Y).
clause2(X,Y):0.2497 :- friends(X,Y),
                       \+intelligent(X),
                       intelligent(Y).
```

其中，$0.7502=e^{1.1}/(1+e^{1.1})$，$0.2497=1/(1+e^{1.1})$。

我们可以给出学生智力、好成绩和友谊关系上的一个先验的均匀分布：

```
intelligent(_):0.5.
good_marks(_):0.5.
friends(_,_):0.5.
```

且有两个学生：

```
student(anna).
student(bob).
```

有证据表明 Anna 和 Bob 是朋友，且 Bob 是聪明的。证据中必须包含谓词 clause_i 的所有基例示的真值：

```
evidence_mln :- clause1(anna),clause1(bob),
     clause2(anna,anna),clause2(anna,bob),
     clause2(bob,anna),clause2(bob,bob).
ev_intelligent_bob_friends_anna_bob :-
     intelligent(bob),friends(anna,bob),
     evidence_mln.
```

因此在给定这些证据的条件下，Anna 获得好成绩的概率为：

P(good_marks(anna)|ev_intelligent_bob_friends_anna_bob)

而 Anna 获得好成绩的先验概率为：

P(good_marks(anna))

第一个查询的概率($P=0.733$)高于第二个查询的概率($P=0.607$)，这是因为其是以 Bob 是聪明的且 Anna 是他的好朋友为条件的。

在另一种变换中，第一个 MLN 公式转换为：

```
clause1(X) :- \+intelligent(X).
clause1(X):0.2231 :- intelligent(X),\+good_marks(X).
clause1(X) :- intelligent(X), good_marks(X).
```

其中 $0.2231=e^{-1.5}$。

也可将 MLN 公式添加到一个常规的概率逻辑程序中。在这种情况下，它们的影响等价于一种柔性的证据，其中特定世界的权重大于其他世界。这与 Figaro[Pfeffer，2016]中的柔性证据是相同的。MLN 硬性约束，即一个无限权重的公式，则可用于排除某些特定的世界(那些违反约束条件的世界)。例如，给定与析取式 $C_{i1}\vee\cdots\vee C_{in_i}$ 等价的硬性约束 C，对所有的 j，LPAD 应包含子句

$$\text{clause}_i(\boldsymbol{X})\leftarrow C_{ij}$$

且对 $\boldsymbol{X}$ 的所有基例示 $\boldsymbol{x}$，证据应当包含 $\text{clause}_i(\boldsymbol{x})$。以此方式，所有违反 C 的世界都被排除在外。

2.12.3 带标注的概率逻辑程序

在带标注的概率逻辑程序(Annotated Probabilistic Logic Programming，APLP)中[Ng & Subrahmanian，1992]，程序原子是以区间作为标注的，这些区间可以从概率角度解释。这种方法的一个规则例子为

$$a:[0.75,0.85] \leftarrow b:[1,1],c:[0.5,0.75]$$

其陈述了如果 b 确定为真且 c 的概率在0.5和0.75之间，则 a 的概率在0.75和0.85之间。通过使用一个组合子构造公式的最紧界限，可定义原子的一个合取式或析取式的概率区间。例如，如果 d、e 的标注分别为$[l_d, h_d]$和$[l_e, h_e]$，则 $e \wedge d$ 的概率标注为

$$[\max(0,l_d+l_e-1),\min(h_d,h_e)]$$

使用这些组合子，可以为正Datalog程序定义一个推理算子和不动点语义。通过将标注视为可接受的概率世界上限制，可得到这类程序的模型理论。这样，一个APLP就描述了一族概率世界。

APLP的优势在于进行推理时的低复杂度，这是由于其是真值函数，即直接使用组合子就可计算一个查询的概率。其相应的劣势是如果编写APLP时不仔细，则程序可能是不协调的，且应用上述组合子可能会很快为某些原子赋以一个过于宽松的概率区间。文献[Dekhtyar & Subrahmanian，2000]中使用混合APLP对上述方面进行了部分处理，允许使用基于不同性质(比如给定原子的独立性或互斥性)的各种组合子。

带函数符号的语义

当程序含有变量、函数符号及至少一个常量时，其基例示是无穷的。在这种情况下，对于定义了一个世界的选择而言，其中的原子选择的个数是可数无穷的，并且有无穷多个世界。每个单独世界的概率由无穷积定义。我们先回顾文献[Knopp，1951]中的结果。

引理1(无穷积) 对于所有 $i=1, 2\cdots$ 且 $b\in[0, 1]$，如果 $p_i\in[0, b]$，则无穷积 $\prod_{i=1}^{\infty} p_i$ 收敛到0。

无穷积给出了一个世界的概率，其中的每个因子是小于1的，即对于任意 $b\in[0, 1)$，因子值在 $[0, b]$ 内。要理解这一点，只需将 b 取为出现在程序中的所有概率参数的最大值。这样做是可行的，只要程序不含柔性概率或需要在程序执行期间才能计算出的概率。

如果程序不包含柔性概率，则每个单独世界的概率是0，且2.2节的语义不是合适定义的[Riguzzi，2016]。

例40 (表示世界的无穷集合的程序) 考虑以下ProbLog程序：

$$
\begin{aligned}
&p(0) \leftarrow u(0).\\
&p(s(X)) \leftarrow p(X), u(X).\\
&t \leftarrow \sim s.\\
&s \leftarrow r, q.\\
&q \leftarrow u(X).\\
&F_1 = a :: u(X).\\
&F_2 = b :: r.
\end{aligned}
$$

这里由世界构成的集合是无穷且不可数的。事实上，每一个选取都可表示成一个可数的原子选择序列，其中第一个原子选择包含事实 f_2，第二个包含 $f_1/\{X/0\}$，第三个包含 $f_1/\{X/s(0)\}$，等等。利用康托尔的对角证明方法可以证明由各选取构成的集合是不可数的。假定选取集是可数的，则各选取可以按序列出，比如采用自顶向下方式列出。假设按从左至右的顺序列出每个选取中的原子选择，我们可挑选出一个不同于第一个选取的第一个原子选择(若 $(f_2, \emptyset, k)$ 是第一个选取中的第一个原子选择，则挑选 $(f_2, \emptyset, 1-k)$)，不同于第二个选取的第二个原子选择的复合选择(类似于第一个原子选择的情况)，以此类推。以这种方法，我们可以得到一个不在当前列表中的选取，这是由于该选取与列表中的每个选取都有至少一个原子选择是不同的。因此，不可能按序列出与假设相反的各选取。◀

例41 (骰子游戏) 在文献[Vennekens et al.，2004]提出的骰子游戏中，玩家重复扔一个6面骰子。当输出是6时，游戏结束。如果骰子是三面的，对应的ProbLog程序如下：

$$
\begin{aligned}
&F_1 = 1/3 :: \mathrm{one}(X).\\
&F_2 = 1/2 :: \mathrm{two}(X).
\end{aligned}
$$

$\mathrm{on}(0,1) \leftarrow \mathrm{one}(0).$
$\mathrm{on}(0,2) \leftarrow \sim\mathrm{one}(0), \mathrm{two}(0).$
$\mathrm{on}(0,3) \leftarrow \sim\mathrm{one}(0), \sim\mathrm{two}(0).$
$\mathrm{on}(s(X),1) \leftarrow \mathrm{on}(X,\_), \sim\mathrm{on}(X,3), \mathrm{one}(s(X)).$
$\mathrm{on}(s(X),2) \leftarrow \mathrm{on}(X,\_), \sim\mathrm{on}(X,3), \sim\mathrm{one}(s(X)), \mathrm{two}(s(X)).$
$\mathrm{on}(s(X),3) \leftarrow \mathrm{on}(X,\_), \sim\mathrm{on}(X,3), \sim\mathrm{one}(s(X)), \sim\mathrm{two}(s(X)).$

若添加以下子句：

at_least_once_1 ← on(_, 1).
never_1 ←~at_least_once_1.

则能求出骰子至少一次 1 面朝上和骰子从未 1 面朝上的概率。如例 40 所示，该程序有一个无穷不可数的世界集。◀

3.1 带函数符号程序的分布语义

现在我们按[Poole，1997]中的方法定义带函数符号的 ProbLog 程序的语义。文献[Poole，1997]中，带函数符号的概率逻辑程序 $\mathcal{P}$ 的语义是通过在世界集 $W_{\mathcal{P}}$ 上的代数 $\Omega_{\mathcal{P}}$ 上定义一个有限可加概率测度 μ 得到的。

首先给出一些定义。与复合选择 ω_κ κ 相容的世界集是 $\omega_\kappa=\{\omega_\sigma\in W_{\mathcal{P}} \mid \kappa\subseteq\sigma\}$。这样，一个复合选择标识了一个世界集。对于不带函数符号的程序 $P(\kappa)=\sum_{w\in\omega_\kappa}P(\omega)$，其中

$$P(\kappa)=\sum_{(f_i,\theta,1)\in\kappa}\Pi_i\prod_{(f_i,\theta,0)\in\kappa}1-\Pi_i$$

对于带函数符号 $\sum_{w\in\omega_\kappa}$ 的程序，由于 ω_κ 可能是不可数的且 $P(w)=0$，则 $P(w)$可能不被定义。然而 $P(\kappa)$仍然是合适定义的，我们称其为 μ，所以 $\mu(\kappa)=P(\kappa)$。

给定一个复合选择集合 K，与 K 兼容的世界集是 $\omega_K=\bigcup_{\kappa\in K}\omega_\kappa$。如果两个复合选择 κ_1 和 κ_2 的并是不协调的，则它们是不兼容的。若对所有 $\kappa_1\in K$ 和 $\kappa_2\in K$，$\kappa_1\neq\kappa_2$ 蕴含 κ_1 和 κ_2 不相容，则组合选择集 K 是两两不相容的。

无论一个概率逻辑程序是否具有有限多个世界，得到复合选择的两两不相容集合都是一个重要问题。这是因为对于不含函数符号的程序，复合选择的一个两两不相容集合 K 的概率定义为 $P(K)=\sum_{\kappa\in K}P(\kappa)$，这很容易计算。对带函数符号的程序，只要 K 是可数的，$P(K)$就是合适定义的。我们称其为 μ，所以 $\mu(K)=P(K)$。若两个复合选择集对应于同一世界集 $\omega_{K_1}=\omega_{K_2}$，则 K_1 和 K_2 等价。

一种为复合选择集 K 赋以概率值的方法是构造一个等价的两两不相容集合。可通过分裂技术构造这样一个集合。更具体地说，若 $f\theta$ 是基例化的事实，κ 是对任意 k 不包含原子选择(f,θ,k)的复合选择，则 κ 在 $f\theta$ 上的分裂是复合选择集合 $S_{\kappa,f\theta}=\{\kappa\cup\{(f,\theta,0)\},\kappa\cup\{(f,\theta,1)\}\}$。容易看出，$\kappa$ 和 $S_{\kappa,f\theta}$ 标识了同一个可能世界的集合，即 $\omega_\kappa=\omega_{S_{\kappa,f\theta}}$，且 $S_{\kappa,f\theta}$是两两不相容的。下面的结果是通过公式上的复合选择的分裂技术得到的[Poole，2000]。

定理 4(复合选择的一个两两不相容集合的存在性[Poole，2000]) *给定一个复合选择的有穷集合 K，存在一个两两不相容复合选择的有穷集合 K'，使得 K 和 K'是等价的。*

证明 给定一个复合选择有穷集合 K，有两种可能的方法用于构造一个新的复合选择集 K'，使得 K 和 K'是等价的。

1）**删去主导元素**：若 κ_1，$\kappa_2 \in K$ 且 $\kappa_1 \subset \kappa_2$，则 $K' = K \setminus \{\kappa_2\}$。

2）**分裂元素**：若 κ_1，$\kappa_2 \in K$ 是相容的（且它们都不是彼此的超集），则存在 $(f, \theta, K) \in \kappa_1 \setminus \kappa_2$。我们用 κ_2 在 $f\theta$ 上的分裂替换 κ_2，有 $K' = K \setminus \{\kappa_2\} \cup S_{\kappa_2, f\theta}$。

在上面两种情况中，$\omega_K = \omega_{K'}$。重复以上两个操作直到不能再使用，可以得到一个可终止的分裂算法（见算法 1），这是由于 K 是复合选择的一个有穷集。结果集 K' 是两两不相容的，且等价于原始集。 ■

算法 1 SPLIT 函数：分裂算法

```
1:  function SPLIT(K)
2:    loop
3:      if ∃κ1, κ2 ∈ K such that κ1 ⊂ κ2 then
4:        K ← K \ {κ2}
5:      else
6:        if ∃κ1, κ2 ∈ K compatible then
7:          choose(f, θ, k) ∈ κ1 \ κ2
8:          K ← K \ {κ2} ∪ S_{κ2,Fθ}
9:        else
10:          return K
11:        end if
12:      end if
13:    end loop
14: end function
```

定理 5（有穷复合选择集合的两个等价的两两不相容有穷集的概率等价性[Poole, 1993a]） 如果 K_1 和 K_2 都是有穷复合选择的两两不相容有限集，且它们是等价的，则有 $P(K_1) = P(K_2)$。

证明 考虑出现在 K_1 或 K_2 中的一个原子选择中的所有基例化事实 $f\theta$ 的集合 D，D 是有穷的。K_1 和 K_2 中的每个复合选择对于 D 的子集都有原子选择。对于 K_1 和 K_2，我们重复地将 K_1 和 K_2 的每个复合选择 κ 替换为其在 D 中一个 $f_i\theta_j$ 上的分裂 $S_{\kappa, f_i\theta_j}$，该分裂之前并未出现在 κ 中。此过程不会改变总的概率，这是由于 $(f_i, \theta_j, 0)$ 和 $(f_i, \theta_j, 1)$ 的概率之和为 1。

在本过程结束处，这两个复合选择集是相同的。事实上，任何差异都可以扩展到一个属于 ω_{K_1} 但不属于 ω_{K_2} 的可能世界，或者属于 ω_{K_2} 但不属于 ω_{K_1} 的可能世界。 ■

这样，对于一个 ProbLog 程序 $\mathcal{P}$，我们可定义一个唯一的有限可加概率测度 $\mu_{\mathcal{P}}^F$：$\Omega_{\mathcal{P}} \to [0, 1]$，其中 $\Omega_{\mathcal{P}}$ 定义为由有穷复合选择的有穷集表示的世界集的集合，即 $\Omega_{\mathcal{P}} = \{\omega_K \mid K$ 是有穷复合选择的有穷集$\}$。

定理 6（程序代数） $\Omega_{\mathcal{P}}$ 是关于 $W_{\mathcal{P}}$ 的一个代数。

证明 我们需要证明 $\Omega_{\mathcal{P}}$ 满足定义 7 中的三个条件。$W_{\mathcal{P}} = \omega_K$ 且 $K = \{\varnothing\}$。当 K 和 $\overline{K}$ 为有穷复合选择的有穷集时，ω_K 的补集 $\omega_K^c = \omega_{\overline{K}}$。事实上，$\overline{K}$ 可由算法 2 中给出的 DUALS(K) 函数[Poole, 2000]得到，该算法可应用于 ProbLog 程序。该函数在 K 上执行 Reiter 的碰撞集算法，通过从 K 的每个元素中挑出一个原子选择 (f, θ, k) 以生成一个 $\overline{K}$ 的元素 κ，并在 κ 中插入原子选择 $(f, \theta, 1-k)$。在按所有可能的情形执行该过程后，删除不协调的

原子选择集合后得到$\overline{K}$。因为原子选择的可能选择是有穷的，所以$\overline{K}$也是有穷的。最后，因为ω_{K_1}对ω_{K_2}的定义有$\omega_{K_1} \cup \omega_{K_2} = \omega_{K_1 \cup K_2}$，所以$\omega_K$在有穷并的情况下是封闭的。■

算法2　DUALS函数：对偶计算

```
1: function DUALS(K)
2:    suppose K={κ1, …, κn}
3:    D0←{∅}
4:    for i←1→n do
5:       Di←{d∪{(f, θ, 1-k)} | d∈D(i-1), (f, θ, k)∈κi}
6:       remove inconsistent elements from Di
7:       remove any κ from Di if ∃κ'∈Di such that κ'⊂κ
8:    end for
9:    reture Dn
10: end function
```

相应的$\mu_{\mathcal{P}}^F$测度定义为$\mu_{\mathcal{P}}^F(\omega_K)=\mu(K')$，其中$K'$是与$K$等价的复合选择的两两不相容集合。

定理7(程序的有限可加概率空间)　根据定义11，如果$\mu_{\mathcal{P}}^F(\omega_K)=\mu(K')$，则三元组$\langle W_{\mathcal{P}}, \Omega_{\mathcal{P}}, \mu_{\mathcal{P}}^F \rangle$是有限可加概率空间。其中，$K'$是与$K$等价的复合选择的两两不相容集合。

证明　$\mu_{\mathcal{P}}^F(\omega_{\{\varnothing\}})$等于1。另外，对于所有$K$，有$\mu_{\mathcal{P}}^F(\omega_K) \geqslant 0$，如果$\omega_{K_1} \cap \omega_{K_2} = \varnothing$，$K_1'(K_2')$是两两不相容的且等价于$K_1(K_2)$，则$K_1' \cup K_2'$是两两不相容的且

$$\mu_{\mathcal{P}}^F(\omega_{K_1} \cup \omega_{K_2}) = \sum_{\kappa \in K_1' \cup K_2'} P(\kappa) = \sum_{\kappa_1 \in K_1'} P(\kappa_1) + \sum_{\kappa_2 \in K_2'} P(\kappa_2) = \mu_{\mathcal{P}}^F(\omega_{K_1}) + \mu_{\mathcal{P}}^F(\omega_{K_2})$$ ■

给定一个查询q，如果$\forall_w \in \omega_\kappa : w \vDash q$，则复合选择$\kappa$是对$q$的一个解释。如果每一个$q$为真的世界都在$\omega_K$中，则复合选择集$K$关于$q$是覆盖的。

对于概率逻辑程序$\mathcal{P}$和基原子q，我们定义函数$Q:W_{\mathcal{P}} \to \{0, 1\}$如下：

$$Q(w) = \begin{cases} 1 & w \vDash q \\ 0 & \text{其他} \end{cases} \tag{3.1}$$

如果q有一个有穷解释的有穷集K，使得K是覆盖的，则$Q^{-1}(\{1\}) = \{w \mid w \in W_{\mathcal{P}} \wedge w \vDash q\} = \omega_K \in \Omega_{\mathcal{P}}$，所以$Q$是可度量的。因此，$Q$是一个随机变量，其分布定义为$P(Q=1)$($P(Q=0)$由$1-P(Q=1)$计算)。我们用$P(q)$表示$P(Q=1)$，并认为$P(q)$对于分布语义来说是有穷合适定义的。对程序$\mathcal{P}$，若其中所有基原子的概率是有穷合适定义的，则$\mathcal{P}$是有穷合适定义的。

例42 (例40解释的覆盖集)　考虑例40的程序。集合$K=\{\kappa\}$且

$$\kappa = \{(f_1, \{X/0\}, 1), (f_1, \{X/s(0)\}, 1)\}$$

则K是有穷解释的一个两两不相容有穷集，该覆盖集对查询$p(s(0))$是覆盖的，则$P(p(s(0)))$是有穷合适定义的且$P(p(s(0)))=P(\kappa)=a^2$。◀

例43 (例41解释的覆盖集)　现在考虑例41。集合$K=\{\kappa_1, \kappa_2\}$且

$$\kappa_1 = \{(f_1, \{X/0\}, 1), (f_1, \{X/s(0)\}, 1)\}$$
$$\kappa_2 = \{(f_1, \{X/0\}, 0), (f_2, \{X/0\}, 1), (f_1, \{X/s(0)\}, 1)\}$$

是覆盖查询 on(s(0), 1)的有穷解释的一个两两不相容有穷集，则 $P(\mathrm{on}(s(0),1))$是有穷合适定义的且

$$P(\mathrm{on}(s(0),1)) = P(K) = 1/3 \cdot 1/3 + 2/3 \cdot 1/2 \cdot 1/3 = 2/9$$

◀

3.2 解释的无穷覆盖集

本节中我们将在文献[Poole, 1997]的基础上进一步讨论，并将移除以下两点限制：一是解释的覆盖集的有穷性；二是每个解释对应一个查询 q[Riguzzi, 2016]。

例 44 (例 40 中解释的两两不相容覆盖集) 在例 40 中，查询 s 具有如下解释的两两不相容覆盖集：

$$K^s = \{\kappa_0^s, \kappa_1^s, \cdots\}$$

以及

$$\kappa_i^s = \{(f_2,\varnothing,1),(f_1,\{X/0\},0),\cdots,(f_1,\{X/s^{i-1}(0)\},0),(f_1,\{X/s^i(0)\},1)\}$$

其中，$s^i(0)$是项，在该项中，函数 s 对于 0 应用了 i 次，所以 K^s 是无穷可数的。t 的解释的一个两两不相容覆盖集如下：

$$K^t = \{\{(f_2,\varnothing,0)\},\kappa^t\}$$

其中，κ^t 为无穷复合选择，即

$$\kappa^t = \{(f_2,\varnothing,1),(f_1,\{X/0\},0),(f_1,\{X/s(0)\},0),\cdots\}$$

◀

例 45 (例 41 的解释的两两不相容覆盖集) 在例 41 中，查询 at_least_once_1 有两两不相容的解释覆盖集，即

$$K^+ = \{\kappa_0^+, \kappa_1^+, \cdots\}$$

以及

$$\kappa_0^+ = \{(f_1,\{X/0\},1)\}$$
$$\kappa_1^+ = \{(f_1,\{X/0\},0),(f_2,\{X/0\},1),(f_1,\{X/s(0)\},1)\}$$
$$\cdots$$
$$\kappa_i^+ = \{(f_1,\{X/0\},0),(f_2,\{X/0\},1),\cdots,(f_1,\{X/s^{i-1}(0)\},0),(f_2,\{X/s^{i-1}(0)\},1),(f_1,\{X/s^i(0)\},1)\}$$
$$\cdots$$

因此，K^+ 是无穷可数的。查询 never_1 有解释的两两不相容覆盖集，即

$$K^- = \{\kappa_0^-, \kappa_1^-, \cdots\}$$

以及

$$\kappa_0^- = \{(f_1,\{X/0\},0),(f_2,\{X/0\},0)\}$$
$$\kappa_1^- = \{(f_1,\{X/0\},0),(f_2,\{X/0\},1),(f_1,\{X/s(0)\},0),(f_2,\{X/s(0)\},0)\}$$
$$\cdots$$
$$\kappa_i^- = \{(f_1,\{X/0\},0),(f_2,\{X/0\},1),\cdots,(f_1,\{X/s^{i-1}(0)\},0),(f_2,\{X/s^{i-1}(0)\},1),(f_1,\{X/s^i(0)\},0),(f_2,\{X/s^i(0)\},0)\}$$
$$\cdots$$

◀

对概率逻辑程序 $\mathcal{P}$，我们可定义概率测度为 $\mu_{\mathcal{P}}:\Omega_{\mathcal{P}}\to[0, 1]$，其中，$\Omega_{\mathcal{P}}$ 定义为世界集的集合，该集合由可数复合选择的可数集识别，有 $\Omega_{\mathcal{P}}=\{\omega_K \mid K$ 是一个可数复合选择的可数集$\}$。

在证明 $\Omega_{\mathcal{P}}$ 是 σ 代数之前，我们需要一些有关集合序列的定义和性质。对任何集合序

列$\{A_n|n\geqslant 1\}$，做如下定义[Chow Teicher，2012]：

$$\underline{\lim_{n\to\infty}} A_n=\bigcup_{n=1}^{\infty}\bigcap_{k=n}^{\infty}A_k$$

$$\overline{\lim_{n\to\infty}} A_n=\bigcap_{n=1}^{\infty}\bigcup_{k=n}^{\infty}A_k$$

注意在文献[Chow & Teicher，2012]中：

$$\overline{\lim_{n\to\infty}} A_n=\{a|a\in A_n \text{ i. o.}\}$$

$$\underline{\lim_{n\to\infty}} A_n=\{a|a\in A_n \text{ 对除有限个指数 } n \text{ 以外的所有指数来说}\}$$

其中，i. o. 通常表示无穷。这两个定义不同是因为假定存在一个不相交的索引n的无穷集且$a\in A_n$，对于一个无穷的索引个数n，$\overline{\lim\limits_{n\to\infty}} A_n$的一个元素$a$可能不在$A_n$中。对每一个$a\in\underline{\lim\limits_{n\to\infty}} A_n$，反而存在一个$m\geqslant 1$使得$\forall n\geqslant m$，$a\in A_n$。

然后有$\underline{\lim\limits_{n\to\infty}} A_n\subseteq\overline{\lim\limits_{n\to\infty}} A_n$。如果$\underline{\lim\limits_{n\to\infty}} A_n=\overline{\lim\limits_{n\to\infty}} A_n=A$，则称$A$为序列的极限，记为$A=\lim\limits_{n\to\infty} A_n$。

对所有$n=2，3，\cdots$，如果$A_{n-1}\subseteq A_n$，则序列$\{A_n|n\geqslant 1\}$是递增的。如果序列$\{A_n|n\geqslant 1\}$是递增的，则极限$\lim\limits_{n\to\infty} A_n$存在且等于$\bigcup\limits_{n=1}^{\infty}A_n$[Chow & Teicher，2012]。

引理2(程序的σ代数)　$\Omega_{\mathcal{P}}$是$W_{\mathcal{P}}$上的一个σ代数。

证明　$W_{\mathcal{P}}\in\Omega_{\mathcal{P}}$显然成立。为证明$\omega_K$的补集$\omega_K^c\in\Omega_{\mathcal{P}}$，我们需要证明$K$的对偶$\overline{K}$是可数复合选择的可数集，且$\omega_K^c=\omega_{\overline{K}}$。首先考虑$K$有穷的情形，即令$K$是$K_n=\{\kappa_1，\kappa_2，\cdots，\kappa_n\}$。我们将通过归纳法证明该结论。

基始步骤。如果$K_1=\{\kappa_1\}$，则可以挑选κ_1中的每个原子选择$(f，\theta，k)$并在$\overline{K}_1$中插入复合选择$\{(f，\theta，1-k)\}$，从而得到$\overline{K}_1$。由于κ_1中存在有穷个或可数多个原子选择，因此$\overline{K}_1$是一个有穷的或可数的复合选择集，其中每个复合选择都带一个原子选择。

归纳步骤。假设$K_{n-1}=\{\kappa_1，\kappa_2，\cdots，\kappa_{n-1}\}$，$\overline{K}_{n-1}$是复合选择的有穷集或可数集。令$K_n=K_{n-1}\cup\{\kappa_n\}$，$\overline{K}_{n-1}=\{\kappa_1'，\kappa_2'，\cdots\}$，我们通过挑选$\overline{K}_n$中的每个$\kappa_i'$和每个原子选择$(f，\theta，k)$得到$\kappa_n$。如果$(f，\theta，k)\in\kappa_i'$，则丢弃$\kappa_i'$，否则若$(f，\theta，k')\in\kappa_i'$且$k'\neq k$，就将$\kappa'_i$插入$\overline{K}_n$中，否则，生成复合选择$\kappa''_i$，有$\kappa''_i=\kappa'_i\cup\{(f，\theta，1-k)\}$，并将其插入$\overline{K}_n$中。对$\kappa_n$中的所有原子选择$(f，\theta，k)$重复此步骤，若$\kappa_n$是有穷的，则得到一个有穷复合选择的有穷集，若$\kappa_n$是可数的，则得到可数的多个有穷复合选择。对所有$\kappa_i'$重复上述过程，得到$\overline{K}_n$是一个可数集的可数并集[Cohn，2003]。$\omega_K^c=\omega_{\overline{K}}$是由于$\overline{K}$的所有复合选择与$\omega_K$的每个世界不兼容，正如它们与$K$的每个复合选择不兼容。因此$\omega_K^c\in\Omega_{\mathcal{P}}$。

如果K不是有穷的，则令$K=\{\kappa_1，\kappa_2，\cdots\}$。考虑子集$K_n=\{\kappa_1，\kappa_2，\cdots，\kappa_n\}$。使用上述的构造步骤对所有$n$构造$\overline{K}_n$，同时考虑集合$\underline{\lim\limits_{n\to\infty}}\overline{K}_n$和$\overline{\lim\limits_{n\to\infty}}\overline{K}_n$。当$\kappa'\in\overline{\lim\limits_{n\to\infty}}\overline{K}_n$时，假定$\kappa'\in\overline{K}_j$且$\kappa'\notin\overline{K}_{j+1}$，这意味着$\kappa'$被移除是因为$\kappa_{j+1}\subseteq\kappa'$或者它已由其自身的扩展所替换。这样$\kappa'$不会被重新增加到$\overline{K}_n(n>j+1)$中，因为若非如此，$\omega_{K_n}$和$\omega_{\overline{K}_n}$将有一个非空的交集。所以对一个复合选择$\kappa'$，必然存在一个整数$m\geqslant 1$使得对于所有$n\geqslant m$有$\kappa'\in\overline{K}_n$成立。换句话说，$\kappa'\in\underline{\lim\limits_{n\to\infty}}\overline{K}_n$，因此$\underline{\lim\limits_{n\to\infty}}\overline{K}_n=\overline{\lim\limits_{n\to\infty}}\overline{K}_n=\lim\limits_{n\to\infty}\overline{K}_n$。称$\overline{K}$为极限，它可表示为$\bigcup\limits_{n=1}^{\infty}\bigcap\limits_{k=n}^{\infty}\overline{K}_n$。

由于 $\bigcap_{k=n}^{\infty} \overline{K}_n$ 是可数集的可数交集，因此它是可数的。由于 $\overline{K}$ 是可数集的可数并集，因此 $\overline{K}$ 也是可数的。此外，$\overline{K}$ 的每个复合选择与 K 的每个复合选择不相容。事实上，令 $\kappa' \in \overline{K}$ 且 $m \geqslant 1$ 是对所有 $n \geqslant m$ 满足 $\kappa' \in \overline{K}_n$ 的最小整数，则由构造方法，对所有 $n \geqslant m$，κ' 与 K_n 中的所有复合选择不相容。此外，通过扩展与 $\overline{K}_{m-1}$ 中所有复合选择不相容的 K_{m-1} 中的复合选择 κ''，也可得到此结果。由于 κ' 是 κ'' 的一个扩展，它也和 K_{m-1} 中的所有元素不相容，所以 $\omega_K^c = \omega_{\overline{K}}$ 且 $\omega_K^c \in \Omega_{\mathcal{P}}$。

可数并集下封闭的概念与代数中的封闭概念相同。■

给定 $K=\{\kappa_1, \kappa_2, \cdots\}$，其中各 $\kappa_i s$ 可能是无穷的。考虑序列 $\{K_n \mid n \geqslant 1\}$，其中 $K_n = \{\kappa_1, \cdots, \kappa_n\}$。由于 K_n 是递增序列，$\lim\limits_{n\to\infty} K_n$ 极限存在并等于 K。让我们构造一个序列 $\{K_n' \mid n \geqslant 1\}$，如下：$K_1' = \{\kappa_1\}$ 和 K_n' 是通过 K_{n-1}' 和带 κ_n 的 K_{n-1}' 中每个元素的分片的并集得到的。按归纳假设，可证明 K_n' 是两两不相容的，并等价于 K_n。

对每个 K_n'，我们可计算 $\mu(K_n')$，注意对于无穷的复合选择 $\mu(\kappa)=0$。下面让我们继续讨论极限 $\lim\limits_{n\to\infty}\mu(K_n')$。

引理 3(可数复合选择的可数并的测度极限的存在性) $\lim\limits_{n\to\infty}\mu(K_n')$ 是存在的。

证明 视 $\mu(K_n')(n=1, 2\cdots)$ 为一个级数的部分和。如果该部分和是有界的，则非减级数收敛[Brannan，2006]，所以，如果我们证明 $\mu(K_n') \geqslant \mu(K_{n-1}')$ 且 $\mu(K_n')$ 的界为 1，则引理成立。对 K_n' 中测度为 0 的无穷复合选择，将它们从 K_n' 去除。对出现在 K_n' 的一个原子选择中的每个基例化事实 $f_i\theta$，ProbLog 程序 $\mathcal{D}_n$ 中都有一个事实 $\Pi_i :: f_i\theta$ 与之对应。这样有 $\mathcal{D}_{n-1} \subseteq \mathcal{D}_n$。三元组$(W_{\mathcal{D}_n}, \Omega_{\mathcal{D}_n}, \mu)$是一个有限可加概率空间(见 2.2 节)，因此 $\mu(K_n') \leqslant 1$。另外，由于 $\omega_{K_{n-1}'} \subseteq \omega_{K_n'}$，则 $\mu(K_n') \geqslant \mu(K_{n-1}')$。■

现在我们可定义程序的概率空间。

定理 8(程序的概率空间) 根据定义 10，三元组$\langle W_{\mathcal{P}}, \Omega_{\mathcal{P}}, \mu_{\mathcal{P}}\rangle$在

$$\mu_{\mathcal{P}}(\omega_K) = \lim_{n\to\infty}\mu(K_n')$$

的情况下是一个概率空间。其中，$K=\{\kappa_1, \kappa_2, \cdots,\}$，$K_n'$ 是一个两两不相容的复合选择集，且等价于$\{\kappa_1, \kappa_2, \cdots, \kappa_n\}$。

证明 条件(μ－1)和(μ－2)在有穷情况下成立。对于(μ－3)，令

$$O = \{\omega_{L_1}, \omega_{L_2}, \cdots\}$$

是 $\Omega_{\mathcal{P}}$ 子集的可数集，使得各 ω_{L_i} 是与可数复合选择 L_i 的可数集相容的世界集，且是两两不相交的。令 L_i' 是与 L_i 等价的两两不相容集，且 $\mathcal{L} = \bigcup_{i=1}^{\infty} L_i'$。由于 ω_{L_i} 是两两不相交的，则 $\mathcal{L}$ 是两两不相容的。$\mathcal{L}$ 是可数的，是因为它是可数集的可数并集。令 $\mathcal{L}=\{\kappa_1, \kappa_2, \cdots\}$，$K_n'=\{\kappa_1, \cdots, \kappa_n\}$，则

$$\mu_{\mathcal{P}}(O) = \lim_{n\to\infty}\mu(K_n') = \lim_{n\to\infty}\sum_{\kappa\in K_n'}\mu(\kappa) = \sum_{i=1}^{\infty}\mu(\kappa) = \sum_{\kappa\in\mathcal{L}}\mu(\kappa)$$

因为 $\sum_{i=1}^{\infty}\mu(\kappa)$ 收敛且为非负项的和，所以它也绝对收敛且其中的项可被重新排列[Knopp，1951，定理 4]。因此得到：

$$\mu_{\mathcal{P}}(O) = \sum_{\kappa\in\mathcal{L}}\mu(\kappa) = \sum_{n=1}^{\infty}\mu(L_n') = \sum_{n=1}^{\infty}\mu_{\mathcal{P}}(\omega_{L_n})$$

■

对于一个概率逻辑程序 $\mathcal{P}$ 和一个带解释的可数集 K 的基原子 q，满足 K 对 q 是覆盖的，则 $\{w \mid w \in W_{\mathcal{P}} \wedge w \vDash q\} = \omega_K \in \Omega_{\mathcal{P}}$。所以式(3.1)中的函数 Q 是一个随机变量。

同样地，我们用 $P(q)$ 表示 $P(Q=1)$，并且认为 $P(q)$ 对分布语义是合适定义的。若一个程序 $\mathcal{P}$ 的基例示中的所有基原子的概率都是合适定义的，则 $\mathcal{P}$ 是合适定义的。

例 46 (例 40 中的查询的概率) 在例 44 中，K^s 中的解释是两两不相容的，所以 s 的概率可按下式计算：

$$P(s) = ba + ba(1-a) + ba(1-a)^2 + \cdots = \frac{ba}{1-(1-a)} = b$$

因为和数是一个几何级数。K^t 也是两两不相容的，且 $P(\kappa^t)=0$，因此 $P(t)=1-b+0=1-b$，这正是我们所期望的结果。◀

例 47 (例 41 中查询的概率) 在例 45 中，K^+ 中的解释是两两不相容的，所以查询 at_least_once_1 的概率如下：

$$\begin{aligned} P(\text{at\_least\_once\_1}) &= \frac{1}{3} + \frac{2}{3} \cdot \frac{1}{2} \cdot \frac{1}{3} + \left(\frac{2}{3} \cdot \frac{1}{2}\right)^2 \cdot \frac{1}{3} + \cdots \\ &= \frac{1}{3} + \frac{1}{9} + \frac{1}{27} \cdots \\ &= \frac{\frac{1}{3}}{1-\frac{1}{3}} = \frac{\frac{1}{3}}{\frac{2}{3}} = \frac{1}{2} \end{aligned}$$

因为和数是一个几何级数。

对于查询 never_1，K^- 中的解释是两两不相容的，所以 never_1 的概率可按下式计算：

$$\begin{aligned} P(\text{never\_1}) &= \frac{2}{3} \cdot \frac{1}{2} + \frac{2}{3} \cdot \frac{1}{2} \cdot \frac{2}{3} \cdot \frac{1}{2} + \left(\frac{2}{3} \cdot \frac{1}{2}\right)^2 \cdot \frac{2}{3} \cdot \frac{1}{2} + \cdots \\ &= \frac{1}{3} + \frac{1}{9} + \frac{1}{27} \cdots = \frac{1}{2} \end{aligned}$$

这正是期望得到的 never_1 $= \sim$at_least_once_1。◀

现在，我们想要证明每个程序都是合适定义的，即它有可数解释的可数集，且对每个查询覆盖。下面，我们只讨论基程序。但它们可能是可数无穷的，因此它们可以是对带函数符号程序基例化的结果。

给定两个复合选择集 K_1 和 K_2，它们的合取式 $K_1 \otimes K_2$ 定义为 $K_1 \otimes K_2 = \{\kappa_1 \cup \kappa_2 \mid \kappa_1 \in K_1, \kappa_2 \in K_2, \text{consistent}(\kappa_1 \cup \kappa_2)\}$。很容易证明 $\omega_{K_1 \otimes K_2} = \omega_{K_1} \cap \omega_{K_2}$

与文献[Vlasselaer et al.，2015，2016]类似，我们定义参数化的解释 $\text{IFPP}^{\mathcal{P}}$，并定义一个作为解释的一般化的算子以及正规程序的算子 $\text{IFP}^{\mathcal{P}}$。与[Vlasselaer et al.，2015，2016]不同的是，这里的参数化解释将每个原子与一组复合选择相关联，而不是与布尔公式相关联。

定义 22(参数化的二值解释) 基于 Herbrand 基的基概率逻辑程序 $\mathcal{P}$ 的参数化正二值解释 Tr 是一个由序对(a, K_a)构成的集合，其中 $a \in \text{atoms}$，K_a 是一个复合选择的集合。基于 Herbrand 基 $\mathcal{B}_{\mathcal{P}}$ 的基概率逻辑程序 $\mathcal{P}$ 的参数化负二值解释 Fa 是由序对$(a, K_{\sim a})$构成的集合，其中 $a \in \mathcal{B}_{\mathcal{P}}$，且 $K_{\sim a}$ 是复合选择的集合。

参数化二值解释构成一个完备格，其中的偏序定义为 $I \leqslant J$，如果 $\forall (a, K_a) \in I$，$(a,$

$L_a) \in J: \omega_{K_a} \subseteq \omega_{L_a}$。最小上界和最大下界总存在，其定义如下：

$$\mathrm{lub}(X) = \left\{(a, \bigcup_{I \in X, (a, K_a) \in I} K_a) \mid a \in \mathcal{B}_{\mathcal{P}}\right\}$$

$$\mathrm{glb}(X) = \left\{(a \bigotimes_{I \in X, (a, K_a) \in I} K_a) \mid a \in \mathcal{B}_{\mathcal{P}}\right\}$$

顶元⊤是

$$\{(a, \{\varnothing\}) \mid a \in \mathcal{B}_{\mathcal{P}}\}$$

底元⊥是

$$\{(a, \varnothing) \mid a \in \mathcal{B}_{\mathcal{P}}\}$$

定义 23(参数化三值解释)　基于 Herbrand 基 $\mathcal{B}_{\mathcal{P}}$ 的基概率逻辑程序 $\mathcal{P}$ 的参数化三值解释 $\mathcal{I}$ 是三元组$(a, K_a, K_{\sim a})$的集合，其中 $a \in \mathcal{B}_{\mathcal{P}}$，$K_a$ 和 $K_{\sim a}$ 是复合选择的集合。一个协调的参数化三元组解释 $\mathcal{I}$ 使得 $\forall (a, K_a, K_{\sim a}) \in \mathcal{I}: \omega_{K_a} \cap \omega_{K_{\sim a}} = \varnothing$。

参数化的三值解释形成一个完备格，其中，偏序定义为 $I \leqslant J$，如果 $\forall (a, K_a, K_{\sim a}) \in I$，$(a, L_a, L_{\sim a}) \in J: \omega_{K_a} \subseteq \omega_{L_a}$ 且 $\omega_{K_{\sim a}} \subseteq \omega_{L_{\sim a}}$。最小上界和最大下界总存在，其定义如下：

$$\mathrm{lub}(X) = \left\{(a, \bigcup_{I \in X, (a, K_a, K_{\sim a}) \in I} K_a, \bigcup_{I \in X, (a, K_a, K_{\sim a}) \in I,} K_{\sim a}) \mid a \in \mathcal{B}_{\mathcal{P}}\right\}$$

$$\mathrm{glb}(X) = \left\{(a, \bigotimes_{I \in X, (a, K_a, K_{\sim a}) \in I} K_a, \bigotimes_{I \in X, (a, K_a, K_{\sim a}) \in I} K_{\sim a}) \mid a \in \mathcal{B}_{\mathcal{P}}\right\}$$

顶元⊤是

$$\{(a, \{\varnothing\}, \{\varnothing\}) \mid a \in \mathcal{B}_{\mathcal{P}}\}$$

底元⊥是

$$\{(a, \varnothing, \varnothing) \mid a \in \mathcal{B}_{\mathcal{P}}\}$$

定义 24($\mathrm{OpTrueP}_{\mathcal{I}}^{\mathcal{P}}(\mathrm{Tr})$)和($\mathrm{OpFalseP}_{\mathcal{I}}^{\mathcal{P}}(\mathrm{Fa})$)　对于含规则 $\mathcal{R}$ 和事实 $\mathcal{F}$ 的基程序 $\mathcal{P}$，一个带序对(a, L_a)的二值参数化的正解释 Tr，一个带序对$(a, M_{\sim a})$的二值参数化的负解释 Fa，一个带有三元组$(a, K_a, K_{\sim a})$的三值参数化解释 $\mathcal{I}$，我们定义 $\mathrm{OpTrueP}_{\mathcal{I}}^{\mathcal{P}}(\mathrm{Tr}) = \{(a, L'_a) \mid a \in \mathcal{B}_{\mathcal{P}}\}$，其中：

$$L'_a = \begin{cases} \{\{(a, \varnothing, 1)\}\} & a \in \mathcal{F} \\ \displaystyle\bigcup_{a \leftarrow b_1, \cdots, b_n, \sim c_1, \cdots, c_m \in \mathcal{R}} ((L_{b_1} \cup K_{b_1}) \otimes \cdots & a \in \mathcal{B}_{\mathcal{P}} \setminus \mathcal{F} \\ \otimes (L_{b_n} \cup K_{b_n}) \otimes K_{\sim c_1} \otimes \cdots \otimes K_{\sim c_m}) & \end{cases}$$

且 $\mathrm{OpFalseP}_{\mathcal{I}}^{\mathcal{P}}(\mathrm{Fa}) = \{(a, M'_a) \mid a \in \mathcal{B}_{\mathcal{P}}\}$，其中：

$$M'_{\sim a} = \begin{cases} \{\{(a, \varnothing, 0)\}\} & a \in \mathcal{F} \\ \displaystyle\bigotimes_{a \leftarrow b_1, \cdots, b_n, \sim c_1, \cdots, c_m \in \mathcal{R}} ((M_{\sim b_1} \otimes K_{\sim b_1}) \cup \cdots & a \in \mathcal{B}_{\mathcal{P}} \setminus \mathcal{F} \\ \cup (M_{\sim b_n} \otimes K_{\sim b_n}) \cup K_{c_1} \cup \cdots \cup K_{c_m}) & \end{cases}$$

命题 2($\mathrm{OpTrueP}_{\mathcal{I}}^{\mathcal{P}}$ 和 $\mathrm{OpFalseP}_{\mathcal{I}}^{\mathcal{P}}$ 的单调性)　$\mathrm{OpTrueP}_{\mathcal{I}}^{\mathcal{P}}$ 和 $\mathrm{OpFalseP}_{\mathcal{I}}^{\mathcal{P}}$ 是单调的。

证明　我们首先讨论 $\mathrm{OpTrueP}_{\mathcal{I}}^{\mathcal{P}}$。必须证明如果 $\mathrm{Tr}_1 \leqslant \mathrm{Tr}_2$，则 $\mathrm{OpTrueP}_{\mathcal{I}}^{\mathcal{P}}(\mathrm{Tr}_1) \leqslant \mathrm{OpTrueP}_{\mathcal{I}}^{\mathcal{P}}(\mathrm{Tr}_2)$。$\mathrm{Tr}_1 \leqslant \mathrm{Tr}_2$ 意味着

$$\forall (a, L_a) \in \mathrm{Tr}_1, (a, M_a) \in \mathrm{Tr}_2: \omega_{L_a} \subseteq \omega_{M_a}$$

令(a, L'_a)是 $\mathrm{OpTrueP}_{\mathcal{I}}^{\mathcal{P}}(\mathrm{Tr}_1)$的元素且$(a, M'_a)$是 $\mathrm{OpTrueP}_{\mathcal{I}}^{\mathcal{P}}(\mathrm{Tr}_2)$的元素，我们必须证明 $\omega_{L'_a} \subseteq \omega_{M'_a}$。

如果 $a\in\mathcal{F}$，则 $L'_a=M'_a=\{\{(a,\ \theta,\ 1)\}\}$。如果 $a\in\mathcal{B}_{\mathcal{P}}\setminus\mathcal{F}$，则 L'_a 和 M'_a 有相同的结构。因为 $\forall b\in\mathcal{B}_{\mathcal{P}}:\omega_{L_b}\subseteq\omega_{M_b}$，所以 $\omega_{L'_a}\subseteq\omega_{M'_a}$。

同理可证 $\text{OpFalseP}_{\mathcal{I}}^{\mathcal{P}}$ 也是单调的。 ■

由于 $\text{OpTrueP}_{\mathcal{I}}^{\mathcal{P}}$ 和 $\text{OpFalseP}_{\mathcal{I}}^{\mathcal{P}}$ 都是单调的，因此它们有一个最小不动点和一个最大不动点。

定义 25(概率程序的迭代不动点) 对于基程序 $\mathcal{P}$，将 $\text{IFPP}^{\mathcal{P}}$ 定义为

$$\text{IFPP}^{\mathcal{P}}(\mathcal{I})=\{(a,K_a,K_{\sim a})\mid(a,K_a)\in\text{lfp}(\text{OpTrueP}_{\mathcal{I}}^{\mathcal{P}}),(a,K_{\sim a})\in\text{gfp}(\text{OpFalseP}_{\mathcal{I}}^{\mathcal{P}})\}$$

命题 3($\text{IFPP}^{\mathcal{P}}$ 的单调性) $\text{IFPP}^{\mathcal{P}}$ 是单调的。

证明 我们必须证明，如果 $\mathcal{I}_1\leqslant\mathcal{I}_2$，那么 $\text{IFPP}^{\mathcal{P}}(\mathcal{I}_1)\leqslant\text{IFPP}^{\mathcal{P}}(\mathcal{I}_2)$。$\mathcal{I}_1\leqslant\mathcal{I}_2$ 则意味着：

$$\forall(a,L_a,L_{\sim a})\in\mathcal{I}_1,(a,M_a,M_{\sim a})\in\mathcal{I}_2:\omega_{L_a}\subseteq\omega_{M_a},\omega_{L_{\sim a}}\subseteq\omega_{M_{\sim a}}$$

令$(a,\ L'_a,\ L'_{\sim a})$为 $\text{IFPP}^{\mathcal{P}}(\mathcal{I}_1)$的元素，$(a,\ M'_a,\ M'_{\sim a})$为 $\text{IFPP}^{\mathcal{P}}(\mathcal{I}_2)$的元素，我们必须证明 $\omega_{L'_a}\subseteq\omega_{M'_a}$ 且 $\omega_{L'_{\sim a}}\subseteq\omega_{M'_{\sim a}}$。

这可根据命题 2 中已证明的 $\text{OpTrueP}_{\mathcal{I}}^{\mathcal{P}}$ 和 $\text{OpFalseP}_{\mathcal{I}}^{\mathcal{P}}$ 的单调性得到。 ■

这样 $\text{IFPP}^{\mathcal{P}}$ 有最小不动点。我们用 $\text{WFMP}(\mathcal{P})$表示 $\text{lfp}(\text{IFPP}^{\mathcal{P}})$，令 δ 为满足 $\text{IFPP}^{\mathcal{P}}\uparrow\delta=\text{WFMP}(\mathcal{P})$的最小序数。我们称 δ 为 $\mathcal{P}$ 的深度。

接下来证明 $\text{OpTrueP}_{\mathcal{I}}^{\mathcal{P}}$ 和 $\text{OpFalseP}_{\mathcal{I}}^{\mathcal{P}}$ 是可靠的。

引理 4($\text{OpTrueP}_{\mathcal{I}}^{\mathcal{P}}$ 的可靠性) 对于带概率事实 $\mathcal{F}$ 和规则 $\mathcal{R}$ 的基概率程序 $\mathcal{P}$，以及一个参数化三值解释 $\mathcal{I}$，令 L_a^{α} 是与 $\text{OpTrueP}_{\mathcal{I}}^{\mathcal{P}}\uparrow\alpha$ 中的原子 a 相关联的公式。对于每一个原子 a，完全选择 σ 和迭代 α，有

$$w_\sigma\in w_{L_a^\alpha}\rightarrow\text{WFM}(w_\sigma\mid\mathcal{I})\vDash a$$

其中，$w_\sigma\mid\mathcal{I}$ 通过以下方式得到：将满足$(a,\ K_a,\ K_{\sim a})\in\mathcal{I}$ 且 $w_\sigma\in\omega_{K_a}$ 的原子 a 添加到 w_σ 中，并删去所有头部包含 a(a 满足$(a,\ K_a,\ K_{\sim a})\in\mathcal{I}$ 且 $w_\sigma\in\omega_{K_{\sim a}}$)的规则。

证明 我们通过超限归纳法证明该引理：假设对所有的 $\beta<\alpha$，上述结论成立，让我们证明对 α 结论也成立。如果 α 是一个后继序数，则当 $a\in\mathcal{F}$ 时很容易验证。否则，假设 $w_\sigma\in\omega_{L_a^\alpha}$，其中：

$$L_a^\alpha=\bigcup_{a\leftarrow b_1,\cdots,b_n,\sim c_1,\cdots,c_m\in\mathcal{R}}((L_{b_1}^{\alpha-1}\cup K_{b_1})\otimes\cdots\otimes(L_{b_n}^{\alpha-1}\cup K_{b_n})\otimes K_{\sim c_1}\otimes\cdots\otimes K_{\sim c_m})$$

这意味着存在一条规则 $a\leftarrow b_1,\ \cdots,\ b_n,\ \sim c_1,\ \cdots,\ c_m\in\mathcal{R}$ 使得 $w_\sigma\in\omega_{L_{b_i}^{\alpha-1}\cup K_{b_i}}$ $(i=1,\ \cdots,\ n)$且 $w_\sigma\in\omega_{K_{\sim c_j}}$ $(j=1,\ \cdots,\ m)$。根据归纳假设和 $w_\sigma\mid\mathcal{I}$ 的构建方法，则 $\text{WFM}(w_\sigma\mid\mathcal{I})\vDash b_i$ 且 $\text{WFM}(w_\sigma\mid\mathcal{I})\vDash\sim c_j$，所以 $\text{WFM}(w_\sigma\mid\mathcal{I})\vDash a$。

如果 α 是一个极限序数，则

$$L_a^\alpha=\text{lub}(\{L_a^\beta\mid\beta<\alpha\})=\bigcup_{\beta<\alpha}L_\alpha^\beta$$

如果 $w_\sigma\in\omega_{L_a^\alpha}$，那么一定存在一个 $\beta<\alpha$ 使得 $w_\sigma\in\omega_{L_a^\beta}$，利用归纳假设，假设成立。 ■

引理 5($\text{OpFalseP}_{\mathcal{I}}^{\mathcal{P}}$ 的可靠性) 对于带有概率事实 $\mathcal{F}$ 和规则 $\mathcal{R}$ 的基概率逻辑程序 $\mathcal{P}$，以及一个参数化三值解释 $\mathcal{I}$，令 $M_{\sim a}^{\alpha}$是与 $\text{OpFalseP}_{\mathcal{I}}^{\mathcal{P}}\downarrow\alpha$ 中的原子 a 相关联的复合选择集。对于每一个原子 a，完全选择 σ 和迭代 α，有

$$w_\sigma\in\omega_{M_{\sim a}^\alpha}\rightarrow\text{WFM}(w_\sigma\mid\mathcal{I})\vDash\sim a$$

其中 $w_\sigma\mid\mathcal{I}$ 的创建与引理 4 相同。

证明 与引理 4 的证明类似。 ■

为证明 $\text{IFPP}^{\mathcal{P}}$ 的可靠性，我们首先需要两个引理，第一个引理是关于由语义的部分赋

值得到程序的模型，第二个则是关于实例模型和部分程序的等价性。

引理 6(部分赋值) 对一个基正规逻辑程序 P 和一个满足 $\mathcal{I} \leqslant \text{WFM}(P)$ 的三值解释 $\mathcal{I}=\langle I_T, I_F\rangle$，将 $P\|\mathcal{I}$ 定义为通过以下方法得到的程序：向 P 中添加所有满足 $a\in I_T$ 的原子，删除原子 $a\in I_F$ 对应的规则。这样 $\text{WFM}(P)=\text{WFM}(P\|\mathcal{I})$。

证明 我们首先证明 WFM(P)是 $\text{IFP}^{P\|\mathcal{I}}$ 的一个不动点。选择一个原子 $a\in \text{OpTrue}^{P}_{\text{WFM}(P)}(I_T)$。如果 $a\in I_T$，则 a 是一个 $P\|\mathcal{I}$ 中的事实，所以它在 $\text{OpTrue}^{P\|\mathcal{I}}_{\text{WFM}(P)}(I_T)$ 中。否则，存在 P 中的一条规则 $a\leftarrow b_1, \cdots, b_n$，使得 b_i 在 WFM(P)中为真或 $b_i\in I_T(i=1, \cdots, n)$。这样的规则也在 $P\|\mathcal{I}$ 中，所以 $a\in \text{OpTrue}^{P\|\mathcal{I}}_{\text{WFM}(P)}(I_T)$。

现在选择一个原子 $a\in \text{OpFalse}^{P}_{\text{WFM}(P)}(I_F)$。如果 $a\in I_F$，则在 $P\|\mathcal{I}$ 中没有与 a 相关的规则，所以它也在 $\text{OpFalse}^{P\|\mathcal{I}}_{\text{WFM}(P)}(I_F)$ 中。否则，对于 P 中所有规则 $a\leftarrow b_1, \cdots, b_n$，存在一个 b_i，使得它在 WFM(P)中为假或 $b_i\in I_F$。对 $P\|\mathcal{I}$ 中 a 的规则集是一样的，因此 $a\in \text{OpFalse}^{P\|\mathcal{I}}_{\text{WFM}(P)}(I_F)$。

同理可证 WFM($P\|\mathcal{I}$)是 IFP^{P} 的一个不动点。

由于 WFM(P)是 $\text{IFP}^{P\|\mathcal{I}}$ 的一个不动点，WFM($P\|\mathcal{I}$)是 $\text{IFP}^{P\|\mathcal{I}}$ 的最小不动点，因此 $\text{WFM}(P\|\mathcal{I})\leqslant\text{WFM}(P)$。又由于 WFM($P\|\mathcal{I}$)是 IFP^{P} 的一个不动点，因此 $\text{WFM}(P)\leqslant\text{WFM}(P\|\mathcal{I})$。所以 $\text{WFM}(P)=\text{WFM}(P\|\mathcal{I})$。 ■

引理 7(模型等价性) 给定一个基概率逻辑程序 $\mathcal{P}$，对于每一个完全选择 σ 和迭代 α，有

$$\text{WFM}(w_\sigma) = \text{WFM}(w_\sigma \mid \text{IFPP}^{\mathcal{P}} \uparrow \alpha)$$

证明 令 $\mathcal{I}_\alpha=\langle I_T, I_F\rangle$ 是一个三值解释，其中 $I_T=\{a \mid w_\sigma\in K^\alpha_a\}$，$I_F=\{a\mid w_\sigma\in K^\alpha_{\sim a}\}$，则 $\forall a\in I_T$: $\text{WFM}(w_\sigma)\vDash a$ 且 $\forall a\in I_F$: $\text{WFM}(w_\sigma)\vDash\sim a$。所以 $\mathcal{I}_\alpha\leqslant\text{WFM}(w_\sigma)$。

因为 $w_\sigma\mid\text{IFPP}^{\mathcal{P}}\uparrow\alpha=w_\sigma\|\mathcal{I}_\alpha$，根据引理 6，得

$$\text{WFM}(w_\sigma) = \text{WFM}(w_\sigma \mid \text{IFPP}^{\mathcal{P}} \uparrow \alpha) = \text{WFM}(w_\sigma \mid \text{IFPP}^{\mathcal{P}} \uparrow \alpha)$$ ■

下面的引理表明，$\text{IFPP}^{\mathcal{P}}$ 是可靠的。

引理 8($\text{IFPP}^{\mathcal{P}}$ 的可靠性) 对于带有概率事实 $\mathcal{F}$ 和规则 $\mathcal{R}$ 的基概率逻辑程序 $\mathcal{P}$，令 K^α_a 和 $K^\alpha_{\sim a}$ 是与 $\text{IFPP}^{\mathcal{P}}\uparrow a$ 中的原子 a 相关联的公式。对于每一个原子 a，完全选择 σ 以及迭代 α，有

$$w_\sigma \in \omega_{K^\alpha_a} \rightarrow \text{WFM}(w_\sigma) \vDash a \tag{3.2}$$

$$w_\sigma \in \omega_{K^\alpha_{\sim a}} \rightarrow \text{WFM}(w_\sigma) \vDash \sim a \tag{3.3}$$

证明 这是引理 7 的一个简单结论：$w_\sigma\in\omega_{K^\alpha_a}$ 意味着 a 是一个在 $\text{WFM}(w_\sigma\mid\text{IFPP}^{\mathcal{P}}\uparrow\alpha)$ 中的事实，因此 $\text{WFM}(w_\sigma\mid\text{IFPP}^{\mathcal{P}}\uparrow\alpha)\vDash a$ 且 $\text{WFM}(w_\sigma)\vDash a$。

另一方面，$w_\sigma\in\omega_{K^\alpha_{\sim a}}$ 意味着在 $\text{WFM}(w_\sigma\mid\text{IFPP}^{\mathcal{P}}\uparrow\alpha)$ 中的没有规则，因此 $\text{WFM}(w_\sigma\mid\text{IFPP}^{\mathcal{P}}\uparrow\alpha)\vDash\sim a$ 且 $\text{WFM}(w_\sigma)\vDash\sim a$。

下面的引理表明 $\text{IFPP}^{\mathcal{P}}$ 是完备的。 ■

引理 9($\text{IFPP}^{\mathcal{P}}$ 的完备性) 对于带有概率事实 $\mathcal{F}$ 和规则 $\mathcal{R}$ 的基概率逻辑程序 $\mathcal{P}$，令 K^α_a 和 $K^\alpha_{\sim a}$ 是与 $\text{IFPP}^{\mathcal{P}}\uparrow\alpha$ 中的原子 a 相关联的公式。对于每一个原子 a，完全选择 σ 和迭代 α，有

$$a \in \text{IFP}^{w_\sigma}\uparrow\alpha \rightarrow w_\sigma \in \omega_{K^\alpha_a}$$

$$\sim a \in \text{IFP}^{w_\sigma}\uparrow\alpha \rightarrow w_\sigma \in \omega_{K^\alpha_{\sim a}}$$

证明 我们可用双重超限归纳法来证明。如果 α 是一个后继序数，假设

$$a \in \mathrm{IFP}^{w_\sigma} \uparrow (\alpha-1) \rightarrow w_\sigma \in \omega_{K_a^{\alpha-1}}$$

$$\sim a \in \mathrm{IFP}^{w_\sigma} \uparrow (\alpha-1) \rightarrow w_\sigma \in \omega_{K_{\sim a}^{\alpha-1}}$$

我们在 $\mathrm{OpTrue}_{\mathrm{IFP}^{w_\sigma}\uparrow(\alpha-1)}^{w_\sigma}$ 和 $\mathrm{OpFalse}_{\mathrm{IFP}^{w_\sigma}\uparrow(\alpha-1)}^{w_\sigma}$ 的迭代上使用超限归纳法。让我们考虑一个后继序数 δ。假设

$$a \in \mathrm{OpTrue}_{\mathrm{IFP}^{w_\sigma}\uparrow(\alpha-1)}^{w_\sigma} \uparrow (\delta-1) \rightarrow w_\sigma \in \omega_{L_a^{\delta-1}}$$

$$\sim a \in \mathrm{OpFalse}_{\mathrm{IFP}^{w_\sigma}\uparrow(\alpha-1)}^{w_\sigma} \downarrow (\delta-1) \rightarrow w_\sigma \in \omega_{M_{\sim a}^{\delta-1}}$$

其中$(a, K_a^{\delta-1}) \in \mathrm{OpTrue}_{\mathrm{IFPP}^{\mathcal{P}}\uparrow\alpha-1}^{\mathcal{P}} \uparrow (\delta-1)$且$(a, M_{\sim a}^{\delta-1}) \in \mathrm{OpFalse}_{\mathrm{IFPP}^{\mathcal{P}}\uparrow\alpha-1}^{\mathcal{P}} \downarrow (\delta-1)$。我们证明

$$a \in \mathrm{OpTrue}_{\mathrm{IFP}^{w_\sigma}\uparrow(\alpha-1)}^{w_\sigma} \uparrow \delta \rightarrow w_\sigma \in \omega_{L_a^{\delta}}$$

$$\sim a \in \mathrm{OpFalse}_{\mathrm{IFP}^{w_\sigma}\uparrow(\alpha-1)}^{w_\sigma} \downarrow \delta \rightarrow w_\sigma \in \omega_{M_{\sim a}^{\delta}}$$

考虑 a，若 $a \in \mathcal{F}$，这很容易证明。

对于其他原子，$a \in \mathrm{OpTrue}_{\mathrm{IFP}^{w_\sigma}\uparrow(\alpha-1)}^{w_\sigma} \uparrow \delta$ 意味着存在一条规则 $a \leftarrow b_1, \cdots, b_n, \sim c_1, \cdots, c_m$，使得对于所有 $i=1, \cdots, n$，有

$$b_i \in \mathrm{OpTrue}_{\mathrm{IFP}^{w_\sigma}\uparrow(\alpha-1)}^{w_\sigma} \uparrow (\delta-1) \lor b_i \in \mathrm{IFP}^{w_\sigma} \uparrow (\alpha-1)$$

且对于所有 $j=1, \cdots, m$，有$\sim c_j \in \mathrm{IFP}^{w_\sigma} \uparrow (\alpha-1)$。对于归纳假设，$\forall i: w_\sigma \in \omega_{L_{b_i}^{\delta-1}} \lor w_\sigma \in \omega_{K_{b_i}^{\alpha-1}}$ 且 $\forall j: w_\sigma \in \omega_{K_{\sim c_j}^{\alpha-1}}$，所以 $w_\sigma \in L_a^\delta$。类似地对$\sim a$ 也如此。

如果 δ 是一个极限序数，则 $L_a^\delta = \bigcup_{\mu<\delta} L_a^\mu$ 且 $M_{\sim a}^\delta = \bigotimes_{\mu<\delta} M_{\sim a}^\mu$。如果 $a \in \mathrm{OpTrue}_{\mathrm{IFP}^{w_\sigma}\uparrow(\alpha-1)}^{w_\sigma} \uparrow \delta$，则存在 $\mu<\delta$ 使得

$$a \in \mathrm{OpTrue}_{\mathrm{IFP}^{w_\sigma}\uparrow(\alpha-1)}^{w_\sigma} \uparrow \mu$$

对归纳假设，$w_\sigma \in \omega_{L_a^\delta}$。

如果$\sim a \in \mathrm{OpFalse}_{\mathrm{IFP}^{w_\sigma}\uparrow(\alpha-1)}^{w_\sigma} \downarrow \delta$，则对所有 $\mu<\delta$，有

$$\sim a \in \mathrm{OpFalse}_{\mathrm{IFP}^{w_\sigma}\uparrow(\alpha-1)}^{w_\sigma} \downarrow \mu$$

对归纳假设，$w_\sigma \in \omega_{M_a^\delta}$。

考虑一个极限 α，则 $K_a^\alpha = \bigcup_{\beta<\alpha} K_a^\beta$ 且 $K_{\sim a}^\alpha = \bigcup_{\beta<\alpha} K_{\sim a}^\beta$。如果 $a \in \mathrm{IFP}^{w_\sigma} \uparrow \alpha$，则存在 $\beta<\alpha$，使得 $a \in \mathrm{IFP}^{w_\sigma} \uparrow \beta$。对于归纳假设，有 $w_\sigma \in \omega_{K_a^\beta}$，因此 $w_\sigma \in \omega_{K_a^\alpha}$。对$\sim a$ 的证明与此类似。■

我们现在可以证明 $\mathrm{IFPP}^{\mathcal{P}}$ 是可靠且完备的。

定理 9（$\mathrm{IFPP}^{\mathcal{P}}$ 的可靠性和完备性） *对于基概率逻辑程序 $\mathcal{P}$，令 K_a^α 和 $K_{\sim a}^\alpha$ 是与 $\mathrm{IFPP}^{\mathcal{P}} \uparrow \alpha$ 中的原子 a 相关联的公式。对于每一个原子 a 和完全选择 σ，存在一个迭代 α_0 使得对于所有的 $\alpha > \alpha_0$，有*

$$w_\sigma \in \omega_{K_a^\alpha} \leftrightarrow \mathrm{WFM}(w_\sigma) \vDash a \tag{3.4}$$

$$w_\sigma \in \omega_{K_{\sim a}^\alpha} \leftrightarrow \mathrm{WFM}(w_\sigma) \vDash \sim a \tag{3.5}$$

证明 式(3.4)和式(3.5)的→方向是引理 8，而在另一方向，$\mathrm{WFM}(w_\sigma) \vDash a$ 蕴含 $\exists \alpha_0 \forall \alpha: \alpha \geqslant \alpha_0 \rightarrow \mathrm{IFP}_{w_\sigma} \uparrow \alpha \vDash a$。对于引理 9，有 $w_\sigma \in \omega_{K_a^\alpha}$。$\mathrm{WFM}(w_\sigma) \vDash \sim a$ 蕴含 $\exists \alpha_0 \forall \alpha: \alpha \geqslant \alpha_0 \rightarrow \mathrm{IFP}^{w_\sigma} \uparrow \alpha \vDash \sim a$，对于引理 9，有 $w_\sigma \in \omega_{K_{\sim a}^\alpha}$。■

现在，我们可以证明每个可靠程序的每个查询都有一个有可数解释的可数的覆盖集。

定理 10（分布语义的合适定义） *对一个可靠的基概率逻辑程序 $\mathcal{P}$，$\mu_{\mathcal{P}}(\{w \mid w \in W_{\mathcal{P}}, w \vDash a\})$是合适定义的。*

证明 令 K_a^δ 和 $K_{\sim a}^\delta$ 是 $\mathrm{IFPP}^{\mathcal{P}} \uparrow \delta$ 中与 α 原子相关联的公式，其中 δ 是程序的深度。根

据 IFPP$^{\mathcal{P}}$ 的可靠性和完备性，则有$\{w \mid w \in W_{\mathcal{P}}, w \vDash a\} = \omega_{K_a^\delta}$。

对于所有 β 的 $\mathrm{OpTrueP}^{\mathcal{P}}_{\mathrm{IFPP}^{\mathcal{P}}\uparrow\beta}$ 和 $\mathrm{OpFalseP}^{\mathcal{P}}_{\mathrm{IFPP}^{\mathcal{P}}\uparrow\beta}$ 的每次迭代生成可数解释的可数集，这是因为规则集是可数的。因此 K_a^δ 是可数解释的可数集且 $\mu_{\mathcal{P}}(\{w \mid w \in W_{\mathcal{P}}, w \vDash a\})$ 是合适定义的。 ■

此外，如果程序是可靠的，对所有的原子 a，有 $\omega_{K_a^\delta} = \omega^c_{K^\delta_{\sim a}}$（其中 δ 是程序的深度），否则会有一个世界 w_σ 使得 $w_\sigma \notin \omega_{K_a^\delta}$ 且 $w_\sigma \notin \omega_{K^\delta_{\sim a}}$。但是 w_σ 有一个二值 WFM，因此 $\mathrm{WFM}(w_\sigma) \vDash a$ 或 $\mathrm{WFM}(w_\sigma) \vDash \sim a$。在第一种情况下，$w_\sigma \in \omega_{K_a^\delta}$，而在后一种情况下 $w_\sigma \in \omega_{K^\delta_{\sim a}}$，这与假设相反。

为给出分布语义下其他语言的一个带函数符号的程序的语义，我们可以使用 2.4 节中的技术将它转换为 ProbLog 程序，并对其使用上面的语义。

3.3　与 Sato 和 Kameya 的定义的比较

Sato 和 Kameya[2001]定义了确定程序(即没有负文字的程序)的分布语义。他们从一个有穷分布的集合出发，在 Herbrand 解释集合上构建了一个概率测度 $\mathcal{F}$。设基概率事实集$\{f_1, f_2, \cdots\}$且 X_i 是与 f_i 相关联的随机变量，其值域 $\mathcal{V}_i = \{0, 1\}$。

他们将样本空间 $V_{\mathcal{F}}$ 定义为一个拓扑空间，以积拓扑为事件空间，这样每个$\{0, 1\}$都与离散拓扑匹配。

为阐明这一定义，我们先介绍一些拓扑学术语。在集合 V 上的*拓扑*[Willard, 1970]是 $\mathcal{V}$ 的子集的集合 Ψ，称为*开集*，它满足下列性质：①Ψ 中元素的任意一个并集在 Ψ 中；②Ψ 的元素的有穷交集在 Ψ 中；③$\varnothing$和 V 都在 Ψ 中。称(V, Ψ)为*拓扑空间*。一个集合 V 的离散拓扑[Steen & Seebach, 2013]是 V 的幂集 $\mathbb{P}(V)$。

集合 $\psi_i(i=1, 2, \cdots)$的*无穷笛卡儿积*是

$$\rho = \bigtimes_{i=1}^{\infty} \psi_i = \{(s_1, s_2, \cdots) \mid s_i \in \psi_i, i = 1, 2, \cdots\}$$

无穷笛卡儿积上的*积拓扑*[Willard, 1970] $\bigtimes_{i=1}^{\infty} \mathcal{V}_i$ 是一个集合，它包含形如 $\bigtimes_{i=1}^{\infty} v_i$ 的开集的所有可能的并集，其中：①对所有 i，v_i 是开集；②对所有有穷多个 i，有 $v_i = \mathcal{V}_i$。满足①和②的集合称为*柱集合*。它们的数量是可数的。

所以，$V_{\mathcal{F}} = \bigtimes_{i=1}^{\infty}\{0, 1\}$，即它是一个无穷笛卡儿积，且对所有的 i，$\mathcal{V}_i = \{0, 1\}$。Sato 和 Kameya[2001]由一组有穷联合分布 $P^{(n)}_{\mathcal{F}}(X_1 = k_1, \cdots, X_n = k_n, n \geqslant 1)$定义了样本空间 $V_{\mathcal{F}}$ 上的一个概率测度 $\eta_{\mathcal{F}}$，使得：

$$\begin{cases} 0 \leqslant P^{(n)}_{\mathcal{F}}(X_1 = k_1, \cdots, X_n = k_n) \leqslant 1 \\ \sum_{k_1, \cdots, k_n} P^{(n)}_{\mathcal{F}}(X_1 = k_1, \cdots, X_n = k_n) = 1 \\ \sum_{k_{n+1}} P^{(n+1)}_{\mathcal{F}}(X_1 = k_1, \cdots, X_{n+1} = k_{n+1}) = P^{(n)}_{\mathcal{F}}(X_1 = k_1, \cdots, X_n = k_n) \end{cases} \tag{3.6}$$

最后一个等式称为*协调性条件*或*相容性条件*。*科尔莫戈罗夫相容性定理*[Chow & Teicher, 2012]指出，如果分布 $P^{(n)}_{\mathcal{F}}(X_1 = k_1, \cdots, X_n = k_n)$满足相容性条件，则存在一个概率空间$(V_{\mathcal{F}}, \Psi_{\mathcal{F}}, \eta_{\mathcal{F}})$，其中 $\eta_{\mathcal{F}}$ 是 $\Psi_{\mathcal{F}}$ 上唯一的概率测度，最小 σ 代数包含开集 $V_{\mathcal{F}}$，使得对于任意的 n，有

$$\eta_{\mathcal{F}}(X_1 = k_1, \cdots, X_n = k_n) = P_{\mathcal{F}}^{(n)}(x_1 = k_1, \cdots, X_n = k_n) \tag{3.7}$$

Sato 和 Kameya[2001]将 $P_{\mathcal{F}}^{(n)}(X_1=k_1, \cdots, X_n=k_n)$定义为

$$P_{\mathcal{F}}^{(n)}(X_1 = k_1, \cdots, X_n = k_n) = \pi_1 \cdots \pi_n$$

其中，如果 $k_i=1$，则 $\pi_i = \Pi_i$；如果 $k_i=0$，则 $\pi_i = 1 - \Pi_i$。Π_i 为事实 f_i 的标注。显然，该定义满足式(3.6)中的性质。

随后将分布 $P_{\mathcal{F}}^{(n)}(X_1=k_1, \cdots, X_n=k_n)$扩展到整个程序的 Herbrand 解释集上的一个概率测度。令 $\mathcal{B}_{\mathcal{P}}=\{a_1, a_2, \cdots\}$，$Y_i$ 是与 a_i 相关联的随机变量，其值域为$\{0, 1\}$。另外，假设如果 $k=1$，则 $a^k=a$，如果 $k=0$，则 $a^k=\sim a$。$V_{\mathcal{P}}$ 是无穷笛卡儿积 $V_{\mathcal{P}}=\bigtimes_{i=1}^{\infty}\{0, 1\}$。

通过引入一组有穷联合分布 $P_{\mathcal{P}}^{(n)}(Y_1=k_1, \cdots, Y_n=k_n)(n=1, 2, \cdots)$将测度 $\eta_{\mathcal{F}}$ 扩展到 $\eta_{\mathcal{P}}$：

$$[a_1^{k_1} \wedge \cdots \wedge a_n^{k_n}]_{\mathcal{F}} = \{v \in V_{\mathcal{F}} \mid \mathrm{lhm}(v) \vDash a_1^{k_1} \wedge \cdots \wedge a_n^{k_n}\}$$

其中 lhm(v)是 $\mathcal{R} \cup \mathcal{F}_v$ 的最小 Herbrand 模型，且 $\mathcal{F}_v=\{f_i \mid v_i=1\}$。

然后，令

$$P_{\mathcal{P}}^{(n)}(Y_1 = k_1, \cdots, Y_n = k_n) = \eta_{\mathcal{F}}([a^{k_{11}} \wedge \cdots \wedge a_n^{k_n}]_{\mathcal{F}})$$

Sato 和 Kameya 认为$[a_1^{k_1} \wedge \cdots \wedge a_n^{k_n}]_{\mathcal{F}}$ 是 $\eta_{\mathcal{F}}$ 可测度的，且根据定义，$P_{\mathcal{P}}^{(n)}$ 满足相容性条件：

$$\sum_{k_{n+1}} P_{\mathcal{P}}^{(n+1)}(Y_1 = k_1, \cdots, Y_{n+1} = k_{n+1}) = P_{\mathcal{P}}^{(n)}(Y_1 = k_1, \cdots, Y_n = k_n)$$

因此，存在一个 $\Psi_{\mathcal{P}}$ 上的唯一概率测度 $\eta_{\mathcal{P}}$，它是 $\eta_{\mathcal{F}}$ 的一个扩展。

为了将此定义与 3.2 节中的定义联系起来，我们需要再多介绍一些 σ 代数的术语。

定义 26(无穷维数积 σ 代数及空间)　对于任何可测度的空间$(W_i, \Omega_i)(i=1, 2, \cdots)$，有如下定义：

$$\mathcal{G} = \bigcup_{m=1}^{\infty}\left\{\bigtimes_{i=1}^{\infty}\omega_i \mid \omega_i \in \Omega_i, 1 \leqslant i \leqslant m \text{ 且 } \omega_i = W_i, i > m\right\}$$

$$\bigotimes_{i=1}^{\infty}\Omega_i = \sigma(\mathcal{G})$$

$$\bigtimes_{i=1}^{\infty}(W_i, \Omega_i) = \left(\bigtimes_{i=1}^{\infty}W_i, \bigotimes_{i=1}^{\infty}\Omega_i\right)$$

则 $\bigtimes_{i=1}^{\infty}(W_i, \Omega_i)$是无穷维数积空间且$\bigotimes_{i=1}^{\infty}\Omega_i$ 是无穷维数积 σ 代数，该定义是将定义 14 推广到了无穷维数的情形。

显然，若对所有 i，$W_i=\{0, 1\}$且 $\Omega_i=\mathbb{P}(\{0, 1\})$，则 $\mathcal{G}$ 是柱集合的所有可能并集的集合，所以它是一个在 $\bigtimes_{i=1}^{\infty}W_i$ 上的积拓扑且

$$\bigtimes_{i=1}^{\infty}(W_i, \Omega_i) = (V_{\mathcal{F}}, \Psi_{\mathcal{F}})$$

即无穷维数的积空间、由 $V_{\mathcal{F}}$ 所构成的空间和包含 $V_{\mathcal{F}}$ 开集的最小 σ 代数是一致的。此外，根据[Chow & Teicher, 2012]，$\Psi_{\mathcal{F}}$ 是由柱集产生的最小 σ 代数。

如果一个无穷笛卡儿积 $\rho=\bigtimes_{i=1}^{\infty}v_i$ 不是空集，即如果 $v_i \neq \varnothing(i=1, 2, \cdots)$，则称该无穷笛卡儿积是协调的。我们可在协调的无穷笛卡儿积 $\rho=\bigtimes_{i=1}^{\infty}v_i$ 和复合选择之间构建一个双

射 $\gamma_{\mathcal{F}}$，有 $\gamma_{\mathcal{F}}\left(\bigtimes_{i=1}^{\infty} v_i\right)=\{(f_i, \varnothing, k_i) \mid v_i=\{k_i\}\}$。

引理 10($\Psi_{\mathcal{F}}$ 中的元素作为可数并集) $\Psi_{\mathcal{F}}$ 中的每个元素可写为由协调的可能的无穷笛卡儿积构成的一个可数并集：

$$\psi=\bigcup_{j=1}^{\infty} \rho_j \tag{3.8}$$

其中，$\rho_j=\bigtimes_{i=1}^{\infty} v_i$ 且 $v_i \in \{\{0\}, \{1\}, \{0, 1\}\}(i=1, 2, \cdots)$。

证明 我们将证明 $\Psi_{\mathcal{F}}$ 和 Φ(形如式(3.8)的所有元素的集合)是一致的。假设 ψ 形如式(3.8)，可将每个 ρ_j 写成柱集的可数并集，因此，ψ 属于 $\Psi_{\mathcal{F}}$。又因为 $\Psi_{\mathcal{F}}$ 是 σ 代数且 ψ 是一个可数并集，所以有 $\psi \in \Psi_{\mathcal{F}}$ 和 $\Phi \subseteq \Psi_{\mathcal{F}}$。

我们可以使用引理 2 中相同的方法证明 Φ 是一个 σ 代数，这里用笛卡儿积代替复合选择。Φ 包含柱集：尽管每个 ρ_j 必须协调，但不协调的集合是世界的空集，因此可从式(3.8)的并集中删除它们。由于 $\Psi_{\mathcal{F}}$ 是包含柱集的最小 σ 代数，则 $\Psi_{\mathcal{F}} \subseteq \Phi$。 ■

所以 $\Psi_{\mathcal{F}}$ 中的每个元素 ψ 可以写成一个协调的可能的无穷笛卡儿积的可数并集。

引理 11($\Gamma_{\mathcal{F}}$ 是双射的) 考虑函数 $\Gamma_{\mathcal{F}}: \Psi_{\mathcal{F}} \rightarrow \Omega_{\mathcal{P}}$，即 $\Gamma_{\mathcal{F}}(\psi)=\omega_K$，其中 $\psi=\bigcup_{j=1}^{\infty} p_j$ 且 $K=\bigcup_{j=1}^{\infty}\{\gamma_{\mathcal{F}}(p_j)\}$，则 $\Gamma_{\mathcal{F}}$ 是双射的。

证明 因为 $\gamma_{\mathcal{F}}$ 是双射的，所以结论显然成立。 ■

定理 11(与 Sato 和 Kameya 定义的等价性) 对确定程序，概率测度 $\mu_{\mathcal{P}}$ 和 $\eta_{\mathcal{P}}$ 是一致的。

证明 考虑$(X_1=k_1, \cdots, X_n=k_n)$且令 K 为

$$\{\{(f_1, \varnothing, k_1), \cdots, (f_n, \varnothing, k_n)\}\}$$

则 $K=\Gamma_{\mathcal{F}}(\{(k_1, \cdots, k_n, v_{n+1}, \cdots) \mid v_i \in \{0, 1\}, i=n+1, \cdots\})$且 $\mu_{\mathcal{P}}$ 将概率 $\pi_1 \cdots \pi_n$ 指派给 K，如果 $k_i=1$，则其中 $\pi_i=\Pi_i$，否则 $\pi_i=1-\Pi_i$。

所以 $\mu_{\mathcal{P}}$ 与 $P_{\mathcal{F}}^{(n)}$ 一致。但只有一种方法能将 $P_{\mathcal{F}}^{(n)}$ 扩展到概率测度 $\eta_{\mathcal{F}}$，且在 $\Psi_{\mathcal{F}}$ 和 $\Omega_{\mathcal{P}}$ 之间存在一个双射，因此 $\mu_{\mathcal{P}}$ 在所有 $\Psi_{\mathcal{F}}$ 上和 $\eta_{\mathcal{F}}$ 是一致的。

现在考虑 $C=a_1^{k_1} \wedge \cdots \wedge a_n^{k_n}$。因为 $\mathrm{IFPP}^{\mathcal{P}} \uparrow \delta$ 对于所有原子 a，使得 K_a^{δ} 和 $K_{\sim a}^{\delta}$ 是可数复合选择的可数集，所以我们能通过复合选择可数集的一个有穷合取式计算 C 的一个解释集 K 的一个覆盖集，因此 K 是可数复合选择的一个可数集。

显然，$P_{\mathcal{P}}^{(n)}(Y_1=k_1, \cdots, Y_n=k_n)$与 $\mu_{\mathcal{P}}(\omega_K)$一致。但 $P_{\mathcal{P}}^{(n)}$ 只能采用一种方法扩展到概率测度 $\eta_{\mathcal{P}}$，因此当 $\mathcal{P}$ 是确定程序时，$\mu_{\mathcal{P}}$ 在所有 $\Psi_{\mathcal{P}}$ 上和 $\eta_{\mathcal{P}}$ 是一致的。 ■

混合程序的语义

第2章中提出的语言仅适用于离散型随机变量的定义。但是，很多问题的论域是包含连续型随机变量的。含连续型随机变量的概率逻辑程序称为混合程序。

本章中，我们将讨论一些适用于混合程序的语言及它们的语义。

4.1 混合ProbLog

混合ProbLog[Gutmann et al，2011a]以如下形式的连续概率事实

$$(X,\phi)::f$$

对ProbLog进行扩展，其中X是出现在原子f中的逻辑变量，原子ϕ具体说明了一个连续分布，比如，gaussian(0，1)表示均值为0、标准差为1的高斯分布。这种形式的变量X称为连续型随机变量。

一个混合ProbLog程序$\mathcal{P}$由确定规则$\mathcal{R}$和事实$\mathcal{F}=\mathcal{F}^d\cup\mathcal{F}^c$组成，其中$\mathcal{F}^d$是ProbLog中的离散概率事实，$\mathcal{F}^c$是连续概率事实。

例48（高斯混合-混合ProbLog） 高斯混合模型是生成连续型随机变量的一种方式：对一个离散型随机变量进行采样，然后基于采样值选择一个不同的高斯分布，从而对连续型随机变量的值进行采样。

一个含两个分量的高斯混合模型可表示为混合ProbLog[Gutmann et al，2011a]：

```
0.6 :: heads.
tails ← ~heads.
(X, gaussian(0,1)) :: g(X).
(X, gaussian(5,2)) :: h(X).
mix(X) ← heads, g(X).
mix(X) ← tails, h(X).
pos ← mix(X),above(X,0).
```

例如，其中的(X，gaussian(0，1))::$g(X)$是一个连续概率事实，它表示X服从均值为0、标准差为1的高斯分布。mix(X)中X的值服从两个高斯分布的混合分布。若X为正，则原子pos为真。 ◀

处理一个连续型随机变量需要定义以下谓词：

- 若$X<c$，其中c是一个数值常量，则below(X，c)成立。
- 若$X>c$，其中c是一个数值常量，则above(X，c)成立。
- 若$X\in[c_1，c_2]$，其中c_1和c_2是数值常量，则ininterval(X，c_1，c_2)成立。

连续型随机变量不能与项统一，也不能用在ProbLog的比较算子和算术算子中。因此，在上述例子中，不可能在规则体中使用表达式$g(0)$，($g(X)$，$X>0$)，($g(X)$，$3*X+4>4$)，但是前两个表达式可分别表示为$g(X)$，ininterval(X，0，0)和$g(X)$，above(X，0)。

混合ProbLog假定连续概率事实的一个有穷集且不含函数符号，因此连续型随机变量的集合是有穷的。我们记该集合为$\boldsymbol{X}=\{X_1，\cdots，X_n\}$，它由概率事实的原子集合$F=\{f_1，\cdots，f_n\}$定义，其中每一个$f_i$是基例化的（除其中的随机变量$X_i$外）。对$\boldsymbol{X}$的一个赋值$\boldsymbol{x}=$

$\{x_1, \cdots, x_n\}$定义了一个替换 $\theta_x=\{X_1/x_1, \cdots, X_n/x_n\}$，进而得到一个基事实的集合 $F\theta_x$。

给定离散概率事实的一个选取 σ 和对连续型随机变量的赋值 $\boldsymbol{x}$，定义一个世界 $w_{\sigma,x}$ 如下：

$$w_{\sigma,x} = \mathcal{R} \cup \{f\theta \mid (f,\theta,1) \in \sigma\} \cup F\theta_x$$

每个连续型随机变量 X_i 和一个概率密度 $p_i(X_i)$ 相关联。由于所有的随机变量是独立的，则是 $\boldsymbol{X}$ 上的联合概率密度 $p(\boldsymbol{x}) = \prod_{i=1}^{n} p_i(x_i)$ 。这样 $p(\boldsymbol{X})$ 和 $P(\sigma)$ 定义了一个关于世界的联合概率密度函数：

$$p(w_{\sigma,x}) = p(\boldsymbol{x}) \prod_{(f_i,\theta,1)\in\sigma} \Pi_i \prod_{(f_i,\theta,0)\in\sigma} 1-\Pi_i$$

对一个不同于连续概率事实中原子的基原子 q，其概率的定义类似于分布语义中对离散程序的处理：

$$P(q) = \int_{\sigma\in S_{\mathcal{P}},\boldsymbol{x}\in\mathbb{R}^n} p(q,w_{\sigma,x}) = \int_{\sigma\in S_{\mathcal{P}},\boldsymbol{x}\in\mathbb{R}^n} P(q \mid w_{\sigma,x}) p(w_{\sigma,x})$$

$$= \int_{\sigma\in S_{\mathcal{P}},\boldsymbol{x}\in\mathbb{R}^n : w_{\sigma,x}\models q} p(w_{\sigma,x})$$

其中 $S_{\mathcal{P}}$ 为离散概率事实上的所有选取构成的集合。如果集合$\{(\sigma, \boldsymbol{x}) \mid \sigma\in S_{\mathcal{P}}, \boldsymbol{x}\in\mathbb{R}^n : w_{\sigma,x}\models q\}$是可测度的，则概率是合适定义的。对每个实例 σ，Gutmann 等人[2011a]证明了集合 $\mathbb{R}_n$ 是$\{\boldsymbol{x} \mid \boldsymbol{x}\in\mathbb{R}^n : w_{\sigma,x}\models q\}$的一个 n 维区间 $I=[a_1, b_1]\times\cdots\times[a_n, b_n]$，其中对 $i=1, \cdots, n$，a_i 与 b_i 可能分别是$-\infty$与$+\infty$。因此 $\boldsymbol{X}\in I$ 的概率为

$$P(\boldsymbol{X} \in I) = \int_{a_1}^{b_1}\cdots\int_{a_n}^{b_n} p(\boldsymbol{x})\mathrm{d}\boldsymbol{X} \tag{4.1}$$

对以上结论的证明需要考虑一个离散化理论 $\mathcal{P}_D$：

$$\mathcal{P}_D = \mathcal{R} \cup \mathcal{F}^d \cup \{\mathrm{below}(X,C), \mathrm{above}(X,C), \mathrm{ininterval}(X,C_1,C_2)\}$$
$$\cup \{f\{X/f\} \mid (X,\phi) :: f \in \mathcal{F}^d\}$$

这个离散化的程序是一个规范的 ProbLog 程序，我们可以考虑它的世界。在每个世界中，可通过 SLD 消解推导得到查询，且对每个证明中使用的比较谓词跟踪事实的基例化过程。这生成了一个比较事实的集合，该集合定义了一个 n 维区间。这样，我们可用式(4.1)计算世界中查询的概率。通过对所有证明中的这些值求和，可以得到 ProbLog 程序的世界中查询的概率。$\mathcal{P}_D$ 的所有世界的概率的加权和给出了查询的概率，其中权重值是根据离散概率事实得到的世界的概率。

例 49 (高斯混合上的查询-混合 ProbLog) 例 48 中，离散化的程序为

```
0.6 :: heads.
tails ← ~heads.
g(g(X)).
h(h(X)).
mix(X) ← heads, g(X).
mix(X) ← tails, h(X).
pos ← mix(X), above(X, 0).
below(X, C).
above(X, C).
ininterval(X, C1, C2).
```

该程序是一个有两个世界的 ProbLog 程序。在包含规则头的世界中，对查询 pos 的唯一证明使用了事实 above($g(g(X))$, 0)，因此在这个世界中 pos 的概率为

$$P(\text{pos}\mid\text{heads}) = \int_0^{\infty} p(x)\mathrm{d}x = 1 - F(0,0,1)$$

其中，$F(\boldsymbol{x}, \mu, \sigma)$是均值为$\mu$、标准差为$\sigma$的高斯分布的累积分布。所以$P(\text{pos}\mid\text{heads})=0.5$。

在不包含规则头的程序中，对查询 pos 的唯一证明使用了事实 above($h(h(X))$, 0)，因此该世界中 pos 的概率为$P(\text{pos}\mid\sim\text{heads})=1-F(0, 5, 2)\approx 0.994$。因此

$$P(\text{pos}) = 0.6 \cdot 0.5 + 0.4 \cdot 0.994 \approx 0.698$$

这一定义语义的方法也定义一种执行推理的策略。但是，混合 ProbLog 对程序施加了很严格的限制，不允许在可能包含其他变量的表达式中使用连续型随机变量。◀

4.2　分布子句

分布子句(Distributional Clause，DC)[Gutman net al.，2011c]是在头中带一个原子$h\sim$D 的确定子句，其中h是一个项，$\sim$是在中辍表示中使用的一个二元谓词，$\mathcal{D}$是一个具体指明了一个离散或连续概率分布的项。对每个基例示$(h\sim\mathcal{D}\leftarrow b_1, \cdots, b_n)\theta$，其中$\theta$是逻辑程序的 Herbrand 域上的一个替换，当所有$b_i\theta$都成立时，一个分布子句定义了一个随机变量$h\theta$，其分布记为$\mathcal{D}\theta$。项$\mathcal{D}$可以是非基化的，即类似于柔性概率，分布参数可与规则体中的条件相关联，见 2.7 节。

我们使用保留函子$\simeq$/1 表示一个随机变量的结果$\simeq$d，例如，表示随机变量d的结果。以下特殊谓词的集合

```
dist_rel = {dist_eq/2,dist_lt/2,dist_leq/2,dist_gt/2,dist_geq/2}
```

可用于对一个随机变量的结果与一个常数或另一个随机变量的结果进行比较。假定这些谓词是由基事实定义的，在一个谓词中，每个基事实对应于每一个真原子。形如$\simeq(h)$的项也可用于其他谓词中，但需要附加一些限制。比如，将一个连续型随机变量的结果与一个常数或另一个随机变量的结果进行统一是没有意义的，因为它们相等概率的测度为 0。谓词$\sim=$/2 用于统一含项$h\sim=v$的离散型随机变量，它表示$\simeq(h)=v$为真，当且仅当随机变量h的值与v相统一。

一个分布子句程序$\mathcal{P}$由一个确定子句集$\mathcal{R}$和一个分布子句集$\mathcal{C}$构成。$\mathcal{P}$的一个世界是程序$\mathcal{R}\cup\mathcal{F}$，其中$\mathcal{F}$是 dist_rel 中谓词的基原子集，它们对于程序中定义的每个随机变量$h\theta$为真。

现在让我们看两个例子。

例 50　**(高斯混合-DC)**　例 48 中的高斯混合模型可表示为下面的分布子句：

$\text{coin} \sim [0.6 : \text{heads}, 0.4 : \text{tails}].$
$g \sim \text{gaussian}(0,1).$
$h \sim \text{gaussian}(5,2).$
$\text{mix}(X) \leftarrow \text{dist\_eq}(\simeq\text{coin}, \text{heads}), g{\sim}{=}X.$
$\text{mix}(X) \leftarrow \text{dist\_eq}(\simeq\text{coin}, \text{tails}), h{\sim}{=}X.$
$\text{pos} \leftarrow \text{mix}(X), \text{dist\_gt}(X, 0).$

其中g服从均值为 0、标准差为 1 的高斯分布。

这个例子显示了可以用分布子句表示混合 ProbLog 程序。◀

例 51　**(移动的人群-DC[Nitti et al.，2016])**　下面的程序对一群在一条实直线上移动的人的轨迹进行建模：

$n \sim \text{poisson}(6).$
$\text{pos}(P) \sim \text{uniform}(0, M) \leftarrow n{\sim}{=}N, \text{between}(1, N, P),$
$\quad M\ is\ 10 * N.$
$\text{left}(A, B) \leftarrow \text{dist\_lt}(\simeq\text{pos}(A), \simeq\text{pos}(B)).$

当 P 未被限定时，between(1，N，P)是一个谓词，它可生成所有 1 到 N 之间的整数。is/2 是标准的对表达式求值的 ProbLog 谓词。

第一个子句将总人数 n 定义为一个随机变量，该变量服从均值为 6 的泊松分布。每个人的位置用第二个子句中定义的连续型随机变量 pos(P)表示，它是从 0 到 $M=10n$(即总人数的 10 倍)的均匀分布。每一个人以整数标识符 $P(1\leqslant P\leqslant n)$表示。例如，如果 n 的值为 2，则有两个服从均匀分布 uniform(0，20)的独立随机变量 pos(1)和 pos(2)。最后一个子句定义了两个人的位置之间的关系 left/2。◀

一个分布子句程序必须满足一些有效条件。

定义 27(有效程序[Gutmann et al.，2011c]) 一个分布子句程序 $\mathcal{P}$ 若满足以下条件，则称为有效的：

(V1) 对在程序的最小不动点上成立的关系 $h\sim\mathcal{D}$，存在一个从 h 到 $\mathcal{D}$ 的函数依赖关系，因而对每个基随机变量 h 存在唯一的基分布 $\mathcal{D}$。

(V2) 这个程序是分层分布的，即存在一个将基原子 $\mathbb{N}$ 映射到 $\mathbb{N}$ 的函数 rank(•)，它满足下列性质：(1)对子句的每个基例示 $h\sim\mathcal{D}\leftarrow b_1$，…，$b_n$，对于所有 i，$\text{rank}(h\sim\mathcal{D})>\text{rank}(b_i)$成立；(2)对规范的程序子句 $h\leftarrow b_1$，…，b_n 的每个基例示，对于所有 i，$\text{rank}(h)\geqslant\text{rank}(b_i)$成立；(3)对包含一个随机变量 h(的名字)的每个基原子 b，$\text{rank}(b)\geqslant\text{rank}(h\sim D)$成立($h\sim\mathcal{D}$ 为定义 h 的分布子句的头)。通过设定 $\text{rank}(h)=\text{rank}(h\sim\mathcal{D})$，可将该分级映射推广到随机变量。

(V3) 对所有的基概率事实，其指示函数(见下文)都是 Lebesgue 可测的。

(V4) 最小不动点的每个原子可从有穷多个概率事实得到(有穷支撑条件[Sato，1995])。

与 Sato 和 Kameya 在式(3.6)中对 DS 的定义一样，我们定义一组分布 $P_{\mathcal{F}}^{(n)}$。对于 dist_rel 中的谓词，一个原子的枚举$\{f_1, f_2, \cdots\}$满足 $i<j\Rightarrow\text{rank}(f_i)\leqslant\text{rank}(f_j)$，其中 rank(•)是定义 27 中的分级函数。对每个谓词 rel/2∈dist_rel，我们也定义一个指示函数：

$$I_{\text{rel}}^1(X_1,X_2)=\begin{cases}1 & \text{rel}(X_1,X_2)\text{ 为真}\\0 & \text{rel}(X_1,X_2)\text{ 为假}\end{cases}$$

$$I_{\text{rel}}^0(X_1,X_2)=1.0-I_{\text{rel}}^1(X_1,X_2)$$

我们利用指示函数的期望在基事实 f_1，…，f_n 的有穷集上定义概率分布 $P_{\mathcal{F}}^{(n)}$。记 $x_i\in\{1.0\}(i=1,\cdots,n)$表示事实$\{f_1, f_2, \cdots\}$的真值。记$\{rv_1, \cdots, rv_m\}$为依赖于这 n 个事实的随机变量集，按以下方式排序：若 $\text{rank}(rv_i)<\text{rank}(rv_j)$，则 $i<j$ 且 $f_i=\text{rel}_i(t_{i_1}, t_{i_2})$。记 $\theta^{-1}=\{(rv_1)/V_1, \cdots, (rv_m)/V_m\}$为逆替换(见 1.3 节)，它将随机变量的取值替换为实型变量以便于整合。概率分布 $P_{\mathcal{F}}^{(n)}$ 定义如下：

$$\begin{aligned}P_{\mathcal{F}}^{(n)}(f_1=x_1,\cdots,f_n=x_n)&=E[I_{\text{rel}_1}^{x_1}(t_{11},t_{12}),\cdots,I_{\text{rel}_n}^{x_n}(t_{n1},t_{n2})]\\&=\int\cdots\int I_{\text{rel}_1}^{x_1}(t_{11}\theta^{-1},t_{12}\theta^{-1})\cdots I_{\text{rel}_n}^{x_n}(t_{n1}\theta^{-1},t_{n2}\theta^{-1})\\&\quad \mathrm{d}\mathcal{D}_{rv_1}(V_1)\cdots\mathrm{d}\mathcal{D}_{rv_m}(V_m)\end{aligned}\tag{4.2}$$

对有效的分布子句程序，可证明下面的命题。

命题 4(有效的分布子句程序[Gutmann et al.，2011c]) 记 $\mathcal{P}$ 是一个有效的分布子句程序。$\mathcal{P}$ 在算子 T_w 的不动点的有穷集上定义了一个概率测度 $P_{\mathcal{P}}$，其中 w 是 P 的一个世界。因此，对于任意一个由原子构成的公式 q，$\mathcal{P}$ 也定义了 q 为真的概率。

对于满足混合 ProbLog 上的约束的程序，分布子句的语义与混合 ProbLog 的语义是一致的。

借助一个随机算子 T_P，ST_P 可提供语义的另一种视角，扩展定义1中的 T_P 得到 dist_rel(t_1，t_2)，可用其处理概率事实。我们需要一个函数 READTABLE(·)对概率事实进行估值并存储随机变量的采样值。将 READTABLE 作用于概率事实 dist_rel(t_1，t_2)得到概率事实的真值，这些事实的估计是基于函数参数中随机变量的值进行的。这些值要么从表中获取检索，要么根据它们第一次被访问时的分布采样得到。在采样方式下，需要将它们进行存储以备使用。

定义 28(*$ST_{\mathcal{P}}$* 算子[Gutmann et al.，2011c])　$\mathcal{P}$ 是一个有效的分布子句程序。由一组基事实 I，定义算子 $ST_{\mathcal{P}}$ 如下：

$$ST_{\mathcal{P}}(I)=\{h \mid h \leftarrow b_1,\cdots,b_n \in \text{ground}(\mathcal{P}) \wedge \forall b_i : b_i \in I \vee \tag{4.3}$$
$$b_i=\text{dist\_rel}(t_1,t_2) \wedge (t_j =\simeq h \Rightarrow h \sim \mathcal{D} \in I \wedge \text{READ TABLE}(b_i)=\text{true})\}$$

计算算子 $ST_{\mathcal{P}}$ 的最小不动点会得到程序的一个可能的模型。算子 $ST_{\mathcal{P}}$ 是随机的，因此它定义一个采样过程。定义 $ST_{\mathcal{P}}$ 的模型的分布与式(4.2)定义的相同。

例 52 (移动人群的 *$ST_{\mathcal{P}}$*-DC[Nitti et al.，2016])　考虑在例51中定义的分布子句程序 $\mathcal{P}$，一个可能的应用 ST_P 算子的序列如下：

$ST_{\mathcal{P}} \uparrow \alpha$	表
∅	∅
{n~poisson(6)}	{n=2}
{n~poisson(6)，pos(1)~uniform(0，20)，pos(2)~uniform(0，20)}	{n=2，pos(1)=3.1，pos(2)=4.5}
{n~poisson(6)，pos(1)~uniform(0，20)，pos(2)~uniform(0，20)，left(1，2)}	{n=2，pos(1)=3.1，pos(2)=4.5}

文献[Nitti et al.，2016]中提出了一种对分布子句的修正，其中的关系符号替换为它们在 ProbLog 中对应的表示，子句中可包含否定，且算子 $ST_{\mathcal{P}}$ 的定义有微小的不同。◀

改进后的算子 $ST_{\mathcal{P}}$ 没有使用分离表格来存储随机变量的采样值，也不存储分布原子。

定义 29(*$ST_{\mathcal{P}}$* 算子[Nitti et al.，2016])　记 $\mathcal{P}$ 是一个有效的分布子句程序。由一组基(ground)事实 I 开始，定义算子 $ST_{\mathcal{P}}$ 如下：

$$\begin{aligned}ST_{\mathcal{P}}(I)=\{&h=v \mid h \sim \mathcal{D} \leftarrow b_1,\cdots,b_n \in \text{ground}(\mathcal{P}) \wedge \forall b_i :\\ &b_i \in I \vee b_i=\text{dist\_rel}(t_1,t_2) \wedge t_1=v_1 \in I \wedge t_2=v_2 \in I \wedge\\ &\text{dist\_rel}(v_1,v_2) \wedge v \text{ 采样于 } D\} \cup\\ &\{h \mid h \leftarrow b_1,\cdots,b_n \in \text{ground}(\mathcal{P}) \wedge h \neq (r \sim \mathcal{D}) \wedge \forall b_i :\\ &b_i \in I \vee b_i=\text{dist\_rel}(t_1,t_2) \wedge t_1=v_1 \in I \wedge\\ &t_2=v_2 \in I \wedge \text{dist\_rel}(v_1,v_2)\}\end{aligned}$$

其中，dist_rel 取 =，<，⩽，>，⩾之一。事实上，$h \sim \mathcal{D} \leftarrow b_1$，…，$b_n$，对每个分布子句，当子句的体 b_1，…，b_n 在 I 中为真时，随机变量 h 的一个值 v 采样自分布 $\mathcal{D}$，且将 $h=v$ 添加到解释中。确定子句与此相似，当子句的体为真时将基原子添加到解释中。

我们给出世界的另一个备选定义。一个世界通过执行若干步骤得到。首先，我们必须区分可取连续值的逻辑变量和可取 Herbrand 域中的值的逻辑变量。尽可能地用 Herbrand 域的项替换离散逻辑变量。然后对所得程序中 $h \sim \mathcal{D} \leftarrow b_1$，…，$b_n$ 的每个分布子句 D 进行采样，并且用 $h \sim =v \leftarrow b_1$，…，b_n 替换子句。

对一个以此方法采样得到的世界 w，若计算 T_w 的最小不动点，如果所有的随机变量以同样的方式采样，则可以得到与 $ST_{\mathcal{P}}$ 的最小不动点相同的模型。因此 $ST_{\mathcal{P}}$ 的最小不动点至少是一个世界的模型。由定义 30 的 $ST_{\mathcal{P}}$ 定义的模型上的概率测度与定义 28 中的 $ST_{\mathcal{P}}$ 和式(4.2)定义的概率测度是一致的。Nitti 等人[2016]称世界为所有可能模型，但我们倾向于对采样的正规程序使用“世界”这一称谓。

例 53 **(移动人群的 $ST_{\mathcal{P}}$-DC[Nitti et al.，2016])** 考虑在例 51 中定义的分布子句程序 $\mathcal{P}$ 以及应用定义 28 中算子 $ST_{\mathcal{P}}$ 的序列，定义 30 中的算子 $ST_{\mathcal{P}}$ 对应的序列为：

$$ST_{\mathcal{P}}\uparrow 0=\varnothing$$
$$ST_{\mathcal{P}}\uparrow 1=\{n=2\}$$
$$ST_{\mathcal{P}}\uparrow 2=\{n=2,\mathrm{pos}(1)=3.1,\mathrm{pos}(2)=4.5\}$$
$$ST_{\mathcal{P}}\uparrow 3=\{n=2,\mathrm{pos}(1)=3.1,\mathrm{pos}(2)=4.5,\mathrm{left}(1,2)\}$$
$$ST_{\mathcal{P}}\uparrow 4=ST_{\mathcal{P}}\uparrow 3=\mathrm{lfp}(ST_{\mathcal{P}})$$

因此，$\{n=2,\ \mathrm{pos}(1)=3.1,\ \mathrm{pos}(2)=4.5,\ \mathrm{left}(1,\ 2)\}$是一个可能的模型或是该程序的世界的一个模型。◀

考虑否定情况，因为程序需要被分层为有效程序，否定并不成为一个特别问题：$ST_{\mathcal{P}}$ 算子从低到高应用于每个层级，与构成模型语义的路径完全相同[Przymusinski，1988]。

考虑一个分布子句程序 $\mathcal{P}$ 和一个负文字 $l=\sim a$，要确定它在 $\mathcal{P}$ 中的真值，可以按如下方式处理。考虑解释 I，它是通过重复应用算子 $ST_{\mathcal{P}}$ 直到到达(或超过)rank(l)的最小不动点得到的。假设 a 是非比较(即不含比较运算)的原子公式，若 $a\notin I$，则 I 为真，否则 I 为假。若 a 是涉及一个随机变量 r 的比较原子，如 $l=(r\sim=\mathrm{val})$，则只要 $\exists\,\mathrm{val}':r=\mathrm{val}'\in I$ 且 $\mathrm{val}\neq\mathrm{val}'$ 或 $\nexists\,\mathrm{val}':r=\mathrm{val}'\in I$(即 r 在 I 中没有定义)，l 为真。注意，I 是 $\mathrm{rank}(r\sim\mathcal{D})$(或更高层级)的最小不动点，因此 $\nexists\,\mathrm{val}':r=\mathrm{val}'\in I$ 表明 r 在下面的算子 $ST_{\mathcal{P}}$ 的应用中也没有定义，在可能的模型中也是如此。

例 54 **(DC 中的否定[Nitti et al.，2016])** 考虑这样一个例子：一个缸中放有相同个数的红、蓝、黑三种颜色的球，我们每次从缸中取出 nballs 个球。nballs 服从泊松分布，每个球的颜色是一个来自集合{red，blue，black}的均匀分布的随机变量：

```
nballs ~ poisson(6).
color(X) ~ uniform([red, blue,black]) ←
  nballs≃N, between(1, N, X).
not_red ← ~color(2)≃red.
```

在 color(2)不是红色或 color(2)没有定义的所有可能模型中，not_red 为真，例如，当 $n=1$ 时，not_red 为真。◀

4.3 扩展的 PRISM

Islam 等人[2012b]提出一种 PRISM 的扩展，其中包含服从一个高斯分布或伽马分布的连续型随机变量。

指令 `set_sw` 允许进行概率密度函数的定义。例如，`set_sw(r, norm(Mu, Var))`指明随机过程 r 的结果有均值为 Mu、方差为 Var 的高斯分布。

只要参数是离散值，就可以详细指明参数化的一族随机过程。例如：

```
set_sw(w(M),norm(Mu,Var))
```

指定了一族随机变量，每个变量对应于 M 的每个值。与 PRISM 中一样，分布参数可作为 M 的函数进行计算。

此外，可利用实数上的线性等式约束对 PRISM 进行扩展。不失一般性，我们假定约束条件表示为形如 $Y=a_1 \cdot X_1+\cdots+a_n \cdot X_n+b$ 的线性等式，其中 a_i 和 b 是浮点型常量。

下面我们用 Constr 表示线性等式约束的一个集合(合取式)，用 X 表示一个变量的向量或该向量的值，只有在上下文不清晰时才显式地指明其大小。这就允许我们简洁地使用线性等式约束(如 $Y=a \cdot X+b$)。

例 55 **(高斯混合-扩展的 PRISM)** 例 48 中的高斯混合模型可表示为扩展的 PRISM：

```
mix(X) ← msw(coin, heads), msw(g, X).
mix(X) ← msw(coin, tails), msw(h, X)
values(coin, [heads, tails]).
values(g, real).
values(h, real),
← set_sw(coin, [0.6, 0.4]).
← set_sw(g, norm(0, 1)).
← set_sw(h, norm(5, 2)).
```

◀

下面考虑带约束的例子。

例 56 **(高斯混合及约束-扩展的 PRISM)** 假定某工厂有两台机器 a 和 b。每台机器生产一种带一个连续值特征的零部件。一个零部件由机器 a 生产的概率为 0.3，由机器 b 生产的概率为 0.7。若该零部件由机器 a 生产，则其特征值服从均值为 2.0、方差为 1.0 的高斯分布。若它由机器 b 生产，则其特征值服从均值为 3.0、方差为 1.0 的高斯分布。然后由第三台机器对该零部件进行加工，这就在特征中加入了一个随机量。这个随机量服从均值为 0.5、方差为 1.5 的高斯分布。将此过程表示为下面的程序：

```
widget(X) ←
  msw(m, M), msw(st(M), Z), msw(pt, Y), X = Y + Z.
values(m, [a, b]).
values(st(_), real).
values(pt, real).
← set_sw(m, [0.3, 0.7]).
← set_sw(st(a), norm(2.0, 1.0)).
← set_sw(st(b), norm(3.0, 1.0)).
← set_sw(pt, norm(0.5, 0.1)).
```

通过定义 msw 开关的一个概率空间并将其扩展到整个程序的概率空间(需要利用约束逻辑程序的最小模型语义[Jaffar et al.，1998])，可扩展 DS 语义以处理离散的情形。 ◀

从离散型和连续型随机变量的概率空间可构造概率事实的概率空间。N 个连续型随机变量的概率空间是 σ 上的波莱尔(Borel)代数 $\mathbb{R}^N$，且该集合上的一个勒贝格(Lebesgue)测度就是概率测度。这是利用笛卡儿积实现了与离散型随机变量的空间的结合。利用语义的最小模型可将概率事实的概率空间扩展到整个程序的概率空间：概率事实的这个空间上的一个点是程序的一个任意解释，借助逻辑结论可从事实空间的一个点得到这一解释。利用单独为概率事实定义的测度，可定义程序空间上的一个概率测度。不带约束的程序的语义本质上等价于分布子句的语义。

笔者提出了一个精确的推理算法，通过对随机变量上的约束做符号化推理可扩展 PRISM 语义，参阅 5.11 节。能够这样处理的前提是将分布的类型限制为高斯和伽马分布，将约束的形式限定为线性等式。

4.4 Cplint 混合程序

Cplint 利用其采样推理模块处理连续型随机变量。用户可以用如下形式的规则指定

一个原子 a 的参数 Var 的概率密度：

$$a:\text{Density} \leftarrow \text{Body}$$

其中 Density 是识别变量 Var 上概率密度的一个特殊原子，Body（可选的）是一个规范的子句体。Density 原子可以是：

- uniform(Var，L，U)：Var 在区间[L，U]上是均匀分布的。
- gaussian(Var，Mean，Variance)：参数为 Mean 和 Variance 的高斯分布。若 Mean 是一个列表，Variance 是一个列表的列表（分别表示均值向量和协方差矩阵），则分布可以是多元的。在此情形下，Var 的值是实型值的列表，其长度与 Mean 的长度相同。
- dirichlet(Var，Par)：Var 是一个实型值列表，服从狄利克雷（Dirichlet）分布，其参数 α 由列表 Par 指定。
- gamma(Var，Shape，Scale)：参数为 Shape 和 Scale 的伽马分布。
- beta(Var，Alpha，Beta)：参数为 Alpha 和 Beta 的贝塔分布。
- poisson(Var，Lambda)：参数为 Lambda 的泊松分布。
- binomial(Var，N，P)：参数为 N 和 P 的二项分布。
- geometric(Var，P)：参数为 P 的几何分布。

例如：

$$g(X):\text{gaussian}(X,0,1)$$

表示 $g(X)$的参数 X 服从均值为 0、方差为 1 的高斯分布，而

$$g(X):\text{gaussian}(X,[0,0],[[1,0],[0,1]])$$

表示 $g(X)$的参数 X 服从均值向量为[0，0]且具有如下协方差矩阵的高斯多元分布：

$$\begin{bmatrix} 1 & 0 \\ 0 & 1 \end{bmatrix}$$

例 57（高斯混合-cplint）　例 48 中两个高斯分布的混合可表示为[㊀]：

```
heads : 0.6 ; tails : 0.4.
g(X) : gaussian (X,0,1).
h(X) : gaussian (X,5,2).
mix(X) ← heads, g(X).
mix(X) ← tails, h(X).
```

mix(X)的参数 X 服从一个由两个高斯分布构成的混合分布，取第一个均值为 0、方差为 1 的高斯分布的概率为 0.6，取第二个均值为 5、方差为 2 的高斯分布的概率为 0.4。◀

可从概率原子中取出分布原子的参数。

例 58（一个高斯分布的均值的估计-cplint）　程序[㊁]

```
value(I, X) ← mean(M), value(I, M, X).
mean(M) : gaussian (M, 1.0, 5.0).
value(_, M, X) : gaussian (X, M, 2.0).
```

陈述了如下事实：对于一个索引 I，连续型随机变量 X 从一个方差为 2 的高斯分布采样得到，且这个高斯分布的均值 M 又从另一个均值为 1、方差为 5 的高斯分布采样得到。

㊀ http://cplint.eu/e/gaussian_mixture.pl

㊁ http://cplint.eu/e/gauss_mean_est.pl

这个程序可用于估计一个高斯分布的均值，具体做法是在给定对于不同 I 值的原子 value(I, X)的观察值时，执行查询 mean(M)。◀

对连续型随机变量可执行任意的运算。

例59 (Kalman 过滤器-cplint) 一个 Kalman 过滤器[Harvey，1990]是一个动态系统，即一个随时间演化的系统。在每个整数时间点 t，系统处于状态 S，这是一个连续型随机变量且给出一个值 $V=S+E$，其中 E 表示服从一个概率分布且不依赖于时间的误差。这个系统在时间点 $t+1$ 转换到一个新的状态 NextS，且 NextS$=S+X$，其中 X 也表示服从一个概率分布且不依赖于时间的一个误差。Kalman 过滤器有广泛的应用，特别在物理系统的轨迹估计中。Kalman 过滤器不同于隐马尔可夫模(Hidden Marcov Model，HMM)，因为前者的状态和输出是连续而非离散的。

下面的程序[1]改编自[Islam et al.，2012b]，在 cplint 中表示为以下 Kalman 过滤器：

```
kf(N,O,T) ← init(S),kf_part(0,N,S,O,_LS,T).
kf_part(I,N,S,[V|RO],[S|LS],T) ← I < N, NextIisI + 1,
   trans(S,I,NextS),emit(NextS,I,V),
   kf_part(NextI,N,NextS,RO,LS,T).
kf_part(N,N,S,[],[],S).
trans(S,I,NextS) ←
   {NextS =:= E + S},trans_err(I,E).
emit(S,I,V) ← {V =:= S + X},obs_err(I,X).
init(S) : gaussian(S,0,1).
trans_err(_,E) : gaussian(E,0,2).
obs_err(_,E) : gaussian(E,0,1).
```

kf(N, O, T)表示过滤器运行 N 个时间点后得到输出结果 O，且状态序列 T 开始于状态 0。

连续型随机变量出现在算术表达式(子句 trans/3 和 emit/3)中。以此例中的方式使用 CLP(R)约束是非常方便的，因为在此方式下，表达式可在多个方向上使用，且相同的子句既可用于采样，也可以基于证据估算样本的权重值(见 7.5 节)。例如，表达式{NextS=:=$E+S$}在给定其中任意两个值时可计算剩余的那个变量的值。◀

与分布子句中的语义一样，这里的语义也由一个随机算子 T_P 给出。

定义30(ST_P 算子-cplint) *记 $\mathcal{P}$ 是一个程序，ground($\mathcal{P}$)是由 $\mathcal{P}$ 中子句的所有基例示构成的集合，其中子句体中所有变量都替换为常量。从基事实的一个集合 I 开始，ST_P 算子返回以下结果：*

$$
\begin{aligned}
ST_P(I) = \{h' \mid\ & h\text{:Density} \leftarrow b_1,\cdots,b_n \in \text{ground}(P) \wedge \forall b_i: b_i \in I \vee \\
& h' = h\{\text{Var}/v\}\ \text{其中 Var 是 } h \text{ 的连续变量},v\ \text{取样自 Density}\} \cup \\
& \{h \mid \text{Dist} \leftarrow b_1,\cdots,b_n \in \text{ground}(P) \wedge \forall b_i: b_i \in I \\
& h\ \text{取样自离散分布 Dist}\}
\end{aligned}
$$

不同于定义30中的 ST_P，此处不需要对子句体中的原子做特殊处理，因为它们都是逻辑原子。对每一个概率子句 h:Density←b_1，…，b_n，当子句体 b_1，…，b_n 在 I 中为真时，h 的连续型随机变量 Var 的一个值 v 采样自分布 Density，且将 $h\{\text{Var}/v\}$添加到解释中。对离散子句和确定子句的处理与此类似。

通过把分布子句和扩展 PRISM 中的子句翻译为 cplint 子句，cplint 也允许使用分布子

[1] http://cplint.eu/e/kalman_filter.pl

句和扩展 PRISM 的语法。

对于 DC，这相当于将形如 $p(t_1, \cdots t_n) \sim \text{density}(\text{par}_1, \cdots, \text{par}_m)$的头原子替换为 $p(t_1, \cdots, t_n, \text{Var}):\text{density}(\text{Var}, t_1, \cdots, t_n)$，并将形如 $p(t_1, \cdots, t_n) \sim = X$ 的体原子替换为 $p(t_1, \cdots, t_n, X)$。另一方面，h 的形如$\simeq(h)$的项中不允许有随机变量，一个随机变量的值是通过利用 $h \sim = X$ 与一个逻辑变量统一后才可以使用的。

对于扩展 PRISM，子句体中形如 $\text{msw}(p(t_1, \cdots, t_n), \text{val})$的原子由一个指令定义，比如，将以下子句

$$\leftarrow \text{set\_sw}(p(t_1, \cdots, t_n), \text{density}(\text{par}_1, \cdots, \text{par}_m))$$

替换为如下形式的概率事实：

$$p(t_1, \cdots, t_n, \text{Var}):\text{density}(\text{Var}, \text{par}_1, \cdots, \text{par}_m)$$

cplint 的语法相当自由，既允许表示随机变量的约束，也允许使用多种不同的分布。不需要对程序进行语法检查以保证正确性。例如，在随机变量未被充分实例化以用于推导其他变量值的表达式时，推导过程将返回一个错误。

4.5 概率约束逻辑程序

Michels 等人[2013，2015，2016]提出了 PCLP 语言，该语言中允许使用连续型随机变量并对这些变量进行复杂约束。PCLP 不同于混合 ProbLog，相比于 ProbLog 仅对连续型随机变量和常量进行比较，PLCP 使用更一般化的约束。在此意义下，它更类似于分布子句。但分布子句支持生成性的定义，这类定义中一个分布的参数可能依赖于另一个参数的值，而 PCLP 并不支持生成性定义。对于混合程序，PCLP 提供另一种定义，这种定义基于 Sato 的 DS 的一种扩展而不是基于随机算子 T_P。此外，PCLP 允许借助 credal 集合对不精确概率分布加以规范：不是精确地指定概率分布(从中对变量进行抽样)，而是指定一个概率分布的集合(一个 credal 集)，该集合包含未知的正确分布。

在 PLCP 中，一个程序 $\mathcal{P}$ 被划分为一个规则集 $\mathcal{R}$ 和一个事实集 $\mathcal{F}$。事实用于对随机变量进行定义，规则则是在给定随机变量的值时，对程序的 Herbrand 基中的原子的真值进行定义。随机变量构成可数集，其中每个元素 Range_i 的值域为 $\boldsymbol{X} = \{X_1, X_2, \cdots\}$，其类型可以是布尔型或其他类型，如 $\mathbb{N}$、$\mathbb{R}$ 或 $\mathbb{R}^n$。

样本空间 $W_{\boldsymbol{X}}$ 定义为

$$W_{\boldsymbol{X}} = \text{Range}_1 \times \text{Range}_2 \times \cdots$$

事件空间 $\Omega_{\boldsymbol{X}}$ 由用户定义，但应是一个 σ 代数。同时给定一个概率测度 $\mu_{\boldsymbol{X}}$，使得$(W_{\boldsymbol{X}}, \Omega_{\boldsymbol{X}}, \mu_{\boldsymbol{X}})$成为一个概率空间。

一个约束是一个谓词 φ，取随机变量的值作为其参数，即它是一个从$\{(x_1, x_2, \cdots) \mid x_1 \in \text{Range}_1, x_2 \in \text{Range}_2, \cdots\}$到$\{0, 1\}$上的函数。给定一个约束 φ，它的约束解空间 $CSS(\varphi)$是样本的集合，该集合中有以下约束成立：

$$CSS(\varphi) = \{\boldsymbol{x} \in W_x \mid \varphi(\boldsymbol{x})\}$$

定义 31(概率约束逻辑理论[Michels et al.，2015]) 一个概率约束逻辑理论 $\mathcal{P}$ 是一个元组

$$(\boldsymbol{X}, W_{\boldsymbol{X}}, \Omega_{\boldsymbol{X}}, \mu_{\boldsymbol{X}}, \text{Constr}, \mathcal{R})$$

其中：

- $\boldsymbol{X}$ 是一个随机变量的可数集$\{X_1, X_2, \cdots\}$，其中每个元素的值域为 Range_i。
- $W_{\boldsymbol{X}} = \text{Range}_1 \times \text{Range}_2 \times \cdots$，为样本空间。

- 事件空间 Ω_X 是一个 σ 代数。
- μ_X 是使得 (W_X, Ω_X, μ_X) 成为一个概率空间的概率测度。
- Constr 是一个封闭于合取、析取及否定的约束，每个约束的约束解空间包含在 Ω_X 中：

$$\{CSS(\varphi) \mid \varphi \in \text{Constr}\} \in \Omega_X$$

- $\mathcal{R}$ 是一个带约束的逻辑规则的集合：

$$h \leftarrow l_1, \cdots, l_n, \langle \varphi_1(\boldsymbol{X}) \rangle, \cdots, \langle \varphi_m(\boldsymbol{X}) \rangle$$

其中 $\varphi_i \in$ Constr 且称 $\langle \varphi_i(\boldsymbol{X}) \rangle (1 \leqslant i \leqslant m)$ 为约束原子。

随机变量的表示类似于分布子句，例如：

$$\text{time\_comp}_1 \sim \exp(1)$$

表示 time_comp_1 是一个参数 rate=1 的指数分布的随机变量。

例 60 **(船上火灾[Michels et al.，2015])** 假定一艘船上有一个舱室着火，高温导致该舱室的舱壁发生变形。若不能在 1.25 分钟内灭火，舱壁即会破损。0.75 分钟后火势会扩大到后面的船舱，这意味着如果能在 0.75 分钟内灭火，整艘船必定会安全：

$$\text{saved} \leftarrow \langle \text{time\_comp}_1 < 0.75 \rangle$$

其他舱室的舱壁在着火后 0.625 分钟内会破裂。将第一个舱室的火扑灭后才能进入第二个舱室。这样两个舱室的火必须在 0.75+0.625=1.375 分钟内扑灭。此外，第一个舱室的火必须在 1.25 分钟内扑灭，否则舱壁会破裂受损。但第二个舱室更易进入，这样 4 个消防员可同时进行灭火，这意味着灭火速度可提高 4 倍：

$$\text{saved} \leftarrow \langle \text{time\_comp}_1 < 1.25 \rangle, \langle \text{time\_comp}_1 + 0.25 \cdot \text{time\_comp}_2 < 1.375 \rangle$$

最后，假定两个灭火时间段呈指数分布：

$$\text{time\_comp}_1 \sim \exp(1)$$
$$\text{time\_comp}_2 \sim \exp(1)$$

这里我们关心的是这艘船有多大可能获救，即需要得到 $P(\text{saved})$。

此例涉及一个概率约束逻辑理论，其中：

$$\boldsymbol{X} = \{\text{time\_comp}_1, \text{time\_comp}_2\}$$

$\text{Range}_1 = \text{Range}_2 = \mathbb{R}$，约束语言包括线性不等式，以及使得两个变量独立且按指数分布的概率测度。

◀

程序的逻辑原子(Hebrand 基中的元素 $\mathcal{B}_\mathcal{P}$)上的一个概率分布在 PRISM 中定义为：逻辑原子构成一个布尔型随机变量的可数集 $\boldsymbol{Y} = \{Y_1, Y_2, \cdots\}$，样本空间为 $W_Y = \{(y_1, y_2, \cdots) \mid y_i \in \{0, 1\}, i = 1, 2, \cdots\}$。文献[Michels et al. 2015]中提出事件空间 Ω_Y 是 W_Y 的幂集，因此是全部可测的。但在幂集上的测度是有问题的，因此像 3.2 节和 3.3 节中提出的那样一个较小的 σ 代数更可取。

整个理论的样本空间是 $W_\mathcal{P} = W_X \times W_Y$，事件空间 σ 是积代数(见定义 14)，σ 代数由 Ω_X 和 Ω_Y 中元素的积生成：

$$\Omega_\mathcal{P} = \Omega_X \otimes \Omega_Y = \sigma(\{\omega_X \times \omega_Y \mid \omega_X \in \Omega_X, \omega_Y \in \Omega_Y\}$$

现在定义一个概率估量 $\mu_\mathcal{P}$，它与 $W_\mathcal{P}$、$\Omega_\mathcal{P}$ 一起构成概率空间 $(W_\mathcal{P}, \Omega_\mathcal{P}, \mu_\mathcal{P})$。给定 w_X，集合 satisfiable(w_X) 包含所有来自 Constr 且在样本 w_X 下满足的约束。这样，w_X 确定了一个逻辑理论 $\mathcal{R} \cup$ satisfiable(w_X)，该理论必有唯一的模型，表示为 $M_\mathcal{P}(w_X)$。在定义 $\mu_\mathcal{P}(\omega_\mathcal{P})$ 的概率测度 $\omega_\mathcal{P} \in \Omega_\mathcal{P}$ 时，需要考虑 Ω_X 中由 $\omega_\mathcal{P}$ 识别的事件：

$$\mu_\mathcal{P}(\omega_\mathcal{P}) = \mu_X(\{\omega_X \mid (\omega_X, \omega_Y) \in \omega_\mathcal{P}, M_\mathcal{P}(\omega_X) \models \omega_Y\}) \tag{4.4}$$

文献[Michels et al. 2015]中说明了$\{w_X \mid (w_X, w_Y) \in \omega_{\mathcal{P}}, M_{\mathcal{P}}(w_X) \mid = w_Y\}$是可估量的，即它属于$\Omega_X$；但是，$\Omega_X$若不是$W_X$的幂集，则此结论不是显然成立的，需要采用3.2节中类似的方法证明。

一个查询q(q是一个基原子)的概率由下式给出：

$$P(q) = \mu_{\mathcal{P}}(\{w_{\mathcal{P}} \mid w_{\mathcal{P}} \models q\}) \tag{4.5}$$

若将$SE(q)$解空间定义为

$$SE(q) = \{w_X \in W_X \mid M_{\mathcal{P}}(w_X) \models q\}$$

则$P(q) = \mu_X(SE(q))$。

例61 **(船上火灾的概率[Michels et al.，2015])**　续例60，$w_X = (\text{time\_comp}_1, \text{time\_comp}_2) = (x_1, x_2)$，$w_Y = \text{saved} = y_1$、$\text{Range}_1 = \text{Range}_1 = [0, +\infty)$且$y_1 \in \{0, 1\}$。这样从公式(4.5)可得到：

$$P(\text{saved}) = \mu_{\mathcal{P}}(\{(x_1, x_2, y_1) \in W_{\mathcal{P}} \mid y_1 = 1\})$$

从公式(4.4)有

$$P(\text{saved}) = \mu_X(\{(x_1, x_2) \mid (x_1, x_2, y_1) \in W_{\mathcal{P}}, M_{\mathcal{P}}((x_1, x_2)) \models y_1 = 1\})$$

解空间是

$$SE(\text{saved}) = \{(x_1, x_2) \mid x_1 < 0.75 \vee (x_1 < 1.25 \wedge x_1 + 0.25 \cdot x_2 < 1.375)\}$$

因此

$$P(\text{saved}) = \mu_X(\{(x_1, x_2) \mid x_1 < 0.75 \vee (x_1 < 1.25 \wedge x_1 + 0.25 \cdot x_2 < 1.375)\})$$

由于两个约束$\varphi_1 = x_1 < 1.25$，$\varphi_2 = x_1 < 1.25 \wedge x_1 + 0.25 \cdot x_2 < 1.375$不是互斥的，可利用公式$\mu_X(\varphi_1 \vee \varphi_2) = \mu_X(\varphi_1) + \mu_X(\neg \varphi_1 \wedge \varphi_2)$，其中：

$$\begin{aligned} \neg \varphi_1 \wedge \varphi_2 &= 0.75 < x_1 < 1.25 \wedge x_1 + 0.25 \cdot x_2 < 1.375 \\ &= 0.75 < x_1 < 1.25 \wedge x_2 < 5.5 - 4x_1 \end{aligned}$$

已经知道X_1和X_2服从参数为1的指数分布(密度$p(x) = \mathrm{e}^{-x}$)，可得到：

$$\mu_X(\varphi_1) = \int_0^{\infty} p(x_1) I_{\varphi_1}^1(x_1) \mathrm{d}x_1$$

$$\mu_X(\neg \varphi_1 \wedge \varphi_2) = \int_0^{\infty}\int_0^{\infty} p(x_1) p(x_2) I_{\neg \varphi_1 \wedge \varphi_2}^1(x_1, x_2) \mathrm{d}x_1 \mathrm{d}x_2$$

其中$I_{\varphi_1}^1(x_1)$和$I_{\neg \varphi_1 \wedge \varphi_2}^1(x_1, x_2)$是指示函数，若各自的约束满足，则函数值为1，否则为0。这样：

$$\mu_X(\varphi_1) = \int_0^{0.75} p(x_1) \mathrm{d}x_1 = 1 - \mathrm{e}^{-0.75} \approx 0.53$$

$$\begin{aligned} \mu_X(\neg \varphi_1 \wedge \varphi_2) &= \int_{0.75}^{1.25} f(x_1) \left(\int_0^{5.5-4x_1} f(x_2) \mathrm{d}x_2 \right) \mathrm{d}x_1 \\ &= \int_{0.75}^{1.25} \mathrm{e}^{-x_1} (1 - \mathrm{e}^{-5.5+4x_1}) \mathrm{d}x_1 \\ &= \int_{0.75}^{1.25} \mathrm{e}^{-x_1} - \mathrm{e}^{-5.5+3x_1} \mathrm{d}x_1 \\ &= -\mathrm{e}^{-1.25} + \mathrm{e}^{-0.75} - \frac{\mathrm{e}^{-5.5+3 \cdot 1.25}}{3} + \frac{\mathrm{e}^{-5.5+3 \cdot 0.75}}{3} \\ &\approx 0.14 \end{aligned}$$

因此：

$$P(\text{saved}) \approx 0.53 + 0.14 \approx 0.67$$

◀

命题5(精确推理的条件[Michels et al.，2015])　若以下条件成立，可以准确计算一个任意查询的概率：

1）有穷相关约束条件：对每个查询原子，存在有穷多个约束原子与其相关（见1.3节），同时，可在有穷时间内找到这些约束原子并确认它们与查询原子间的蕴涵关系。

2）有穷维数约束条件：每个约束的条件只针对有穷个变量。

3）可计算测度条件：计算有穷维数事件的概率是可能的，即对随机变量的概率密度做有穷维数积分。

下例

$$\text{forever\_sun}(X) \leftarrow \langle \text{Weather}_X = \text{sunny} \rangle, \text{forever\_sun}(X+1)$$

并不满足有穷相关约束条件，因为 forever_sun(0)的相关约束集是$\langle \text{Weather}_X = \text{sunny} \rangle$，其中 $X=0$，1，…。

不精确概率分布的处理

为放宽命题5的精确推理条件，Michel 等人[2015]考虑了计算查询概率边界的问题。

2.9节中介绍的 Credal 集合是概率分布的集合。通过将每个值集赋值为一个概率质量的方式对这些集合进行定义，且不必详细说明概率质量是如何具体分布在这些值上的。例如，对一个连续型随机变量，可为取值范围在1～3之间的值集指定某个概率质量，该质量可均匀分布在整个值集上，也可只均匀分布于该值集的某些部分，或者有更复杂的分布方式。

定义32（Credal 集规范） 一个 credal 集的规范 C 是一个有限维数的 credal 集规范 C_1，C_2，…构成的序列，其中每个 C_k 是一个概率-事件元组(p_1, ω_1)，(p_2, ω_2)，…，(p_n, ω_n)的有穷集合，对每个 C_k：

1）事件属于样本空间 $W_{\boldsymbol{X}} = \text{Range}_1 \times \text{Range}_2 \times \cdots \times \text{Range}_k$ 上的一个有限维事件空间 $\Omega_{\boldsymbol{X}}^k$。

2）所有元组中的概率之和是1.0：$\sum_{(p,\omega) \in C_k} p = 1.0$。

3）事件集不能为空集，即 $\forall (p, \omega) \in C_k : \omega \neq \varnothing$。

此外，C_k 必须是可兼容的，即对所有 k，有 $C_k = \pi_k(C_{k+1})$。当 $l<k$ 时，$\pi_l(C_k)$定义为

$$\pi_l(C_k) = \left\{ \left(\sum_{(p,\omega) \in C_k, \pi_l(\omega) = \omega'} p, \omega' \right) \middle| \omega' \in \{ \pi_l(\omega) \mid (p,\omega) \in C_k \} \right\}$$

其中 $\pi_l(\omega)$是事件 ω 在前 l 个分量上的投影：

$$\pi_l(\omega) = \{ (x_1, \cdots, x_l) \mid (x_1, \cdots, x_l, \cdots) \in \omega \}$$

每个 C_k 确定了一个概率测度的集合 $\Upsilon_{\boldsymbol{X}}^k$，使得对 Ω_x^k 上每个测度 $\mu_{\boldsymbol{x}} \in \Upsilon_{\boldsymbol{X}}^k$ 和每个事件 $\omega \in \Omega_{\boldsymbol{X}}^k$，下面的关系成立：

$$\sum_{(p,\psi) \in C_k, \psi \subseteq \omega} p \leqslant \mu_{\boldsymbol{X}}(\omega) \leqslant \sum_{(p,\psi) \in C_k, \psi \cap \omega \neq 0} p$$

事实上，完整包含于事件中的所有事件的概率质量 ω 确定都会对 ω 的概率产生影响，因而它们位于概率的下界；而有非空交集的事件的概率质量则**可能**会影响概率，因而它们位于概率的上界。

Michels 等人[2015]证明了在较弱条件下，一个 credal 集规范 C 确定了空间(W_x, Ω_x)上的一个由概率测度 $\Upsilon_{\boldsymbol{X}}$ 构成的 credal 集，使得 $\Upsilon_{\boldsymbol{X}}$ 的所有测度 $\mu_{\boldsymbol{X}}$ 与 C 中的每个 C_i 一致。此外，这一 credal 集可被扩展为 $\Upsilon_{\mathcal{P}}$ 整个程序 $\mathcal{P}$ 上的概率测度的 credal 集，反过来生成了查询上的概率分布集合 $\boldsymbol{P}$。

给定一个程序 $\mathcal{P}$ 的 credal 集规范，我们想要计算一个查询 q 的概率的上界和下界，它们分别定义为

$$\underline{P}(q) = \min_{\mu_\mathcal{P} \in \mathcal{P}_\mathcal{P}} \mu_\mathcal{P}(q)$$

$$\overline{P}(q) = \max_{\mu_\mathcal{P} \in \mathcal{P}_\mathcal{P}} \mu_\mathcal{P}(q)$$

下面的命题给出了以上边界的计算方法。

命题 6(概率边界的计算) 给定一个有限维的 credal 集规范，一个查询 q 满足有限维约束条件的概率下界和上界是

$$\underline{P}(q) = \sum_{(p,\omega) \in C_k, \omega \subseteq SE(q)} p$$

$$\overline{P}(q) = \sum_{(p,\omega) \in C_k, \omega \cap SE(q) \neq \varnothing} p$$

例 62 (credal 集规范-连续变量) 考虑例 60 及以下有限维的 credal 集规范：

$$\begin{aligned} C_2 = \{&(0.49, \{(x_1, x_2) \mid 0 \leqslant x_1 \leqslant 1, 0 \leqslant x_2 \leqslant 1\}) \\ &(0.14, \{(x_1, x_2) \mid 1 \leqslant x_1 \leqslant 2, 0 \leqslant x_2 \leqslant 1\}) \\ &(0.07, \{(x_1, x_2) \mid 2 \leqslant x_1 \leqslant 3, 0 \leqslant x_2 \leqslant 1\}) \\ &(0.14, \{(x_1, x_2) \mid 0 \leqslant x_1 \leqslant 1, 1 \leqslant x_2 \leqslant 2\}) \\ &(0.04, \{(x_1, x_2) \mid 1 \leqslant x_1 \leqslant 2, 1 \leqslant x_2 \leqslant 2\}) \\ &(0.02, \{(x_1, x_2) \mid 2 \leqslant x_1 \leqslant 3, 1 \leqslant x_2 \leqslant 2\}) \\ &(0.07, \{(x_1, x_2) \mid 0 \leqslant x_1 \leqslant 1, 2 \leqslant x_2 \leqslant 3\}) \\ &(0.02, \{(x_1, x_2) \mid 1 \leqslant x_1 \leqslant 2, 2 \leqslant x_2 \leqslant 3\}) \\ &(0.01, \{(x_1, x_2) \mid 2 \leqslant x_1 \leqslant 3, 2 \leqslant x_2 \leqslant 3\})\} \end{aligned}$$

图 4.1 显示了平面上的 (x_1, x_2) 概率质量是如何分布的。对 $q=$saved 查询的解答事件是

$$SE(\text{saved}) = \{(x_1, x_2) \mid x_1 < 0.75 \vee (x_1 < 1.25 \wedge x_1 + 0.25 \cdot x_2 < 1.375)\}$$

上式对应于图 4.1 中实线左边的区域。可以看到对第一个事件有 $0 \leqslant x_1 \leqslant 1 \wedge 0 \leqslant x_2 \leqslant 1$，这样它的概率 $CSS(0 \leqslant x_1 \leqslant 1 \wedge 0 \leqslant x_2 \leqslant 1) \subseteq SE(\text{saved})$ 是下界的一部分。

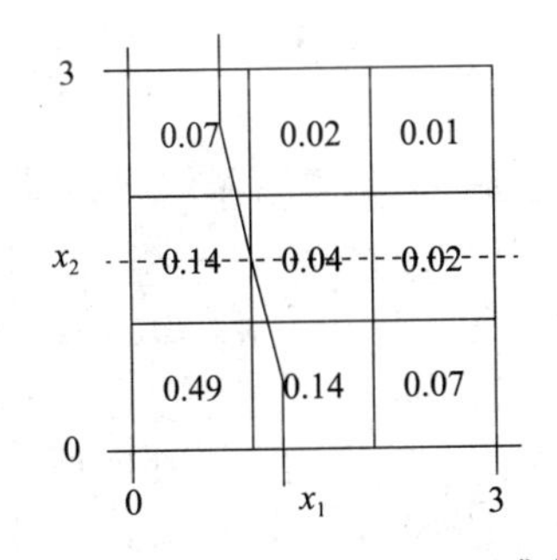

图 4.1 例 62 和例 64 的 credal 集规范

相反地，下一个事件 $1 \leqslant x_1 \leqslant 2 \wedge 0 \leqslant x_2 \leqslant 1$ 并不是 $SE(\text{saved})$ 的一个子集，而是与 $SE(\text{saved})$ 有非空交集，这样它的概率是上界的一部分。

事件 $2 \leqslant x_1 \leqslant 3 \wedge 0 \leqslant x_2 \leqslant 1$ 与 $SE(\text{saved})$ 不相交，则其概率不是任何边界的一部分。

剩余的其他事件中，$0 \leqslant x_1 \leqslant 1 \wedge 1 \leqslant x_2 \leqslant 2$、$1 \leqslant x_1 \leqslant 2 \wedge 1 \leqslant x_2 \leqslant 2$ 和 $0 \leqslant x_1 \leqslant 1 \wedge 2 \leqslant x_2 \leqslant 3$ 有非空交集，其余的则和 $SE(\text{saved})$ 不相交，这样总体有

$$\underline{P}(q) = 0.49$$

$$\overline{P}(q) = 0.49 + 0.14 + 0.14 + 0.04 + 0.07 = 0.88$$ ◀

对离散分布，当所掌握的信息不精确时也可使用 credal 集规范。

例 63 (credal 集规范-离散变量) 假设现有一个模型，其中 X_1 有一个值域为 $\text{Range}_1 = \{\text{sun}, \text{rain}\}$ 的单一随机变量，用以表示第二天的天气。一个 credal 集规范包含：

$$C_1 = \{(0.2, \{\text{sun}, \text{rain}\}), (0.8, \{\text{sun}\})\}$$

包含在这个 credal 集中的概率分布形如：

$$P(X_1 = \text{sun}) = 0.8 + \gamma$$
$$P(X_1 = \text{rain}) = 0.2 - \gamma$$

其中 $\gamma \in [0,\ 0.2]$。这样，第二天天晴的概率大于0.8，但我们并不知道精确的概率值。◀

通常情况下，对无限维的 credal 集规范，下式成立：

$$\underline{P}(q) = \lim_{k \to \infty} \sum_{(p,\omega) \in C_k, \omega \subseteq SE(q)} p$$

$$\overline{P}(q) = \lim_{k \to \infty} \sum_{(p,\omega) \in C_k, \omega \cap SE(q) \neq \varnothing} p$$

由以上二式得出的一个结论是

$$\underline{P}(q) = 1 - \overline{P}(\sim q)$$
$$\overline{P}(q) = 1 - \underline{P}(\sim q)$$

接下来讨论条件概率的边界计算问题。首先给出相关定义。

定义33(条件概率边界)　一个查询 q 对给定证据 e 的条件概率上界和条件概率下界定义为

$$\underline{P}(q|e) = \min_{P \in \mathbf{P}} P(q|e)$$
$$\overline{P}(q|e) = \max_{P \in \mathbf{P}} P(q|e)$$

注意以上公式与2.9节中公式不同。

条件概率的边界可使用下面的命题进行计算。

命题7(条件概率边界公式[Michels et al.，2015])　一个查询 q 的条件概率下界和条件概率上界由下式确定：

$$\underline{P}(q|e) = \frac{\underline{P}(q,e)}{\underline{P}(q,e) + \overline{P}(\sim q,e)}$$

$$\overline{P}(q|e) = \frac{\overline{P}(q,e)}{\overline{P}(q,e) + \underline{P}(\sim q,e)}$$

例64　(条件概率边界)　考虑例62，同时添加规则 $e \leftarrow \langle \text{time\_comp}_2 < 1.5 \rangle$。

假设查询是 $q = \text{saved}$，证据为 e。为计算 $P(q|e)$ 的下界和上界，需要计算 $q \wedge e$ 和 $\sim q \wedge e$ 的下界和上界。$SE(e)$ 的解事件是

$$SE(e) = \{(x_1, x_2) \mid x_2 < 1.5\}$$

显示为图4.1中虚线下部区域。$q \wedge e$ 的解事件是

$$\begin{aligned} SE(q \wedge e) = \{(x_1, x_2) \mid x_2 < 1.5 \wedge \\ (x_1 < 0.75 \vee (x_1 < 1.25 \wedge x_1 + 0.25 \cdot x_2 < 1.375))\} \end{aligned}$$

$\sim q \wedge e$ 的解事件是

$$\begin{aligned} SE(\sim q \wedge e) = \{(x_1, x_2) \mid x_2 < 1.5 \wedge \\ \neg(x_1 < 0.75 \vee (x_1 < 1.25 \wedge x_1 + 0.25 \cdot x_2 < 1.375))\} \end{aligned}$$

可以看出，第一个事件 $0 \leqslant x_1 \leqslant 1 \wedge 0 \leqslant x_2 \leqslant 1$，使得 $CSS(0 \leqslant x_1 \leqslant 1 \wedge 0 \leqslant x_2 \leqslant 1) \subseteq SE(q \wedge e)$ 成立，因此其概率会影响 $\underline{P}(q \wedge e)$ 而不会影响 $\underline{P}(\sim q \wedge e)$。

下一个事件 $1 \leqslant x_1 \leqslant 2 \wedge 0 \leqslant x_2 \leqslant 1$ 与 $SE(q)$ 相交且包含于 $SE(e)$，因此其概率同时会影响 $\overline{P}(q \wedge e)$ 和 $\overline{P}(\sim q \wedge e)$。

相反地，事件 $2 \leqslant x_1 \leqslant 3 \wedge 0 \leqslant x_2 \leqslant 1$ 与 $SE(q)$ 不相交但包含于 $SE(e)$，因此其概率会

影响 $\underline{P}(\sim q \land e)$而不会影响 $\underline{P}(q \land e)$。

事件 $0 \leqslant x_1 \leqslant 1 \land 1 \leqslant x_2 \leqslant 2$ 与 $SE(q \land e)$相交但与 $SE(\sim q \land e)$不相交，因此其概率是 $\overline{P}(q \land e)$的一部分。

事件 $1 \leqslant x_1 \leqslant 2 \land 1 \leqslant x_2 \leqslant 2$ 与 $SE(q \land e)$和 $SE(\sim q \land e)$相交，因此其概率是 $\overline{P}(q \land e)$和 $\overline{P}(\sim q \land e)$的一部分。

事件 $2 \leqslant x_1 \leqslant 3 \land 1 \leqslant x_2 \leqslant 2$ 与 $SE(\sim q \land e)$相交，因此会影响其概率 $\overline{P}(\sim q \land e)$。

其余事件都包含在 $SE(\sim e)$中，因此它们不是任何边界的一部分。总体上，有

$$\underline{P}(q \land e) = 0.49$$

$$\overline{P}(q \land e) = 0.49 + 0.14 + 0.14 + 0.04 = 0.81$$

$$\underline{P}(\sim q \land e) = 0.07$$

$$\overline{P}(\sim q \land e) = 0.14 + 0.07 + 0.04 + 0.02 = 0.27$$

$$\underline{P}(q|e) = \frac{0.49}{0.49 + 0.27} \approx 0.64$$

$$\overline{P}(q|e) = \frac{0.81}{0.81 + 0.07} \approx 0.92$$

Michels 等人[2015]证明了下面的定理，该定理说明了在什么条件下可进行准确的概率边界推理。◀

定理 12(准确概率边界推理的条件[Michels et al., 2015]) 对任一查询，可在有限时间内计算其概率边界的条件是：

1）有穷相关约束条件：同命题 5 的条件 1。

2）有限维约束条件：同命题 5 的条件 2。

3）互斥事件可判定性条件：对事件空间 Ω_X 中的两个有限维事件 ω_1 和 ω_2，可判断它们是否不相交($\omega_1 \cap \omega_2 = \varnothing$)。

可使用 credal 集合对连续分布进行任意逼近。必须给出一个 credal 集合规范将变量的定义域 X_i 划分为 n 个区间：

$$\{(P(l_1 < X_i < u_1), l_1 < X_i < u_1), \cdots, (P(l_n < X_i < u_n), l_n < X_i < u_n)\}$$

其中 $l_j \leqslant u_j$，$l_j \in \mathbb{R} \cup \{-\infty\}$，且 $u_j \in \mathbb{R} \cup \{+\infty\}(j=1, \cdots, n)$。$P(l_j < X_i < u_j)$必须满足 $P(l_j < X_i < u_j) = \int_{l_j}^{u_j} p(x_i)\mathrm{d}x_i = F(u_j) - F(l_j)$，其中 $p(x_i)$是 X_i 的概率密度，$F(x_i)$是其累积分布。给出的区间越多，对连续分布的逼近效果越好。查询的概率边界给出了逼近的最大误差。

PCLP 对一个语法做了修正，以便于利用 credal 集合规范或精确或近似地表示概率分布。

对随机变量的定义与分布子句中的定义相同。例如，随机变量可表示如下：

$$\mathrm{time\_comp}_1 \sim \mathrm{exponential}(1)$$

PCLP 中也允许使用多维随机变量：

$$(X_1, \cdots, X_n)(A_1, \cdots, A_m) \sim \mathrm{Density}$$

其中 X_1，…，X_n 是用项表示的随机变量，A_1，…，A_m 是出现在 X_1，…，X_n 中的逻辑变量，Density 是一个概率密度，如指数分布、正态分布等。对另一个不同的多维随机变量

$$(X_1, \cdots, X_n)(t_1, \cdots, t_m)$$

其中用一组基项 t_1，…，t_m 替换了参数 A_1，…，A_m。变量 X_1，…，X_n 也可单独用于约束中，这些约束的集合是

$$\{X_i(t_1,\cdots,t_m)\mid i=1,\cdots,n,(t_1,\cdots,t_m)\text{ 是 terms 的元组}\}$$

credal 集(逼近)规范表示为

$$(X_1,\cdots,X_n)(A_1,\cdots,A_m)\sim\{p_1:\varphi_1,\cdots,p_l:\varphi_l\}$$

其中 p_i 是一个概率，φ_i 是一个可满足约束，且 $\sum_{i=1}^{l}p_i=1$，所有 p_is 和 φ_is 中都可包含逻辑变量。

规范的例子有：

$$\text{temperature}(Day)\sim\{0.2:\text{temperature}<0,0.8:\text{temperature}>0\}$$

$$\text{temperature}(Day)\sim\{0.2:\text{temperature}<\text{Day}/1000$$
$$0.8:\text{temperature}>\text{Day}/1000\}$$

其中第二个规范中的 Day 须取值为数值型。

若程序中对同一个随机变量有多个定义，只需要考虑第一个。

实际上，PCLP 基于约束语言 Constr 定义了一族语言：由 PCLP(Constr)指示一种特定语言。该约束语言应具有这样的性质：可以从无穷多个维数递增的有限维概率测度构造无限维的概率测度，且约束的可满足性必须是可判定的，这等价于事件的互斥性的可判定性。

一个有趣的例子是 PCLP(R，D)，其中的约束涉及实数域(R)和离散域(D)，且不论是实型或离散型，约束中只能包括单一类型的变量。

约束理论 R 与实数域上 CLP 中的约束理论 CLP(R)相同：变量取实数值，约束包含线性等式和不等式。约束理论 D 类似于 CLP 在有限域上的约束理论 CLP(FD)：变量取离散值，约束则包含集员关系(∈和∉)及相等关系(=和≠)。与 CLP(FD)不同的是，其定义域可以是可数无穷的。

通过将各个变量的规范组合在一起，一个 PCLP 程序可定义一个 credal 集合规范。首先确定随机变量的数目 $C=\{C_1, C_2, \cdots\}$，然后将前 n 个随机变量的定义集合表示为 D_n。程序的 credal 集合规范 C 定义为

$$C_n=\pi_n\left(\left\{(p,CSS(\varphi))\mid(p,\varphi)\in\hat{\prod_{d\in D_n}}d\right\}\right)$$

其中两个随机变量的积 $d_1\hat{\times}d_2$ 定义为

$$d_1\hat{\times}d_2=\{(p_1\cdot p_2,\varphi_1\wedge\varphi_2)\mid((p_1,\varphi_1),(p_2,\varphi_2))\in d_1\times d_2\}$$

例如，下面的随机变量定义生成了例 62 中的 credal 集合规范：

$$\text{time\_comp}_1\sim\{0.7:0\leqslant\text{time\_comp}_1\leqslant1,0.2:1\leqslant\text{time\_comp}_1\leqslant2,$$
$$0.1:2\leqslant\text{time\_comp}_1\leqslant3\}$$

$$\text{time\_comp}_2\sim\{0.7:0\leqslant\text{time\_comp}_2\leqslant1,0.2:1\leqslant\text{time\_comp}_2\leqslant2,$$
$$0.1:2\leqslant\text{time\_comp}_2\leqslant3\}$$

一个查询 q 的解约束定义为

$$SC(q)=\bigvee_{\phi\subseteq\text{Constr},M_{\mathcal{P}}(\phi)\models q}\ \bigwedge_{\varphi\in\phi}\varphi$$

其中 $M_{\mathcal{P}}(\varphi)$是理论 $\mathcal{R}\cup\{\langle\varphi\rangle\mid\varphi\in\phi\}$的模型。

函数

$$\text{check}:\text{Constr}\rightarrow\{\text{sat},\text{unsat},\text{unknown}\}$$

检查约束的可满足性，其返回值如下：

- sat：约束确定可满足，即存在一个解。
- unsat：约束确定是不可满足的，即不存在一个解。
- unknown：可满足性不可判定，即不对约束做任何判断。

若约束是可判定的，不会返回 unknown。

给定函数 check，对一个满足准确推理条件的 PCLP 程序，若一个查询 q 只涉及该程序的前 n 个随机变量，则可计算 q 的概率下界和上界：

$$\underline{P}(q)=\sum_{(p,\varphi)\in C_n,\text{check}(\varphi\wedge\neg SC(q))=\text{unsat}} p$$

$$\overline{P}(q)=\sum_{(p,\varphi)\in C_n,\text{check}(\varphi\wedge SC(q))=\text{sat}} p$$

若约束是部分可判定的，可得到下面的结果：

$$\underline{P}(q)\geqslant\sum_{(p,\varphi)\in C_n,\text{check}(\varphi\wedge\neg SC(q))=\text{unsat}} p$$

$$\overline{P}(q)\leqslant\sum_{(p,\varphi)\in C_n,\text{check}(\varphi\wedge SC(q))\neq\text{unsat}} p$$

若 Constr 是可判定的，从一个 PCLP 程序进行推理有三种形式：

- 若随机变量都是精确定义的，可精确计算一个点概率。
- 若关于随机变量的信息是不精确的，即是以 credal 集合的方式描述的，可准确计算概率的下界和上界。
- 若随机变量的信息是精确的，但使用了 credal 集合来逼近连续分布，则可用概率边界进行近似推理。

如果 Constr 是部分可判定的，可以只进行近似推理从而得到三种情形下的边界。特别地，在第二种情形下，可得到下概率的下界和上概率的上界。

PCLP 尽管命名如此，但与其他基于 CLP 的概率逻辑形式系统(如 CLP(BN))之间的联系并不紧密，参见 2.10.2 节或文献[Angelopoulos，2003]中的 clp(pdf(y))。PCLP 使用约束来表示事件并定义 credal 集合规范，CLP(BN)和 clp(pdf(y))则将概率分布视为约束。

精确推理

推理包括多种任务。下文的 q 和 e 都是基文字的合取式，分别表示查询和证据。

- EVID 任务是计算一个无条件概率 $P(e)$（即证据的概率）。当 $P(e)$ 作为 COND 任务的一个解的一部分来计算时，使用这一术语。当没有证据时，我们将讨论查询的概率 $P(q)$。
- 在 COND 任务中，我们想要计算给定证据时查询的条件概率分布，即计算 $P(q|e)$。一个相关的任务是 CONDATOMS，其目的是对于给定的一组基原子 Q，我们要为每一个 $q \in Q$ 计算 $P(q|e)$。
- MPE 任务，或称最可能解释（most probable explanation），是对于给定证据时求解所有非证据原子的最可能的真值，即求解最优问题 $\arg\max_q P(q|e)$，其中 q 是不可观察的原子，即 $Q=\mathcal{B}\setminus E$，这里 E 是出现在 e 中的原子的集合，q 是对 Q 中的原子的真值的一个赋值。
- MAP 任务，或称最大后验值，是在给定证据时求解一组非证据原子的最可能的值，即求 $\arg\max_q P(q|e)$，其中 q 是一组基原子。MPE 是 MAP 中 $Q\cup E=\mathcal{B}$ 时的特例。
- DISTR 任务涉及计算文字合取式 q 的非基化参数的概率分布 X 或概率密度 mix(X)，比如，对例 57 中高斯混合分布的目标 mix(X) 中的 X，计算其概率密度。如果参数是一个单一的数值（整数或实数），则 EXP 任务是计算参数的期望值（参见 1.5 节）。

研究人员提出了一些用于推理的方法。精确推理的目标是以一种精确的方式求解任务，对计算机中浮点数运算的误差取模。精确推理可以不同的方式实现：用于特殊实例的专用算法、知识编译、图模型的转换或提升推理。本章讨论这些精确推理方法，第 6 章则专门介绍提升推理。

精确推理一般都需要花费较大代价，这是因为它一般是 #P-complete 的，这正是在它所基于的图模型上进行推理的代价[Koller & Friedman, 2009]。因此在一些情形下，有必要执行近似推理，即寻求一个问题的近似解答，从而减少计算代价。近似推理的主要方法是采样，但也有其他的方法，比如迭代深化或迭代包围。近似推理将在第 7 章中讨论。

在第 3 章，我们以解释的方式给出了带函数符号的程序的语义，即使得查询为真的选择构成一个集合。查询的概率是解释的覆盖集的函数，即包含了一个查询的所有可能解释的集合。

这一定义给出了一种推理方法，该方法先寻找解释的覆盖集，然后用该集合计算查询的概率。

为计算查询的概率，我们需要令各解释是两两不相容的：若此要求能达到，概率即为一个求和式的结果。

早期的推理算法，如 anytime 算法[Poole，1993b]和 PRISM[Sato，1995]要求程序总是有一个两两不相容的解释的覆盖集。在这种情形下，一旦找到这样一个集合，概率的计算就是对乘积求和。对于允许使用这类方法的程序，必须满足子目标的独立性和子句的互斥性，即意味着[Sato et al.，2017]：

1）合取式(A，B)的概率等于 A 与 B 概率的乘积(独立-与假设)。

2）析取式(A；B)的概率等于 A 与 B 概率的和(互斥-或假设)。

可参阅 5.9 节。

5.1 PRISM

PRISM[Sato，1995；Sato & Kameya，2001，2008]利用一个算法基于独立-与和互斥-或假设执行程序上的推理，该算法以一种分解的方式计算和表示解释，而不是显式地生成所有解释。事实上，解释的数量可能是指数级别的，即使是在对其进行紧凑表示的情况下。

例 65 (隐马尔可夫模型-PRISM[Sato & Kameya，2008]) 一个隐马尔可夫模型 HMM[Rabiner，1989]是一个动态系统，在每一个整数时间点 t 处于状态 S，状态集是有穷的，且每个状态根据一个概率分布 $P(O|S)$产生一个符号 O，该概率分布是独立于时间的。此外，系统在时间 $t+1$ 会由状态 S 转换到一个新的状态 NextS。NextS 是由 $P(\mathrm{NextS}|S)$选择的，后者同样独立于时间。这样的系统之所以称为隐马尔可夫模型，是因为其遵循马尔可夫条件：在时间点 t 的状态仅仅依赖于上一个时间点 $t-1$ 的状态，而与之前的状态(即时间 $t-1$ 之前的各状态)无关。另外，状态通常是隐藏的：需要完成的任务是从输出符号的序列中获取这些状态的信息，对只能从外部观察的系统建模。HMM 与 Kalman 过滤器(见例 59)相似，但也有所不同，因为前者使用离散的状态和输出符号，而后者的状态是连续的。HMM 在许多领域中都有应用，比如语音识别。

下面的程序表示了一个有两个状态{$s1$，$s2$}和两个输出符号 a 和 b 的 HMM，其中 $s1$ 是初始状态：

```
values(tr(s1), [s1, s2]).
values(tr(s2), [s1, s2]).
values(out(_), [a, b]).
hmm(Os) ← hmm(s1, Os).
hmm(_S, []).
hmm(S, [O|Os]) ←
  msw(out(S), O), msw(tr(S), NextS), hmm(Next, Os).
```

查询 $P(\mathrm{hmm}(Os))$向程序询问生成输出符号序列 Os 的概率。

注意，这里 msw 原子有两个参数，因此对这类原子的每次调用都会涉及一个不同的随机变量。这就意味着如果在一次推导过程中遇到同一个 msw，则它的每次出现都会关联到不同的随机变量。这与分布语义下的其他语言是不同的，那些语言中一个概率子句的一个基例示仅与一个随机变量相关联。后一种方法也称为备忘法，意味着原子和随机变量之间的关联需要存储起来以备复用，而非逻辑的概率程序设计语言则常采用 PRISM 方法。

考虑查询 hmm([a，b，b])和计算输出序列[a，b，b]的概率问题。图 5.1 显示这样一个查询有 8 个解释，其中 msw 被缩写为 m，重复出现的原子与不同的随机变量相关联，每个解释是 msw 原子的一个合取式。一般地，解释的个数是序列长度的指数形式。 ◀

$E_1 = m(\text{out}(s1), a), m(\text{tr}(s1), s1), m(\text{out}(s1), b), m(\text{tr}(s1), s1),$
$\quad m(\text{out}(s1), b), m(\text{tr}(s1), s1),$
$E_2 = m(\text{out}(s1), a), m(\text{tr}(s1), s1), m(\text{out}(s1), b), m(\text{tr}(s1), s1),$
$\quad m(\text{out}(s1), b), m(\text{tr}(s1), s2),$
$E_3 = m(\text{out}(s1), a), m(\text{tr}(s1), s1), m(\text{out}(s2), b), m(\text{tr}(s1), s2),$
$\quad m(\text{out}(s2), b), m(\text{tr}(s2), s1),$
...
$E_8 = m(\text{out}(s1), a), m(\text{tr}(s1), s2), m(\text{out}(s2), b), m(\text{tr}(s2), s2),$
$\quad m(\text{out}(s2), b), m(\text{tr}(s2), s2)$

图 5.1　例 65 中查询 hmm([a，b，b])的解释

如果查询 q 有解释 E_1，…，E_n，我们能构建公式

$$q \Leftrightarrow E_1 \vee \cdots \vee E_n$$

上式将 q 的真值表示为解释中的原子 msw 的函数。q 的概率为 $P(q)=\sum_{i=1}^{n} P(E_i)$，且每个解释的概率是每个原子的概率的乘积，这是因为解释是互斥的，而在对于至少一个 msw 原子的选择中，每个解释都不同于选择中的其他解释。

对每个子目标 g、各个开关和 g 直接依赖的所有原子，PRISM 是通过利用制表和存储操作对查询进行推导，从而完成推理。事实上，对每个子目标 g，PRISM 构建了一个公式：

$$g \Leftrightarrow S_1 \vee \cdots \vee S_n$$

其中每个 S_i 都是 msw 原子和子目标的合取式。对例 65 的程序中的查询 hmm([a，b，b])，PRISM 建立的公式如图 5.2 所示。

$\text{hmm}([a,b,b]) \Leftrightarrow \text{hmm}(s1,[a,b,b])$
$\text{hmm}(s1,[a,b,b]) \Leftrightarrow m(\text{out}(s1),a), m(\text{tr}(s1),s1), \text{hmm}(s1,[b,b]) \vee$
$\quad m(\text{out}(s1),a), m(\text{tr}(s1),s2), \text{hmm}(s2,[b,b])$
$\text{hmm}(s1,[b,b]) \Leftrightarrow m(\text{out}(s1),b), m(\text{tr}(s1),s1), \text{hmm}(s1,[b]) \vee$
$\quad m(\text{out}(s1),b), m(\text{tr}(s1),s2), \text{hmm}(s2,[b])$
$\text{hmm}(s2,[b,b]) \Leftrightarrow m(\text{out}(s2),b), m(\text{tr}(s2),s1), \text{hmm}(s1,[b]) \vee$
$\quad m(\text{out}(s2),b), m(\text{tr}(s2),s2), \text{hmm}(s2,[b])$
$\text{hmm}(s1,[b]) \Leftrightarrow m(\text{out}(s1),b), m(\text{tr}(s1),s1), \text{hmm}(s1,[]) \vee$
$\quad m(\text{out}(s1),b), m(\text{tr}(s1),s2), \text{hmm}(s2,[])$
$\text{hmm}(s2,[b]) \Leftrightarrow m(\text{out}(s2),b), m(\text{tr}(s2),s1), \text{hmm}(s1,[]) \vee$
$\quad m(\text{out}(s2),b), m(\text{tr}(s2),s2), \text{hmm}(s2,[])$
$\text{hmm}(s1,[]) \Leftrightarrow \text{true}$
$\text{hmm}(s2,[]) \Leftrightarrow \text{true}$

图 5.2　例 65 中查询 hmm([a，b，b])的 PRISM 公式

与解释不同，这样的公式的数目与输出序列的长度呈线性关系而非指数相关。

PRISM 假定在 q 的推导过程中的子目标可排序为 $\{g_1, \cdots, g_m\}$，使得

$$g_i \Leftrightarrow S_{i1} \vee \cdots \vee S_{in_i}$$

其中 $q=g_1$ 且每个 S_{ij} 只包含 msw 原子和来自 $\{g_{i+1}, \cdots, g_m\}$ 的子目标。这被称为*无环支撑条件*(acyclic support condition)，如果在对 q 求值时制表操作成功(即没有进入一个循环)，那么该条件成立。

利用算法 3 可从这些公式得到每个子目标的概率，算法 3 计算自底向上每个子目标的概率，然后用它们计算更高层子目标的概率。这是一个动态编程算法：以递归方式将问题分解为较简单的子问题进行求解。

算法 3　PRISM-PROB 函数：计算一个查询的概率

```
1: function PRISM-PROB(q)
2:   for all i, k do
3:     P(msw(i,v_k)) ← Π_ik
4:   end for
5:   for i←m→1 do
6:     P(g_i)←0                              ▷ P(g_i) is the probability of goal g_i
7:     for j←1→n_i do
8:       Let S_ij be h_1, …, h_ijo
9:       R(S_ij) ← ∏_{l=1}^{o} P(h_l)         ▷ R(S_ij) is the probability of explanation
10:      S_ij of goal g_i
11:      P(g_i)←P(g_i)+R(S_ij)
12:    end for
13:  end for
14:  return P(q)
15: end function
```

对上述例子，图 5.3 给出了计算其概率的过程。

$P(\text{hmm}(s1, [])) = 1$
$P(\text{hmm}(s2, [])) = 1$
$P(\text{hmm}(s1, [b])) =$
$\quad P(m(\text{out}(s1), b)) \cdot P(m(\text{tr}(s1), s1)) \cdot P(\text{hmm}(s1, [])) +$
$\quad P(m(\text{out}(s1), b)) \cdot P(m(\text{tr}(s1), s2)) \cdot P(\text{hmm}(s2, []))$
$P(\text{hmm}(s2, [b])) =$
$\quad P(m(\text{out}(s2), b)) \cdot P(m(\text{tr}(s2), s1)) \cdot P(\text{hmm}(s1, [])) +$
$\quad P(m(\text{out}(s2), b)) \cdot P(m(\text{tr}(s2), s2)) \cdot P(\text{hmm}(s2, []))$
…

图 5.3　例 65 中查询 hmm([a，b，b])的 PRISM 计算

在此情形下，计算查询概率的代价与输出序列的长度呈线性关系而非指数形式。

对于 HMM，使用 PRISM 计算一个输出序列的概率与特化后的前向算法[Rabiner，1989]具有相同的复杂性 $O(T)$，T 为序列长度。

将算法 3 中的求和替换为 max 和 argmax，即可完成 MPE 任务。对于 HMM，这生成了最有可能的状态序列，该状态序列也称为 viterbi 路径，正是输出序列的起源。对于 HMM，此路径是由 Viterbi 算法[Rabiner，1989]计算得到的，且与 PRISM 有相同的复杂度 $O(T)$。

编写满足子目标独立和子句互斥假设的程序并不容易，其极大限制了语言的建模能力。因此，一些工作致力于解除这些限制，比如使用分裂算法(即算法 1)的 AILog2 系统 Poole[2000]，以及对知识编译的引入。

5.2　知识编译

知识编译(knowledge compilation)[Darwiche & Marquis，2002]是一种求解某些针对布尔公式的困难推理任务的方法，此方法将布尔公式编译为一种易处理的任务形式。显然，复杂度并没有降低，只是转移到编译过程中。使用 SAT 社区中应用于加权布尔公式的一些著名的技术(比如用于加权模型计数 WMC 或加权 MAX-SAT 的技术)，可以求解 COND、MPE 和 EVID 的推理任务。例如，将 EVID 归约为 WMC，即计算公式为真的世界的权重的和。WMC 是查询为真的世界的计数问题的一般化，也称为模型计数。一般地，模型计数和 WMC 都是 #P-complete 的，但对某些特定形式的布尔公式，可在多项式时间内完成计算。

用于推理的知识编译方法是一个两步骤的方法：第一步将程序、查询和证据转换为一个布尔公式，该公式表示解释的一个覆盖集；第二步则对公式进行知识编译。

公式是一个布尔变量的函数，每个变量表示一个选择，其在查询为真的世界中的赋值下取值为 1。因此，为计算查询的概率，我们可以在已知所有变量的概率分布时，计算公式取值为 1 的概率以及它们两两独立的概率。这在第二步中完成，相当于把公式转换为一种易于计算概率的形式。这个转换步骤称为**知识编译**[Darwiche & Marquis，2002]是因为它把公式编译为一种特殊的形式，在该形式下问题的求解复杂度是多项式时间的。第二步也是称为**不交和**(disjoint-sum)的著名问题，它是 WMC 的一个例子。

5.3　ProbLog1

ProbLog1 系统[De Raedt et al.，2007]将查询的解释从 ProbLog 程序编译为二元决策图(Binary Decision Diagrams，BDD)。它使用了源程序到源程序的变换[Kimmig et al.，2008]，把概率事实替换为存储了关于 ProbLog 解释器的动态数据库中事实的信息的子句。当找到查询的一个成功的推导过程时，收集存储在动态数据库中的事实集合以构成一个需要另外存储的新的解释，然后进行回溯以找到其他可能的解释。

如果 K 是所找到的查询 q 的解释集，q 的概率是下面公式的概率：

$$f_K(\mathbf{X}) = \bigwedge_{\kappa \in K} \bigwedge_{(F_i,\theta_j,1)\in\kappa} X_{ij} \bigwedge_{(F_i,\theta_j,0)\in\kappa} \neg X_{ij}$$

其中 X_{ij} 是一个与事实 F_i 的基例示相关联的布尔随机变量 $F_i\theta_j$，且 $P(X_{ij}=1)=\Pi_i$。

为便于阅读，我们再给出例 13 中的程序：

$$\begin{aligned}
&\text{sneezing}(X) \leftarrow \text{flu}(X), \text{flu_sneezing}(X).\\
&\text{sneezing}(X) \leftarrow \text{hay_fever}(X), \text{hay_fever_sneezing}(X).\\
&\text{flu(bob)}.\\
&\text{hay_fever(bob)}.\\
F_1 \;=\; &0.7 :: \text{flu_sneezing}(X).\\
F_2 \;=\; &0.8 :: \text{hay_fever_sneezing}(X),
\end{aligned}$$

sneezing(bob)的一个覆盖解释的集合为 $K=\{\kappa_1,\kappa_2\}$，其中

$$\kappa_1 = \{(F_1,\{X/\text{bob}\},1)\} \quad \kappa_2 = \{(F_2,\{X/\text{bob}\},1)\}$$

如果把 X_{11} 和 $F_1\{X/\text{bob}\}$ 相关联，把 X_{21} 和 $F_2\{X/\text{bob}\}$ 相关联，则布尔公式是

$$f_K(\mathbf{X}) = X_{11} \vee X_{21} \tag{5.1}$$

在这一简单情形下，$f_K(\mathbf{X})$ 取值为 1 的概率可以通过计算一个析取式的概率的公式来计算：

$$P(X_{11} \vee X_{21}) = P(X_{11}) + P(X_{21}) - P(X_{11} \wedge X_{21})$$

由于 X_{11} 与 X_{21} 相互独立，有

$$P(f_K(\mathbf{X})) = P(X_{11} \vee X_{21}) = P(X_{11}) + P(X_{21}) - P(X_{11})P(X_{21})$$

但在一般情形下，不能应用这样的简单公式。

BDD 是知识编译的一种目标语言。布尔变量的函数的一个 BDD 是一个有根的图，每个布尔变量在图中都具有一个层级与之对应。一个结点 n 有两个孩子，其中一个对应于与 n 的层级关联的变量取值为 1 的情形，另一个则对应于该变量取值为 0 的情形。当绘制 BDD 时，0 -分支与 1 -分支的画法不同，前者用虚线绘制。叶子结点存储 0 或 1。例如，表示函数(5.1)的一个 BDD 如图 5.4 所示。

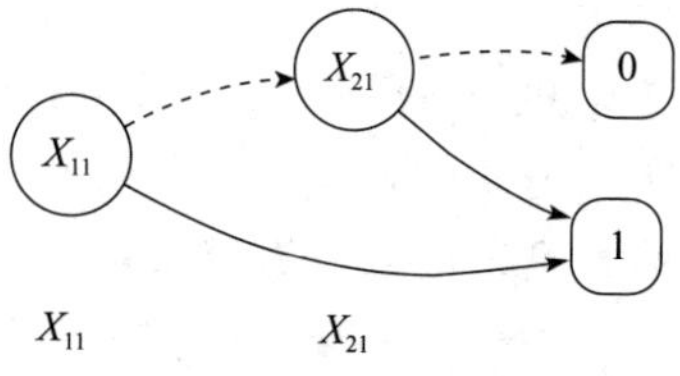

图 5.4　表示函数 5.1 的 BDD

给定所有变量的值，函数值的计算按以下方法实现：从根开始对 BDD 进行遍历，然

后返回与所到达的叶子结点值相关联的值。

要将一个布尔公式 $f(\boldsymbol{X})$ 编译为一个 BDD，软件包以增量方式通过布尔运算将子图逐步结合起来。

各种通过图之间的布尔运算完成知识编译的软件包都可用于构建 BDD。这样一个公式的图通过以下方式得到：将布尔运算自底向上应用于公式，将表示 X_{ij} 或$\neg X_{ij}$ 的图逐步结合到更复杂的图中。

在应用一个布尔运算后，合并结果图中同构的部分，删除冗余结点，必要时可能会改变变量的顺序。这常常使得图中有许多结点远小于变量数量的指数形式，这正是函数的简单表示所要求的。

在图 5.4 的 BDD 里，变量 X_{21} 的结点不在从根到叶子结点的值为 1 的路径上。该结点被删去是因为由它射出的弧会到达值为 1 的叶子结点，因此该结点是冗余的。

例 66 **(流行病- ProbLog)** 下面的 ProbLog 程序 $\mathcal{P}$ 给出了流行病发展的一个非常简单的模型：

$$\begin{aligned}
& \text{epidemic} \leftarrow \text{flu}(X), \text{ep}(X), \text{cold}. \\
& \text{flu}(\text{david}). \\
& \text{flu}(\text{robert}). \\
F_1 \ = \ & 0.7 :: \text{cold}. \\
F_2 \ = \ & 0.6 :: \text{ep}(X).
\end{aligned}$$

该程序建模了以下事实：如果某人患了流感且天气寒冷，则存在流行病蔓延的可能性。如果 X 是流行病的一个活跃诱因且由一个概率事实定义，则 ep(X)为真。我们不确定天气是否寒冷，但我们知道 David 和 Robert 都患了流感。事实 F_1 有一个与变量相关联的基例示 X_{11}，而 F_2 有两个分别与变量 X_{21} 和 X_{22} 相关联的基例示。如果以下布尔公式

$$f(\boldsymbol{X}) = X_{11} \wedge (X_{21} \vee X_{22})$$

为真，则查询 epidemic 为真。表示这个公式的 BDD 如图 5.5 所示。从图中可知，可经由多条路径到达根为 X_{22} 的子树。在此情形下，BDD 编译系统识别到两个同构的子图，然后将它们合并。此外，需要将 X_{11} 到 X_{22} 的路径上对应于 X_{21} 的结点删去，将 X_{21} 到值为 0 的叶子结点的路径上对应于 X_{22} 的结点删去。◀

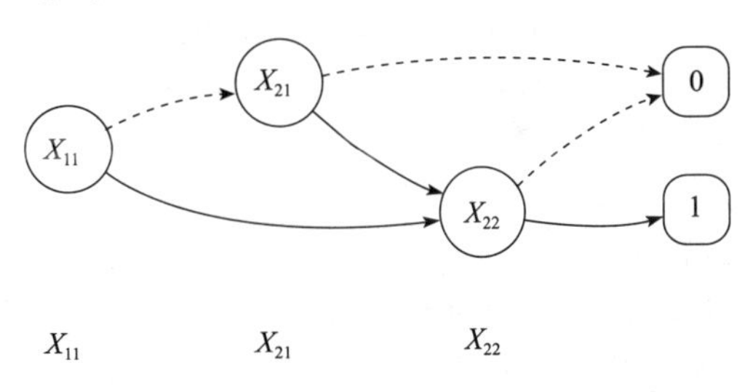

图 5.5　例 66 中查询 epidemic 的 BDD

BDD 对布尔公式执行一个香农展开(Shannon expansion)——公式被表示为 X_1：

$$f_K(\boldsymbol{X}) = X_1 \vee f_K^{X_1}(\boldsymbol{X}) \wedge \neg X_1 \vee f_K^{\neg X_1}(\boldsymbol{X})$$

其中 X_1 是与图的根结点相关联的变量，$f_K^{X_1}(\boldsymbol{X})$是 X_1 赋值为 1 的布尔公式，$f_K^{\neg X_1}(X)$则是 X_1 赋值为 0 的布尔公式。这个扩展可递归地应用到函数 $f_K^{X_1}(\boldsymbol{X})$和 $f_K^{\neg X_1}(\boldsymbol{X})$中。

因此这个公式被表示为互斥的项的析取式，因为其中一个包含 X_1，另一个包含$\neg X_1$，所以该公式的概率可以由一个和式计算：

$$P(f_K(\boldsymbol{X})) = P(X_1)P(f_K^{X_1}(\boldsymbol{X})) + (1 - P(X_1))P(f_K^{\neg X_1}(\boldsymbol{X}))$$

对图 5.5 中的 BDD，它变为

$$P(f_K(\boldsymbol{X})) = 0.7 \cdot P(f_K^{X_{11}}(\boldsymbol{X})) + 0.3 \cdot P(f_K^{\neg X_{11}}(\boldsymbol{X}))$$

这意味着公式的概率以及查询的概率，都可以通过算法 4 计算：对 BDD 做递归遍历，一个结点的概率可由一个计算其孩子的概率的函数来计算。注意需要对存储已访问结点的概

率的表进行更新：事实上，BDD可以有多条路径到达一个结点，以防在合并两个子图时一个已经访问过的结点被再次遇到。我们能轻易地从表中获取它的概率。这确保了每个结点只被访问一次，所以算法的计算代价是结点数的线性函数。此即为动态编程算法的一个例子。

算法4　PROB函数：计算一个BDD的概率

```
1:  function PROB(node)
2:    if node is a terminal then
3:      return 1
4:    else
5:      if Table(node)≠null then
6:        return Table(node)
7:      else
8:          p0←PROB(child_0(node))
9:          p1←PROB(child_1(node))
10:         let π be the probability of being true of var(node)
11:         Res←p1 · π+p0 · (1−π)
12:         add node→Res to Table
13:         return Res
14:      end if
15:    end if
16: end function
```

5.4　cplint

cplint系统(CPLogic INTerpreter)[Riguzzi，2007a]把知识编译应用到LPAD中。与ProbLog1不同，与子句相关联的随机变量可以有两个以上的值。另外，在cplint系统里，程序可能包含否定。

为处理多值随机变量，我们可以使用多值决策图(Multivalued Decision Diagram，MDD)[Thayse et al.，1978]，这是BDD的一种推广。与BDD类似，一个MDD表示一个函数$f(\mathbf{X})$，该函数借助一个有根图在一个多值变量$\mathbf{X}$的集合上取布尔型的值，有根图中每个变量对应一个层级。图中每个结点对于与该结点的层级相关联的多值变量的每个可能的值，都有一个孩子与之对应。叶子结点上存储0或1。给定所有变量$\mathbf{X}$的值，我们按下述方法计算$f(\mathbf{X})$的值：从根开始对图进行遍历，返回与所到达的叶子结点相关联的值。

为应用MDD表示一组解释集，每个出现在解释集中的基子句$C_i\theta_j$与多值变量X_{ij}相关联，该多值变量的值的个数与C_i的头中的原子的数目相同。每个原子选择$(C_i，\theta_j，k)$表示为命题等式$X_{ij}=k$。单个解释的等式被结合在一起，且不同解释的合取式是不相交的。如果多值变量所取的值对应于目标的一个解释，则结果函数取值为1。

例67　**(详细的医学症状-MDD)**　为了便于阅读，这里重复给出例19的程序：

C_1 = strong_sneezing(X) : 0.3 ; moderate_sneezing(X) :
　　0.5 ← flu(X).
C_2 = strong_sneezing(X) : 0.2 ; moderate_sneezing(X) :
　　0.6 ← hay_fever(X).
　　flu(bob).
　　hay_fever(bob).

对 strong_sneezing(bob)的一个解释集是 $K=\{\kappa_2, \kappa_2\}$，其中：

$$\kappa_1 = \{(C_1, \{X/\text{bob}\}, 1)\} \quad \kappa_2 = \{(C_2, \{X/\text{bob}\}, 1)\}$$

这个解释集可由函数表示：

$$f_K(\boldsymbol{X}) = (X_{11} = 1) \lor (X_{21} = 1) \qquad (5.2)$$

相应的 MDD 如图 5.6 所示。

目标的概率为 $f_K(\boldsymbol{X})$取值为 1 时的概率。 ◀

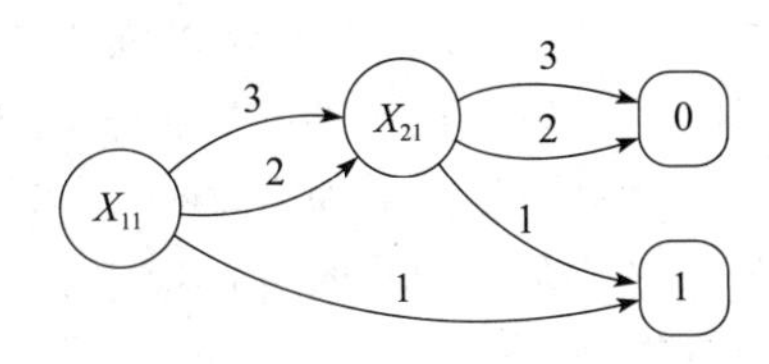

图 5.6 例 19 中诊断程序的 MDD

与 BDD 一样，MDD 通过香农展开的一般化表示一个布尔函数 $f(\boldsymbol{X})$：

$$f(\boldsymbol{X}) = (X_1 = 1) \land f^{X_1=1}(\boldsymbol{X}) \lor \cdots \lor (X_1 = n) \land f^{X_1=n}(\boldsymbol{X})$$

其中 X_1 是与图的根结点相关联的变量，$f^{X_1=k}(\boldsymbol{X})$是与根结点的第 k 个孩子结点相关联的函数。展开式可以递归地应用于函数 $f^{X_1=k}(\boldsymbol{X})$，这个展开式允许以如下递归公式表示 $f(\boldsymbol{X})$的概率：

$$P(f(\boldsymbol{X})) = P(X_1 = 1) \cdot P(f^{X_1=1}(\boldsymbol{X})) + \cdots + P(X_1 = n) \cdot P(f^{X_1=n}(\boldsymbol{X}))$$

由于等式 $X_1=k$ 的出现使得析取项是互斥的，因此 $f(\boldsymbol{X})$的概率可通过一个与算法 4 相似的动态编程算法计算，该算法对整个 MDD 进行遍历，并对所有概率求和。

对于表示形如 $X_i=k$ 的等式的所有图，MDD 的知识编译函数库利用布尔运算将它们逐步合并为更复杂的图。但是，大多数函数库只限于在 BDD 上使用，即所有变量都是布尔变量的决策图。为在 MDD 上使用 BDD 软件包，我们必须用二值变量来表示多值变量。这有多种可行的方法，在 cplint[Riguzzi，2007a]中，我们的选择是使用二值编码。一个有 n 个值的多值变量 X 由 $b=\lceil \log_2 n \rceil$个布尔变量 X_1，…，X_b 来编码：如果 $k=k_b \cdots k_1$ 是值 k 的二值编码，则 $X=k$ 编码为 $X_1=k_1 \land \cdots \land X_b=k_b$。

对计算概率的动态编程算法进行修正，以保证编码同一个多值变量的布尔变量在 BDD 中保持在一起，并能通过 Π_k 从布尔变量的结构中删除值 k 而得到正确的概率值。

cplint 通过使用 meta-解释器(见 1.3 节)来寻求解释，该 meta-解释器对查询进行求解，且保留在推导过程中遇到的选择的列表。形如～a 的否定目标可通过如下方法处理：找到一个 a 的解释的覆盖集 K，然后计算它们的补集，即一个能识别 a 为假的所有世界的解释集 $\overline{K}$。这可利用一个类似于算法 2[Poole，2000]中的函数 DUALS(K)的算法实现：从 K 的每个解释 κ 中挑出一个原子选择(C_i，θ_j，k)，然后向 $\overline{K}$ 中插入一个包含了(C_i，θ_j，k')($k' \neq k$)的解释，则可生成 $\overline{K}$ 的一个解释 κ。以所有可能的方式进行这样的处理，即得到 K 的补集 $\overline{K}$。

系统 PICL[Riguzzi，2009]将此方法应用于 ICL，且同 cplint 系统一起，构成了 cplint 算法工具包最初的核心部分。

5.5 SLGAD

SLGAD[Riguzzi，2008a，2010]是一个较早的系统，它使用 SLG 消解的一种改进方式[Chen & Warren，1996]来从 LPAD 进行推理，见 1.4.2 节。SLG 消解是对合适定义语义的正规程序的主要推理过程，且使用了嵌合法以保证一大类程序的可终止性和正确性。

我们对 SLGAD 感兴趣是因为它不需要使用知识编译就能执行推理，SLG 消解中只在回答第一次被推导出时将其添加到表格中，对于后面对同一子目标的调用，则再从表格中获取回答。因此认为一个原子为真的决策是一个原子操作。由于这发生在头部含该原子的子句的基例示的体已被证明为真时，因此这相当于进行一个关于子句基例示的选择。SLGAD通过在这样的选择上进行回溯对SLG做了改进：当一个回答可被添加到表格中时，SLGAD检查这是否和之前的选择协调，如果协调，则把当前的选择添加到推导过程的选择集中，将答案加到表格中，且留下一个选择点，以便在回溯时找到其他的选择。因此对一个基目标而言，SLGAD返回一个由互斥的解释构成的集合，这是因为每个回溯选择都是在不相容的备选项中做出的。这样，目标的概率可以通过对解释的概率进行求和计算得到。

SLGAD是通过改进Prolog meta-解释器实现的[Chen et al.，1995]。但是，相较于执行知识编译的系统，SLGAD运行较慢，或许是因为它不能像PRISM一样对解释进行分解。

5.6 PITA

PITA系统[Riguzzi & Swift，2010，2011，2013]把知识编译应用于BDD，从而实现对LPAD的推理。

PITA将一个LPDA程序转换为一个正规程序，后者包含了操作BDD的调用。在实现过程中，这些调用对C函数库CUDD[1][Somenzi，2015]提供一个Prolog界面，且使用下面的谓词[2]：

- init和end：对一个BDD的管理器的分配和释放，需要使用一个数据结构跟踪存储BDD结点的内存。
- zero(－BDD)，one(－BDD)，and(＋BDD1，＋BDD2，－BDDO)，or(＋BDD1，＋BDD2，－BDDO)和not(＋BDDI，－BDDO)：BDD间的布尔运算。
- add_var(＋N_Val，＋Probs，－Var)：添加一个有N_Val个值的新的多值变量和参数Probs。
- equality(＋Var，＋Value，－BDD)：返回表示Var＝Value的BDD，即在BDD中将随机变量Var赋值为Value。
- ret_prob(＋BDD，－P)：返回由BDD表示的公式的概率。

add_var(＋N_Val，＋Probs，－Var)添加与一条规则的一个新基例示相关联的新的随机变量，该规则有N_Val个头原子和参数列表Probs。辅助谓词get_var_n/4用于覆盖add_var/3，且当对于一个基例示已存在一个变量时，避免再添加一个新变量。正如下述内容所示，每当一个新的随机变量生成时，则声明一个新的事实var(R，S，Var)，其中R是LPAD子句的标识符，S是一组常量，与子句中的每个变量一一对应，Var是识别与子句R的一个特定基例示相关联的随机变量的一个整数。辅助谓词有下面的定义：

```
get_var_n(R, S, Probs, Var) ←
  (var(R, S, Var) →
    true
  ;
    length(Probs, L),
    add_var(L, Probs, Var),
    assert(var(R, S, Var))
  ).
```

其中Probs是一个浮点数的列表，其中存储了规则R的头中的参数。R，S和Probs

[1] http://vlsi.colorado.edu/~fabio/
[2] BDD在CUDD中表示为指向其根结点的指针。

是输入参数，而 Var 是输出参数。assert/1 是一个内置 Prolog 谓词，它将其参数添加到程序中，同时允许它的动态扩展。

PITA 变换可应用于原子、文字、文字的合取式与子句。对于一个原子 a 和一个变量 D 进行 PITA 变换，是将 D 作为最后一个参数添加到 a 的后面，记为 PITA(a，D)。对一个否定的文字的变换$b=\sim a$，PITA(b，D)是如下表达式：

$$(\mathrm{PITA}(a,DN) \rightarrow \mathrm{not}(DN,D);\mathrm{one}(D))$$

这是一个 Prolog 中的 if-then-else 结构：如果 PITA(a，DN)为真，则调用 not(DN，D)，否则调用 one(D)。

文字的合取式成为 b_1，…，b_m：

$$\begin{aligned}\mathrm{PITA}(b_1,\cdots,b_m,D) = \mathrm{one}(DD_0),\\ \mathrm{PITA}(b_1,D_1),\mathrm{and}(DD_0,D_1,DD_1),\cdots,\\ \mathrm{PITA}(b_m,D_m),\mathrm{and}(DD_{m-1},D_m,D)\end{aligned}$$

对析取子句 $C_r = h_1:\Pi_1 \vee \cdots \vee h_n:\Pi_n \leftarrow b_1,\cdots,b_m$，其中参数的和为 1，将该子句变换为一个子句的集合，对 PITA(C_r)={PITA(C_r，1)，…，PITA(C_r，n)}，有

$$\begin{aligned}\mathrm{PITA}(C_r,i) = \mathrm{PITA}(h_i,D) \leftarrow \mathrm{PITA}(b_1,\cdots b_m,DD_m),\\ \mathrm{get\_var\_n}(r,S,[\Pi_1,\cdots,\Pi_n],\mathrm{Var}),\mathrm{equality}(\mathrm{Var},i,DD),\\ \mathrm{and}(DD_m,DD,D)\end{aligned}$$

其中 S 是一个包含了出现 $i=1$，…，n 中的所有变量 C_r 的列表。

一个非析取的事实 $C_r=h$ 变换为子句：

$$\mathrm{PITA}(C_r) = \mathrm{PITA}_h(h,D) \leftarrow \mathrm{one}(D)$$

一个析取事实 $C_r = h_1:\Pi_1 \vee \cdots \vee h_n:\Pi_n$ (其中参数的和为 1)变换为子句集：

$$\mathrm{PITA}(C_r) = \{\mathrm{PITA}(C_r,1),\cdots,\mathrm{PITA}(C_r,n)\}$$

且对于，$i=1$，…，n，有

$$\begin{aligned}\mathrm{PITA}(C_r,i) = \mathrm{get\_var\_n}(r,S,[\Pi_1,\cdots,\Pi_n],\mathrm{Var}),\\ \mathrm{equality}(\mathrm{Var},i,DD),\mathrm{and}(DD_m,DD,D)\end{aligned}$$

在参数和不为 1 的情形下，子句首先变换为 null $:1-\sum_1^n \Pi_i \vee h_1:\Pi_1 \vee \cdots \vee h_n:\Pi_n$，然后再变换为上面的子句，其中参数的列表为 $\left[1-\sum_1^n \Pi_i,\Pi_1,\cdots,\Pi_n\right]$，但第 0 个子句(对应于 null 的那个)没有产生。

确定子句 $C_r=h\leftarrow b_1$，b_2，…，b_m 变换为子句：

$$\mathrm{PITA}(C_r) = \mathrm{PITA}(h,D) \leftarrow \mathrm{PITA}(b_1,\cdots,b_m,D)$$

例 68 **(医疗案例-PITA)** 例 67 中 LPAD 的子句 C_1 被转换为：

```
strong_sneezing (X, BDD) ← one(BB0), flu(X, B1),
  and(BB0, B1, BB1),
  get_var_n(1, [X], [0.3, 0.5, 0.2], Var),
  equality(Var, 1, B), and(BB1, B, BDD).
moderate_sneezing (X, BDD) ← one(BB0), flu(X, B1),
  and(BB0, B1, BB1),
  get_var_n(1, [X], [0.3, 0.5, 0.2], Var),
  equality(Var, 2, B), and(BB1, B, BDD).
```

子句 C_3 被翻译为：

$$\text{flu}(\text{david}, BDD) \leftarrow \text{one}(BDD).$$

为了对查询进行回答，使用目标 prob(Goal，P)，其被定义为：

$$\begin{aligned}&\text{prob}(\text{Goal}, P) \leftarrow \text{init}, \text{retractall}(\text{var}(\_, \_, \_)),\\&\quad \text{add\_bdd\_arg}(\text{Goal}, \text{BDD}, \text{GoalBDD}),\\&\quad (\text{call}(\text{GoalBDD}) \rightarrow \text{ret\_prob}(\text{BDD}, P); P = 0.0),\\&\quad \text{end}.\end{aligned}$$

由于变量可能是多值的，因此必须选择带布尔变量的编码。PITA 使用的编码方法与用于将 LPAD 转换为 ProbLog 的编码方法是相同的，见 2.4 节中文献[De Raedt et al.，2008]提出的内容。

考虑一个与子句 C_i 的基例示 θ_j 相关联的变量 X_{ij}，它有 n 个值。我们使用 $n-1$ 个布尔变量对其进行表示：

$$X_{ij1}, \cdots, X_{ijn-1}$$

对 $k=1$，…，$n-1$，我们利用合取式 $\overline{X_{ij1}} \wedge \cdots \wedge \overline{X_{ijk-1}} \wedge X_{ijk}$ 表示等式 $X_{ij}=k$，利用合取式 $\overline{X_{ij1}} \wedge \cdots \wedge \overline{X_{ijn-1}}$ 表示等式 $X_{ij}=n$。式(5.2)中的函数的 BDD 表示如图 5.7 所示。布尔变量与下面的参数相关联：

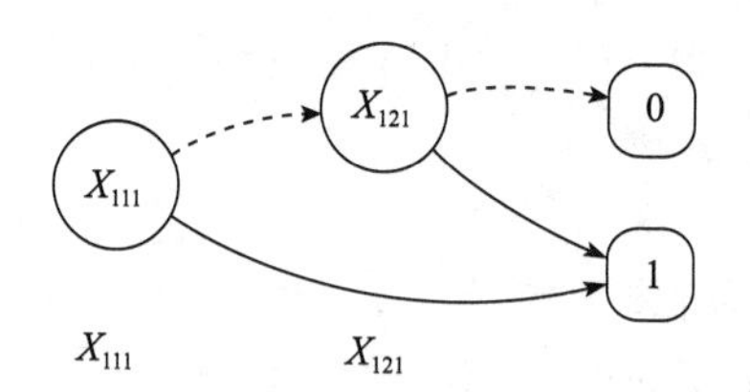

图 5.7 表示式(5.2)中函数的 BDD

$$P(X_{ij1}) = P(X_{ij} = 1)$$

$$\cdots$$

$$P(X_{ijk}) = \frac{P(X_{ij} = k)}{\prod_{l=1}^{k-1}(1 - P(X_{ijk-1}))}$$

PITA 使用嵌合法(见 1.4.2 节)来确保当一个目标被再次查询时，已经计算得到的答案可直接从表中获取，无须重新计算。这节省了时间，因为与在 PRISM 中一样，对不同目标的解释进行了分解。此外，在很多情形下它也避免了无法终止的情况发生。

PITA 也利用了 XSB Prolog 的回答包含(answer subsumption)特征[Swift & Warren，2012]，即当发现针对表格中一个子目标的一个新回答时，根据偏序或格关系将新回答与已有的旧回答结合到一起。

例如，如果一个二元谓词 p 的第二个参数是格结构，可借助以下声明指定回答包含关系：

```
:-table p(_, lattice(or/3)).
```

其中，`or/3` 是格的连接操作。这样，若一个表格中已有一个回答 `p(a, d1)`，且此时推导出一个新回答 `p(a, d2)`，则回答 `p(a, d1)` 被 `p(a, d3)` 代替，其中 `d3` 是通过调用 `or(d1, d2, d3)` 得到的。

在 PITA 中，各个谓词都应被声明为已提交入表格。对一个谓词 `p/n`，其声明为：

```
:-table p(_1,...,_n, lattice(or/3)).
```

它表明了回答包含关系用于构成 BDD 在最后一个参数中的析取式。

最低限度上，目标的谓词和所有出现在否定文字中的谓词都应将回答包含关系填入表格中。

由于存在回答包含关系，对目标 PITA(a，D)的调用会返回到 D 中的一个 BDD 中，该 BDD 表示其所有解释的集合。因此，对一条规则体中的一个负文字 $b=\sim a$ 的变换 PITA(b，

D)，首先调用 PITA(a，DN)。如果调用失败，那么 a 没有任何解释，所以 b 的 BDD 将是一个布尔函数。否则，BDD DN 因 not/2 而被否定。所以一个子句体的变换确保了为计算与头原子相关联的 BDD，需要计算所有文字的 BDD，且要与表示了子句相关选择的 BDD 连接。

如果出现在负文字中的谓词没有被回答包含放入表格中，那么由于对子目标的调用没有收集到所有的解释，此时 PITA 是不正确的。把所有回答有多个解释的谓词放入表格中通常很有用，这些谓词的回答经常会被复用。这样可避免重复计算，且对解释进行了分解。

PITA 最早只能用于 XSB，这是由于它是唯一提供了回答包含关系的 Prolog。近年来，SWI-Prolog 中也引入了回答包含关系，且在 SWI-Prolog 的 cplint 工具包中，PITA 也可应用于 SWI-Prolog。在没有回答包含关系的 Prolog 中，比如 YAP，可使用一个与 PITA 变换略有不同的方法模拟得到回答包含关系，该方法需要显式地调用 findall/3。findall(Template，Goal，Bag)对 Goal 成功的 Template，创建由其基例示构成的一个列表 Bag。比如，findall(X，$p(X)$，Bag)，对于使得 $P(X)$成功的 X，在 Bag 中将返回其值的列表。

可以证明，在不严格的条件下，PITA 是正确且可终止的[Riguzzi & Swift，2013]。

5.7 ProbLog2

ProbLog2 系统[Fietens et al.，2015]是 ProbLog1 的一个新版本(见 5.3 节)，它对于确定可分解否定范式(Derterministic Decomposable Negation Normal Form，d-DNNF)进行知识编译。

ProbLog2 能在 ProbLog 程序上执行 CONDATOMS、EVID 和 MPE 任务，它也允许如下形式的概率内涵事实：

$$\Pi::f(X_1,X_2,\cdots,X_n) \leftarrow \text{Body}$$

这里 Body 是对非概率事实的调用的一个合取，这些事实定义了变量 X_1，X_2，…，X_n 的值域。此外，ProbLog2 允许如下形式的 LPAD 风格的带标注的析取：

$$\Pi_{i1}::h_{i1};\cdots;\Pi_{in_i}::h_{in_i} \leftarrow b_{i1},\cdots,b_{im_i}$$

这等价于如下形式的 LPAD 子句：

$$h_{i1}:\Pi_{i1};\cdots;h_{in_i}:\Pi_{in_i} \leftarrow b_{i1},\cdots,b_{im_i}$$

且借助 2.4 节中方法将它们翻译为概率事实后再进行处理。我们称 ProbLog 语言的这一扩展为 ProbLog2。

例 69 **(警报-ProbLog2[Fierens et al.，2015])** 下面的程序类似于例 10 和例 27 中的警报 BN。

```
0.1 :: burglary.
0.2 :: earthquake.
0.7 :: hears_alarm(X) ← person(X).
alarm ← burglary.
alarm ← earthquake.
calls(X) ← alarm, hears_alarm(X).
person(mary).
person(john).
```

与例 10 和例 27 的警报 BN 的不同之处在于：当听到警报时，两个人可以打电话。◀

ProbLog2 把程序转换为一个加权的布尔公式且执行 WMC。一个加权的布尔公式 $\mathbf{V}=\{V_1, \cdots, V_n\}$ 是与变量集上与加权函数相关联的一个布尔公式 $w(\cdot)$，该加权函数为每个构建在 $\mathbf{V}$ 的文字指派一个实数。对该加权函数进行推广，使得它为每个针对 $\mathbf{V}$ 中变量的赋值指派一个实数 $\omega=\{V_1=v_1, \cdots, V_n=v_n\}$：

$$w(\omega) = \prod_{l \in \omega} w(l)$$

ω 中的每个变量赋值被解释为一个文字。给定加权布尔公式 ϕ，$\mathrm{WMC}_{\mathbf{V}}(\phi)$ 的关于变量集 $\mathbf{V}$ 的加权模型计数定义为

$$\mathrm{WMC}_{\mathbf{V}}(\phi) = \sum_{\omega \in \mathrm{SAT}(\phi)} w(\omega)$$

其中 SAT(ϕ)是满足 ϕ 的赋值集。

ProbLog2 通过三个步骤将程序转换为一个加权公式：

1）对程序 $\mathcal{P}$ 进行基例化将生成一个程序 $\mathcal{P}_g$，为了只处理程序中与给定证据的查询相关的部分，需要考虑 q 和 e。

2）把 $\mathcal{P}_g$ 中的基规则转换为一个等价的布尔公式 ϕ_r。

3）结合证据定义一个权重函数。将一个表示证据的布尔公式 ϕ_r 与 ϕ 结合，从而得到公式 ϕ_e，然后对 ϕ 中所有原子定义一个权重函数。

程序的基例示可被限制为仅包含相关的规则(见 1.3 节)。通过证明在 q、e 中的所有原子，SLD 消解可找到相关的规则。采用嵌合法避免对同一个原子进行两次证明，且在规则是有环的情形下能避免无限循环。当程序的范围受限时，用于 SLD 消解的规则中的所有原子最终都成为基原子，因此规则也成为基规则。

此外，需要将 SLD 消解过程中的闲置规则删去。若一个规则的体包含一个在证据中为假的文字 l(l 可以是一个在 e 中为假的原子，或是一个在 e 中为真的原子的否定)，则称这个基规则是闲置的。闲置规则并不对查询的概率产生影响，因此将它们删去是安全的。

相关的基程序中包含所有求解对应的 EVID、COND 或 MPE 任务所必需的信息。

例 70 **(警报-基例化-ProbLog2[Fierens et al. , 2015])**　若例 69 中 $q=\{\text{burglary}\}$，$e=\text{calls(john)}$，则相关的基程序为：

```
0.1 :: burglary.
0.2 :: earthquake.
0.7 :: hears_alarm(john).
alarm ← burglary.
alarm ← earthquake.
calls(john) ← alarm, hears_alarm(john).
```

相关的基程序被转换为一个等价的布尔公式。这个转换不仅仅是语法上的，因为逻辑程序中有闭世界假设(Closed World Assumption，CWA)，而一阶逻辑中没有。◀

若规则是无环的，则可使用 Clark 完备(见 1.4.1 节)[Lloyd，1987]。若规则是有环的，即它们包含彼此正依赖的原子，则 Clark 完备不正确[Janhunen，2004]。然后可使用两个算法来完成转换。第一个算法[Janhunen，2004]通过引入辅助原子和规则来消除正循环，然后再使用 Clark 完备。第二个算法[Mantadelis & Janssens，2010]首先使用已提交入表的 SLD 消解来构造 atoms(q)∪atoms(e)中所有原子的证明，然后将所有证明收集到一个数据结构(即一个嵌套的尝试集)中，同时跳出循环并构造布尔公式。

例 71 **(吸烟者-ProbLog[Fierens et al. , 2015])**　下面的程序对人们吸烟的原因进行建模——或者是由于压力自发地开始吸烟，或者是受到某个朋友的影响而开始吸烟：

```
0.2 :: stress(P) : −person(P).
0.3 :: influences(P1, P2) : −friend(P1, P2).
person(p1).
person(p2).
person(p3).
friend(p1, p2).
friend(p2, p1).
friend(p1, p3).
smokes(X) : −stress(X).
smokes(X) : −smokes(Y), influences(Y, X).
```

由证据 smokes($p2$)和查询 smokes($p1$)，我们得到下面的基程序：

```
0.2 :: stress(p1).
0.2 :: stress(p2).
0.3 :: influences(p2, p1).
0.3 :: influences(p1, p2).
smokes(p1) : −stress(p1).
smokes(p1) : −smokes(p2), influences(p2, p1).
smokes(p2) : −stress(p2).
smokes(p2) : −smokes(p1), influences(p1, p2).
```

Clark 完备将生成下面的布尔公式：

$$\text{smokes}(p1) \leftrightarrow \text{stress}(p1) \lor \text{smokes}(p2), \text{influences}(p2, p1)$$
$$\text{smokes}(p2) \leftrightarrow \text{stress}(p2) \lor \text{smokes}(p1), \text{influences}(p1, p2)$$

其有一个模型

$$\{\text{smokes}(p1), \text{smokes}(p2), \neg\text{stress}(p1), \neg\text{stress}(p2)$$
$$\text{influences}(p1, p2), \text{influences}(p2, p1), \cdots\}$$

不是 ProbLog 基程序的任何世界的模型，因为对完全选择：

$$\{\neg\text{stress}(p1), \neg\text{stress}(p2), \text{influences}(p1, p2), \text{influences}(p2, p1)\}$$

这个模型对 smokes($p1$)和 smokes($p2$)都赋值为假。

文献[Mantadelis & Janssens，2010]中的转换算法生成以下结果：

$$\text{smokes}(p1) \leftrightarrow \text{aux1} \lor \text{stress}(p2)$$
$$\text{smokes}(p2) \leftrightarrow \text{aux2} \lor \text{stress}(p1)$$
$$\text{aux1} \leftrightarrow \text{smokes}(p2) \land \text{influences}(p2, p1)$$
$$\text{aux2} \leftrightarrow \text{stress}(p1) \land \text{influences}(p1, p2)$$

值得注意的是，原始 ProbLog 程序中 smokes($p1$)和 smokes($p2$)间的环通过在最后的公式中使用 stress($p1$)替换 smokes($p1$)而被打破。 ◀

引理 12(ProbLog 程序变换的正确性) 记 $\mathcal{P}_g$ 是一个 ProbLog 基程序。SAT(ϕ_r) = MOD($\mathcal{P}_g$)，这里 MOD($\mathcal{P}_g$)是 $\mathcal{P}_g$ 的实例的模型集合。

最后的布尔公式 ϕ 从一个对应规则的公式 ϕ_r 开始构建，且对应于证据 ϕ_e 的公式为

$$\phi_e = \bigwedge_{\sim a \in e} \neg a \land \bigwedge_{a \in e} a$$

则 $\phi = \phi_r \land \phi_e$。我们在警报的例子中对此进行说明，其中的规则是无环的。

例 72 (警报-布尔公式- ProbLog2[Fierens et al.，2015]) 在例 70 中，布尔公式 ϕ 为：

$$\text{alarm} \leftrightarrow \text{burglary} \lor \text{earthquake}$$
$$\text{calls(john)} \leftrightarrow \text{alarm} \land \text{hears\_alarm(john)}$$
$$\text{calls(john)}$$

则加权函数 $w(\cdot)$被定义为：对每个概率事实 $\Pi::f$，f 被指派权值 Π，$\neg f$ 被指派权值

$1-\Pi$，所有其他文字被指派权值1。一个世界 ω 的权值为所有在 ω 中的文字的权值的乘积。下面的定理建立起了相关基程序和带权公式之间的关系。◀

定理 13(模型和权值等价[Fierens et al. , 2015]) 记 $\mathcal{P}_g$ 是某些 ProbLog 程序关于 q 和 e 的相关基程序。记 $\text{MOD}_e(\mathcal{P}_g)$ 是 $\text{MOD}(\mathcal{P}_g)$ 中那些与 e 协调的模型。令 ϕ 表示公式，且 $w(\cdot)$ 是从 $\mathcal{P}_g$ 中导出的加权公式的权值函数，则有：

- (模型等价) $\text{SAT}(\phi)=\text{MOD}_e(\mathcal{P}_g)$
- (权值等价) $\forall\omega\in\text{SAT}(\phi):w(\omega)=P_{\mathcal{P}_g}(\omega)$，即由 $w(\cdot)$ 得到的 ω 的权值等于由 $\mathcal{P}_g$ 得到的 ω 的概率。

若 $\mathbf{V}$ 是与 $\mathcal{B}_\mathcal{P}$ 关联的变量集，则 $\text{WMC}_\mathbf{V}(\phi)=P(e)$。若 $\mathbf{V}$ 在上下文中无歧义，可将其删去。因此

$$P(e)=\sum_{\omega\in\text{SAT}(\phi)}\prod_{l\in\omega}w(l)$$

对 WMC 或加权 MAX-AST 使用最先进的算法，可求解 COND、MPE 和 EVID 的推理任务。

通过知识编译，ProbLog2 把 ϕ 转化为一个平滑的 d-DNNF 布尔公式，它依次将 d-DNNF 转换为算术回路，使得 WMC 能在多项式时间完成。一个否定范式(Negation Normal Form，NNF)公式是一个有根的有向无环图，在此图中每个叶子结点上标注一个文字，每个中间结点上标注一个合取式或析取式。平滑 d-DNNF 公式也满足如下性质：

- 可分解性(D)：对每个合取结点，其任意两个孩子结点都不含任何相同的变量。
- 确定性(d)：对每个析取结点，其任意两个孩子结点表示两个逻辑上彼此不协调的公式。
- 平滑性：对每个析取结点，其所有孩子结点都精确地使用同一个变量集。

d-DNNF 的编译器通常从一个合取范式(Conjunctive Normal Form，CNF)开始进行编译。一个 CNF 是一个布尔公式，它是由文字的析取式构成的合取式，即形如：

$$l_{11}\vee\cdots\vee l_{1m_1}\wedge\cdots\wedge l_{n1}\vee\cdots\vee l_{nm_n}$$

其中每个 l_{ij} 是一个文字。从 CNF 到 d-DNNF 的编译器有 c2d[Darwiche，2004]和 DSHARP[Muise et al. , 2012]。例 72 的公式被转换为图 5.8 中的 d-DNNF。

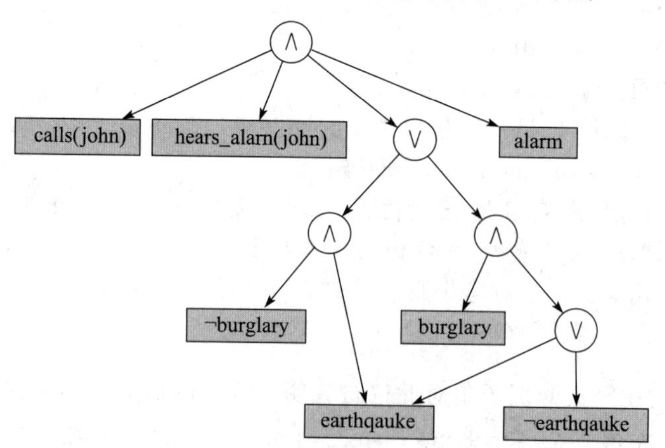

图 5.8　例 72 中公式的 d-DNNF[Fierens et al. , 2015]

从一个 d-DNNF 到一个算术回路的转换包含两个步骤[Darwiche，2009]：首先将合取替换为乘积运算，析取替换为求和运算，然后将每个标注了文字 l 的叶子结点替换为一棵子树 l，该子树上包括一个带两个孩子的乘积结点，一个带 l 的布尔型指示变量 $\lambda(l)$ 的叶

子结点，以及一个带 l 的权值的叶子结点。图 5.9 给出了警报例子中的回路。这一变换等价于将 WMC 公式转换为

$$\mathrm{WMC}(\phi)=\sum_{\omega\in \mathrm{SAT}(\phi)}\prod_{l\in\omega}w(l)\lambda(l)=\sum_{\omega\in \mathrm{SAT}(\phi)}\prod_{l\in\omega}w(l)\prod_{l\in\omega}\lambda(l)$$

给定算术回路，在将所有指示变量赋值为 1 后，自底向上对回路进行求解，则可计算得到 WMC。对根结点计算得到的值 f，正是证据的概率，然后由此求解 EVID。图 5.9 给出了对每个结点计算得到的值：根结点值为 0.196，是证据的概率。

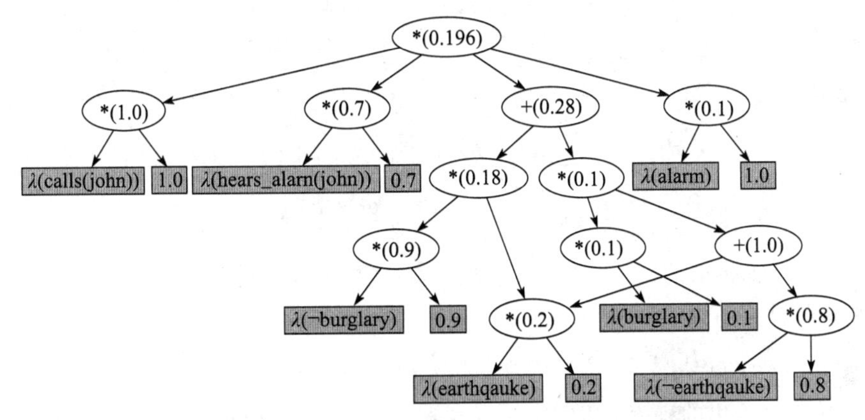

图 5.9　图 5.8 中 d-DNNF 的算术回路[Fierens et al.，2015]

由算术回路计算任何证据的概率是可能的，只要该证据是由原始证据扩展得到。要计算文字 l_1，…，l_n 的任意合取式的概率 $P(e, l_1, \cdots, l_n)$，只需设置指示变量 $\lambda(l_i)=1$，$\lambda(\neg l_i)=0(\neg\neg a=a)$，对其他文字则有 $\lambda(l)=1$，然后对回路进行计算。事实上，根结点的值 $f(l_1\cdots l_n)$ 为

$$\begin{aligned}f(l_1\cdots l_n)&=\sum_{\omega\in \mathrm{SAT}(\phi)}\prod_{l\in\omega}w(l)\prod_{l\in\omega}\begin{cases}1 & \{l_1\cdots l_n\}\subseteq\omega\\ 0 & \text{其他}\end{cases}\\ &=\sum_{\omega\in \mathrm{SAT}(\phi),\{l_1\cdots l_n\}\subseteq\omega}\prod_{l\in\omega}w(l)=P(e,l_1\cdots l_n)\end{aligned}$$

因此，理论上可以只对公式 ϕ_r 构建回路，因为任何证据集的概率都可计算得到。但是，证据的公式通常简化了编译过程和所得到的回路。

为计算 CONDATOMS，我们有一原子集 Q 和证据 e，需要对任意 $q\in Q$ 计算 $P(q|e)$。考虑条件概率的定义，$P(q|e)=\dfrac{P(q, e)}{P(e)}$，通过对 Q 中所有原子计算证据 q，e 的概率，COND 即能解出。但是，考虑对一个原子 q 的偏导数 $\dfrac{\partial f}{\partial\lambda_q}$：

$$\frac{\partial f}{\partial\lambda_q}=\sum_{\omega\in \mathrm{SAT}(\phi),q\in\omega}\prod_{l\in\omega}w(l)\prod_{l\in\omega,l\neq q}\lambda(l)=\sum_{\omega\in \mathrm{SAT}(\phi),q\in\omega}\prod_{l\in\omega}w(l)=P(e,q)$$

若我们对所有的指示变量 $\lambda(q)$ 计算 f 的偏导数，可得到所有原子 q 的 $P(q, e)$。求解此问题需要对回路进行两次遍历，一次自底向上，另一次自顶向下，参见文献[Darwiche，2009]。该算法计算每个结点 n 的值 $v(n)$ 和根结点 r 的值关于 n 的导数值 $d(n)$，即 $d(n)=\dfrac{\partial v(r)}{\partial v(n)}$。通过自底向上遍历回路并在每个结点对回路求值，可计算得到 $v(n)$。计算 $d(n)$ 则是通过观测到 $d(r)=1$，然后借助演算的规则链进行，对任意双亲为 p 的非根结点 n，有

$$d(n)=\sum_{p}\frac{\partial v(r)}{\partial v(p)}\frac{\partial v(p)}{\partial v(n)}=\sum_{p}d(p)\frac{\partial v(p)}{\partial v(n)}$$

若双亲 p 是一个乘积结点，且由 n' 指明了其孩子结点：

$$\frac{\partial v(p)}{\partial v(n)}=\frac{\partial v(n)\prod_{n'\neq n}v(n')}{\partial v(n)}=\prod_{n'\neq n}v(n')$$

若双亲 p 是一个求和结点，且由 n' 指明了其孩子结点：

$$\frac{\partial v(p)}{\partial v(n)}=\frac{\partial v(n)+\sum_{n'\neq n}v(n')}{\partial v(n)}=1$$

因此，如果我们用 $+p$ 表示 n 的求和双亲结点，用 $*p$ 表示 n 的乘积双亲结点，则

$$d(n)=\sum_{+p}d(+p)+\sum_{*p}d(*p)\prod_{n'\neq n}v(n')$$

此外，若 $v(n)\neq 0$，则 $\frac{\partial v(*p)}{\partial v(n)}$ 可通过 $\frac{\partial v(*p)}{\partial v(n)}=\frac{v(*p)}{v(n)}$ 计算。若所有的指示变量都设置为1(如计算 f 时所要求的)，且若没有参数为0(这是可以假设的，因为若非如此，公式可简化)，那么对所有结点 $v(n)\neq 0$，且

$$d(n)=\sum_{+p}d(+p)+\sum_{*p}d(*p)v(*p)/v(n)$$

这引出了算法5中给出的程序CIRCP，它是文献[Darwiche，2009]中对所有结点 $v(n)\neq 0$ 情形下的简化版本。若对 f 在附加证据下求值，则 $v(n)$ 可能为0(参见前面 $f(l_1\cdots l_n)$)，在这种情形下，必须使用文献[Darwiche，2009]来处理此类问题，且更加复杂一些。

算法5　CIRCP过程：回路结点的值及导数的计算

```
1: procedure CIRCP(circuit)
2:   assign values to leaves
3:   for all non-leaf node n with children c(visit children before parents) do
4:     if n is an addition node then
5:       v(n) ← Σ_c v(c)
6:     else
7:       v(n) ← Π_c v(c)
8:     end if
9:   end for
10:  d(r)←1, d(n)=0 for all non-root nodes
11:  for all non-root node n(visit parents before children)do
12:    for all parents p of n do
13:      if p is an addition parent then
14:        d(n)=d(n)+d(p)
15:      else
16:        d(n)←d(n)+d(p)v(p)/v(n)
17:      end if
18:    end for
19:  end for
20: end procedure
```

ProbLog2 也可对 BDD 进行编译。在这种情形下，可用算法 4 执行 EVID 和 COND。事实上，算法 4 在 BDD 上执行 WMC。通过观察，BDD 是满足决策和排序的性质的 d-DNNF，可以看出这一点[Darwiche，2004]。一个 d-DNNF 满足决策性质，当且仅当根结点是一个决策结点，即为一个标注了 0，1 的结点，或为如下子树：

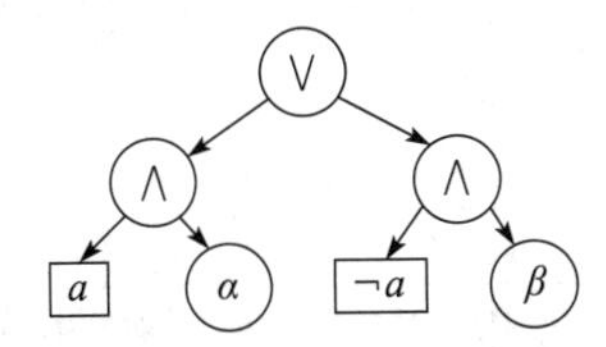

其中 a 是一个变量，且 α 和 β 是决策结点。a 称为决策变量。若决策变量以相同的顺序出现在根到叶子结点的任意路径中，则一个满足决策性质的 d-DNNF 也满足排序性质。一个满足决策和排序性质的 d-DNNF 是一个 BBD。正如我们已看到的一样，一个满足决策和排序性质的 d-DNNF 与一个 BBD 看起来可能会有一些不同，但是，若将前述形式的每个决策结点替换为如下形式：

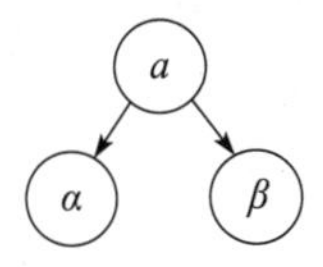

就得到一个 BDD。

例如，图 5.8 中的 d-DNNF 并不满足决策和排序的性质。但是，可用图 5.10 的 BDD 对相同的布尔公式进行表示，且可利用前述等价性将其转换为一个 d-DNNF。算法 4 用于计算一个 BDD 的概率，它等价于对算术回路的求解，这可通过把 BDD 视为一个 d-DNNF 得到。

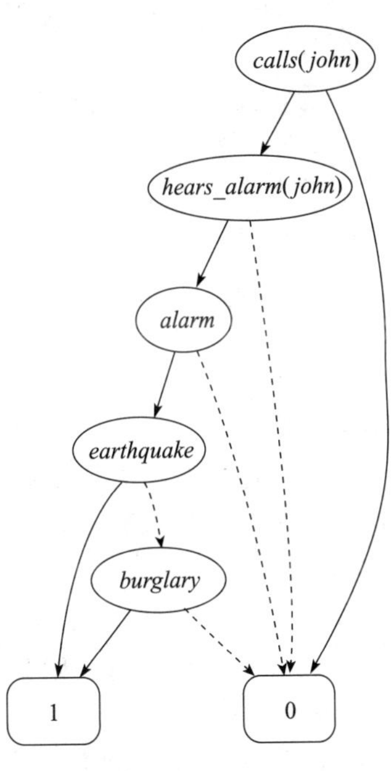

图 5.10 例 72 中公式的 BDD

最近，ProbLog2 已经可以把布尔函数编译为句子决策图(Sentential Decision Diagram，SDD)[Vlasselaer et al.，2014；Dries et al.，2015]。例 72 中公式的一个 SDD 如图 5.11 所示。

一个 SDD[Darwiche，2011]包含两类结点：决策结点，表示为圆；元素，表示为成对的方框。元素是决策结点的孩子结点，且在一个元素中的每个方框可以包含一个指向一个决策结点或终端结点的指针。终端结点要么是一个文字，要么是常数 0 或 1。在一个元素(p，s)中，p 称为一个主元，s 称为一个子元。一个带孩子结点(p_1，s_1)，…，(p_n，s_n)的决策结点代表函数$(p_1 \wedge s_1) \vee \cdots \vee (p_n \wedge s_n)$。主元 p_1，…，p_n 必须构成一个划分：$i \neq j$($p_i \neq 0$，$p_i \wedge p_j = 0$)且 $p_1 \vee \cdots \vee p_n = 1$。

一个 vtree 是一个满二叉树，该树的叶子与公式中的变量是一一对应的。每个 SDD 对某一 vtree 是归一化的。图 5.11 的 SDD 对图 5.12 中显示的 vtree，是归一化的。每个 SDD 结点对某一 vtree 结点都是归一化的。SDD 的根结点对 vtree 的根结点是归一化的。终端结点对 vtree 的叶子结点是归一化的。若一个决策结点对一个 vtree 结点 v 是归一化的，则它的主元对 v 的左孩子结点是归一化的，且它的次元对 v 的右孩子结点是归一化的。

这样，同一决策结点的主元和次元不含相同的变量。只要一个 vtree 是固定的，则一个布尔公式的 SDD 就是唯一的。在图 5.11 中，决策结点标注为它们对应的归一化的 vtree 结点。

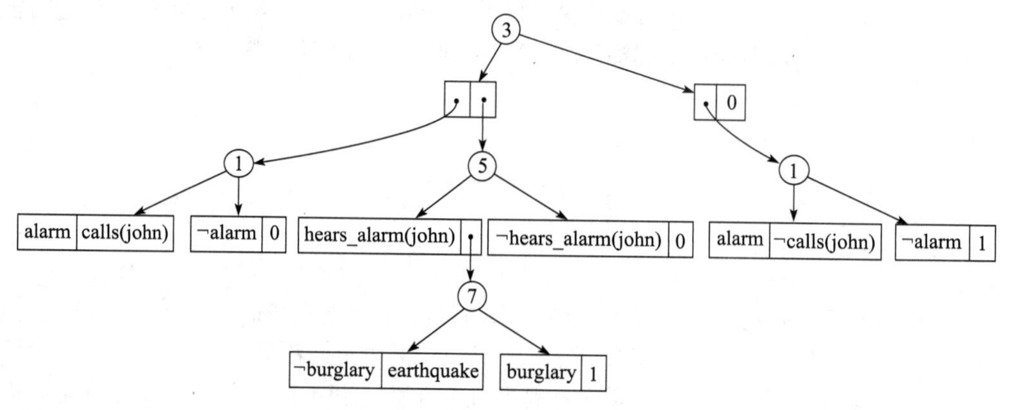

图 5.11 例 72 中公式的 SDD

SDD 是 d-DNNF 的特殊情况：若将圆形结点替换为 or 结点，将成对的方框替换为 and 结点，则可得到一个 d-DNNF。SDD 满足关于 d-DNNF 的两个附加性质：结构化可分解性与强确定性。

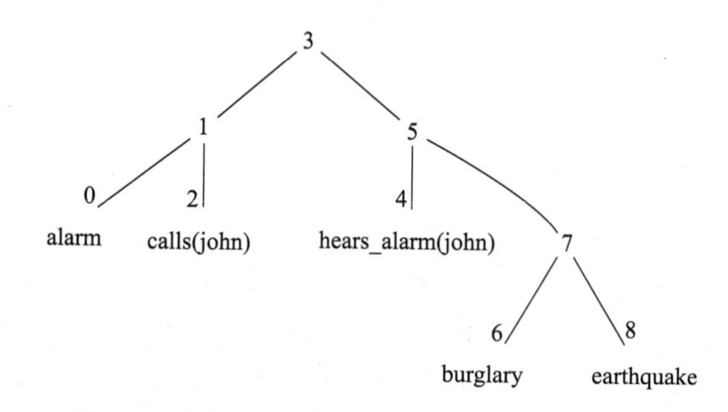

图 5.12 图 5.11 的 SDD 对应其为归一化的 vtree

为定义结构化可分解性，考虑一个 d-DNNF δ，为不失一般性，假设所有的合取式都是二元的。若对 δ 中每一合取式 $\alpha \wedge \beta$，在一个 vtree V 中都有一个结点，使得 $\text{vars}(\alpha) \subseteq \text{vars}(v_l)$ 和 $\text{vars}(\beta) \subseteq \text{vars}(v_r)$，则说 δ 遵循一个 vtree V，其中 v_l 和 v_r 分别是 v 的左孩子结点和右孩子结点，$\text{vars}(\alpha)$ 是出现在根为 α 的子图中的变量集，$\text{vars}(v)$ 是出现在根为 v 的子树中的变量集。若 δ 满足某个 vtree，则它具有结构化可分解性。

强确定性不仅要求 or 结点的孩子结点两两不协调，且要求它们构成一个强确定的分解。对非交叠变量 $\boldsymbol{X}$ 和 $\boldsymbol{Y}$ 上的一个函数 $f(\boldsymbol{X}, \boldsymbol{Y})$，其 $(\boldsymbol{X}, \boldsymbol{Y})$ 分解是一个集合 $\{(p_1, s_1), \cdots, (p_n, s_n)\}$，使得：

$$f = p_1(\boldsymbol{X}) \wedge s_1(\boldsymbol{Y}) \vee \cdots \vee p_n(\boldsymbol{X}) \wedge s_n(\boldsymbol{Y})$$

若对 $p_i \wedge p_j = 0 (i \neq j)$，则分解性称为**强确定的**。若每个 or 结点是一个强确定的分解，则一个 d-DNNF 是强确定的。

BDD 是 SDD 的特例，其中的分解都是香农分解：公式 f 被分解为 $\{(X, f^X), (\neg X, f^{\neg X})\}$。SDD 按以下方式对 BDD 进行扩展：基于主元的值考虑非二元的决策，且考虑用 vtree 而不是线性变量的顺序。

在 ProbLog2 中，用户可以选择是使用 d-DNNF 还是 SDD。编译语言的选择依赖于简洁性和易处理性之间的权衡。一旦一个知识库被编译，其大小就决定了系统的简洁性。易处理性的强弱取决于能在多项式时间中完成的运算的集合。一个表示方式越易处理，其简洁性就越弱。

一门语言至少和另一门语言具有相同的简洁性，是指对后者的每一个语句，在前者中都存在一个与之等价的，且时间复杂度比多项式时间更小的语句。对 BDD、SDD 和 d-DNNF 的简洁性的排序是

$$\text{d-DNNF} < \text{SDD} \leqslant \text{BDD}$$

这意味着 d-DNNF 是比 BDD 简洁的，SDD 则至少和 BDD 一样简洁(SDD<BDD 是否成立一直是一个开放问题)。由于 SDD⩽̸d-DNNF，因此存在公式满足：其最小 SDD 表示的规模减去 d-DNNF 表示的规模的差值是指数级别的。

我们讨论易处理性时需要考虑那些在概率推理中有用的运算，即否定、合取、析取和模型计数。表 5.1 中总结了我们讨论的各种语言的情形。

表 5.1 操作的易处理性。“?”表示“未知”，“√”表示“易处理的”，“○”表示“不易处理，除非 P=NP”。运算中含数个受限的算子，BDD 算子应有相同的变量顺序，SDD 有相同的 vtree[Vlasselaer et al.，2014])

语言	非	合取	析取	模型计数
d-DNNF	?	○	○	√
SDD	√	√	√	√
BDD	√	√	√	√

SDD 和 BDD 支持易处理的布尔组合运算符。这意味着可从无环的基程序开始自底向上对它们进行构建，类似于 ProbLog1 或 PITA 的做法。d-DNNF 编译器则要求公式为 CNF 形式。将规则的 Clark 完备转换为 CNF 会对每条规则引入一个新的辅助变量，该规则的体中含一个以上的文字。这就增加了编译过程的计算代价。

SDD 和 BDD 另一个优势在于它们支持最小化：通过修改变量的顺序或 vtree，可以减小它们的大小。d-DNNF 不支持最小化，因此其回路的规模可能大于实际所需。

相对于 d-DNNF 和 SDD，BDD 的不足之处在于它们有很糟糕的尺寸上限，而 d-DNNF 和 SDDs 的上限是相同的[Razgon，2014]。

实验对比也证实了这一点，同时也显示相比于 BDD，d-DNNF 能进行更快的推理[Fierens et al.，2015]，SDD 又能进行比 d-DNNF 更快的推理[Vlasselaer et al.，2014]。

ProbLog2 系统的使用有 3 种方式。在线使用方式的链接为 http://dtai.cs.kuleuven.be/problog/，用户只需使用网页浏览器就可进入系统求解 ProbLog 问题。

ProbLog2 也可以像 Python 程序一样以命令行方式运行。在这种情形下，用户可完全控制系统设置，与资源有限的在线版本相比，用户可使用全部机器资源。

ProbLog2 也可作为一个函数库供 Python 调用，用于构建和查询概率 ProbLog 模型。

5.8 T_P 编译

前述推理算法的工作过程是后向的，从查询到概率选择进行推理。T_P 编译[Vlasselaer et al.，2015，2016]是一种在 ProbLog 中执行概率推理的前向推理方法。特别地，它基于算子 T_{C_P}(逻辑程序的算子 T_P 的一个推广)，在参数化解释上进行推理。我们已在 3.2 节遇到一种参数化解释，其每个原子与一个复合选择集相关联。文献[Vlasselaer et al.，2016]中的参数化解释把基原子关联到由表示概率基事实的文字构建的布尔公式。

定义 34(参数化解释[Vlasselaer et al.，2015，2016]) 一个带概率事实 $\mathcal{F}$ 和原子 $\mathcal{B}_\mathcal{P}$ 的基概率逻辑程序 $\mathcal{P}$ 的一个参数化的解释 $\mathcal{I}$ 是一个元组(a, λ_a)的集合，其中，$a \in \mathcal{B}_\mathcal{P}$ 且 λ_a 是一个在 $\mathcal{F}$ 上的命题公式，表示在 $\mathcal{F}$ 上解释 a 为真。

T_{C_P}算子以一个参数化解释作为输入，应用规则一次得到另一个参数化解释。

定义 35（T_{C_P} 运算[Vlasselaer et al.，2015，2016]） 记$\mathcal{P}$是一个带概率事实$\mathcal{F}$和原子$\mathcal{B}_\mathcal{P}$的基概率逻辑程序，$\mathcal{I}$是一个带元组(a, λ_a)的参数化解释，则算子T_{C_P}是$T_{C_P}(\mathcal{I})=\{(a, \lambda_a) \mid a \in \mathcal{B}_\mathcal{P}\}$，其中

$$\lambda'_a = \begin{cases} a & a \in \mathcal{F} \\ \bigvee_{a \leftarrow b_1, \cdots, b_n, \sim c_1, \cdots, \sim c_m \in \mathcal{R}} (\lambda_{b_1} \wedge \cdots \wedge \lambda_{b_n} \wedge \neg \lambda_{c_1} \wedge \cdots \wedge \neg \lambda_{c_m}) & a \in \mathcal{B}_\mathcal{P} \setminus \mathcal{F} \end{cases}$$

T_{C_P}的序数幂从$\{(a, 0) \mid a \in \mathcal{B}_\mathcal{P}\}$开始。不动点的概念必须以语义的方式定义，而不是通过语法来定义。

定义 36（T_{C_P} 的不动点[Vlasselaer et al.，2015，2016]） 一个参数化解释$\mathcal{I}$是T_{C_P}算子的一个不动点，当且仅当对所有的$a \in \mathcal{B}_\mathcal{P}$，有$\lambda_a \equiv \lambda'_a$，其中$\lambda_a$和$\lambda'_a$分别是在$\mathcal{I}$和$T_{C_P}(\mathcal{I})$中$a$的公式。

Vlasselaer 等人[2016]证明了对确定的程序，T_{C_P}有一个最小不动点$\text{lfp}(T_{C_P})=\{(a, \lambda_a^\infty) \mid a \in \mathcal{B}_\mathcal{P}\}$其中$\lambda_a^\infty$精确地描述了$a$为真的所有可能世界，且可通过 WMC 计算每个原子的概率，即$P(a)=\text{WMC}(\lambda_a^\infty)$。

给定证据e，一个原子查询q的概率可用下面的式子计算：

$$P(q \mid e) = \frac{\text{WMC}(\lambda_q \wedge \lambda_e)}{\text{WMC}(\lambda_e)}$$

其中$\lambda_e = \bigwedge_{e_i \in e} \lambda_{e_i}$。

通过逐层迭代T_{C_P}运算，也可将本方法应用于分层的正规逻辑模型：依次对每层考虑规则的使用，则可计算得到T_{C_P}的不动点。

因此，为了对一个 ProbLog 程序$\mathcal{P}$执行精确推理，T_{C_P}算子应当逐层迭代，直到在每层到达不动点。在最后一层迭代完成后，得到的参数化解释随后可用于执行 COND 和 EVID 任务。

Vlasselaer 等人[2016]的算法利用 SDD 表示解释中的公式。因此T_{C_P}定义中的布尔公式λ_a被 SDD 结构Λ_a代替。由于否定、合取与析取对 SDD 非常有效，因此T_{C_P}的应用也非常有效。

此外，T_{C_P}算子可以以每次处理一个原子的粒状方式使用，这对于在近似推理中选择更有效的求值策略是非常有用的，参见 7.9 节。$T_{C_P}(a, \mathcal{I})$算子仅仅考虑a在头部的规则，且只对公式λ_a进行更新。因此T_{C_P}的使用被修正为：

1）选择一个原子$a \in \mathcal{B}_\mathcal{P}$。

2）计算$T_{C_P}(a, \mathcal{I})$。

Vlasselaer 等人[2016]展示了在步骤 1 中，若每个原子被频繁地选择，则只要这个算子仍然是逐层应用于正规逻辑程序的，那么就可得到和朴素算法相同的不动点$\text{lfp}(T_{C_P})$。

T_P编译器也可用于程序有更新时的推理，这时程序中可能会添加或删除（基）事实和规则。对确定程序，之前的编译结果可被重用以计算新的不动点。此外，T_P编译可用于动态模型，其中每个原子都有一个参数，该参数表示原子为真时的时间点。在这种情形下，规则表示在一个时间步骤中一个原子对同一时间步骤或前一个时间步骤中其他原子的依赖。T_P编译器的扩展功能可用于过滤，即给定直到时刻t的证据，计算一个查询在时刻t的概率。

文献[Vlasselaer et al.，2016]中的实验显示了T_P编译与带 d-DNNF 和 BDD 的 ProbLog2 的对比结果。

5.9 PITA 中的建模假设

让我们先回顾 PRISM 的建模假设：

1) 合取式(A，B)的概率等于 A 与 B 的概率的乘积(独立-与假设)。

2) 析取式(A；B)的概率等于 A 与 B 的概率的和(互斥-或假设)。

利用解释可对这些假设进行更为形式化的陈述。给定一个解释 κ，令 $\mathrm{RV}(\kappa)=\{C_i\theta_j \mid (C_i, \theta_j, k)\in\kappa\}$。给定解释 K 的一个集合，记 $\mathrm{RV}(K)=\bigcup_{\kappa\in K}\mathrm{RV}(\kappa)$。若 $\mathrm{RV}(K_1)\cap\mathrm{RV}(K_2)=\varnothing$，则两个解释集合 K_1 和 K_2 是独立的；若 $\forall\kappa_1\in K_1$，$\forall\kappa_2\in K_2$，κ_1 和 κ_2 是互不相容的，则 K_1 和 K_2 是互斥的。

独立-与假设意味着在对一个目标推导其解释的一个覆盖集时，一个子句体中的两个基子目标的解释覆盖集 K_i 和 K_j 是独立的。

互斥-或假设意味着对一个目标推导其解释的一个覆盖集时，来自两个不同基子句的一个基子目标 h 的解释集 K_i 和 K_j 是互斥的。这就是说原子 h 是由有互斥的体的子句推导得到的，即它们的体在任何世界中都不会同时为真。

PRISM 系统[Sato & Kameya，1997]和 PITA(IND，EXC)[Riguzzi & Swift，2011]利用这些假设来加速计算。事实上，这些假设使得概率的计算"truth-functional"[Gerla，2001](两个命题的合取/析取的概率仅仅依赖于那些命题的概率)，而在一般情形下，这是假的。PITA(IND，EXC)与 PITA 的不同点在于：谓词 one/1，zero/1，not/2，and/3，or/3 和 equality/4 的定义在概率 P 上可用，而在 BDD 上不可用。它们的定义为：

```
zero(0).
one(1).
not(A, B) ← B is 1 − A.
and(A, B, C) ← C is A ∗ B.
or(A, B, C) ← C is A + B.
equality(V, _N, P, P).
```

此时一个程序并不满足互斥-或假设，可能满足的是下面的假设：

3) 计算析取式(A；B)的概率时，认为 A 与 B 是独立的(独立-或假设)。

这意味着当对一个目标推导其解释的一个覆盖集时，来自两个不同基子句的一个基子目标 h 的两个解释集 K_i 和 K_j 是独立的。若 A 与 B 是独立的，则由概率论规则或计算它们的析取式的概率

$$P(A\vee B)=P(A)+P(B)-P(A\wedge B)=P(A)+P(B)-P(A)P(B)$$

来将谓词 or/3 变为

$$\mathrm{or}(A,B,P)\leftarrow P\ \mathrm{is}\ A+B-A*B$$

PITA(IND，EXC)可用于遵循这一假设的程序，所得结果为 PITA(IND，IND)。

文字的合取式的互斥性假设意味着该合取式在任何世界中都不为真，因此其概率为 0，所以考虑一个 PITA(EXC，_)是没有意义的。

下面的程序：

```
path(Node, Node).
path(Source, Target) : 0.3 ← edge(Source, Node),
  path(Node, Target).
edge(0, 1) : 0.3.
...
```

依赖于图的结构，满足独立-与和独立-或假设。例如，图5.13a与图5.13b遵循查询path(0，1)的假设。也可得到规模递增的相似图[Bragaglia & Riguzzi，2011]。我们称第一种类型的图为“跑道”图，第二种类型的图为“分支”图。图5.13c这种类型的图称为“降落伞”图，它对于查询path(0，1)仅仅满足独立-与假设条件。

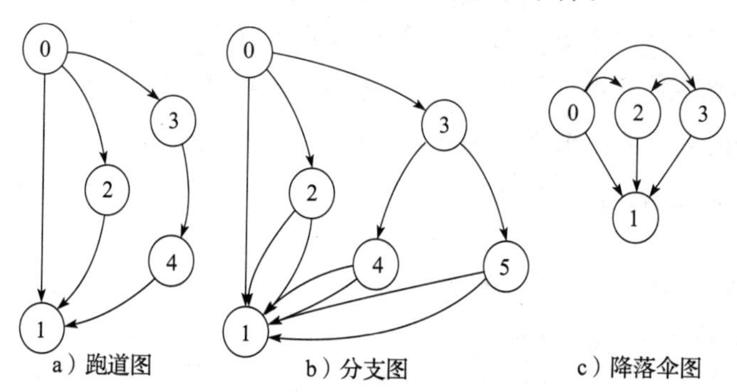

图5.13　满足各假设的图例[Bragaglia and Riguzzi，2011]

所有3种类型的图都遵循独立-与假设，这是因为当推导目标path(0，1)时，路径是递增构建的：从结点0开始，每次用path/2定义的第二个子句添加一条边。由于所添加的边没有出现在路径的其他位置，所以遵循假设条件。

跑道图和分支图遵循独立-或假设，这是因为当推导目标path(0，1)时，第二条路径子句的基例示的头部含path(i，1)，且产生了形如(C_2，{Source/i，Target/1，Node/j}，1)的原子选择。

对路径中的每个事实edge(i，j)：0.3，path(i，1)的解释也包含原子选择($e_{i,j}$，∅，1)。每个解释对应于一条路径。在跑道图中，除0和1外的每个结点都在一条单一的路径上，所以path(i，1)的解释没有共同的随机变量。在分支图中，path(i，1)的每个解释依赖于一个不相交的边集。在降落伞图中，上述情况是不正确的，例如，从2到1的路径与路径3，2，1都包含从2到1的边。

下面的程序满足独立-与和独立-或假设：

```
sametitle(A, B) : 0.3 ←
  haswordtitle(A, word_10),
  haswordtitle(B, word_10).
sametitle(A, B) : 0.3 ←
  haswordtitle(A, word_1321),
  haswordtitle(B, word_1321).
...
```

该程序计算以下事件的概率：两个不同引用的标题基于在各自标题中的单词是相同的。其中的点代表与上面所列子句不同的子句。haswordtitle/2谓词由一组特定事实定义。这就是在Cora数据库[Singla & Domingos，2005]中消除歧义时引用的程序片段。对于查询

sametitle(tit1,tit2)

程序满足独立-与假设，因为

haswordtitle/2

是确定的。它满足独立-或的假设，因为sametitle/2的每个子句定义了一个不同的随机变量。

5.9.1 PITA(OPT)

PITA(OPT)[Riguzzi，2014]不同于PITA，因为它在应用BDD逻辑运算前检查假设的真值。如果假设成立，则使用简化的概率计算。

在PITA(OPT)中用于存储概率信息的数据结构是couples(P，T)，其中P是代表概率的实数，T是由函子zero/0，one/0，c/2，or/2，and/2，not/1和整数构成的一个项。若T是一个整数，则它代表一个指向BDD根结点的指针。若T不是一个整数，则它代表一个布尔表达式，其中的项形如zero，one，c(var，val)等，且整数代表初始情形：c(var，val)表示等式var=val，整数则表示一个BDD。按此方法，我们能借助一个BDD，一个Prolog项，或它们的组合来表示布尔公式。

例如，or(0x94ba008，and(c(1，1)，not(c(2，3))))代表表达式$B \vee (X_1=1 \wedge \neg(X_2=3)$)，其中$B$是由BDD表示的布尔函数，该BDD的根结点在内存中地址为Prolog中十六进制的整数0x94ba008。

PITA(OPT)与PITA对于zero/1，one/1，not/2，and/3，or/3和equality/4的定义也不同，这些谓词现可用于couples(P，T)，而不可用于BDD。equality/4定义为

$$\text{equality}(V,N,P(P,c(V,N)))$$

谓词one/1和zero/1定义为

$$\text{zero}((0,\text{zero}))$$
$$\text{one}((1,\text{one}))$$

谓词or/3和and/3首先检查它们的输入变量是否是指向一个BDD的一个整数。如果是，则把其他的输入参数转换为BDD，且使用库函数bdd_ind($B1$，$B2$，I)检查独立性。这个函数是用C实现的，且使用CUDD函数Cudd_SupportIndex，该函数返回一个数组，指明哪个变量出现在一个BDD中(支撑变量)。bdd_ind($B1$，$B2$，I)检查$B1$和$B2$的支撑集合间是否有交集，且若交集为空则返回$I=1$。若这两个BDD是相互独立的，则使用一个公式计算结果概率值，且返回一个复合的项。

若or/3和and/3的输入变量没有一个是BDD，则这些谓词检查独立-与或互斥-或假设是否成立。若成立，它们使用一个公式更新概率值，且返回一个复合的项。若不成立，它们把项转换为BDD，应用相应的运算，返回结果BDD及它表示的概率。or/3和and/3的代码分别如图5.14和图5.15所示，其中BDD间的布尔运算带前缀bdd_。

```
or((PA,TA),(PB,TB),(PC,TC)) ←
  ((integer(TA); integer(TB)) →
    ev(TA,BA), ev(TB,BB),
    bdd_ind(BA,BB,I),
    (I = 1 →
      PC is PA + PB − PA * PB,
      TC = or(BA,BB)
    ;
      bdd_or(BA,BB,TC), ret_prob(TC,PC)
    )
  ;
    (ind(TA,TB) →
      PC is PA + PB − PA * PB,
      TC = or(BA,BB)
    ;
      (exc(TA,TB) →
        PC is PA + PB,
        TC = or(BA,BB)
      ;
        ev(TA,BA), ev(TB,BB),
        bdd_or(BA,BB,TC), ret_prob(TC,PC)
      )
    )
  ).
```

图5.14　PITA(OPT)的谓词or/3的代码

在这些谓词的定义中，ev/2计算一个项的值并返回一个BDD。在and/3中，在进行第一次bdd_and/3运算后，做了一个测试，检查结果BDD是否表示常量0。如果是，则推导失败，这一分支贡献0概率。这些谓词保证了一旦构建了一个BDD，它可用于下面的运算，避免对项的操作，并尽可能利用已执行的操作所得的结果。

```
and((PA,TA),(PB,TB),(PC,TC)) ←
  ((integer(TA); integer(TB)) →
    ev(TA,BA), ev(TB,BB),
    bdd_ind(A,BB,I),
    (I = 1 →
      PC is PA * PB,
      TC = and(BA,BB)
    ;
      bdd_and(BA,BB,TC), ret_prob(TC,PC)
      (bdd_zero(TC) →
        fail
      ;
        true
      )
    )
  ;
    (ind(TA,TB) →
      PC is PA * PB,
      TC = and(BA,BB)
    ;
      (exc(TA,TB) →
        fail
      ;
        ev(TA,BA), ev(TB,BB),
        bdd_and(BA,BB,TC), ret_prob(TC,PC)
      )
    )
  ).
```

图 5.15　PITA(OPT)的谓词 and/3 的代码

谓词 not/2 非常简单，它对概率进行了补充，且返回一个新的项：

$$\text{not}((P,B),(P1,\text{not}(B))) \leftarrow P1 \text{ is } 1-P$$

谓词 exc/2 用一个贯穿项结构的递归检查两个项的互斥性，参见图 5.16。

```
exc(zero,_) ←!.
exc(_,zero) ←!.
exc(c(V,N),c(V,N1)) ←!, N\ = N1.
exc(c(V,N),or(X,Y)) ←!, exc(c(V,N),X),
  exc(c(V,N),Y).
exc(c(V,N),and(X,Y)) ←!, (exc(c(V,N),X);
  exc(c(V,N),Y)).
exc(or(A,B),or(X,Y)) ←!, exc(A,X), exc(A,Y),
  exc(B,X), exc(B,Y).
exc(or(A,B),and(X,Y)) ←!, (exc(A,X); exc(A,Y)),
  (exc(B,X); exc(B,Y)).
exc(and(A,B),and(X,Y)) ←!, exc(A,X); exc(A,Y);
  exc(B,X); exc(B,Y).
exc(and(A,B),or(X,Y)) ←!, (exc(A,X); exc(B,X)),
  (exc(A,Y); exc(B,Y)).
exc(not(A),A) ←!.
exc(not(A),and(X,Y)) ←!, exc(not(A),X);
  exc(not(A),Y).
exc(not(A),or(X,Y)) ←!, exc(not(A),X),
  exc(not(A),Y).
exc(A,or(X,Y)) ←!, exc(A,X), exc(A,Y).
exc(A,and(X,Y)) ← exc(A,X); exc(A,Y).
```

图 5.16　PITA(OPT)中谓词 exc/2 的代码

例如，目标

$$\text{exc}(\text{or}(c(1,1),c(2,1)),\text{and}(c(1,2),c(2,2)))$$

与第7个子句匹配，且调用子目标：

exc(c(1,1),c(1,2)),exc(c(1,1),c(2,2)),exc(c(2,1),c(1,2)),exc(c(2,1),c(2,2))

在前两个调用中，exc(c(1，1)，c(1，2)成功，因此满足子句体中的第一个合取项。在后两个调用中，exc(c(2，1)，c(2，2))成功，因此满足子句体中的第二个合取项，并且证明了目标。

谓词ind/2检查了两个项之间的独立性。它访问第一个项的结构，直到它达到一个原子选择。然后使用谓词absent/2检查第二个项中的变量是否缺失。ind/2和absent/2的代码如图5.17所示。例如，目标

```
ind(one,_) ←!.
ind(zero,_) ←!.
ind(_,one) ←!.
ind(_,zero) ←!.
ind(c(V,_N),B) ←!,absent(V,B).
ind(or(X,Y),B) ←!,ind(X,B),ind(Y,B).
ind(and(X,Y),B) ←!,ind(X,B),ind(Y,B).
ind(not(A),B) ← ind(A,B).
absent(V,c(V1,_N1)) ←!,V\=V1.
absent(V,or(X,Y)) ←!,absent(V,X),absent(V,Y).
absent(V,and(X,Y)) ←!,absent(V,X),absent(V,Y).
absent(V,not(A)) ← absent(V,A).
```

图5.17 PITA(OPT)中谓词ind/2的代码

ind(or(c(1,1),c(2,1),and(c(3,2),c(4,2)))

与第6个子句匹配，且调用：

ind(c(1,1),and(c(3,2),c(4,2))),ind(c(2,1),and(c(3,2),c(4,2)))

第1个调用与第5个子句匹配，且调用：

absent(1,and(c(3,2),c(4,2)))

它又依次调用absent(1，c(3，2))和absent(1，c(4，2))。由于它们都成功，ind(c(1，1)，and(c(3，2)，c(4，2)))也成功。第2个调用与第5个子句匹配，且调用absent(2，and(c(3，2)，c(4，2)))，它又依次调用absent(2，c(3，2))和absent(2，c(4，2))。它们都成功，所以ind(c(2，1)，and(c(3，2)，c(4，2)))最初的目标得到证明。

谓词exc/2和ind/2分别定义了互斥性与独立性的充分条件。若exc/2和ind/2的参数不包含表示BBD的整数项，则这个条件也是必要条件。图5.18给出了用于求解一个项的值的谓词ev/2的代码。

```
ev(B,B) ← integer(B),!.
ev(zero,B) ←!,bdd_zero(B).
ev(one,B) ←!,bdd_one(B).
ev(c(V,N),B) ←!,bdd_equality(V,N,B).
ev(and(A,B),C) ←!,ev(A,BA),ev(B,BB),
  bdd_and(BA,BB,C).
ev(or(A,B),C) ←!,ev(A,BA),ev(B,BB),
  bdd_or(BA,BB,C).
ev(not(A),C) ← ev(A,B),bdd_not(B,C).
```

图5.18 PITA(OPT)中谓词ev/2的代码)

当程序满足(IND，EXC)或(IND，IND)假设时，PITA(OPT)算法不需要构建BDD即能对查询进行回答：项被逐步合并为较大的项，用于对假设进行检查，而合并的概率仅由操作数的概率计算而不用考虑它们的结构。

若程序对两个假设都不满足，PITA(OPT)仍旧是有用的，因为它尽可能多地延缓了BDD的构建，且可能比PITA构建更少的中间BDD。在PITA中，每个中间子目标的BDD都必须存储在内存中，因为它被存储在表格中且必须能为后续计算使用。而在PITA(OPT)中，BDD只有在需要时才被构建，这支持了较小的内存使用和较高效的内存管理。

5.9.2 用PITA实现的MPE

MPE推理可以通过PITA(IND，EXC)计算，通过对它进行修正，可以使得概率数据结构包括子目标的最可能的解释(子目标的最高概率除外)。在这种情形下，支撑谓词被修正为：

$\text{equality}(R, S, \text{Probs}, N, e([(R, S, N)], P)) \leftarrow \text{nth}(N, \text{Probs}, P).$
$\text{or}(e(E1, P1), e(\_E2, P2), e(E1, P1)) \leftarrow P1 >= P2, !.$
$\text{or}(e(\_E1, \_P1), e(E2, P2), e(E2, P2)).$
$\text{and}(e(E1, P1), e(E2, P2), e(E3, P3)) \leftarrow P3 \text{ is } P1 * P2,$
$\quad \text{append}(E1, E2, E3).$
$\text{zero}(e(\text{null}, 0)).$
$\text{one}(e([], 1)).$
$\text{ret\_prob}(B, B).$

按照这种方式，我们得到 PITAIT(IND)，这么命名是因为对一个表示了 HMM 的程序，PITAVIT(IND)计算 Viterbi 路径，即最有可能生成输出序列的状态序列。若互斥性假设不满足，则 PITAVIT(IND)也是可靠的。

5.10　有无限个解释的查询的推理

当一个离散的程序包含函数符号时，解释的个数可能是无穷的，且查询的概率可能是一个收敛序列的和。在这种情形下，推理算法必须识别解释的数目可能是无穷的，而且要识别此序列的项。Sato 和 Meyer[2012，2014]通过考虑生成互斥条件下的程序对 PRISM 进行扩展：在顶层目标的任何执行路径的任何的选择点，根据一个采样自 PRISM 的概率开关的值进行选择。生成互斥条件蕴涵了互斥-或条件，且每个析取式起源于由某一开关得到的概率选择。

在这种情形下，可计算得到一个有环的解释图，它表示了概率开关上原子的依赖性。由此出发，可得到一个等式系统，它定义了基原子的概率。Sato 和 Meyer[2012，2014]指出，首先将所有原子的概率赋值为 0，然后重复应用等式计算更新值，这将形成一个收敛到等式系统的解的过程。对某些程序，比如那些计算字符串前缀的概率的程序，它们由概率上下文无关文法(PCFG)生成，此系统是线性的，所以对它的求解是非常简单的。一般地，当解释的数目是无穷多个且生成互斥条件成立时，这提供了一种执行推理的方法。

Gorlin 等人[2012]提出了 PIP(Probabilistic Inference Plus，概率推理 Plus)算法，该算法甚至在解释不是互斥的且解释的数目是无穷的情形下也能执行推理。这要求程序是暂时合适的，即谓词中的一个参数可被解释为从子句头到子句体成长的时间。在这种情形下，一个原子的解释可由确定子句文法(DCG)简洁描述。这样的 DCG 称为解释生成器，且用于构建分解的解释图(FED)，其结构非常接近 BDD。如 Sato 和 Meyer[2012，2014]所述，从 FED 可得到一个多项式等式系统，它是单调且收敛的。因此，甚至在系统是非线性的情形下，利用迭代过程，也能在一个任意近似界内计算一个最小解。

5.11　混合程序的推理

文献[Islam et al.，2012b]和[Islam，2012]中对扩展的 PRISM 提出一个算法以执行 DISTR 任务，见 4.3 节。列举查询的所有解释是不可能的，因为它们是不可数的，只能采用将推导符号化表示的思路。

定义 37(符号化推导[Islam et al.，2012b])　由一个目标 g 直接推导出 g'，记为 $g \rightarrow g'$，如果下面的条件之一成立：

PCR　若有 $g = q_1(X_1)$，g_1，且程序中存在一个子句，$q_1(Y) \leftarrow r_1(Y_1)$，$r_2(Y_2)$，…，$r_m(Y_m)$，使得 $\theta = \text{mgu}(q_1(X_1), q_1(Y))$，则 $g' = (r_1(Y_1), r_2(Y_2), \dots, r_m(Y_m), g_1)\theta$。

MSW　若 $g=\text{msw}(\text{rv}(X), Y), g_1$，则 $g'=g_1$。

CONSTER　若 $g=\text{Constr}, g_1$ 和 Constr 是可满足的，则 $g'=g_1$。

其中 PCR 代表程序子句消解 g 的一个符号化推导是一个目标序列 $g_0, g_1, \cdots$，使得 $g=g_0$，且对所有的 $i\geqslant 0$，$g_i \rightarrow g_{i+1}$。

例 73（符号化推导） 为了便于阅读，我们重新给出例 56 的程序：

```
widget(X) ←
  msw(m, M), msw(st(M), Z), msw(pt, Y), X = Y + Z.
values(m, [a, b]).
values(st(_), real).
values(pt, real).
← set_sw(m, [0.3, 0.7]).
← set_sw(st(a), norm(2.0, 1.0)).
← set_sw(st(b), norm(3.0, 1.0)).
← set_sw(pt, norm(0.5, 0.1)).
```

目标 widget(X)的符号化推导是：

$$g_1:\text{widget}(X)$$
$$\downarrow$$
$$g_2:\text{msw}(m,M),\text{msw}(st(M),Z),\text{msw}(pt,Y),X=Y+Z$$
$$\downarrow$$
$$g_3:\text{msw}(st(M),Z),\text{msw}(pt,Y),X=Y+Z$$
$$\downarrow$$
$$g_4:\text{msw}(pt,Y),X=Y+Z$$
$$\downarrow$$
$$g_5:X=Y+Z$$
$$\downarrow$$
$$\text{true}$$

给定一个目标，推理的任务是返回目标的变量上的概率密度函数。为了能够实现这一点，将成功的符号化推导过程收集起来，然后与变量相关联的概率密度的表示以自底向上的方式从叶子开始构建。该表示称为一个成功函数。

首先，对符号化推导中的每个目标 g_i，我们需要识别它的推导变量 $V(g_i)$的集合，这是在某个后续目标 $g_j(j>i)$中的 msw 中以参数或结果形式出现的变量集合。V 进一步被划分为两个互不相交的集合，V_c 和 V_d 分别代表连续和离散型随机变量。◀

定义 38（推导变量[Islam et al.，2012b]） 令 $g\rightarrow g'$，使得 g'从 g 导出，使用了以下条件：

PCR　令 θ 是在这个步骤中的 mgu，则 V_c 和 V_d 是 g 中变量的最大集，满足 $V_c(g)\theta\subseteq V_c(g')$和 $V_d(g)\theta\subseteq V_d(g')$。

MSW　令 $g=\text{msw}(rv(\boldsymbol{X}), Y), g_1$。若 Y 是连续型随机变量，则 $V_c(g)$和 $V_d(g)$是 g 中变量的最大集，满足 $V_c(g)\theta\subseteq V_c(g')\cup\{Y\}$和 $V_d(g)\theta\subseteq V_d(g')\cup\boldsymbol{X}$，否则有 $V_c(g)\theta\subseteq V_c(g')$和 $V_d(g)\theta\subseteq V_d(g')\cup\boldsymbol{X}\cup\{Y\}$。

CONSTER　令 $g=\text{Constr}, g_1$，则 $V_c(g)$和 $V_d(g)$是 g 中变量的最大集，满足 $V_c(g)\theta\subseteq V_c(g')\cup\text{vars}(\text{Constr})$和 $V_d(g)\theta\subseteq V_d(g')$。

所以 $V(g)$由 $V(g')$构建，且可对一个符号化推导中所有目标进行自底向上的计算。

令 $\boldsymbol{C}$ 表示使用变量集 $\mathbf{V}$ 的所有线性相等约束的集合，$\boldsymbol{L}$ 表示 $\mathbf{V}$ 上所有线性函数的集合。记 $\mathcal{N}_X(\mu, \sigma^2)$是均值为 μ，方差为 σ^2 的单变量高斯分布的 PDF，$\delta_x(X)$是狄拉克函数，其值在 x 外处处为 0，且 δ 函数在其整个值域上的积分为 1。在 $\mathbf{V}$ 上的一个积概率密度函

数(PPDF)为

$$\phi = k \cdot \prod_{l} \delta_{v}(V_{l}) \prod_{i} \mathcal{N}_{f_i}(\mu_i, \delta_i^2)$$

其中 k 是一个非负实数，$V_l \in \boldsymbol{V}$，$f_i \in \boldsymbol{L}$。对子(ϕ, C)称为受限的 PPDF，其中 $C \subseteq \boldsymbol{C}$。有穷个受限的 PPDF 的和称为一个成功函数，表示为

$$\psi = \sum_{i} (\phi_i, C_i)$$

我们用 $C_i(\psi)$表示成功函数的第 i 个受限 PPDF 中的约束(即 C_i)，$D_i(\psi)$表示 ψ 的第 i 个受限的 PPDF。

查询的成功函数从其推导的集合自底向上地构建。约束 C 的成功函数是(1，C)。真值 true 的成功函数为(1，true)。msw(rv($\boldsymbol{X}$)，Y)的成功函数为(ψ，true)，其中若 rv 是分布的，则 ψ 是其概率密度函数。若 rv 是离散的，则 ψ 是其概率质量函数。

例 74 (**msw 原子的成功函数**)　例 73 程序的 msw(m，M)的成功函数为

$$\psi_{\text{msw}(m,M)}(M) = 0.3\delta_a(M) + 0.7\delta_b(M)$$

我们可用表格表示成功函数，其中表格的每行代表离散型随机变量的估值。例如，上述的成功函数可表示为如下形式：

M	$\psi_{\text{msw}(m,M)}(M)$
a	0.3
b	0.7

对一个 $g \to g'$的推导步骤，g 的成功函数由 g'的成功函数计算得到，需要在 g'中使用联合和边缘化运算，第一个运算处理 MSW 和 CONSTR 步骤，第二个运算则处理 PCR 步骤。◀

定义 39(联合运算)　令 $\psi_1 = \sum_{i} (D_i, C_i)$ 和 $\psi_2 = \sum_{j} (D_j, C_j)$为两个成功函数，则 ψ_1 与 ψ_2 的联合 $\psi_1 * \psi_2$ 是成功函数：

$$\sum_{i,j} (D_i D_j, C_i \wedge C_j)$$

例 75 (**联合运算**)　令 $\psi_{\text{msw}(m,M)}(M)$和 $\psi_g(X, Y, Z, M)$的定义如下：

M	$\psi_{\text{msw}(m,M)}(M)$
a	0.3
b	0.7

M	$\psi_G(X, Y, Z, M)$
a	$(\mathcal{N}_Z(2.0, 1.0)\mathcal{N}_Y(0.5, 0.1), X=Y+Z)$
b	$(\mathcal{N}_Z(3.0, 1.0)\mathcal{N}_Y(0.5, 0.1), X=Y+Z)$

则 $\psi_{\text{msw}(m,M)}(M)$和 $\psi_G(X, Y, Z, M)$的联合如下：

M	$\psi_{\text{msw}(m,M)}(M) * \psi_G(X, Y, Z, M)$
a	$(0.3\mathcal{N}_Z(2.0, 1.0)\mathcal{N}_Y(0.5, 0.1), X=Y+Z)$
b	$(0.7\mathcal{N}_Z(3.0, 1.0)\mathcal{N}_Y(0.5, 0.1), X=Y+Z)$

因为 M 不可能同时是 a 和 b，所以 $\delta_a(M)\delta_b(M)=0$，我们通过在 ψ 中删除任意这样的不协调 PPDF 来简化结果。

对 ***PCR*** 推导步骤 $g \to g'$，g 可能包含 g'变量的一个子集。为计算 g 的成功函数，我们必须边缘化已删除的变量。若一个已删除变量是离散型的，则边缘化通过求和实现。若一

个已删除变量 V 是连续的，则边缘化通过以下两个步骤完成：投影和积分。投影的目的是删去 V 上的线性约束。投影运算在 V 上寻找一个线性约束 $V=a\boldsymbol{X}+b$，且将成功函数中的所有 V 替换为 $a\boldsymbol{X}+b$。◀

定义 40(成功函数的投影)　一个成功函数 ψ 关于一个连续变量 V 的投影记为 $\psi\downarrow_V$，这是一个成功函数 ψ'，使得对 $\forall_i$，有

$$D_i(\psi')=D_i(\psi)[V/a\boldsymbol{X}+b]$$

和

$$C_i(\psi')=(C_i(\psi)-C_{ip})[V/a\boldsymbol{X}+b]$$

其中 C_{ip} 是一个在 $C_i(\psi)$ 中的 V 上的一个线性约束 $V=a\boldsymbol{X}+b$，$t[x/s]$ 表示在 t 中将所有 x 替换为 s。

若 ψ 没有包含 V 上任何线性约束，则投影形式保持相同。

例 76 (投影运算)　记 ψ_1 为成功函数：

$$\psi_1=(0.3\mathcal{N}_Z(2.0,1.0)\mathcal{N}_Y(0.5,0.1),X=Y+Z)$$

则 ψ_1 关于 Y 的投影是

$$\psi_1\downarrow_Y=(0.3\mathcal{N}_Z(2.0,1.0)\mathcal{N}_{X-Z}(0.5,0.1),\text{true})$$

下面我们定义积分运算。◀

定义 41(成功函数的积分)　记 ψ 为一个不包含 V 上任何线性约束的成功函数，则关于 V 的积分记为 $\oint_V\psi$，它是成功函数 ψ'，满足：

$$\forall i:D_i(\psi')=\int D_i(\psi)\mathrm{d}V$$

文献[Islam et al., 2012b；Islam，2012]中证明了一个 PPDF 关于变量 V 的积分是一个 PPDF，即

$$\alpha\int_{-\infty}^{+\infty}\prod_{k=1}^{m}\mathcal{N}_{a_k\boldsymbol{X}_k+b_k}(\mu_k,\sigma_k^2)\mathrm{d}V=\alpha'\prod_{l=1}^{m'}\mathcal{N}_{a_l'\boldsymbol{X}_l'+b_l'}(\mu_l',\sigma_l'^2)$$

其中 $V\in\boldsymbol{X}_k$ 且 $V\notin\boldsymbol{X}_l'$。

例如，关于 V 的积分 $\mathcal{N}_{a_1V-X_1}(\mu_1,\sigma_1^2)\mathcal{N}_{a_2V-X_2}(\mu_2,\sigma_2^2)$ 为

$$\int_{-\infty}^{+\infty}\mathcal{N}_{a_1V-X_1}(\mu_1,\sigma_1^2)\mathcal{N}_{a_2V-X_2}(\mu_2,\sigma_2^2)\mathrm{d}V=\mathcal{N}_{a_2X_1-a_1X_2}(a_1\mu_1-a_2\mu_1,a_2^2\sigma_1^2+a_1^2\sigma_2^2)\quad(5.3)$$

其中 X_1 和 X_2 是除了 V 之外的其他变量的线性组合。

例 77 (一个成功函数的积分)　记 ψ_2 表示下面的成功函数：

$$\psi_2=(0.3\mathcal{N}_Z(2.0,1.0)\mathcal{N}_{X-Z}(0.5,0.1),\text{true})$$

则根据式(5.3)，ψ_2 关于 Z 的积分为

$$\oint_Z\psi_2=\left(\int 0.3\mathcal{N}_Z(2.0,1.0)\mathcal{N}_{X-Z}(0.5,0.1),\text{true}\right)=(0.3\mathcal{N}_X(2.5,1.1),\text{true})$$

边缘化运算是联合运算和积分运算的组合。◀

定义 42(成功函数的边缘化)　一个成功函数 ψ 关于变量 V 的边缘化，记为 $\mathbb{M}(\psi,V)$，这是一个成功函数 ψ'，满足：

$$\psi'=\oint_V\psi\downarrow_V$$

变量集上的边缘化定义为 $\mathbb{M}(\psi,\{V\}\cup\boldsymbol{X})=\mathbb{M}(\mathbb{M}(\psi,V),\boldsymbol{X})$ 且 $\mathbb{M}(\psi,\varnothing)=\psi$。

所有成功函数的集合关于联合运算和边缘运算是封闭的。一个推导的成功函数将在下

面定义。

定义 43(一个目标的成功函数)　一个目标 g 的成功函数记为 ψ_g，它是基于推导 $g \to g'$ 计算的：

$$\psi_g = \begin{cases} \sum_{g'} \mathbb{M}(\psi_{g'}, V(g') - V(g)) & \forall \ \textbf{PCR} \ g \to g' \\ \psi_{\mathrm{msw}(\mathrm{rv}(\boldsymbol{X}),Y)} * \psi_{g'} & g = \mathrm{msw}(\mathrm{rv}(\boldsymbol{X}),Y), g_1 \\ \psi_{\mathrm{Constr}} * \psi_{g'} & g = \mathrm{Constr}, g_1 \end{cases}$$

例 78 (一个目标的成功函数)　为考虑例 73 的符号化推导。目标 g_5 的成功函数是 $\psi_{g5}(X, Y, Z)=(1, X=Y+Z)$。为得到 ψ_{g4}，我们必须执行下面的联合运算：

$$\psi_{g4}(X,Y,Z) = \psi_{\mathrm{msw}(pt,Y)}(Y) * \psi_{g5}(X,Y,Z) = (\mathcal{N}_Y(0.5,0.1), X = Y + Z)$$

g_3 的成功函数是 $\psi_{\mathrm{msw}(st(M),Z)}(Z) * \psi_{g4}(X, Y, Z)$：

M	$\psi_{g3}(X, Y, Z, M)$
a	$(\mathcal{N}_Z(2.0, 1.0)\mathcal{N}_Y(0.5, 0.1), X=Y+Z)$
b	$(\mathcal{N}_Z(3.0, 1.0)\mathcal{N}_Y(0.5, 0.1), X=Y+Z)$

然后求 $\psi_{\mathrm{msm}(m,M)}(M)$和 $\psi_{g3}(X, Y, Z, M)$的联合：

M	$\psi_{g2}(X, Y, Z, M)$
a	$(0.3\mathcal{N}_Z(2.0, 1.0)\mathcal{N}_Y(0.5, 0.1), X=Y+Z)$
b	$(0.7\mathcal{N}_Z(3.0, 1.0)\mathcal{N}_Y(0.5, 0.1), X=Y+Z)$

g_1 的成功函数是 $\psi_{g1}(X)=\mathbb{M}(\psi_{g2}(X, Y, Z, M), \{M, Y, Z\})$。关于 M 边缘化 $\psi_{g2}(X, Y, Z, M)$：

$$\psi'_{g2} = \mathbb{M}(\psi_{g2}, M) = \oint_M \psi_{g2} \downarrow_M = (0.3\mathcal{N}_Z(2.0,1.0)\mathcal{N}_Y(0.5,0.1), X = Y + Z) + (0.7\mathcal{N}_Z(3.0,1.0)\mathcal{N}_Y(0.5,0.1), X = Y + Z)$$

然后关于 Y 边缘化 $\psi'_{g2}(X, Y, Z)$：

$$\psi''_{g2} = \mathbb{M}(\psi'_{g2}, Y) = \oint_Y \psi'_{g2} \downarrow_Y = 0.3\mathcal{N}_Z(2.0,1.0)\mathcal{N}_{X-Z}(0.5,0.1) + 0.7\mathcal{N}_Z(3.0,1.0)\mathcal{N}_{X-Z}(0.5,0.1)$$

最后，通过关于 Z 边缘化 $\psi''_{g2}(X, Z)$得到 $\psi_{g1}(X)$：

$$\psi_{g1}(X) = \mathbb{M}(\psi''_{g2}, Z) = \oint_Z \psi''_{g2} \downarrow_Z = 0.3\mathcal{N}_Z(2.5,1.1) + 0.7\mathcal{N}_X(3.5,1.1)$$

这样算法返回查询中连续型随机变量的概率密度。

如果程序满足 PRISM 独立-与和互斥-或假设，则算法是正确的。第一个相当于要求在任意推导中随机变量的实例至多只出现一次。事实上，如果由 msw 原子定义的随机变量没有在 g'中出现，则在 MSW 步骤 $g \to g'$中使用的联合运算是正确的。此外，如果项都是互斥的，则在定义 43 中所有的 PCR 步骤的和是正确的。

一个目标的子目标可能多次出现在该目标的推导树中，所以嵌合法能有效避免冗余计算。

◀

提 升 推 理

由于现实世界模型的复杂性，用它们进行推理通常是非常昂贵的。但是，有时可以利用模型中的对称性减小推理代价。这正是提升推理的任务，它将个体群落作为一个整体来进行推理而不是考虑每个独立的个体，从而完成对查询的回答。利用模型的对称性可显著地加速推理。

提升推理最初由 Poole[2003]提出。从那以后，很多技术随之出现，比如变量消除和信念传播的提升版本，就是使用近似方法，处理如 parfactor 图和 MLNs 之类的模型[de Salvo Braz et al.，2005；Milch et al.，2008；Van den Broeck et al.，2011]。

6.1 提升推理预备知识

将提升推理应用到 DS 下的 PLP 语言中是有问题的，因为不同规则的结论与 noisy-OR 相结合，当存在变量出现时，需要在提升层级进行聚合。例如，考虑下面来自文献[De Raedt & Kimmig，2015]的 ProbLog 程序：

```
p :: famous(Y).
popular(X) :- friends(X, Y), famous(Y).
```

在这种情形下，$P(\text{popular}(\text{john}))=1-(1-p)^m$，其中 m 是 john 的朋友的数目。这是由于规则体中包含了一个没有出现在头部的逻辑变量 Y，因此 Y 是由存在量词量化的。子句头中原子的一个基例示表示一些基子句体的析取。在此例中，我们不需要知道这些朋友的身份，只需要知道有多少个朋友。因此，我们不需要对子句进行基例化。

例 79 (提升推理的运行实例- ProbLog) 我们考虑表示研讨会属性问题的一个 ProbLog 程序[Milch et al.，2008]。它对一个邀请了很多人员参加的研讨会的组织过程进行建模。谓词 series 表示研讨会是否足够成功到可以启动一系列相关会议的程度，而 attends(P)表示 P 是否参加这个研讨会。可以用 ProbLog 程序对这一问题进行建模：

```
series :- self.
series :- attends(P).
attends(P) :- at(P,A).
0.1::self.
0.3::at(P,A) :- person(P), attribute(A).
```

注意，所有规则都是范围受限的，即规则头中的所有变量也出现在规则体的一个正文字中。一个研讨会能发展成为一个系列会议，要么是因为它本身的价值(有 10%的概率，以概率事实 self 表示)，要么是因为人们愿意参加。人们是否参加这个研讨会取决于会议的一些属性，如位置、日期和组织者的声誉等(由概率事实 at(P, A)表示)。概率事实 at(P, A)表示 P 是否会因为属性 A 而出席会议。注意，最后的语句对应于一组基概率事实，这些概率事实涉及每个人 P 和每个属性 A，这与 ProbLog2(见 5.7 节)相同。简洁起见，我们忽略了描述 person/1 和 attribute/1 谓词的(非概率)事实。 ◀

2.10.3 节中定义了参数化随机变量(PRV)和 parfactor。我们简单地回忆一下它们的定义。PRV 表示一个由随机变量构成的集合，一个变量对应于它的全部逻辑变量的每个可能的基替换。parfactor 是如下的三元组：

$$\langle \mathcal{C},\mathcal{V},F \rangle$$

其中 $\mathcal{C}$ 是一组逻辑变量上的不等式约束，$\mathcal{V}$ 是 PRV 的一个集合，F 是从 $\mathcal{V}$ 的 PRV 的值域的笛卡儿积到实数的一个函数。若没有约束，一个 parfactor 也可表示为 $F(\mathcal{V})|\mathcal{C}$ 或 $F(\mathcal{V})$。一个带约束的 PRV V 形如 V$|\mathcal{C}$，其中 V$=P(X_1, \cdots, X_n)$是一个非基原子，且 $\mathcal{C}$ 是在逻辑变量 $\boldsymbol{X}=\{X_1, \cdots, X_n\}$ 上的约束的集合。每个带约束的 PRV 代表随机变量 $\{P(x)|x\in\mathcal{C}\}$的集，其中 x 是常量元组$(x_1, \cdots, x_n)$。给定一个(带约束的)PRV V，我们用 RV(V)标记它所表示的随机变量的集合。每个基原子和一个随机变量相关联，其可以取 range(V)中的任意值。

2.10.3 节中描述的 PFL [Gomes & Costa，2012]对 ProbLog 进行了扩展，以支持使用参数因子的概率推理。为便于阅读，我们重新给出例 36 的程序。

例 80 **(运行实例- PFL 程序)** 研讨会属性问题的一个版本可由 PFL 程序建模为：

```
bayes series, attends(P); [0.51, 0.49, 0.49, 0.51];
  [person(P)].
bayes attends(P), at(P,A); [0.7, 0.3, 0.3, 0.7];
  [person(P),attribute(A)].
```

第一个 PFL 因子以 `series` 和 `attends(P)`作为布尔型随机变量参数，`[0.51, 0.49, 0.49, 0.51]`作为一个表，`[person(P)]`作为一个约束。◀

这个模型与例 79 中的模型不等价，但是它对应于只含例 79 的第二个和第三个子句的 ProbLog 程序。与例 79 等价的模型将在例 82 和例 83 中给出。

6.1.1 变量消除

变量消除(VE)[Zhang & Poole，1994，1996] 是一种对图模型进行概率推理的算法。VE 以因子集、一个消除顺序、一个查询变量 X 以及观察值的一个列表 y 作为输入。在将所有因子中的观察变量设定其各自的观察值后，VE 逐一消除因子中的随机变量，直到仅剩余一个查询变量。这可通过下面的步骤完成：首先从消除顺序 ρ 中选择第一个变量 Z；然后调用 SUM-OUT 来消除 Z，具体做法是将所有含 Z 的因子相乘，得到一个单独的因子，然后对其中的 Z 求和。重复此过程直到 ρ 为空集。在最后一步中，VE 将 $\mathcal{F}$ 的所有因子相乘得到一个新的因子 γ，它可归一化为 $\gamma(x)/\sum_{x'}\gamma(x')$，从而得到后验概率。

在很多情形下，我们需要表示这样的因子：对一个以 $\boldsymbol{Y}$ 为双亲的布尔变量，若 $\boldsymbol{Y}$ 中任意一个 Y_i 为真，则 X 为真，即 X 是 $\boldsymbol{Y}$ 中变量的析取式。例如，这可表示 Y_i 是 X 发生的原因的情形，每个 Y_i 都能单独使得 X 为真，而不受其他分量值的影响。

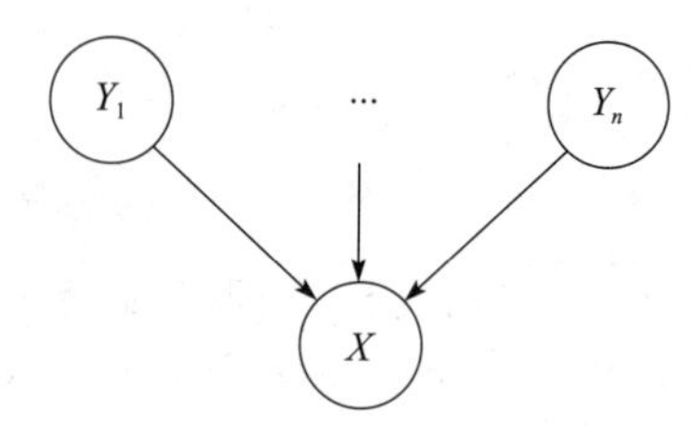

图 6.1　X 和 $\boldsymbol{Y}$ 间 OR 依赖的 BN 表示

如图 6.1 中的 BN 所示，其中 X 的 CPT 是确定的，且该 CPT 如下：

	至少有一个 Y_i 等于 1	剩余列
$X=1$	1.0	0.0
$X=0$	0.0	1.0

但实际上每个双亲可能有一个噪音抑制变量 I_i，它可独立地阻断或激活 Y_i，因此若任

一原因 Y_i 为真且没有被抑制，则 X 为真。这可表示为图 6.2 中的 BN，其中由 Y'_i 布尔公式 $Y'_i=Y_i \wedge \neg I_i$ 给出，即若 Y_i 为真且没有被抑制，则 Y'_i 为真。这样 Y'_i 的 CPT 是确定的。I_i 变量没有双亲且它们的 CPT 为 $P(I_i=0)=\Pi_i$，其中 Π_i 是 Y_i 没有被抑制的概率。

这表示了 X 不是 $\boldsymbol{Y}$ 的简单的析取式，而是以一个概率因子依赖于 $\boldsymbol{Y}$，该因子表示了 Y_i 变量被抑制的概率。

若边缘化 I_i 变量，则可得到一个与图 6.1 类似的 BN，但是，其中 X 的 CPT 不再是一个析取式，而是考虑了其双亲被抑制的概率。这称为一个 noisy-OR 门。处理这类因子并不是一个简单的问题。noisy-OR 门也称为因果独立模型。一个 noisy-OR 因子中的入口的例子为

$$P(X=1|Y_1=1,\cdots,Y_n=1)=1-\prod_{i=1}^{n}(1-\Pi_i)$$

事实上，X 为真，当且仅当它的原因没有一个被抑制。

一个 noisy-OR 的因子可表示为因子的组合，这可使用中间变量 Y'_i 实现，代表考虑每个原因被抑制后的影响。

例如，假设 X 有两个原因 Y_1 和 Y_2，记 $\phi(y_1, y_2, x)$ 为 noisy-OR 因子。变量 Y'_1 和 Y'_2 如图 6.2 所示，考虑因子 $\psi_1(y_1, y'_1)$ 与 $\psi_2(y_2, y'_2)$，它们建模了 Y'_i 与 Y_i 间的依赖关系。这些因子通过边缘化 I_i 变量得到，因此，若 $P(I_i=0)=\Pi_i$，则它们的值如下所示：

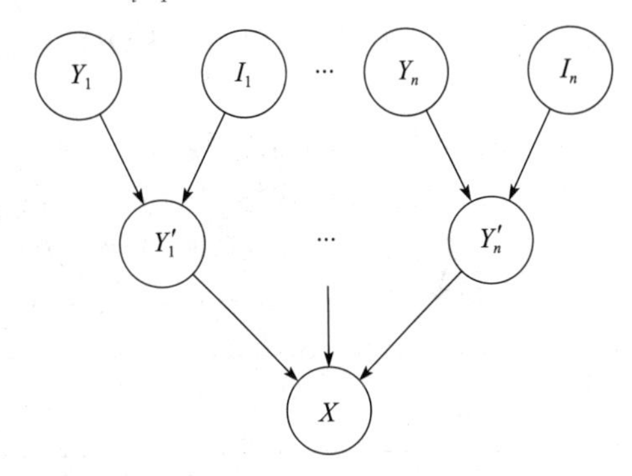

图 6.2　X 和 $\boldsymbol{Y}$ 间 noisy-OR 依赖性的 BN 表示

$\psi(y_1, y'_1)$	$Y_i=1$	$Y_i=0$
$Y'_i=1$	Π_i	0.0
$Y'_i=0$	$1-\Pi_i$	1.0

则因子 $\phi(y_1, y_2, x)$ 可表示为

$$\phi(y_1,y_2,x)=\sum_{y'_1 \vee y'_2=x}\psi_1(y_1,y'_1)\psi_2(y_2,y'_2) \tag{6.1}$$

这里是对 Y'_1 和 Y'_2 的所有值 y'_1 和 y'_2 求和，这些值的析取式等于 x。在不同来源的影响被收集和组合时，称变量 X 为收敛的。非收敛变量称为常规变量。

当双亲的数目变大时，对因子进行分解是有优势的，比如用 ψ_1 与 ψ_2 表示 ϕ，因为各因子组合后尺寸呈线性增长，而非指数增长。

不幸的是，直接使用 VE 进行推理将导致需要构建 $O(2^n)$ 个表格，其中 n 为双亲数，同时式(6.1)的求和将有指数级别的项数。VE1[Zhang & Poole, 1996]是一种改进算法，它通过一种新的算子$\otimes$对因子进行组合：

$$\phi\otimes\psi(E_1=\alpha_1,\cdots,E_k=\alpha_k,\boldsymbol{A},\boldsymbol{B}_1,\boldsymbol{B}_2)=\sum_{\alpha_{11}\vee\alpha_{12}=\alpha_1}\cdots\sum_{\alpha_{k1}\vee\alpha_{k2}=\alpha_k}$$

$$\phi(E_1=\alpha_{11},\cdots,E_k=\alpha_{k1},\boldsymbol{A},\boldsymbol{B}_1)\psi(E_1=\alpha_{12},\cdots,E_k=\alpha_{k2},\boldsymbol{A},\boldsymbol{B}_2) \tag{6.2}$$

这里 ϕ 和 ψ 是两个含有相同收敛变量 $E_1\cdots E_k$ 的因子，$\boldsymbol{A}$ 是由同时出现在 ϕ 和 ψ 中的常规变量构成的一个列表，而 $\boldsymbol{B}_1$ 和 $\boldsymbol{B}_2$ 分别是由只出现在 ϕ 中和只出现在 ψ 中的变量构成

的列表。通过使用⊗算子，表示双亲影响的因子可以成对组合，不需要一次同时对所有的因子使用式(6.1)。

包含收敛变量的因子称为异质因子，而剩余的因子称为同质因子。包含相同收敛变量的异质因子必须由算子⊗进行组合，称为异质相乘。

算法 VE1 通过保持因子的两个列表来利用因果独立性：一个是异质因子的列表 $\mathcal{F}_1$，另一个是同质因子的列表 $\mathcal{F}_2$。过程 SUM-OUT 被 SUM-OUT1 取代，SUM-OUT1 以 $\mathcal{F}_1$ 和 $\mathcal{F}_2$ 以及一个待消除变量 Z 作为输入。首先，将所有包含 Z 的因子从 $\mathcal{F}_1$ 中移除，并用乘法组合为一个因子 ψ。然后将所有包含 Z 的因子从 $\mathcal{F}_2$ 中移除，并用异质相乘组合为 ψ。若不存在这样的因子，则 ψ=nil。在后一种情况下，SUM-OUT1 把新的(同质)因子 $\sum_z \phi$ 添加到 $\mathcal{F}_1$ 中；否则，它把新的(异质)因子 $\sum_z \phi\psi$ 添加到 $\mathcal{F}_2$ 中。程序 VE1 和 VE 相同，除了用 SUM-OUT1 代替 SUM-OUT，且 VE1 中需要维护两个因子集，VE 中则只需要保存一个因子集。

但是，对任意的消除顺序，VE1 并不总是正确的。通过对收敛变量进行代理处理可确保正确性：对于每个这样的变量 X，在包含它的异质因子中，将它替换为一个新的收敛变量 X'(称为代理变量)，这样于 X 成为一个常规变量。最后，引入一个新的因子 $\iota(X, X')$，称为代理因子，它表示 X 和 X' 间的恒等函数，即定义为

$\iota(X, X')$	00	01	10	11
	1.0	0.0	0.0	1.0

这样，VE1 在其上可用的网络如图 6.3 所示。只要消除顺序满足 $\rho(X')<\rho(X)$，则代理变量保证 VE1 是正确的。

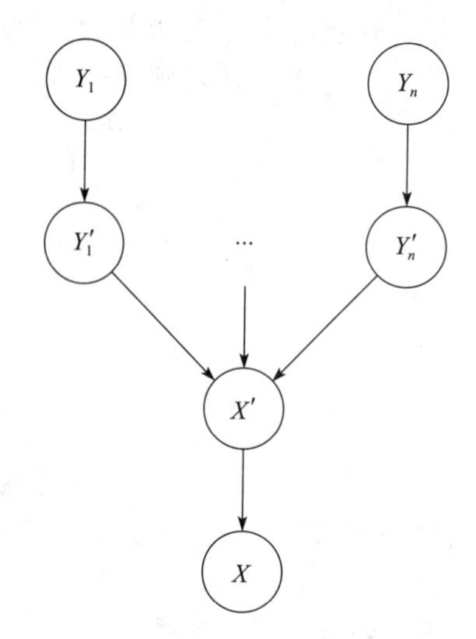

图 6.3　对变量进行代理处理后图 6.1 中的 BN

6.1.2　GC-FOVE

改进 VE 的工作开始于 FOVE[Poole，2003]，且引出了 C-FOVE 的定义[Milch et al.，2008]。GC-FOVE 对 C-FOVE 做了精简，代表了当前先进的技术。之后，Gomes 和 Costa [Gomes & Costa，2012]将 GC-FOVE 改写为 PFL。

一阶变量消除(First-Order Yariable Elimination，FOVE)[Poole，2003；De Salvo Braz et al.，2005] 通过重复应用一个算子来计算一个查询随机变量的边缘概率分布，该算子是 VE 中算子的提升版本。模型以一组 parfactor 的形式存在，本质上与在 PFL 中相同。

GC-FOVE 通过以下操作按一个特定顺序消除所有(非查询)PRV：

1) 若一个 PRV 只出现在 ϕ 中，执行提升 Sum-Out 将该 PRV 从一个 parfactor ϕ 中排除。

2) 执行提升乘法将两个排列一致的 parfactor 相乘。两个 parfactor 中的配对变量必须正确排列并对齐，且计算新的系数时必须考虑到约束 C 中的基例示的数目。

3) 执行提升 Absorption 消除 n 个有相同观察值的 PRV。

若不能执行这些操作，则必须选择一个操作(比如分裂一个 parfactor 使得它的某些 PRV 与另一个 parfactor 匹配)使得上述操作可以进行。若没有操作可执行，GC-FOVE 会对 PRV 和 parfactor 进行完全的基例化，然后在基例示上执行推理。

在 GC-FOVE 中也用计数公式考虑对 PRV 的处理，这是在 C-FOVE[Milch et al.，2008]中提出的。计数公式利用了因子间的对称性，这些因子是独立随机变量的乘积。该方法允许将一个因子表示为形如 $\phi(P(x_1), P(x_2), \cdots, P(x_n))$ 的式子，其中所有的 PRV 有相同的论域，如 $\phi(\#x[P(X)])$，其中 $\#x[P(X)]$ 是计数公式。因子实现了一个多项式分布，因此它的值依赖于变量 n 的数目和论域的大小。当得到含单个 PRV 的 parfactor 时，或通过计数转换搜索形如

$$\phi(\Pi_i(S(X_j)P(X_j,Y_i)))$$

的因子并对 Y_i 的出现进行计数时，计数公式可以通过求和得到。

GC-FOVE 使用一棵约束树来表示任意约束 $\mathcal{C}$，而 PFL 只是简单地使用元组集。任意约束能发现更多的数据对称性，这提供了在一个提升层级上执行更多操作的潜在可能。

6.2 LP^2

LP^2[Bellodi et al.，2014]是一个在 ProbLog 中执行提升推理的算法，它把程序转换为 PFL 形式，同时使用一个扩展的 GD-FOVE 来处理 noisy-OR 结点。

ProbLog 到 PFL 的转换

为了把 ProbLog 程序转换为 PFL 形式，程序必须是无环的(带环程序的情形参见 6.5 节)。若该条件满足，则 ProbLog 程序可首先被转换为一个带 noisy-OR 结点的 BN。这里我们对 2.5 节中提出的 LPAD 转换针对 ProbLog 的情形做特别处理。

对程序的 Herbrand 基中的每个原子 A，BN 中包含一个同名的布尔型随机变量。每个概率事实由一个没有双亲的结点表示，其 CPT 为：

a	0	1
	$1-p$	p

对每个基规则 $R_i = h \leftarrow b_1, \cdots, b_n, \sim c_1, \cdots, \sim c_m$，我们向网络中添加一个名为 H_i 的随机变量，H_i 的双亲是表示原子 $B_1, \cdots, B_n, C_1, \cdots, C_m$ 的随机变量，其 CPT 为：

H_i	$B_1=1, \cdots, B_n=1, C_1=0, \cdots, C_m=0$	其余列
0	0.0	1.0
1	1.0	0.0

实际上，H_i 是表示规则体中的原子的随机变量的合取式。这样，对 Herbrand 基中没有出现在一个概率事实中的每个基原子 h，我们将随机变量 H 添加到网络中，其双亲是规则头中含 H 的基规则的所有 H_i，且 CPT 为：

H	至少有一个 H_i 等于 1	剩余列
f	0.0	1.0
t	1.0	0.0

上表表示随机变量的析取式的结果。这些随机变量族可直接在PFL中表示，不需要首先对程序进行基例化，因此可保持在提升层级进行推理。

例81（一个ProbLog程序到PFL的转换） 例79的ProbLog程序到PFL的转换是：

```
bayes series1, self; [1, 0, 0, 1] ; [].
bayes series2, attends(P); [1, 0, 0, 1];
      [person(P)].
bayes series, series1, series2 ; [1, 0, 0, 0, 0,
      1, 1, 1];  [].
bayes attends1(P), at(P,A); [1, 0, 0, 1];
      [person(P),attribute(A)].
bayes attends(P), attends1(P); [1, 0, 0, 1];
      [person(P)].
bayes self; [0.9, 0.1]; [].
bayes at(P,A); [0.7, 0.3] ; [person(P),
      attribute(A)].
```

注意series2和attends1(P)可以视为or-结点，因为它们事实上是收敛变量。因此，在经过基例化后，由第二个和第四个parfactor导出的因子不应该直接相乘，而应该通过异质相乘来组合。◀

为了这样做，我们需要识别异质因子，同时增加代理变量和parfactor。因此我们在PFL中引入parfactor的两种新类型：het和deputy。如前所述，一个parfactor的类型是指该parfactor定义于其上的网络的类型。这两种新类型用于定义一个noisy-OR(贝叶斯)网络。第一类parfactor的基例示是异质因子。收敛变量假设由原子的parfactor列表中的第一个原子表示。提升一致性是简单明了的：它对应于两个原子，它们的基例示间存在一个一致性因子。由于这个因子是固定的，所以它并未被指明。

例82（ProbLog程序到PFL-LP²） 例81给出了例79的ProbLog程序的转换过程，用两个新的因子het和deputy重新表示为：

```
bayes series1p, self; [1, 0, 0, 1] ; [].
het series2p, attends(P); [1, 0, 0, 1];
      [person(P)].
deputy series2, series2p; [].
deputy series1, series1p; [].
bayes series, series1, series2; [1, 0, 0, 0, 0, 1,
      1, 1] ;  [].
het attends1p(P), at(P,A); [1, 0, 0, 1];
      [person(P),attribute(A)].
deputy attends1(P), attends1p(P); [person(P)].
bayes attends(P), attends1(P); [1, 0, 0, 1];
      [person(P)].
bayes self; [0.9, 0.1]; [].
bayes at(P,A); [0.7, 0.3] ; [person(P),
      attribute(A)].
```

这里，series1p，series2p和attends1p(P)是新的代理收敛随机变量，series1，series2和attends1(P)是它们对应的常规变量。第五个因子表示由series1和series2得到变量series的OR组合。◀

要处理异质的parfactor和收敛PRV，必须对GC-FOVE进行改进。VE算法必须替换为VE1，即必须维护两个因子列表，其中一个列表中是同质因子，另一个列表中则是异质因子。当消除变量时，同质因子有较高的优先等级，且只和同质因子组合。然后才处理异质因子，它们的合并是在混合来自两种类型的因子之前。这样生成一个最后的因子，从其中消除选中的随机变量。

提升异质相乘考虑两个因子包含相同的收敛随机变量这种情形。SUM-OUT 算子也要改进，考虑必须在一个异质因子中对随机变量求和并将其消除的情形。对这两个算子的形式的定义是相当有技巧的，可以参阅文献[Bellodi et al.，2014]做进一步了解。

6.3 使用聚合 parfactor 的提升推理

Kisynski 和 Poole [Kisynski & Poole，2009a]提出一种基于聚合 parfactor 而不是普通 parfactor 的方法。聚合 parfactor 具有非常强的表达能力，可表示不同种类的因果独立模型，在这些模型中 noisy-OR 和 noisy-MAX 是两个特例。聚合 parfactor 形如$\langle \mathcal{C}$，P，C，F_P，⊠，$\mathcal{C}_A\rangle$，其中 P 和 C 是 PRV，它们除一个参数外其他所有参数都相同——假定这个特殊的参数 A 在 P 中而不在 C 中，且 P(可能是非布尔型)的值域是 C 的一个子集；$\mathcal{C}$ 和 $\mathcal{C}_A$ 分别是不包含 A 的不等式约束集合和包含 A 的不等式约束集合。F_P 是一个从 P 的值域到实数的因子。⊠是的 C 值域上的一个满足交换律和结合律的确定的二元算子。

当⊠是 MAX 算子时，OR 运算是其特例，可定义 C 的值域上的一个全序$\prec$。一个聚合 parfactor 可替换为两个形如$\langle \mathcal{C}\cup\mathcal{C}_A$，{P，C′}，$F_C\rangle$和$\langle\mathcal{C}$，{C，C′}，$F_\Delta\rangle$的 parfactor，其中 C′是一个与 C 有相同参数化和值域的辅助 PRV。记 $\boldsymbol{v}$ 是随机变量的一个赋值，则当 $\boldsymbol{v}(\mathrm{P})\preceq\boldsymbol{v}(\mathrm{C}')$时，有 $F_C(\boldsymbol{v}(\mathrm{P}), \boldsymbol{v}(\mathrm{C}'))=F_P(\boldsymbol{v}(\mathrm{P}))$，否则 $F_C(\boldsymbol{v}(\mathrm{P}), \boldsymbol{v}(\mathrm{C}'))=0$，若 $\boldsymbol{v}(\mathrm{C})$等于 $\boldsymbol{v}(\mathrm{C}')$的一个后继，则 $F_\Delta(\boldsymbol{v}(\mathrm{C}), \boldsymbol{v}(\mathrm{C}'))=1$，否则 $F_\Delta(\boldsymbol{v}(\mathrm{C}), \boldsymbol{v}(\mathrm{C}'))=0$。

在 ProbLog 中，当一条规则的体包含一个单独的带附加值的文字时，我们可使用聚合 parfactor 建模一条规则的头和体间的依赖性。事实上在这种情形下，给定规则头的一个基例示，所有带这个头的基子句的影响必须由一个 OR 进行组合。由于聚合 parfactor 可替换为常规 parfactor，因此这个方法能用于推理 ProbLog，需要通过把程序转换为带这些附加 parfactor 的 PEL 来实现。只有当 ProbLog 程序是无环的情况下，这个转换才是可能的。

在 ProbLog 中，PRV 的值域是二元的且⊠是 OR。例如，使用聚集 parfactor，子句 `series2: - attends(P)`可以被表述为

$$\langle\varnothing, \mathtt{attends(P)}, \mathtt{series2}, F_P, \vee, \varnothing\rangle$$

其中，$F_P(0)=1$，$F_P(1)=1$。它可以被 parfactor 替换：

$$\langle\varnothing, \{\mathtt{attends(P)}, \mathtt{series2p}\}, F_C\rangle$$

$$\langle\varnothing, \{\mathtt{series2}, \mathtt{series2p}\}, F_\Delta\rangle$$

其中，$F_C(0, 0)=1$，$F_C(0, 1)=1$，$F_C(1, 0)=0$，$F_C(1, 1)=1$，$F_\Delta(0, 0)=1$，$F_\Delta(0, 1)=0$，$F_\Delta(1, 0)=-1$，$F_\Delta(1, 1)=1$。

当一条规则的体包含一个以上的文字，或一个以上关于头的附加变量时，规则首先必须被分为满足约束的多条规则(需要添加辅助谓词)。

例 83 (ProbLog 程序到 PFL-聚合 parfactor) 例 79 的 ProbLog 程序用上述聚合 parfactor 的编码表示为：

```
bayes series1p, self; [1, 0, 0, 1] ; [].
bayes series2p, attends(P) [1, 0, 1, 1];
      [person(P)].
bayes series2, series2p; [1, 0, -1, 1]; [].
bayes series1, series1p; [1, 0, -1, 1]; [].
bayes series, series1, series2; [1, 0, 0, 0, 0, 1,
      1, 1] ;  [].
bayes attends1p(P), at(P,A); [1, 0, 1, 1];
      [person(P),attribute(A)].
bayes attends1(P), attends1p(P); [1, 0, -1, 1];
      [person(P)].
```

```
bayes attends(P), attends1(P); [1, 0, 0, 1];
      [person(P)].
bayes self; [0.9, 0.1]; [].
bayes at(P,A); [0.7, 0.3] ;
      [person(P),attribute(A)].
```

因此，通过使用文献[Kisynski & Poole，2009a]中的方法，我们可在 ProbLog 中执行提升推理，只需通过一个到 PFL 简单转换即可实现，不需要对 PEL 算法进行修改。◀

6.4 加权一阶模型计数

另一种用于提升 PLP 推理的方法是加权一阶模型计数(WFOMC)。WFOMC 以一个三元组(Δ，w，$\overline{w}$)作为输入，其中 Δ 是一个一阶逻辑语句，w 和 $\overline{w}$ 是权值函数，分别将正文字和负文字根据其谓词与一个实数相关联。给定一个三元组(Δ，w，$\overline{w}$)和一个查询 ϕ，它的概率 $P(\phi)$ 为

$$P(\phi)=\frac{\mathrm{WFOMC}(\Delta\wedge\phi,w,\overline{w})}{\mathrm{WFOMC}(\Delta,w,\overline{w})}$$

这里，WFOMC(Δ，w，$\overline{w}$)对应于与 Δ 的所有 Herbrand 模型的权值之和，其中一个模型的权值是它的文字的权值的积。因此

$$\mathrm{WFOMC}(\Delta,w,\overline{w})=\sum_{\omega\models\Delta}\prod_{l\in\omega_0}\overline{w}(\mathrm{pred}(l))\prod_{l\in\omega_1}w(\mathrm{pred}(l))$$

其中，ω_0 和 ω_1 分别是在解释 ω 中真值为假和真的文字，pred 将文字映射到它们的谓词。对于精确的 WFOMC，存在两个提升算法，一个算法基于一阶知识编译[Van den Broeck et al.，2011；Van den Broeck，2011；Van den Broeck，2013]，另一个则基于一阶 DPLL 搜索[Gogate & Domingos，2011]。它们都要求输入理论是一阶 CNF 的形式。一个一阶 CNF 是一个由如下形式的句子的合取式构成的理论：

$$\forall X_1,\cdots,\forall X_n l_1\vee\cdots\vee l_m$$

使用 Clark 完备化可以把一个 ProbLog 程序表示为一个一阶 CNF，见 1.4.1 节。对无环逻辑程序，Clark 完备化是正确的，这意味着逻辑程序的每个模型都是该程序的完备形式的模型，而程序的完备形式的每个模型也是该程序的模型。结果是一个规则集，其中每个谓词由一个单独的句子表示。考虑形如 $p(\boldsymbol{X})\leftarrow B_i(\boldsymbol{X},Y_i)$ 的 ProbLog 规则，其中 Y_i 是出现在子句体 B_i 中但没有出现在头部 $P(\boldsymbol{X})$ 中的变量。在 Clark 完备中相应的句子是 $\forall\boldsymbol{X}p(\boldsymbol{X})\leftrightarrow\vee_i\exists Y_iB_i(\boldsymbol{X},Y_i)$。对于带环的程序，可参阅 6.5 节。

由于 WFOMC 要求一个输出，其中不含存在量词，文献[Van den Broeck et al.，2014]中提出了一个可靠的且可模块化的 Skolemization 过程，将 ProbLog 程序转换为一阶 CNF。不能使用常规 Skolemization 方法是因为它引入了函数符号，这对模型计数来说是有问题的。因此，将形如 $\exists X\phi(X,\boldsymbol{Y})$ 的表达式中存在的量词符号替换为下面的公式[Van den Broeck et al.，2014]：

$$\forall\boldsymbol{Y}\ \forall X\ z(\boldsymbol{Y})\vee\neg\phi(X,\boldsymbol{Y})$$
$$\forall\boldsymbol{Y}\ s(\boldsymbol{Y})\vee z(\boldsymbol{Y})$$
$$\forall\boldsymbol{Y}\ \forall X\ s(\boldsymbol{Y})\vee\neg\phi(X,\boldsymbol{Y})$$

这里 z 是 Tseitin 谓词($w(z)=\overline{w}(z)=1$)，s 是 Skolem 谓词($w(s)=1$，$\overline{w}(s)=-1$)。这种替换能用于消除全称量词符号，这是因为

$$\forall X\phi(X,\boldsymbol{Y})$$

可被视为

$$\neg \exists X \neg \phi(XY)$$

删去存在量词符号直到不能进行替换，然后所得程序可表示为一个带标准变换的一阶 CNF。

这种替换引入了对理论的一种放宽，因此除常规的、需要的模型外，理论还认可更多模型。但是，对每个带权值 W 的附加的、不需要的模型，只有一个带权值 $-W$ 的附加模型，因此 WFOMC 没有改变。这 3 个放宽的公式和模型权值之间的相互影响遵循以下几条规则：

1）当 $z(\boldsymbol{Y})$ 为假时，$\exists X\phi(X, \boldsymbol{Y})$ 为假且 $s(\boldsymbol{Y})$ 为真，这是一个常规模型，其权值乘以 1。

2）当 $z(\boldsymbol{Y})$ 为真时，以下三条之一成立：

a）$\exists X\phi(X, \boldsymbol{Y})$ 为真且 $s(\boldsymbol{Y})$ 为真，这是一个常规模型，其权值乘以 1。

b）$\exists X\phi(X, \boldsymbol{Y})$ 为假且 $s(\boldsymbol{Y})$ 为真，这是一个附加模型，有一个正权值 W。

c）$\exists X\phi(X, \boldsymbol{Y})$ 为真且 $s(\boldsymbol{Y})$ 为假，这是一个附加模型，有一个负权值 $-W$。

最后两种情形相互抵消。

WFOMC 利用两个映射函数对一个 ProbLog 程序进行表示，这两个映射把一个概率事实的概率 Π_i 和 $1-\Pi_i$ 分别与谓词的正文字和负文字关联在一起。在应用 Clark 完备后，结果可能为 Skolem 范式，因此，上述技巧必须在执行 WFOMC 之前使用。WFOMC[⊖] 系统通过将输入理论编译为一阶 d-DNNF 图来解决 WFOMC 问题[Darwiche，2002；Chavira & Darwiche，2008]。

例 84（ProbLog 程序到 Skolem 范式） 从例 79 的 ProbLog 程序到 WFOMC 系统的 WMC 输出格式的转换如下：

```
predicate series1 1 1
predicate series2 1 1
predicate self 0.1 0.9
predicate at(P,A) 0.3 0.7
predicate z1 1 1
predicate s1 1 -1
predicate z2(P) 1 1
predicate s2(P) 1 -1

series v ! z1
!series v z1
z1 v !self
z1 v !attends(P)
z1 v s1
s1 v !self
s1 v !attends(P)

attends(P) v ! z2(P)
!attends(P) v  z2(P)
z2(P) v !at(P,A)
z2(P) v s2(P)
s2(P) v !at(P,A)
```

这里 predicate 是概率值的映射函数，而 z1 和 z2 是 Tseitin 谓词，s1 和 s2 是 Skolem 谓词。◀

⊖ https://dtai.cs.duleuven.be/software/wfomc

6.5 带环逻辑程序

6.2节和6.3节中分别描述的LP^2和聚合parfactor，要求从ProbLog转换到PEL以执行推理。这个转换的第一步是将一个ProbLog程序变换为一个带noisy-OR结点的BN。但是由于BN不能有循环，若程序是循环或非紧致的(即程序中包含正循环)，则这种转换是不正确的。类似的问题出现在WFOMC中：Clark完备[Clark，1978]只对无环逻辑程序是正确的。

Fages[1994]证明了若一个LP程序是无环的，则其Clark完备[Clark，1978]的Herbrand模型是最小的，且与原始的LP程序的稳定模型一致。这个理论结果的结论是，若ProbLog程序是无环的，则可借助Clark完备将其正确地转换为一阶理论。

为将这些方法应用到带环程序中，我们需要删除正循环。首先应用Janhunen[2004]提出的转换(见5.7节)，将正规逻辑程序转换为原子正规程序，再转换为子句。一个原子正规程序仅仅包含形如

$$a \leftarrow \sim c_1, \cdots, \sim c_m$$

的规则，其中a和c_i是原子。这个程序是紧致的，因此，把它们转换为PEL程序并使用Clark完备是可能的。

但是，提出这种转换只是针对基LP的情形。对非基程序进行转换是一个有趣的研究方向，特别是在允许程序中带函数符号的情况下。

6.6 各种方法的比较

Riguzzi等人[2017a]在5个问题上对LP^2、聚合parfactors的C-FOVE(C-FOVE-AP)和WFOMC进行了实验对比：

- 研讨会属性问题[Milch et al.，2008]。
- 两个不同版本竞争的研讨会问题[Milch et al.，2008]。
- Poole [2008]中例7的两个不同版本，我们称为plates问题。

根据文献[Jaeger & Van den Brokck，2012；Van den Brokck，2011]，带等式及二变量公式的无函数一阶逻辑(2-FFFOL(=))是论域可提升的，即推理的复杂度为有关论域规模的多项式。所有的这些问题都归结到2-FFFOL(=)，且实验证实了系统的运行时间是多项式级的。但是，WFOMC比其他系统执行得更好，而LP^2和C-FOVE-AP在所有问题中表现了相近的性能。

近似推理

近似推理是以近似方法得到计算结果的一种推理方式，其计算过程的代价小于精确推理。

可以将近似推理方法分为两类：一类是由精确推理算法修正得来，另一类则基于采样。

7.1 ProbLog1

ProbLog1 以三种方法近似求解 EVID 任务。第一种方法基于迭代深化，计算查询概率的上、下界。第二种方法通过限定证明的数目来对查询概率进行近似。第三种方法使用蒙特卡罗(Monte Carlo)采样。

7.1.1 迭代深化

在迭代深化中，SLD 树的构建过程在达到一个特定深度时即终止 [De Raedt et al., 2007; Kimming et al., 2008]。然后构建两个解释集：K_l 表示出现在树中的成功的证明；K_u 表示出现在树中的成功的且仍开放的证明。K_l 的概率是查询概率的下界，因为某些开放的推导过程可能会成功，K_u 的概率是查询概率的上界，因为某些开放的推导过程可能会失败。

例 85 **(路径-ProbLog-迭代深化)** 考虑图 7.1 中的程序，其为例 1 程序的概率版本，同时表示了图 7.2 中概率图的连通性。

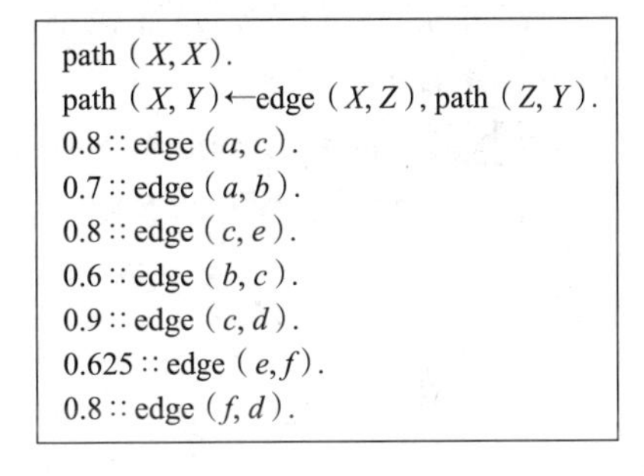
```
path (X,X).
path (X,Y)←edge (X,Z), path (Z,Y).
0.8 :: edge (a,c).
0.7 :: edge (a,b).
0.8 :: edge (c,e).
0.6 :: edge (b,c).
0.9 :: edge (c,d).
0.625 :: edge (e,f).
0.8 :: edge (f,d).
```

图 7.1 例 85 的程序

查询 path(c, d)有解释的覆盖集 K：

$$K=\{\{ce,ef,fd\},\{cd\}\}$$

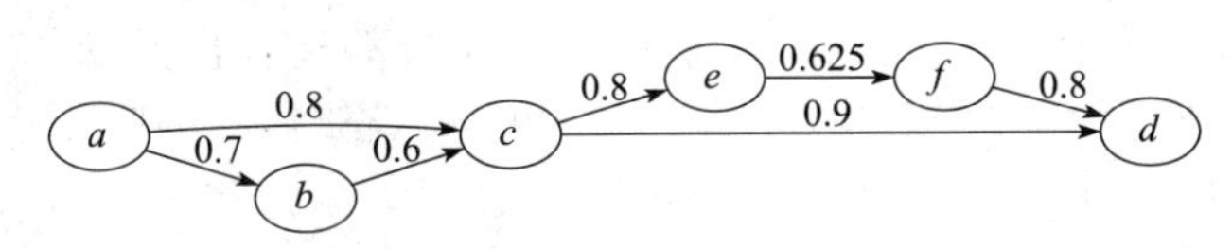

图 7.2 例 85 的概率图

其中形如 $f=\Pi::\text{edge}(x, y)$的事实的原子选择$(f, \varnothing, 1)$表示为 xy。K 可做成两两不相容的：

$$K'=\{\{ce,ef,fd,\neg cd\},\{cd\}\}$$

其中 $\neg cd$ 表示 $f=0.9::\text{edge}(c, d)$的选择$(f, \varnothing, 0)$。查询的概率是 $P(\text{path}(c, d))=0.8\cdot 0.625\cdot 0.8\cdot 0.1+0.9=0.94$。

若限制深度为 4，我们可得到图 7.3 中的树。这棵树有一个成功的推导，其与解释 $\kappa_1=\{cd\}$相关联，还有一个失败的推导和一个仍然开放的推导。开放推导以 path(f, d)为终结，其与复合解释 $\kappa_1=\{ce, ef\}$相关联，因此 $K_l=\{\kappa_1\}$且 $K_u=\{\kappa_1, \kappa_2\}$。我们有 $P(K_l)=0.9$ 且 $P(K_u)=0.95$，同时 $P(K_l)\leqslant P(\text{path}(c, d))\leqslant P(K_u)$。

ProbLog1的迭代深化算法以一个误差阈值ε、一个深度界限d和一个查询q为输入。算法为q构造一棵SLD树，直到深度达到d。然后它构建复合选择集K_l和K_u并计算它们的概率。若差值$P(K_u)-P(K_l)$比误差阈值ε小，则意味着已找到一个满足精确度的解，返回区间$[P(K_l), P(K_u)]$。否则，增大深度界限，构建一棵新的SLD树直到到达新的深度界限。迭代执行该过程直到$P(K_u)-P(K_l)$小于误差阈值时为止。◀

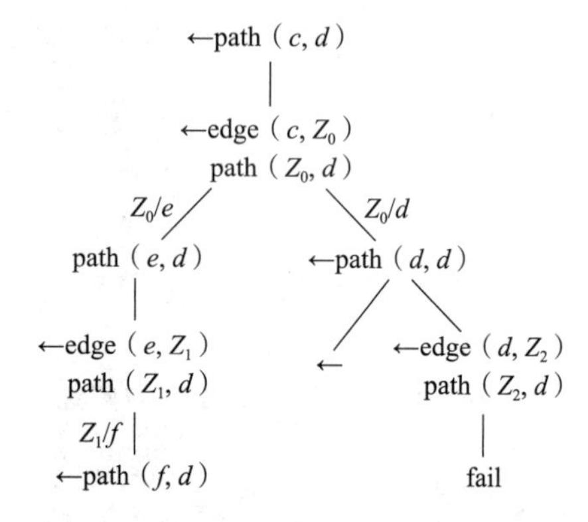

图7.3　例85中程序中查询路径path(c, d)的深度限制为4的SLD树

ProbLog1也可不使用深度界限，而使用证明的概率的一个界限：当与一个证明相关联的解释的概率小于一个阈值时，证明过程停止。在接下来的迭代中通过将阈值与一个小于1的常数相乘使得其变小。

7.1.2　k-best

ProbLog1中近似推理的第二种方法使用固定数量的证明来得到查询概率的一个下界[Kimming et al.，2008，2011a]。给定一个整数k，找到最好的k个证明，对应于最好的k个解释的集合K_k，将K_k的概率视为查询概率的估计值。

这里的“最好”是指在概率意义下，若一个解释的概率比另一解释的概率高，则说前一个解释好于后者。

例86 **(路径-ProbLog-k-best)**　考虑例85中带查询path(a，d)的程序，这个查询有下面列出的四个解释，同时附上它们的概率：

$$\begin{aligned}
\kappa_1 &= \{ac, cd\} & P(\kappa_1) &= 0.72\\
\kappa_2 &= \{ab, bc, cd\} & P(\kappa_1) &= 0.378\\
\kappa_3 &= \{ac, ce, ef, fd\} & P(\kappa_1) &= 0.32\\
\kappa_4 &= \{ab, bc, ce, ef, fd\} & P(\kappa_1) &= 0.168
\end{aligned}$$

若$k=1$，则ProbLog1仅考虑最好的证明且$P(K_1)=0.72$。若$k=2$，则ProbLog1考虑最好的两个解释，$K_2=\{\kappa_1, \kappa_2\}$。通过使它们两两不相容，得到$K_2'=\{\kappa_1, \{ab, bc, cd, \neg ac\}\}$，且$P(K_2')=0.72+0.378\cdot 0.2=0.7956$。若$k=3$，则$K_3=\{\kappa_1, \kappa_2, \kappa_3\}$，且$P(K_3)=0.8276$。若$k=4$，则$K_4=\{\kappa_1, \cdots, \kappa_4\}$，且$P(K_4)=P(\text{path}(a, b))=0.83096$。对于$k>4$，处理方法相同。

为执行k-best推理，ProbLog使用branch-and-bound方法：当一个推导的概率小于第k个最好解释时，当前最好的k个解释被保持，且中断此推导过程。当找到一个新的解释时，将它按概率的次序插入k-best解释列表中，若列表已包含k个解释，则可能会删除最后一个。◀

这个算法返回查询概率的一个下界，k越大，下界越好。

7.1.3　蒙特卡罗方法

近似推理的蒙特卡罗方法基于下面的过程，它们将重复执行直至收敛：

1）通过依次采样每个基概率事实，来对一个世界进行采样。

2）检查查询在此世界中是否为真。

3）查询的概率$\hat{p}$针对的是查询为真的那一部分样本。

当$\hat{p}$的置信区间的尺度小于用户定义的阈值δ时，算法收敛。为了计算$\hat{p}$的置信区间，ProbLog1 使用中心极限定理，通过正态分布来近似二项分布。然后这个二项比例置信区间为

$$\hat{p} \pm z_{1-\alpha/2}\sqrt{\frac{\hat{p}(1-\hat{p})}{n}}$$

其中n是样本数，$z_{1-\alpha/2}$是一个标准正态分布的$1-\alpha/2$百分位数，通常情况下取$\alpha=0.05$。若这个区间的宽度小于用户定义的阈值δ，则 ProbLog1 停止并返回$\hat{p}$。

当样本容量大于 30 且$\hat{p}$不是太接近于 0 或 1 时，置信区间的估值是很好的。当样本比例为 0 或 1 时，正态近似是完全失败的。

但是，上述生成样本的方法在大型程序中是低效的，因为证明经常很短而生成一个世界要求采样很多概率事实。所以 ProbLog1 通过只采样证明所要求的概率事实并惰性地生成样本。事实上，不必对不被证明需要的概率事实进行采样。

ProbLog1 执行所谓的“源到源”(source-to-source)程序变换，使用 Prolog 的 term_expansion 机制对概率事实进行变换。例如，将如下形式的概率事实

```
0.8 :: edge(a, c).
0.7 :: edge(a, b).
```

变换为

```
edge(A, B) ← problog_edge(ID, A, B, LogProb),
  grounding_id(edge(A, B), ID, GroundID),
  add_to_proof(GroundID, LogProb).

problog_edge(0, a, c, −0.09691).
problog_edge(1, a, b, −0.15490).
```

其中 problog_edge 是一个新谓词，它是谓词 edge/2 的事实的内部表示。grounding_id/3 用于概率事实未基例化的情形，以对每个基例示得到一个不同的标识符。add_to_proof/2 将事实添加到当前证明中，该证明存储在一个全局存储区域。ProbLog1 中所有推理算法都使用这个方法。

$\hat{p}$的计算通常在取一个用户定义较小的样本数n后进行，参见算法 6。

算法 6　MONTECARLO 函数：ProbLog1 的蒙特卡罗算法

```
1:  function MONTECARLO(P, q, n, δ)
2:      Input: Program P, query q, number of batch samples n, precision δ
3:      Output: P(q)
4:      transform P
5:      Samples←0
6:      TrueSamples←0
7:      repeat
8:          for i=1→n do
9:              Samples←Samples+1
10:             if SAMPLE(q) succeeds then
11:                 TrueSamples←TrueSamples+1
12:             end if
13:         end for
```

14: $\hat{p} \leftarrow \frac{TrueSamples}{Samples}$

15: **until** $2z_{1-\alpha/2}\sqrt{\frac{\hat{p}(1-\hat{p})}{Samples}} < \delta$

16: **return** $\hat{p}$

17: **end function**

这个算法收敛是因为Samples变量是递增的，且程序第15行的条件 $2z_{1-\alpha/2}\sqrt{\frac{\hat{p}(1-\hat{p})}{\text{Samples}}} < \delta$ 最终将为真，除非查询的概率为0或1。

通过对变换后的程序提交查询，函数SAMPLE(q)即得以实现。ProbLog1使用一个数组，其中每个元素对应一个基概率事实，它们的取值为以下三者之一：采样真、采样假和未采样。当调用一个与概率事实匹配的文字时，ProbLog1首先查找数组以检查概率事实是否已被采样。若它没有被采样，ProbLog1对其进行采样，然后将结果存储在数组中。在程序中对非基概率事实的处理方式则不同：这些事实的基例示的样本存储在ProbLog解释器(针对ProbLog1是YAP的情况)的内部数据库中，当它们被调用时即取得采样值。若没有基例示采集样本，则采集一个样本并记录在数据库中。由于它们的基例示在初始时未知，因此在数组中没有预留它们的位置。

基于采样的近似推理方法在ProbLog2系统中也可使用。

7.2 MCINTYRE

MCINTYRE(Monte Carlo INference wiTh Yap REcord)[Riguzzi，2013]将ProbLog1中的蒙特卡罗方法应用到LPAD，使用YAP内部数据库存储所有样本且使用表格法来加速推理。

MCINTYRE首先对程序进行转换，然后在转换后的程序上执行查询。对于以下析取子句：

$$C_i = h_{i1} : \Pi_{i1} \vee \cdots \vee h_{in} : \Pi_{in_i} :- b_{i1}, \cdots, b_{im_i}$$

其中所有参数的和为1，将其转换为子句集 $MC(C_i)=\{MC(C_i, 1), \cdots, MC(C_i, n_i)\}$：

$$MC(C_i,1) = h_{i1} :- b_{i1}, \cdots, b_{im_i},$$
$$\text{sample\_head}(ParList, i, VC, NH), NH = 1.$$
$$\cdots$$
$$MC(C_i,n_i) = h_{in_i} :- b_{i1}, \cdots, b_{im_i},$$
$$\text{sample\_head}(ParList, i, VC, NH), NH = n_i.$$

其中 VC 是包含每个出现在 C_i 中的变量的列表，ParList是 $[\Pi_{i1}, \cdots, \Pi_{in_i}]$。若参数和不为1，则最后一个子句(对应于null的一个)被忽略。MCINTYRE为每个头部创建一个子句，并使用sample_head/4在子句体的结尾部分对一个头索引进行采样。若这个索引与头索引一致，则推导成功；否则，推导失败。因此，推导失败的原因可能是有一个体文字失败，也可能是当前子句不是样本的一部分。

例87 **(流行病-LPAD)** 下面的LPAD对流行病的发展进行建模，与例66的ProbLog程序非常相似：

$$C_1 = \text{epidemic} : 0.6 ; \text{pandemic} : 0.3 \leftarrow \text{flu}(X), \text{cold}.$$
$$C_2 = \text{cold} : 0.7.$$
$$C_3 = \text{flu}(\text{david}).$$
$$C_4 = \text{flu}(\text{robert}).$$

子句 C_1 有两个基例示，每个基例示的头中都有三个原子，而子句 C_2 只有一个基例示，其头中有两个原子，因此共有 3×3×2=18 个世界。在其中 5 个世界里查询 epidemic 为真，其概率为

$$\begin{aligned} P(\text{epidemic}) &= 0.6 \cdot 0.6 \cdot 0.7 + 0.6 \cdot 0.3 \cdot 0.7 + 0.6 \cdot 0.1 \cdot 0.7 + \\ &\quad 0.3 \cdot 0.6 \cdot 0.7 + 0.1 \cdot 0.6 \cdot 0.7 \\ &= 0.588 \end{aligned}$$

将子句 C_1 转换为

$$\begin{aligned} MC(C_1, 1) &= \text{epidemic}:-\text{flu}(X), \text{cold}, \\ &\quad \text{sample\_head}([0.6, 0.3, 0.1], 1, [X], NH), NH = 1. \\ MC(C_1, 2) &= \text{pandemic}:-\text{flu}(X), \text{cold}, \\ &\quad \text{sample\_head}([0.6, 0.3, 0.1], 1, [X], NH), NH = 2. \end{aligned}$$

谓词 samle_head/4 从一个子句的头部采样一个索引，然后使用内置的 YAP 谓词 record/3 和 recorda/3 分别检索或增加一个内部数据库的入口。

由于 sample_head/4 在子句体的末尾，且我们假设程序是范围受限的，因此当调用 sample_head/4 时，子句的所有变量被基例化。

若规则的例式已经被采样了，sample_head/4 检索到带 recorded/3 的头索引，否则，它采样一个带 sample/2 的头索引：

```
sample_head(_ParList,R,VC,NH):-
  recorded(exp,(R,VC,NH),_),!.
sample_head(ParList,R,VC,NH):-
  sample(ParList,NH),
  recorda(exp,(R,VC,NH),_).


sample(ParList, HeadId) :-
  random(Prob),
  sample(ParList, 0, 0, Prob, HeadId).
sample([HeadProb|Tail], Index, Prev, Prob,
                        HeadId) :-
  Succ is Index + 1,
  Next is Prev + HeadProb,
  (Prob =< Next ->
     HeadId = Index
  ;
    sample(Tail, Succ, Next, Prob, HeadId)
  ).
```

为了避免对同一原子的重复采样，可以采用嵌合法。为从程序中得到一个样本，MCINTYRE 使用下面的谓词：

```
sample(Goal):-
  abolish_all_tables,
  eraseall(exp),
  call(Goal).
```

例如，若查询是 epidemic，则消解过程和目标（子句 $MC(C_1, 1)$的头）匹配。假定 flu(X)对 X/david 执行成功，且 cold 也成功，则

$$\text{sample\_head}([0.6, 0.3, 0.1], 1, [\text{david}], NH)$$

被调用。由于用 david 换替 X 后的子句 1 没有被采样，根据分布[0.6，0.3，0.1]采样 1

到3中的一个数，将其存储在 NH 中。若 $NH=1$，则推导成功且目标在样本中为真。若 $NH=2$ 或 $NH=3$，则推导失败且执行回溯。这涉及找到 flu(X)的解 X/robert。之前 cold 已采样为真，因此它再次成功。调用下式取另一个样本：

$$\text{sample\_head}([0.6,0.3,0.1],1,[\text{robert}],NH)$$

与 ProbLog1 不同，MCINTYRE 需要考虑二项分布置信区间的有效性。正态近似在样本容量大于30且 $\hat{p}$ 没有太接近于0或1时是很好的。经验上可以得出以下结论：只要 Samples · $\hat{p}>5$ 且 Samples · $(1-\hat{p})>5$，正态近似就表现得很好[Ryan，2007]。因此，MCINTYRE 将算法6中第15行的条件改写为

$$2z_{1-\alpha/2}\sqrt{\frac{\hat{p}(1-\hat{p})}{\text{Samples}}}<\delta \wedge \text{Samples}\cdot\hat{p}>5 \wedge \text{Samples}\cdot(1-\hat{p})>5$$

MCINTYRE 最近针对 SWI-Prolog 的版本(cplint 工具包内)使用动态子句来存储样本，因为在 SWI-Prolog 中它们是比较快的。sample_head/4 定义为：

```
sample_head(R,VC,_HeadList,N):-
  sampled(R,VC,N),!.

sample_head(R,VC,HeadList,N):-
  sample(HeadList,N),
  assertz(sampled(R,VC,N)).
```

蒙特卡罗采样法的优势在于其实现简单，且估值可以改进(因为有更多时间可用)，这使得它成为一个任意时间算法(anytime algorithm)。◀

7.3 带无穷多个解释的查询的近似推理

蒙特卡罗推理也可用于带函数符号的程序，在这样的程序中可能会有无穷多个无穷解释，且在其中进行精确推理是有环的。事实上，查询的一个样本自然地对应于一个解释。取到一个样本的概率和它对应的解释的概率是相同的。但无穷解释有可能带来麻烦。无穷解释的概率都是0，所以沿着这样一条路径计算下去而不能终止的概率也是0。因此，蒙特卡罗推理可应用于带无穷多个无穷解释的程序。

类似地，由于证明树只构建到一个特定的点，因此迭代深化也可防止无穷循环。若深度有限制，由于深度界限总会达到，计算总会终止。若概率值有界限，也总会达到该值，这是因为随着更多的选择加入，解释的概率将会达到0。

关于在一个带无穷解释集的程序上执行蒙特卡罗推理的例子，可参阅11.11节。

7.4 条件近似推理

蒙特卡罗推理也提供了一个聪明的算法，用于计算给定证据条件下查询的概率(COND 任务)的智能算法：拒绝采样和 Metropolis-Hastings 马尔可夫蒙特卡罗法(Markov Chain Monte Carlo，MCMC)。

在拒绝采样方法中[Von Neumann，1951]，首先对证据进行查询，若成功，则在同一样本中执行查询；否则，这个样本被丢弃。拒绝采样在 cplint 和 ProbLog2 中都是可用的。

在 Metropolis-Hastings MCMC 中，一条马尔可夫链通过取一个初始样本，然后生成后继样本来构建。对算法的一般描述，可参阅文献[Koller & Friedman，2009]。

Nampally 和 Ramakrishnan[2014]提出了一个针对 PLP 的 MCMC 版本。在他们的算法中，初始样本通过对证据为真的选择进行随机采样来构建。后继样本则通过删除固定数目(lag)的已采样概率选择获得。然后从未删除的选择开始采样，再次对证据进行查询。

若证据成功，也通过采样执行查询。查询样本被接受的概率是

$$\min\left\{1, \frac{N_{i-1}}{N_i}\right\}$$

其中 N_{i-1} 是在前一个样本中得到的选择的数目，N_i 是在当前样本中得到的选择的数目。若在最后接受的样本中查询成功，则查询成功的次数增加 1。最后的概率由成功的次数和样本总数的比值给出。Nampally 和 Ramakrishnan [2014] 证明了若 lag 等于 1，则这是一个有效的 Metropolis-Hastings MCMC。

cplint 中也实现了 Metropolis-Hastings MCMC [Alberti et al.，2017]。由于文献 [Nampally & Ramakrishnan，2014] 中算法有效性的证明在忽略一个以上已采样的选择时也成立，因此在 cplint 中 lag 是用户定义的。

算法 7 给出了这个过程。函数 INTIALSAMPLE 返回复合选择，其中包含为证明证据而采样的选择。函数 SAMPLE 以一个目标和一个复合选择作为输入，对目标进行采样，返回一个由采样结果（真或假）和已采样选择集构成的对子，这扩展了输入的复合选择。函数 RESAMPLE(κ，lag) 从 κ 中删除 lag 个选择。在文献 [Nampally & Ramakrishnan，2014] 中，lag 总是 1。函数 ACCEPT(κ_{i-1}，κ_i) 决定是否接受样本 κ_i。

算法 7　MCMC 函数：Metropolis-Hastings MCMC 算法

1：**function** MCMC($\mathcal{P}$，q，*Samples*，*lag*)
2：　Input：Program $\mathcal{P}$，query q，number of samples *Samples*，number of choices to delete *lag*
3：　Output：$P(q|e)$
4：　$TrueSamples \leftarrow 0$
5：　$\kappa_0 \leftarrow$ INITIALSAMPLE(e)
6：　$(r_q, \kappa) \leftarrow$ SAMPLE(q，κ_0)
7：　**for** $i=1 \rightarrow Samples$ **do**
8：　　$\kappa' \leftarrow$ RESAMPLE(κ，*lag*)
9：　　$(r_e, \kappa_e) \leftarrow$ SAMPLE(e，κ')
10：　　**if** r_e = true **then**
11：　　　$(r'_q, \kappa_q) \leftarrow$ SAMPLE(q，κ_e)
12：　　　**if** ACCEPT(κ，κ_q) **then**
13：　　　　$\kappa \leftarrow \kappa_q$
14：　　　　$r_q \leftarrow r'_q$
15：　　　**end if**
16：　　**end if**
17：　　**if** r_q = true **then**
18：　　　$TrueSamples \leftarrow TrueSamples + 1$
19：　　**end if**
20：　**end for**
21：　$\hat{p} \leftarrow \frac{TrueSamples}{Samples}$
22：　**return** $\hat{p}$
23：**end function**

函数 INTIALSAMPLE 由一个元解释器（见 1.3 节）构建初始样本，该元解释器以从目标开始，且对搜索过程中使用子句作消解的顺序进行随机化，这样初始样本就是无偏好的。通过收集所有与子目标匹配的子句并按随机顺序尝试，即可完成上述过程，然后使用

常规采样对目标进行查询。

7.5 通过采样对混合程序进行近似推理

蒙特卡罗推理的一个有吸引力的特征是它几乎可直接用于混合程序的近似推理。例如，处理如下形式的一个混合子句：

$$C_i = g(X,Y):\text{gaussian}(Y,0,1) \leftarrow \text{object}(X)$$

MCINTYRE 把它转换为[Riguzzi et al.，2016a；Alberti et al.，2017]：

$$g(X,Y) \leftarrow \text{object}(X),\text{sample\_gauss}(i,[X],0,1,Y)$$

和离散变量一样，连续型随机变量的样本使用断言来存储。事实上，谓词 sample_gauss/4 定义为：

```
sample_gauss(R,VC,_Mean,_Variance,S):-
  sampled(R,VC,S),!.

sample_gauss(R,VC,Mean,Variance,S):-
  gauss(Mean,Variance,S),
  assertz(sampled(R,VC,S)).
```

其中 `gauss(Mean, Variance, S)`返回 S 中的一个值，它采样自一个参数为 Mean 和 Variance 的高斯分布。

混合程序的蒙特卡罗推理的正确性来源于随机算子：一个除了头中定义的连续型随机变量外，其余部分都做了基例化的子句定义了一个采样过程，该过程根据分布和头中指明的参数抽取连续型随机变量的一个样本。由于程序是范围受限的，当采样谓词被调用时，除头中定义的变量外，子句中其他所有变量都是基例化的，因此 T_P 算子可应用到子句中，对已定义的变量采样一个值。

对于强制式或函数式的概率程序语言，蒙特卡罗推理也是最常见的推理方法。当一个概率原语被调用时，运行程序并生成样本，则可得到程序输出的一个样本。在概率程序中，通常并不使用备忘，这样每当遇到一个概率原词时就会得到一个新的样本。

通过使用拒绝采样或 Metropolis-Hastings MCMC，也可以相似的方式执行条件推理，除非证据是基于基原子的，且它们以连续值作为参数。在这种情形下，不能使用拒绝采样或 Metropolis-Hastings MCMC，因为证据的概率为 0。然而，查询对于给定证据的条件概率仍可以定义，参见 1.5 节。在这种情形下，可使用似然加权[Nitti et al.，2016]。

对获得的每个样本，似然加权对查询进行采样，然后基于证据给样本赋一个权值。权值通过以下方式计算得到：从一个样本的权值开始，在查询的相同样本上对证据进行后向推导，每次做一个选择，或采样一个连续变量。若选择/变量已经采样过，则将当前的权值乘以选择的概率，或乘以连续变量的密度值。

查询的概率按以下方法计算得到：用查询为真的样本的权值之和除以样本权值的总和。这种方法对不会拒绝样本的非混合程序也是非常有用的，因此采样较快。

当有不止一种求解方法时，为了获得无偏好样本，cplint 中的似然加权[Alberti et al.，2017；Nguembang Fadja & Riguzzi，2017]使用元解释器来随机化子句的选择。这个元解释器类似于在 Metropolis-Hastings 算法中生成第一个样本的解释器。

不同的元解释器被用来评估样本的权值。这个元解释器从证据开始查询，权值为 1。每次元解释器遇到一个概率选择，它首先检查一个值是否已被采样过。若已经采样，则计算此采样值的概率/密度，然后乘以权值。若未采样，则采样并做记录，保持权值不变。用这种方式，将查询的每个样本与反映证据影响的权值联系在一起。

在某些情形下，似然加权会遇到数值问题，因为样本的权值可能会快速递减为一个很小的数，其可能被浮点算术运算计算为 0。例如，对动态模型，谓词依赖于时间且我们有很多时间点上的证据，上述数值问题就会发生。在这种情况下，可使用粒子滤波［Nitti et al.，2016］，它对单个的样本/粒子周期性地进行重采样以使它们的权值重置为 1。

在粒子滤波中，证据是一个文字列表。取查询的 n 个样本，由证据列表中的第一个元素的似然率估算其权值。每个样本构成一个粒子且已采样的随机变量被存储起来。

执行加权操作后，对 n 个粒子执行带替换的重采样，概率与其权值成比例。具体地说，对前一次 n 个粒子的权值要进行归一化处理。记 w_i 为粒子 s_i 的归一化权值。新的 n 个粒子中的每一个采样自前一次的粒子集合，粒子 s_i 被选中的概率为 w_i。每次采样后，被采样的粒子将被重新放到粒子集中以使得相同的粒子可被重复抽到。

重采样后，考虑证据的下一个元素。基于新的证据元素计算每个粒子的新权值，重复该过程直到最后一个证据元素。

7.6 混合程序的带有界误差的近似推理

为了计算混合程序的查询的边界，Michels 等人［2016］提出了迭代混合概率模型计数算法(IHPMC)，他们考虑针对 LP 语言(见 4.5 节)的 EVID 和 COND 任务。IHPMC 构建能分割变量域的树，为了达到期望精度，树的深度是递增的。

混合概率树(HPT)是一棵二叉树，其每个结点 n 与一个命题公式和一个范围相关联，该范围对每个随机变量标记为 range(n, X)。对于根结点 r，每个变量的范围是它的整个范围：range$(r, X)=\text{Range}_X$。每个非叶子结点 n 把随机变量的范围分割成两部分，每个子结点的命题公式是从该结点上执行分割的条件得到的。由于变量有可能是连续的，因此一个随机变量的范围可以沿着同一树枝被分割多次。若 n 的子结点是$\{c_1, c_2\}$，则每条边 $n\rightarrow c_i$，$i\in\{1, 2\}$与一个随机变量 Y 的范围 τ_{ni} 相关联，使得 $\tau_{n1}\cup\tau_{n2}=\text{range}(n, Y)$ 且 $\tau_{n1}\cap\tau_{n2}=\varnothing$。此外，对 $i\in\{1, 2\}$，若 $Y\neq Z$，则 range$(c_i, Y)=\tau_{ni}$ 且 range$(c_i, Z)=\text{range}(n, Z)$。

与 c_i 关联的公式 φ_{c_i} 可通过在 Y 的范围上加一个限制由 φ_n 得到，同时若某些最初的约束能用 $\top$ 或 $\perp$ 代替，则该公式能被简化。每条边 $n\rightarrow c_i$ 和一个概率 p_{ni} 相关联，使得 $p_{ni}=P(Y\in\tau_{ni} \mid Y\in\text{range}(n, Y))$。叶结点满足 $\varphi_l=\top$ 或 $\varphi_l=\perp$。

给定一个 HPT，由与根结点关联的公式表示的事件的概率可使用算法 4 计算，该算法能计算 BDD 的概率。

例 88 (机器诊断问题［Michels et al.，2016］) 考虑一个诊断问题：若机器温度超过阈值，则机器失效。若冷却失败(noc=true)，则降低阈值。这个问题能用 PCLP 程序建模为：

$$
\begin{aligned}
&\text{fail} \leftarrow t > 30.0\\
&\text{fail} \leftarrow t > 20.0, \text{noc} = \text{true}\\
&t \sim \text{gaussian}(20.0, 50.0)\\
&\text{noc} \sim \{0.01 : \text{true}.0.99 : \text{false}\}
\end{aligned}
$$

则机器失败的事件可以用下面的公式表示：

$(\text{noc} = \text{true} \land t > 20.0) \lor t > 30.0$

这个公式的 HPT 如图 7.4 所示。

则失败的概率是

$$P(\text{fails}) = 0.9772 \cdot 0.01 \cdot 0.4884 + 0.0228 \approx 0.0276$$

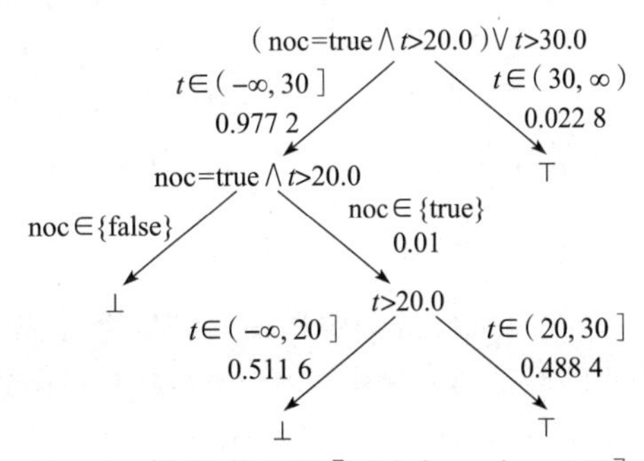

图 7.4 例 88 的 HPT［Michels et al.，2016］

在例 88 中，可精确地计算查询的概率。一般地，这是不可能的，因为查询事件可能不能使用随机变量的超矩形来表示。在这种情形下，命题公式不能简化为$\bot$或$\top$。但是，可以考虑部分求值的混合概率树(PHPH)，不是所有叶子都是$\bot$或$\top$的 HPT 。从一个 PHPT 中，可以得到查询概率的一个下界和上界：树中的叶子给出了下界 $\underline{P}(q)$，树中所有除$\bot$叶子外的叶子给出上界 $\overline{P}(q)$。◀

例 89 **(机器诊断问题-近似推理[Michels et al. , 2016])** 考虑程序：

fail ← $t > l$
t ~ gaussian (20.0, 50.0)
l ~ gaussian (30.0, 50.0)

则机器失败的事件可以用公式 $t>l$ 表示，同时这个公式的 PHPH 如图 7.5 所示。

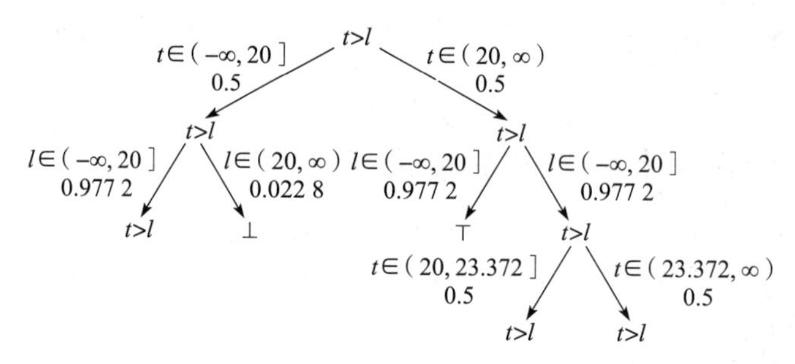

图 7.5 例 89 的 PHPT[Michels et al. , 2016]

则失败的概率的下界为

$$\underline{P}(\text{fails}) = 0.977\,2 \cdot 0.5$$

由于唯一的$\bot$叶子的概率为 $0.022\,8 \cdot 0.5$，则

$$\overline{P}(\text{fails}) = 1 - 0.022\,8 \cdot 0.5$$
◀

给定一个精度 ε，IHPMC 将构造一棵 PHPT，满足 $P(q)-\underline{P}(q)\leqslant\varepsilon$ 且 $\overline{P}(q)-P(q)\leqslant\varepsilon$。要做到这一点，树的构建必须达到充分的深度。

为计算条件概率的边界，IHPMC 需要计算 $q \land e$ 和$\neg q \land e$ 的边界，其中 q 是查询，e 是证据。IHPMC 利用两个 PHPH 计算边界。通过构建一个有充分深度的树，任意的精度都可以达到。

当构建树时，IHPMC 使用启发式方法来选择下一个要扩展的结点、用于分割的变量以及变量范围的划分。IHPMC 使用最大概率质量来扩展叶结点。在公式中出现频率越高的变量越易于分割，除非不同的选择能消除原始约束。对于划分连续变量，选择能使公式简化的分割点。若没有这样的分割点，那么选择一个使结点的概率被均匀分割的划分。

加权模型集成(Weighted Model Integration)[Belle et al. , 2015b, a, 2016; Morettin et al. , 2017] 是最近提出的一种方法，它将 WMC 推广到混合模型，用分段多项式对一般连续分布进行近似。近似分布可任意接近于精确分布，所以这种方法没有提供结果的误差边界。

7.7 k-优化

在 k-best 方法中，证明的集合是彼此高冗余的。给定对解释个数的限制，为得到最佳的可能下界 k-优化(k-optimal)[Renkens et al. , 2012]改进了 k-best 对确定子句的处理，试图找到查询 q 的 k 个解释的集合 $K=\{\kappa_1, \cdots, \kappa_k\}$，这生成了最大概率 $P(q)$。

k-优化遵循算法 8 中给出的一个贪心过程。第 4 行的优化通过与一个类似于 1-best 的方法实现：执行一个 branch-and-bound 搜索，不是使用当前部分解释的概率对其进行估值，而是使用 $P(K\cup\{\kappa\})-P(K)$ 的值。

算法 8 K-OPTIMAL 函数：k -优化算法

```
1:  function K-OPTIMAL(φ_r, φ_q, maxTime)
2:      K←∅
3:      for i=1→k do
4:          K←K ∪ arg max_κ is an explanation P(K∪{k})
5:      end for
6:      return K
7:  end function
```

为了高效地计算 $P(K\cup\{\kappa\})$，k -优化使用了 BDD 的编译。不需要从头开始构造 $K\cup\{\kappa\}$ 的 BDD，k -优化使用了一个更聪明的算法 。令 dnf 表示 K 的 DNF 公式，$f_1\wedge\cdots\wedge f_n$ 表示 κ 的布尔公式，其中 f_i 是基概率事实的布尔变量，则

$$P(f_1\wedge\cdots\wedge f_n\vee \text{dnf})=P(f_1\wedge\cdots\wedge f_n)+P(\neg f_1\wedge \text{dnf})+P(f_1\wedge\neg f_2\wedge \text{dnf})+\cdots+P(f_1\wedge\cdots\wedge f_{n-1}\wedge\neg f_n\wedge \text{dnf})$$

由于概率事实是相互独立的，因此很容易地计算 $P(f_1\wedge\cdots\wedge f_n)$ 为 $P(f_1)\cdot\cdots\cdot P(f_n)$。另外一项变为

$$P(f_1\wedge\cdots\wedge f_{i-1}\wedge\neg f_i\wedge \text{dnf})=P(f_1)\cdot\cdots\cdot P(f_{i-1})\cdot(1-P(f_i))\cdot P(\text{dnf}\mid f_1\wedge\cdots\wedge f_{i-1}\wedge\neg f_i)$$

若 dnf 的 BDD 是可用的，则可以很高效地计算因子 $P(\text{dnf}\mid f_1\wedge\cdots\wedge f_{i-1}\wedge\neg f_i)$：在条件事实 $j<i$ 和 $P(f_i)=0$ 的情况下，通过假设 $P(f_j)=1$，我们可使用算法 4 中的函数 PROB。

因此，在一个搜索迭代的开始，K 被编译为一个 BDD，同时对查询 q 的 SLD 树的每个结点计算 $P(K\cup\{\kappa\})$，其中 κ 是对应于结点的复合选择，表示一个可能的部分解释。若 κ 有 n 个元素，则必须计算 n 个条件概率。

但是，当必须计算部分证明的 $f_1\wedge\cdots\wedge f_n\wedge f_{n+1}$ 概率 $P(f_1\wedge\cdots\wedge f_n\wedge f_{n+1}\vee \text{dnf})$ 时，在当前结点的双亲结点上计算概率 $P(f_1\wedge\cdots\wedge f_n\vee \text{dnf})$。由于

$$P(f_1\wedge\cdots\wedge f_n\wedge f_{n+1}\vee \text{dnf})=P(f_1\wedge\cdots\wedge f_n\vee \text{dnf})+P(f_1\wedge\cdots\wedge f_n\wedge\neg f_{n+1}\wedge \text{dnf})$$

因此仅仅需要计算 $P(f_1\wedge\cdots\wedge f_n\wedge\neg f_{n+1}\wedge \text{dnf})$。

事实上，Renkens 等人[2012]观察到对 SLD 树的每个结点计算 $P(K\cup\{\kappa\})$ 仍是昂贵的，因为必须考虑部分证明且它们可能导致进入死胡同。他们通过实验发现，只有找到一个完全证明时，使用 k-best 的边界 $P(\kappa)$ 修剪不完全的证明并计算 $P(K\cup\{\kappa\})$ 能给出更好的性能。这样做可行是因为 $P(\kappa)$ 是 $P(K\cup\{\kappa\})-P(K)$ 的一个上界，所以砍去一个分支不会修剪掉好的解，因为对到此为止找到的最佳解释 κ'，$P(\kappa)$ 已小于 $P(K\cup\{\kappa'\})-P(K)$。

但是，这种方法执行较小的剪枝，因为它是基于一个上界的，且在一个完全证明的 SLD 结点的双亲上计算 $P(K\cup\{\kappa\})$ 不再可行。

与 k-best 一样，k -优化也面临着 k 是预先设置且是固定的这一问题，这样，可能出现的情况是，在 k 个证明中，相当一部分只能提供很小的贡献，且可能使用一个比 k 小的值。k -θ -优化在可加证明概率上增加了一个阈值 θ：若没有证明的可加概率 $P(K\cup\{\kappa\})-$

$P(K)$大于θ，则在找到k个证明前停止k-优化算法。上述过程是在k-优化的每次迭代开始时通过设置θ的边界完成的。

Renkens等人[2012]证明了k-优化的优化问题是NP-难的，他们也证明了上述的贪婪算法完成了一个不差于$1-\frac{1}{e}$倍优化解概率的近似。

一个生物图上的实验[Renkens et al.，2012]表明k-best比k-优化快一个数量级，但k-优化有更好的边界，特别是k小于可得到的证明的个数时。

7.8 基于解释的近似加权模型计数

Renkens等人[2014]通过计算ProbLog程序中证据的概率的下界和上界来近似求解EVID任务。该方法基于逐个计算证据e的解释，这里的一个解释表示为一些代表基概率事实的布尔变量的合取式。因此，对基概率事实$\{f_1, \cdots, f_n\}$的一个解释

$$\kappa=\{(f_1,\theta,k_1),\cdots,(f_n,\varnothing,k_n)\}$$

可表示为

$$\exp_\kappa = \bigwedge_{(f,\varnothing,1)\in\kappa}\lambda_f \wedge \bigwedge_{(f,\varnothing,0)\in\kappa}\neg\lambda_f$$

其中λ_f是与事实f相关联的布尔变量。

一个解释exp满足$\phi_r\wedge \exp\vDash\phi_e$，其中$\phi_r$和$\phi_e$分别是表示规则和证据的命题公式，可在ProbLog2中计算(见5.7节)。

Renkens等人[2014]证明了给定解释的任意集合

$$\{\exp_1,\cdots,\exp_m\}$$

下面的式子成立：

$$\mathrm{WMC}_{\boldsymbol{V}}(\phi\wedge(\exp_1\vee\cdots\vee\exp_m))=\mathrm{WMC}_{\boldsymbol{E}}(\exp_1\vee\cdots\vee\exp_m)$$

其中，$\phi=\phi_r\wedge\phi_e$，$\boldsymbol{V}$是程序中所有变量的集合，即概率事实的变量集和在程序中的基子句的头中的变量集，$\boldsymbol{E}$是程序中只用于概率事实的变量集。

给定同一变量集$\boldsymbol{V}$上的两个加权公式ψ和ξ，有$\mathrm{WMC}_{\boldsymbol{V}}(\psi)\geqslant\mathrm{WMC}_{\boldsymbol{V}}(\psi\wedge\xi)$，因为$\psi\wedge\xi$的模型是$\psi$的模型的子集。因此$\mathrm{WMC}_{\boldsymbol{V}}(\phi\wedge(\exp_1\vee\cdots\vee\exp_m))$是$\mathrm{WMC}_{\boldsymbol{V}}(\phi)$的下界并且当解释的数目增大时趋近于它，因为每个解释表示了世界的一个集合。当考虑所有解释时，由于解释的数目是有穷的，因此这两个计数是相等的。

此外，我们通过计算$\mathrm{WMC}_{\boldsymbol{E}}(\exp_1\vee\cdots\vee\exp_m)$可更快地计算$\mathrm{WMC}_{\boldsymbol{V}}(\phi\wedge(\exp_1\vee\cdots\vee\exp_m))$，因为它含有更少的变量。这就产生了用于计算证据下界的算法9，其中函数NEXTEXPL返回一个新的解释。这个算法是任意时间算法，我们可在任意时刻停止它，而仍能获得$P(e)$的一个下界。

算法9　AWMC函数：计算$P(e)$下界的近似WMC

```
1: function AWMC(φr, φe, maxTime)
2:     ψ←0
3:     while time<maxTime do
4:         exp←NEXTEXPL(φr ∧ φe)
5:         ψ←ψ ∨ exp
6:     end while
7:     return WMC_V(ψ)(ψ)
8: end function
```

NEXTEXPL 寻找下一个最好的解释，即具有最大概率(或 WMC)的解释。这是通过求解一个加权 MAX-SAT 问题完成的：给定一个为其子句指派了非负权值的 CNF 公式，找到对各变量的一个赋值，使得在该赋值下不成立的子句的权值之和最小。将一个构建在扩展变量集上的合适的加权 CNF 公式传递给一个加权 MAX-SAT 求解器，它将返回一个对所有变量的赋值。从该赋值可构建一个解释。为了确保不会每次发现同样的解释，对每个已找到的解释，将一个不包含它的子句添加到 CNF 公式中。

对于 ProbLog，通过观测，WMC(ϕ_r)=1，可以计算一个 $P(e)$的上界。这是因为概率事实的变量可取任意的值组合，它们的文字的权值和为 1(代表一个概率分布)且推导出的文字(那些出现在子句头中的原子的文字)的权值都是 1，所以它们不影响世界的权值。因此

$$\text{WMC}(\phi_r \wedge \phi_e) = \text{WMC}(\phi_r) - \text{WMC}(\phi_r \wedge \neg\phi_e) = 1 - \text{WMC}(\phi_r \wedge \neg\phi_e)$$

因此，若计算出在 WMC($\phi_r \wedge \neg\phi_e$)上的一个下界，则可推导出 WMC($\phi_r \wedge \phi_e$)上的一个上界。通过寻找 $\phi_r \wedge \neg\phi_e$ 的解释，在 WMC($\phi_r \wedge \neg\phi_e$)的下界可以通过在 WMC($\phi_r \wedge \phi_e$)的上界计算得到。

这导致了在算法 10 中的每一次迭代中，更新前一次迭代的边界时，值的变化最大。这个算法是任意时间算法：在任意时间点，low 和 up 都分别是 $P(e)$的下界和上界。

算法 10 AWMC 函数：计算 $P(e)$的下界和上界的近似 WMC

```
1:  function AWMC(φr, φe, maxTime)
2:      improveTop ← 0.5
3:      improveBot ← 0.5
4:      top ← 1
5:      bot ← 0
6:      up ← 1.0
7:      low ← 0.0
8:      while time < maxTime do
9:          if improveTop > improveBot then
10:             exp ← NEXTEXPL(φr ∧ ¬φe)
11:             next ← WMC(top ∧ ¬exp)
12:             improveTop ← up − next
13:             top ← top ∧ ¬exp
14:             up ← next
15:         else
16:             exp ← NEXTEXPL(φr ∧ φe)
17:             next ← WMC(bot ∨ exp)
18:             improveBot ← next − low
19:             bot ← bot ∨ exp
20:             low ← next
21:         end if
22:     end while
23:     return [low, up]
24: end function
```

7.9 带 T_P 编译的近似推理

5.8 节中介绍的编译[Vlasselaer et al.，2015，2016]可用于执行近似 CONDATOMS 推理，这通过计算查询原子概率的一个下界和一个上界来实现，与 7.1.1 节中的迭代深化相似。

Vlasselaer 等人[2016]证明了对应用 Tc_P 的每次迭代 i，若 λ_a^i 是 $Tc_P \uparrow i$ 的结果中与原子 a 相关联的公式，则 WMC(λ_a^i)是 $P(a)$的下界。因此 T_P 编译是近似推理的一个任意时间算法：在任何时刻，算法都能给出每个原子的概率的下界。

此外，Tc_P 的应用采用一次一个原子的方式，待求值的原子通过启发式方法选取：

- 与原子概率的增加成正比。
- 反比于原子 SDD 的复杂度的增长。
- 正比于查询的原子的重要性，用感兴趣的每个查询的 SLD 树上的原子的最小深度的逆来计算。

选择程序中的事实的一个子集 $\mathcal{F}'$并将它们赋值为真，可计算得到确定程序的上界。这可通过结合每个 λ_a 得到，其中 $\lambda_{\mathcal{F}'}=\bigwedge_{f\in\mathcal{F}'}\lambda_f$。若我们计算不动点，则得到上界：WMC($\lambda_a^{\infty}$)$\geqslant$ $P(a)$。此外，与 $\lambda_{\mathcal{F}'}$ 的结合简化了公式和编译过程。

对每个查询，考虑 SLD 树中每个事实的最小深度，且仅把最小深度小于一个常数 d 的那些事实插入 $\mathcal{F}'$中，从而选择出子集 $\mathcal{F}'$。这样做是为了确保查询至少依赖于一个概率事实且上界小于 1。

对正规程序而言，下界是有效的，但上界只能用于确定程序。

7.10 DISTR 和 EXP 任务

蒙特卡罗推理也可用于求解 DISTR 和 EXP 任务，即计算查询的参数上的概率分布或期望。在这种情形下，查询包含一个或多个变量。在 DISTR 任务中，我们记录查询的成功样本中这些参数的值。若程序是范围受限的，所有参数基例化后的查询成功，则这些值是肯定存在的。对使用拒绝采样或 Metropolis-Hastings 采样的无条件推理或条件推理，结果是项的一个列表，每个项对应一个样本。对似然加权，结果是加权项的列表，其中每个项的权值就是样本权值。

从这些列表中，依赖于值的类型(离散或连续)，我们构建概率分布或概率密度的近似。对未加权的离散值的列表，每个值的概率是该值出现在列表中的次数除以值的总数。对加权的离散值列表，每个值的概率是列表中该值每次出现的权值之和除以所有权值之和。

对未加权的一个连续值的列表，将变量的域分为可以画出概率密度函数的线状图，通过把变量的范围划分为若干区间或箱，可画出概率密度函数图。该函数在每个区间都有一个点，其 y 值是列表中落入此区间的值的数目除以值的总数。对加权的连续值的列表，y 值是列表中落入此区间的每个值的权值之和除以总的权值。

值得注意的是，若使用似然权值，则没有权值的样本集可被解释为先于观测证据前变量的先验密度。这样在观测证据前后我们都可以画出其密度图。

EXP 任务的求解可从解决 DISTR 任务入手，后者需要使用一组(可能加权的)数值，然后以一个(加权)均值的形式计算得到所要求的值。对未加权的样本，有

$$\boldsymbol{E}(q|e)=\frac{\sum_{i=1}^{n} v_i}{n}$$

其中$[v_1, \cdots, v_n]$是值的列表。对加权的样本，有

$$E(q|e)=\frac{\sum_{i=1}^{n} w_i \cdot v_i}{\sum_{i=1}^{n} w_i}$$

其中$[(v_1, w_1), \cdots, (v_n, w_n)]$是加权值的列表，$w_i$ 是权值。

cplint[Alberti et al.，2017；Nguembang Fadja & Riguzzi，2017]给出了使用采样、拒绝采样、Metropolis-Hastings 采样、似然加权和粒子滤波来执行 DISTR 和 EXP 任务的函数，参见 11.1 节。

值得注意的是，一个查询在给定的世界中可能不止返回一个输出参数的值。若一个查询谓词在每个世界中都是确定的，则该查询对每个样本只返回一个输出值。一个谓词是确定的是指给定一个谓词上查询的输入参数值，存在一个输出参数值使得查询为真。用户应当注意这一点，确保程序中的谓词都是确定的，或者对每个样本只考虑第一个值。也许用户对一个样本的输出参数的所有可能值感兴趣，此时对 findall/3 的调用应围绕查询且采样值的结果列表应是值列表的列表。

若程序不是确定性的，用户可能感兴趣的是采样过程，首先是对世界进行采样，然后从使得查询为真的值集中对输出参数的值进行均匀采样。在此情形下，为了保证均匀采样，可使用一个元解释器对用于消解的子句的选择进行随机化，比如似然加权中 cplint 所使用的元解释器。

满足互斥-或假设的程序(见第 5 章)是确定的，因为在满足这个假设的程序中，在头中有一个相同原子的子句是互斥的，即在每个世界中，至多一个子句的体为真。事实上，做出这个假设的 PRISM 语义可视为定义了输出参数的值上的一个概率分布。

一些概率逻辑程序，比如 SLP(见 2.11.1 节)，直接定义参数上的概率分布，而不是定义基原子真值上的概率分布。在这样的程序中的推理可通过求解 DISTR 任务模拟为 DS 下的程序。

例 90 (生成式模型) 下面的模型[1]对[Goodman & Tenenbaum，2018]的模型进行编码，生成一个随机函数：

```
eval(X,Y) :- random_fn(X,0,F), Y is F.
op(+):0.5; op(-):0.5.
random_fn(X,L,F) :- comb(L), random_fn(X,l(L),F1),
     random_fn(X,r(L),F2), op(Op), F=..[Op,F1,F2].
random_fn(X,L,F) :- \+comb(L),base_random_fn(X,L,F).
comb(_):0.3.
base_random_fn(X,L,X) :- identity(L).
base_random_fn(_,L,C) :- \+identity(L),
                         random_const(L,C).
identity(_):0.5.
random_const(_,C):discrete(C,[0:0.1,1:0.1,2:0.1,
     3:0.1,4:0.1,5:0.1,6:0.1,7:0.1,8:0.1,9:0.1]).
```

一个随机函数或是应用于两个随机函数的一个算子(“+”或“-”)，或者是一个基随机函数。一个基随机函数或者是一个恒等函数，或者是来自于离散均匀分布 0，…，9 的一个样本。

给定一个随机函数，其在输入为 1 时输出为 3，用户可能对该随机函数在输入为 2 时

[1] http://cplint.eu/e/arithm.pl

的所有可能输出值的分布感兴趣。

若我们使用 Metropolis-Hastings 取 1000 个样本，则可得到如图 7.6 所示的采样值的频率的条形图。由于程序的每个世界都是确定的，因此存在 Y 的单独的值使得 eval(2, Y)在每个世界中为真，且在每个采样的世界中值的列表包含单个的元素。◀

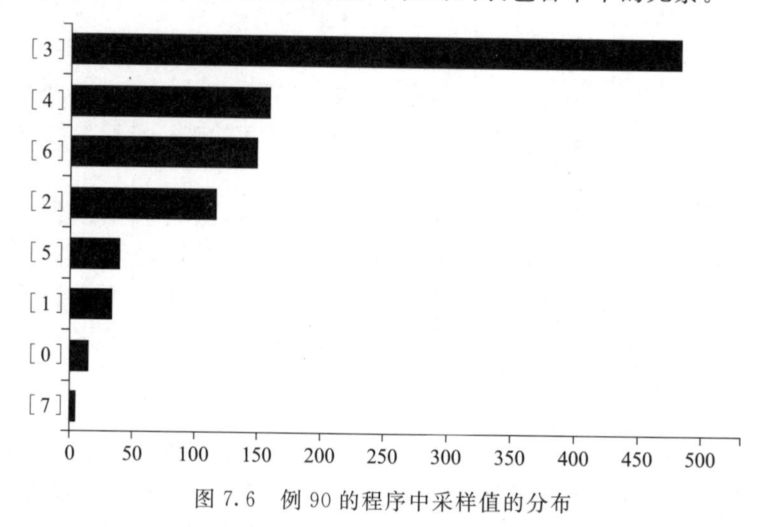

图 7.6　例 90 的程序中采样值的分布

例 91（高斯混合-采样参数-cplint）　例 57 对两个高斯分布的混合进行了编码，程序代码[⊜]如下：

```
heads:0.6;tails:0.4.
g(X): gaussian(X,0, 1).
h(X): gaussian(X,5, 2).
mix(X) :- heads, g(X).
mix(X) :- tails, h(X).
```

若对 mix(X)的参数 X 采样 1000 次，则可以得到如图 7.7 所示的分布图。

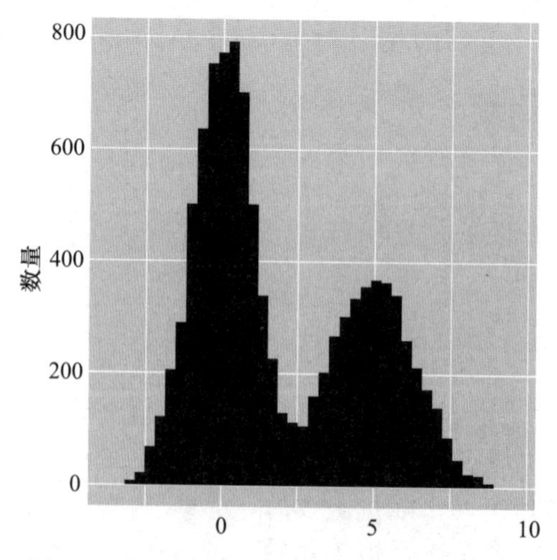

图 7.7　例 91 中高斯混合分布采样值的分布

◀

⊜ http://cplint.eu/e/gauss_mean_est.pl

非标准推理

本章讨论与PLP(如概率逻辑程序设计)或PLP泛化(如Algebraic ProbLog)相关的语言推理问题，此外，介绍了如何利用PLP技术解决决策理论问题。

8.1 可能性逻辑程序设计

可能性逻辑[Dubois et al., 1994]是一种在证据不完备的情况下进行不确定性推理的逻辑。在这种逻辑中，公式的*必要性程度*表示了现有证据蕴涵公式真实性的程度，而*可能性程度*表示公式与现有证据不矛盾的程度。

给定一个公式ϕ，我们用$\Pi(\phi)$表示*可能性测度*Π指派给公式的可能性程度，用$N(\phi)$表示*必要性测度*N指派给公式的必要性程度。对所有公式ϕ，可能性和必要性测度都必须满足约束$N(\phi)=1-\Pi(\neg\phi)$。

一个*可能性子句*是一个与必要性程度或可能性程度的下界相关联的一阶逻辑子句C。我们在这里讨论的可能性逻辑CPL1[Dubois et al., 1991]只考虑了必要性程度的下界。因此，(C, α)意味着$N(C)\geqslant\alpha$。一个*可能性理论*是一个由可能性子句构成的集合。

如果$N(C)\geqslant\alpha$，或者$\Pi(\neg C)\leqslant 1-\alpha$，则可能性测度满足一个可能性子句$(C, \alpha)$。如果一个可能性测度满足一个可能性理论中的每一个子句，则它满足该可能性理论。如果满足可能性理论F的每个可能性测度都满足(C, α)，则可能性子句(C, α)是可能性理论F的一个结论。

经典逻辑的推理规则已推广到可能性逻辑中。我们介绍两个可靠的推理规则[Dubois & Prade, 2004]:

- (ϕ, α)，$(\psi, \beta)\vdash R((\phi, \psi), \min(\alpha, \beta))$，其中$R(\phi, \psi)$是$\phi$和$\psi$的消解式(消解的扩展)。
- (ϕ, α)，$(\phi, \beta)\vdash(\phi, \max(\alpha, \beta))$(权值融合)。

Dubois等人[1991]提出了一种可能性逻辑程序设计语言。用该语言编写的程序是一个形如(C, α)的公式集，其中C是一个如下形式的确定子句：

$$h\leftarrow b_1,\cdots,b_n$$

α是可能性或必要性程度。我们讨论该语言的子集包含于CPL1中，即α是$(0, 1]$中的一个实数，它是C的必要性程度的下界。该语言的推理问题就是计算α的最大值，使得$N(q)\geqslant\alpha$对查询q成立，上述推理规则对于该语言是完备的。

例92 **(可能性逻辑程序)** 下面的可能性程序计算图中最不确定的路径，即具有最大权值的路径，路径的权是其最弱边的权重[Dubois et al., 1991]。

$$
\begin{array}{ll}
(\mathrm{path}(X,X), & 1)\\
(\mathrm{path}(X,Y)\leftarrow \mathrm{path}(X,Z),\mathrm{edge}(Z,Y), & 1)\\
(\mathrm{edge}(a,b), & 0.3)\\
\ldots &
\end{array}
$$

这里只讨论正程序。但是，文献[Nieves et al., 2007; Nicolas et al., 2006; Osorio &

Nieves，2009]和[Bauters et al.，2010]中已提出了正规可能性逻辑程序的推理方法。

5.9节中的PITA(IND，IND)也可用于可能性逻辑程序的推理，其中一个程序仅由$h: \alpha \leftarrow b_1, \cdots, b_n$这样的子句组成，它们被看作$(h \leftarrow b_1, \cdots, b_n, \alpha)$这样的可能性子句。

PITA(IND，IND)的PITA变换无须修改就能使用，只要支撑谓词定义如下：

```
equality([P, _P0], _N, P).
or(A, B, C) ← C is max(A, B).
and(A, B, C) ← C is min(A, B).
zero(0.0).
one(1.0).
ret_prob(P, P).
```

这样即得到PITA(POSS)。谓词equality/3的输入列表包含两个数字，因为我们未对PITA变换做修改。只需删除谓词equality/3就可用于可能性逻辑程序。◀

计算可能性要比计算一般概率容易得多，一般概率必须解决不相交和问题才能得到答案。

8.2 决策-理论 ProbLog

决策-理论ProbLog[Van den Broeck et al.，2010]或DTPROBLOG能处理决策问题：从一组备选方案中做一个动作的选择，使得效用函数最大化。换句话说，就是选择那些能给行动代理带来最大期望回报(或最小期望成本)的行为。DTPROBLOG支持使用ProbLog描述论域的决策问题，因此可以考虑动作的概率效应。

DTPROBLOG通过添加决策事实和效用事实对ProbLog进行扩展，决策事实用于建模决策变量，即我们可通过设定它们的真值来采取行动。它们表示为如下形式：

$$?::d.$$

其中d是一个原子，可能是非基原子。

效用事实形如：

$$u \rightarrow r$$

其中u是一个文字，$r \in \mathbb{R}$为实现u的奖励或效用。它可以被解释为查询，当此查询成功时，奖励为r。u可能是非基原子，在这种情况下，如果任何基例示成功，则得到奖励。

策略σ是一个函数$\mathcal{D} \rightarrow [0, 1]$，它将一个概率指派给一个决策事实。同一决策事实的所有基例示具有相同的概率。我们用Σ表示所有可能策略的集合，用$\sigma(\mathcal{D})$表示概率事实集，该事实集通过为$\mathcal{D}$的每个决策事实$?::d$指派概率$\sigma(d)$值得到，即$\sigma(\mathcal{D}) = \{\sigma(d)::| ?::d \in \mathcal{D}\}$。一个确定策略是只给决策事实指派概率0和1的策略。因此，它相当于对决策原子的布尔赋值。

给定一个DTPROBLOG程序$\mathcal{DT} = \mathcal{BK} \cup \mathcal{D}$和一个策略$\sigma$，查询$q$的概率是ProbLog程序$\mathcal{BK} \cup \sigma\mathcal{D}$指派的概率$P_\sigma(q)$。

给定一组效用事实$\mathcal{U}$，逻辑程序P的效用定义为

$$\mathrm{Util}(P) = \sum_{u \rightarrow r \in \mathcal{U}, P \models u} r$$

给定一组效用事实$\mathcal{U}$，一个ProbLog程序$\mathcal{P}$的期望效用则可定义为

$$\mathrm{Util}(\mathcal{P}) = \sum_{w \in W_{\mathcal{P}}} P(w) \sum_{u \rightarrow r \in \mathcal{U}, w \models u} r$$

通过对和作交换，我们得到

$$\mathrm{Util}(\mathcal{P})=\sum_{u\to r\in\mathcal{U}}\sum_{w\in W_{\mathcal{P}},w\models u}r\cdot P(w)=\sum_{u\to r\in\mathcal{U}}rP(u)$$

一个 DTPROBLOG 程序 $\mathcal{DT}=\mathcal{BK}\cup\mathcal{D}\cup\mathcal{U}$ 和一个策略 σ 的期望效用是给定 $\mathcal{U}$ 时 $\mathcal{BK}\cup\sigma(\mathcal{D})$ 的期望效用：

$$\mathrm{Util}(\sigma(\mathcal{DT}))=\mathrm{Util}(\mathcal{BK}\cup\sigma(\mathcal{D}))$$

如果把 $\mathrm{Util}(u,\sigma(\mathcal{DT}))=r\cdot P(u)$ 称为原子 u 为策略 σ 产生的期望效用，则有

$$\mathrm{Util}(\sigma(\mathcal{DT}))=\sum_{u\to r\in\mathcal{U}}\mathrm{Util}(u,\sigma(\mathcal{DT}))$$

例 93 **(保持干燥[Van den Broeck et al.，2010])** 当天气不可预测时，讨论如何保持干燥的问题。可能的动作包括穿雨衣或带雨伞：

```
? :: umbrella.
? :: raincoat.
0.3 :: rainy.
0.5 :: windy.
broken_umbrella ← umbrella, rainy, windy.
dry ← rainy, umbrella, ~broken_umbrella.
dry ← rainy, raincoat.
dry ←~rainy.
```

效用事实将实数与原子相关联：

```
umbrella → −2    dry → 60
raincoat → −20   broken_umbrella → −40
```

DTPROBLOG 中的推理问题就是针对特定的策略 σ 计算 $\mathrm{Util}(\sigma(\mathcal{DT}))$。◀

决策问题则需要找到最优策略，即提供最大期望效用的策略。形式上，它意味着求解

$$\arg\max_{\sigma}\mathrm{Util}(\sigma(\mathcal{DT}))$$

由于所有的决策都是独立的，我们只能考虑确定策略。事实上，如果总效用对分配给决策变量的概率的导数为正(负)，则通过分配概率 1(0)可得到最佳结果。若导数为 0 也并无影响。

DTPROBLOG 利用 $\mathcal{U}$ 中所有决策事实 $u\to r$ 的概率推理来计算 $P(u)$，从而求解推理问题。

例 94 **(例 93(续))** 对于效用事实 dry，ProbLogl 构建了图 8.1 中的 BDD。对于策略

$$\sigma=\{\text{umbrella}\to 1,\text{raincoat}\to 0\}$$

dry 的概率是 $0.7+0.3\cdot 0.5=0.85$，所以 $\mathrm{Util}(\text{dry},\sigma(\mathcal{DT})=60\cdot 0.85=51$。

对于效用事实 broken_umbrella，ProbLogl 构建图 8.2 所示的 BDD，对于策略{umbrella →1，raincoat →0}，broken_umbrella 的概率为 $0.3\cdot 0.5=0.15$，$\mathrm{Util}(\text{broken\_umbrella},\sigma(\mathcal{DT})=-40\cdot 0.15=-6$。

总体上，我们得到

$$\mathrm{Util}(\sigma(\mathcal{DT}))=51+(-6)+(-2)=43$$ ◀

为求解决策问题，DTPROBLOG 使用了代数决策图(ADD)[Bahar et al.，1997]对 BDD 进行泛化，其中，叶子结点存储 $\mathbb{R}$ 中的一个值，而不是 0 或 1。因此，ADD 表示一个从布尔变量到实数的函数 $f:\{0,1\}^n\to\mathbb{R}$，使用如下形式的香农展开式：

$$f(x_1,x_2,\cdots,x_n)=x_1\cdot f(1,x_2,\cdots,x_n)+(1-x_1)\cdot f(0,x_2,\cdots,x_n)$$

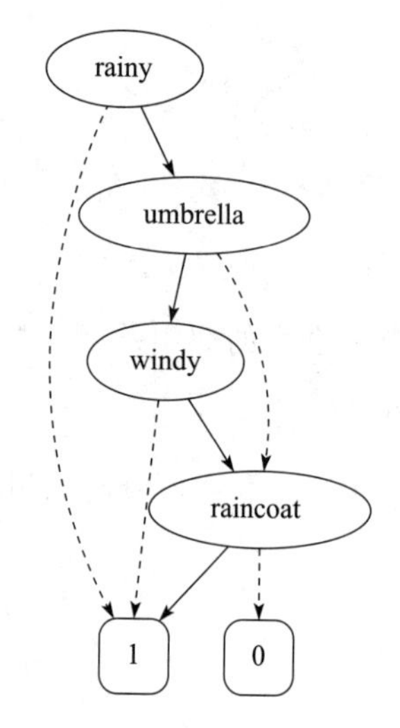

图 8.1 例 93 的 $\mathrm{BBD}_{\mathrm{dry}}(\sigma)$
[Van den Broeck et al., 2010]

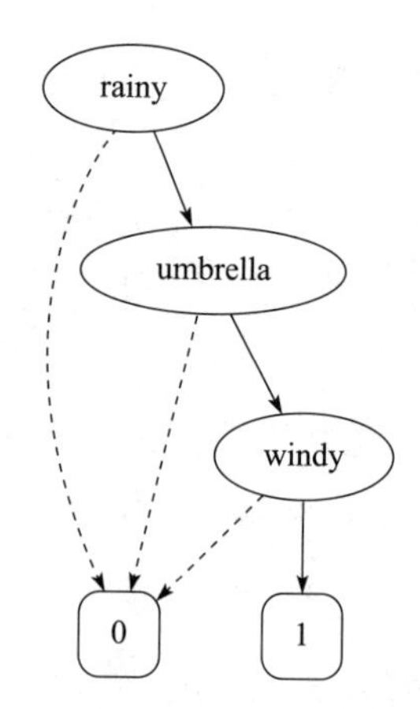

图 8.2 例 93 的 $\mathrm{BBD}_{\mathrm{broken\_umbrella}}(\sigma)$
[Van den Broeck et al., 2010])

作为 BDD，ADD 可以与操作相结合。这里我们讨论一个 ADD g 和常数 c 的标量乘法 $c \cdot g$，两个 ADD 的加法 $f \oplus g$ 和 if-then-else 操作 ITE(b, f, g)，其中 b 是一个布尔变量。

在标量乘法中，$h = c \cdot g(c \in \mathbb{R}, g: \{0, 1\}^n \to \mathbb{R})$，输出 $h: \{0, 1\}^n \to \mathbb{R}$ 定义为 $\forall \boldsymbol{x}$: $h(\boldsymbol{x}) = c \cdot g(\boldsymbol{x})$。

在加法操作中，$h = f \oplus g$，其中 f，$g: \{0, 1\}^n \to \mathbb{R}$，输出 $h: \{0, 1\}^n \to \mathbb{R}$ 定义为 $\forall \boldsymbol{x}$: $h(\boldsymbol{x}) = f(\boldsymbol{x}) + g(\boldsymbol{x})$。

我们感兴趣的 if-then-else 的版本 ITE(b, f, g)，其中，$b \in \{0, 1\}$，f，$g: \{0, 1\}^n \to \mathbb{R}$，返回的 $h: \{0, 1\}^{n+1} \to \mathbb{R}$ 的结果如下：

$$\forall b, \boldsymbol{x}: h(b, \boldsymbol{x}) = \begin{cases} f(\boldsymbol{x}) & b = 1 \\ g(\boldsymbol{x}) & b = 0 \end{cases}$$

例如，CUDD [Somenzi, 2015]工具包提供了这些操作。

DTPROBLOG 存储三个函数：

- $P_\sigma(u)$，文字 u 的概率作为策略的函数。
- Util(u, $\sigma(\mathcal{DT})$)，文字 u 的期望效用作为策略的函数。
- Util(σ)，总期望效用作为策略的函数。

由于我们只讨论确定策略，以上三个函数之一可由一个布尔向量 $\boldsymbol{d}$ 表示，对每个决策变量 d_i 都是一个条目。因此，所有这些函数都是布尔函数并可用 ADD 分别表示为 ADD(u)、$\mathrm{ADD}^{\mathrm{util}}(u)$和 $\mathrm{ADD}^{\mathrm{util}}_{\mathrm{tot}}$。

给定 $\mathrm{ADD}^{\mathrm{util}}_{\mathrm{tot}}$，很容易找到最优策略：我们只需识别带最大值的叶子，并返回一条由根到该叶子的路径，该路径用布尔向量 $\boldsymbol{d}$ 表示。

为构造 ADD(u)，DTPROBLOG 构造 BDD(u)将查询 u 的真值表示为概率和决策事实的函数：如果有赋值 $\boldsymbol{f}$、$\boldsymbol{d}$，BDD(u)返回 0 或 1。BDD(u)表示 $\boldsymbol{f}$，$\boldsymbol{d}$ 的所有值的概率 $P(u|\boldsymbol{f}, \boldsymbol{d})$。

函数 $P_\sigma(u)$要求 $P(u|\boldsymbol{d})$，这可从 $P(u|\boldsymbol{f}, \boldsymbol{d})$计算得到：对 $\boldsymbol{f}$ 变量求和，即计算

$$P(u|\boldsymbol{d}) = \sum_{\boldsymbol{f}} P(u,\boldsymbol{f}|\boldsymbol{d}) = \sum_{\boldsymbol{f}} P(u|\boldsymbol{f},\boldsymbol{d})P(\boldsymbol{f}|\boldsymbol{d}) =$$
$$\sum_{\boldsymbol{f}} P(u|\boldsymbol{f},\boldsymbol{d})P(\boldsymbol{f}) = \sum_{\boldsymbol{f}} P(u|\boldsymbol{f},\boldsymbol{d}) \prod_{f\in \boldsymbol{f}} \Pi_f =$$
$$\sum_{f_1} \Pi_{f_1} \sum_{f_2} \Pi_{f_2} \cdots \sum_{f_n} \Pi_{f_n} P(u|f_1,\cdots,f_n,\boldsymbol{d})$$

通过从叶子到根遍历 BDD(u)，可得到 BDD(u)的 ADD(u)，对于 n 为根的每个 sub-BDD，构建对应的根结点为 m 的 sub-ADD。如果 n 是 0 -终端(1 -终端)，则返回一个 0 -终端(1 -终端)。如果 n 与概率变量 f 相关联，那么我们已经为它的 0 -孩子和 1 -孩子构建了 ADD_l 和 ADD_h。在 $\boldsymbol{D}'$为 ADD_l 和 ADD_h 的布尔决策变量集时，对所有值 $\boldsymbol{d}'$，它们分别表示 $P(u|f=0, \boldsymbol{d}')$和 $P(u|f=1, \boldsymbol{d}')$。我们必须对变量 f 求和，所以

$$P(u|\boldsymbol{d}') = \Pi_f \cdot P(u|f=0,\boldsymbol{d}') + (1-\Pi_f) \cdot P(u|f=1,\boldsymbol{d}')$$

如下 ADD 表示 $P(u|\boldsymbol{d}')$，正是我们要寻找的 ADD。

$$\Pi_f \cdot \text{ADD}_l \oplus (1-\Pi_f) \cdot \text{ADD}_h$$

如果 n 与决策变量 d 相关联，且其 0 -孩子和 1 -孩子的 ADD 是 ADD_l 和 ADD_h，则表示 $P(u|d, \boldsymbol{d}')$的 ADD 是

$$\text{ITE}(d,\text{ADD}_h,\text{ADD}_l)$$

利用算法 11 的 PROBABILITYDD 函数可计算从 BDD(u)到 ADD(u)的转换。

一旦有了 ADD(u)，如果 $u \to r \in \mathcal{U}$，则由 $r \cdot$ ADD(u)可以轻松得到 $\text{ADD}^{\text{util}}(u)$。最后 $\text{ADD}^{\text{util}}_{\text{tot}} = \oplus_{u\to r\in\mathcal{U}} \text{ADD}^{\text{util}}(u)$。这使得算法 11 能精确地求解决策问题。函数 EXACT-SOLUTION 将 $\text{ADD}^{\text{util}}_{\text{tot}}$初始化为 0 函数，并依次在每个效用事实上循环，构造 BDD(u)、ADD(u) 和 $\text{ADD}^{\text{util}}(u)$，然后通过对 $\text{ADD}^{\text{util}}(u)$求和，将 $\text{ADD}^{\text{util}}_{\text{tot}}$更新为当前值。

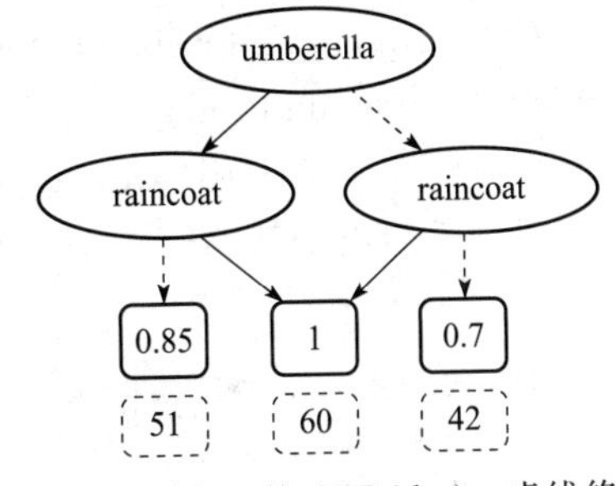

图 8.3 例 93 的 ADD(dry)。虚线终端表示 ADD^{util}(dry)［Van den Broeck et al.，2010］

例 95 (例 93(续)) 对于效用事实 dry，DTPROBLOG 构造图 8.3 中的 ADD(dry)和 ADD^{util}(dry)。对策略 σ，有

$$\sigma = \{\text{umbrella}\to 1,\ \text{raincoat}\to 0\}$$
◀

算法 11 (EXACT-SOLUTION 函数)：精确求解 DTPROBLoG 决策问题

1： **function** EXACTSOLUTION($\mathcal{DT}$)
2： $\text{ADD}^{util}_{tot} \leftarrow 0$
3： **for all**$(u \to r) \in \mathcal{U}$ **do**
4： Build BDD(u)，the BDD for u
5： ADD(u)←PROBABILITYDD($\text{BDD}_u(\mathcal{DT})$)
6： $\text{ADD}^{util}(u) \leftarrow r \cdot \text{ADD}_u(\sigma)$
7： $\text{ADD}^{util}_{tot} \leftarrow \text{ADD}^{util}_{tot} \oplus \text{ADD}^{util}(u)$
8： **end for**
9： let t_{max} be the terminal node of ADD^{util}_{tot} with the highest utility
10： let p be a path from t_{max} to the root of ADD^{util}_{tot}
11： **return** the Boolean decisions made on p
12： **end function**

```
13： function PROBABILITYDD(n)
14：     if n is the 1-terminal then
15：         return a 1-terminal
16：     end if
17：     if n is the 0-terminal then
18：         return a 0-terminal
19：     end if
20：     let h and l be the high and low children of n
21：     ADD_h ←PROBABILITYDD(h)
22：     ADD_l ←PROBABILITYDD(h)
23：     if n represents a decision d then
24：         return ITE(d， ADD_h， ADD_l)
25：     end if
26：     if n represents a fact with probability p then
27：         return(p · ADD_h)⊕((1-p) · ADD_l)
28：     end if
29： end function
```

该图证实了 $\text{Util}(\text{dry}, \sigma(\mathcal{DT}))=60 \cdot 0.85=51$。

对于 broken_umbrella，DTPROBLOG 构造如图 8.4 所示的 ADD(broken_umbrella)和 ADD^{util}(broken_umbrella) 。对于策略 σ，该图证实了：

$$\text{Util}(\text{broken\_umbrella}, \sigma(\mathcal{DT}))=-40 \cdot 0.15=-6$$

图 8.5 给出了其 $\text{ADD}^{\text{util}}_{\text{tot}}$，对于策略 σ，有

$$\text{Util}(\sigma(\mathcal{DT}))=43$$

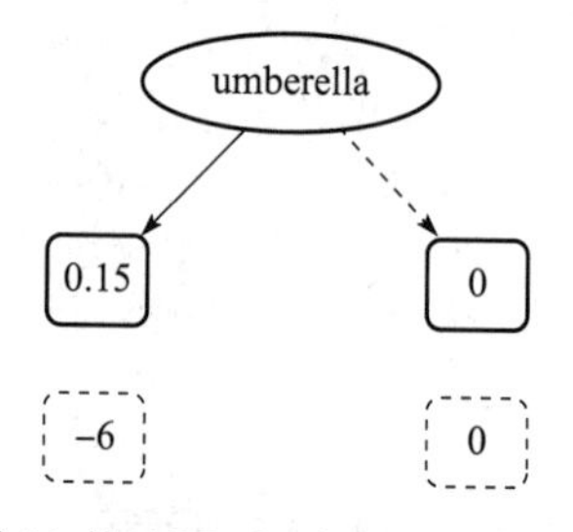

图 8.4　例 93 的 ADD(broken_umbrella)。虚线终端表示 ADD^{util}(broken_umbrella)[Van den Broeck et al.， 2010])

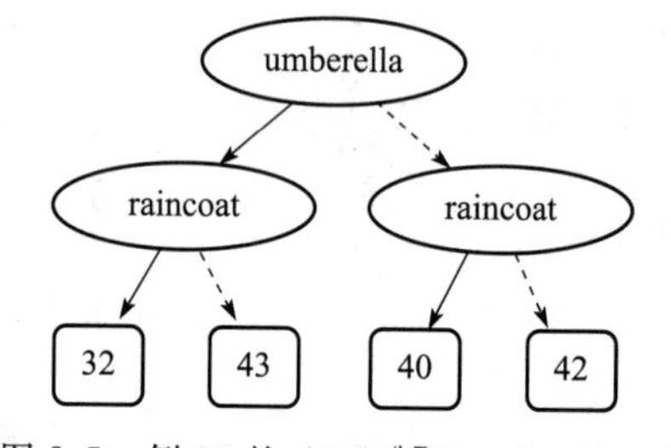

图 8.5　例 93 的 $\text{ADD}^{\text{util}}_{\text{tot}}$[Van den Broeck et al.， 2010]

此外，这也是最优策略。

算法 11 可以通过修剪 $\text{ADD}^{\text{util}}_{\text{tot}}$进行优化，删除那些可能永远不会产生最优策略的部分。在 ADD 为其变量的任意组合指派的值中，最大值和最小值出现在其叶子结点上，并分别用 maxADD 和 minADD 表示最大值和最小值。

当 $\text{ADD}^{\text{util}}(u_i)$的和为 $\text{ADD}^{\text{util}}_{\text{tot}}$时，$\text{ADD}^{\text{util}}_{\text{tot}}$的一个求和前值为 v 的叶子，求和后属于 $[v+\text{minADD}^{\text{util}}(u_i), v+\text{maxADD}^{\text{util}}(u_i)]$。因此，在求和之前，如果 m 是 $\text{maxADD}^{\text{util}}_{\text{tot}}$，任何满足 $v+\text{maxADD}^{\text{util}}(u_i)<m+\text{minADD}^{\text{util}}(u_i)$的值为 v 的叶子都不会产生最优策略。所有这些叶子都可以通过将它们合并且赋值为$-\infty$进行修剪。

如果我们计算效用属性 u_i 的影响为

$$\text{Im}(u_i) = \text{maxADD}^{\text{util}}(u_i) - \text{minADD}^{\text{util}}(u_i)$$

在求和之前，我们能够修剪掉 $\text{ADD}_{\text{tot}}^{\text{util}}$ 中所有具有下列值的叶子：

$$\text{maxADD}_{\text{tot}}^{\text{util}} - \text{Im}(u_i)$$

然后，我们使用简化的 $\text{ADD}_{\text{tot}}^{\text{util}}$ 进行求和，这比使用原始 ADD 进行求和更简便。

另外，我们还可以讨论需要添加的效用属性，并修剪掉所有具有下列值的 $\text{ADD}_{\text{tot}}^{\text{util}}$ 的叶子：

$$\text{maxADD}_{\text{tot}}^{\text{util}} - \sum_{j \geqslant i} \text{Im}(u_j)$$

最后，我们可以按 $\text{Im}(u_i)$ 递增的顺序对效用属性进行排序，按此顺序添加它们，即能实现最大化修剪。

决策问题也可以通过单独或组合使用下面两种技术来近似求解。

第一种技术使用局部搜索：首先通过随机给决策变量赋值来选择一个随机策略 σ，然后进入一个循环，将其中各个决策翻转得到策略 σ'。如果 $\text{Util}(\sigma'(\mathcal{DT})) > \text{Util}(\sigma(\mathcal{DT}))$，则 σ' 成为当前的最佳策略。利用算法 4 中计算 $P(u)$ 的 PROB 函数求得的每个效用属性的 $\text{BDD}(u)$，可计算 $\text{Util}(\sigma(\mathcal{DT}))$。

第二种技术使用 k-best 方法（见 7.1.2 节）构建效用属性的 BDD，从而计算效用的近似值。

例 96 **(病毒营销[Van den Broeck et al.，2010])** 一家公司希望向顾客推销新产品。公司熟知的社交网络中的连接关系有：网络表示客户之间的信任关系。公司想要选择客户来进行营销活动。每一个动作都有成本，每一个购买产品的人都会得到奖励。

我们使用 DTPROBLOG 程序对此问题建模如下：

```
? :: market(P) :- person(P).
0.4 :: viral(P,Q).
0.3 :: from_marketing(P).
market(P) -> -2 :- person(P).
buys(P) -> 5 :- person(P).
buys(P) :- market(P), from_marketing(P).
buys(P) :- trusts(P,Q), buys(Q), viral(P,Q).
```

决策和效用事实后的符号`:-person (P).`表示对`person(P)`的每个基例示都存在一个事实，即对每个人都有一个事实。程序的直观意义为：如果一个人 `P` 是一个营销活动的目标客户并且该活动是让这个人去购买产品(`from_marketing(P)`)，则 `P` 会购买产品。或者如果他相信购买了该产品的另一个人 `Q`，且存在一个病毒效应(`viral(P, Q)`)，则 `P` 也会购买该产品。决策是对于一个人 `P`，`marketing(P)`成立。每个购买产品的人得到的奖励值为 5，每一个营销动作的代价值为 2。

求解该程序的决策问题意味着决定由谁来进行营销活动，从而得到最大化的期望效用。◀

8.3 代数 ProbLog

代数 ProbLog(aProbLog)[Kimmig，2010；Kimmig et al.，2011b]将 ProbLog 推广到能处理比概率更一般化的事实标签。特别地，标签必须属于半环（semirihg）这一代数结构。

定义 44(半环) 一个半环是一个元组$(\mathcal{A}, \oplus, \otimes, e^{\oplus}, e^{\otimes})$，使得：

- $\mathcal{A}$ 是一个集合。

- $\oplus$是一个 $\mathcal{A}$ 上的二元运算，称为加法运算，该运算满足交换律和结合律，并有一个单位元 $e^{\oplus}$，即 $\forall a, b, c \in \mathcal{A}$，有

$$a \oplus b = b \oplus a$$
$$(a \oplus b) \oplus c = a \oplus (b \oplus c)$$
$$a \oplus e^{\oplus} = a$$

- $\otimes$是一个 $\mathcal{A}$ 上的二元运算，称为乘法运算，该运算对加法有左分配和右分配，并有一个单位元 $e^{\otimes}$，即 $\forall a, b, c \in \mathcal{A}$，有

$$(a \oplus b) \otimes c = (a \otimes c) \oplus (b \otimes c)$$
$$a \otimes (b \oplus c) = (a \otimes b) \oplus (a \otimes c)$$
$$a \otimes e^{\otimes} = e^{\otimes} \otimes a = a$$

- $e^{\oplus}$ 消除，是指对 $\forall a \in \mathcal{A}$，有

$$a \otimes e^{\oplus} = e^{\oplus} \otimes a = e^{\oplus}$$

一个交换半环是乘法满足交换律的半环$(\mathcal{A}, \oplus, \otimes, e^{\oplus}, e^{\otimes})$，即 $\forall a, b \in \mathcal{A}$，有

$$a \otimes b = b \otimes a$$

交换半环的一个例子是$([0, 1], +, \times, 0, 1)$，其中，$[0, 1] \subseteq \mathbb{R}$，$+$和$\times$是实数的加法和乘法。ProbLog 将每个概率事实与$[0, 1]$中的一个元素关联起来，并使用加法和乘法计算查询的概率，因此它可以被看作对半环$([0, 1], +, \times, 0, 1)$的操作，称为概率半环。

交换半环的另一个例子是$([0, 1], \max, \min, 0, 1)$，其中，max 和 min 是对实数求最大值和最小值。PITA(POSS)可以看作对半环$([0, 1], \max, \min, 0, 1)$的操作，称为可能性半环。

ProbLog 可以应用到半环上。对于基原子集 A，设 $L(A)$是建立在 A 中原子上的一组文字，即 $L(A) = A \cup \{\sim a \mid a \in A\}$。对基原子集 A 上的二值解释 J，定义完全解释$c(J) = J \cup \{\sim a \mid a \in A \setminus J\}$，以及所有可能的完全解释的集合 $\mathcal{I}(A) = \{c(J) \mid J \subseteq A\}$。以原子集 A 为基础构建的协调文字集构成了集合 $\mathcal{C}(A) = \{H \mid H \subseteq I, I \in \mathcal{I}(A)\}$。

定义 45(aProbLog[Kimmig et al., 2011b])　一个 aProbLog 程序由以下部分组成：

- 一个交换半环$(\mathcal{A}, \oplus, \otimes, e^{\oplus}, e^{\otimes})$。
- 一个有穷的基原子集 $\mathcal{F} = \{f_1, \cdots f_n\}$，称为代数事实。
- 一个有穷的规则集 $\mathcal{R}$。
- 一个标记函数 $\alpha: L(\mathcal{F}) \to \mathcal{A}$。

$\mathcal{F}$的可能完全解释也称为世界，而 $\mathcal{I}(\mathcal{F})$是所有世界的集合。aProbLog 按下述方式将标签指派给世界和世界集。一个世界的标签 $I \in \mathcal{I}(\mathcal{F})$是其中文字标签的乘积：

$$\mathbf{A}(I) = \bigotimes_{l \in I} \alpha(l)$$

一个完全解释的集合 $S \subseteq \mathcal{I}(\mathcal{F})$的标签是每个解释的标签之和：

$$\mathbf{A}(S) = \bigoplus_{I \in S} \bigotimes_{l \in I} \alpha(l)$$

一个查询是一个基文字的集合。给定一个查询 q，我们用 $\mathcal{I}(q)$表示 q 为真时的完全解释集，其定义如下：

$$\mathcal{I}(q) = \{I \mid I \in \mathcal{I}(F) \wedge I \cup \mathcal{R} \vDash q\}$$

查询 q 的标签定义为 $\mathcal{I}(q)$的标签，其定义如下：

$$\mathbf{A}(q)=\mathbf{A}(\mathcal{I}(q))=\bigoplus_{I\in\mathcal{I}(q)}\bigotimes_{l\in I}\alpha(l)$$

由于这两种操作都是可交换的和可结合的，所以一个查询的标签与文字和解释的顺序无关。

aProbLog 中的一个推理问题即计算查询的标签。根据交换半环的选择，一个推理任务可能对应于某个已知的问题或新问题。表 8.1 列出了一些已知的推理任务及其对应的交换半环。

表 8.1 aProbLog 的推理任务及其对应的半环[Kimmig et al. , 2011b]

任务	$\mathcal{A}$	$e^{\oplus}$	$e^{\otimes}$	$a\oplus b$	$a\otimes b$	$\alpha(f)$	$\alpha(\sim f)$
PROB	$[0, 1]$	0	1	$a+b$	$a\cdot b$	$\alpha(f)$	$1-\alpha(f)$
POSS	$[0, 1]$	0	1	$\max(a, b)$	$\min(a, b)$	$\alpha(f)$	1
MPE	$[0, 1]$	0	1	$\max(a, b)$	$a\cdot b$	$\alpha(f)$	$1-\alpha(f)$
MPE State	$[0, 1]\times\mathbb{P}(\mathcal{C}(\mathcal{F}))$	$(0, \varnothing)$	$(1, \{\varnothing\})$	式(8.2)	式(8.1)	$(p, \{\{f\}\})$	$(1-p, \{\{\sim f\}\})$
SAT	$\{0, 1\}$	0	1	$a\vee b$	$a\wedge b$	1	1
#SAT	$\mathbb{N}$	0	1	$a+b$	$a\cdot b$	1	1
BDD	$\mathrm{BDD}(\mathcal{V})$	bdd(0)	bdd(1)	$a\vee_{\mathrm{bdd}}b$	$a\wedge_{\mathrm{bdd}}b$	$\mathrm{bdd}(f)$	$\neg_{\mathrm{bdd}}\mathrm{bdd}(f)$
Sensitivity	$\mathcal{R}[\boldsymbol{X}]$	0	1	$a+b$	$a\cdot b$	x or in$[0, 1]$	$1-\alpha(f)$
Gradient	$[0, 1]\times\mathbb{R}$	$(0, 0)$	$(1, 0)$	式(8.3)	式(8.4)	式(8.5)	式(8.6)

例 97 **(警报-aProbLog[Kimmig et al. , 2011b])** 考虑类似于例 69 中 ProbLog 程序的 aProbLog 程序：

$\mathrm{calls}(X)\leftarrow\mathrm{alarm}, \mathrm{hears\_alarm}(X).$
alarm ← burglary.
alarm ← earthquake.
0.7 :: hears_alarm(john).
0.7 :: hears_alarm(mary).
0.05 :: burglary.
0.01 :: earthquake.

其中，正文字的标签被附加给每个事实 f。这个程序是例 10 的警报 BN 的变体。该程序有 16 个世界，查询 calls(mary)在其中 6 个世界中为真，如图 8.6 所示。对于 PROB 任务，我们考虑概率半环，且负文字的标签被定义为 $\alpha(\sim f)=1-\alpha(f)$，则 calls(mary)的标签是

$$\begin{aligned}\mathbf{A}(\mathrm{calls(mary)})=&0.7\cdot0.7\cdot0.05\cdot0.01+\\&0.7\cdot0.7\cdot0.05\cdot0.99+\\&0.7\cdot0.7\cdot0.95\cdot0.01+\\&0.3\cdot0.7\cdot0.05\cdot0.01+\\&0.3\cdot0.7\cdot0.05\cdot0.99+\\&0.3\cdot0.7\cdot0.95\cdot0.01=\\&0.04165\end{aligned}$$

{ hears_alarm(john),	hears_alarm(mary),	burglary,	earthquake	}
{ hears_alarm(john),	hears_alarm(mary),	burglary,	~earthquake	}
{ hears_alarm(john),	hears_alarm(mary),	~burglary,	earthquake	}
{ ~hears_alarm(john),	hears_alarm(mary),	burglary,	earthquake	}
{ ~hears_alarm(john),	hears_alarm(mary),	burglary,	~earthquake	}
{ ~hears_alarm(john),	hears_alarm(mary),	~ burglary,	earthquake	}

图 8.6 例 97 中查询 calls(mary)为真的世界

对于 MPE 任务，半环是([0, 1], +, max, 0, 1)，负文字的标签定义为 $\alpha(\sim f)=1-\alpha(f)$，calls(mary)的标签是

$$\begin{aligned}\boldsymbol{A}(\text{calls(mary)}) &= 0.7\cdot 0.7\cdot 0.05\cdot 0.01+\\ &\quad 0.7\cdot 0.7\cdot 0.05\cdot 0.99=\\ &\quad 0.001\,995\end{aligned}$$

对于 SAT 任务，半环是({0, 1}, ∨, ∧, 0, 1)，文字的标签总为 1，calls(mary)的标签是 1，因为该查询在六个世界中为真。◀

MPE 状态任务是 MPE 任务的一个扩展，它返回带有最高标签值的世界。集合 $\mathcal{A}$ 是 $[0,1]\times\mathbb{P}(\mathcal{CF})$，其中 $\mathbb{P}(\mathcal{C}(\mathcal{F}))$ 是 $\mathcal{C}(\mathcal{F})$ 的幂集，所以标签的第二个元素是基于代数事实的协调文字集。目标是对于查询的标签，将世界的最大概率作为第一个参数，将带概率的世界集(如果它们具有相同的概率，则有多个世界)作为第二个参数。该操作定义为

$$(p,S)\otimes(q,T)=p\cdot q,\{I\cup J\mid I\in S,J\in T\} \tag{8.1}$$

$$(p,S)\oplus(q,T)=\begin{cases}(p,S) & p>q\\ (q,T) & p<q\\ (q,S\cup T) & p=q\end{cases} \tag{8.2}$$

例 97 的查询 calls(mary)的标签是：

$$\boldsymbol{A}(\text{calls(mary)})=(0.7\cdot 0.7\cdot 0.05\cdot 0.99,I)=(0.001\,995,I)$$

$$I=(\{\text{hears\_alarm(john)},\text{hears-alarm(mary)},\text{burglary},\sim\text{earthquake}\})$$

我们对满意赋值进行计数，这需要对半环(ℕ, +, ×, 0, 1)和标签 $\alpha(f_i)=\alpha(\sim f_i)=1$ 使用#SAT 任务来实现。我们还可用标签对函数或数据结构进行表示。例如，标签也可表示以 BDD 表示的布尔函数，代数事实可以是集合 $\mathcal{V}$ 中的布尔变量。在这种情况下，我们可使用半环

$$(\text{BDD}(\mathcal{V}),\ \vee_{\text{bdd}},\ \wedge_{\text{bdd}},\text{bdd}(0),\text{bdd}(1))$$

且指派标签为 $\alpha(f_i)=\text{bdd}(f_i)$ 和 $\alpha(\sim f_i)=\neg_{\text{bdd}}\text{bdd}(f_i)$，其中 BDD($\mathcal{V}$)是变量 $\mathcal{V}$ 上的一组 BDD，$\vee_{\text{bdd}}$、$\wedge_{\text{bdd}}$、$\neg_{\text{bdd}}$ 是 BDD 上的布尔运算，且 bdd(·)可以应用于值 0，1，$f\in F$，返回表示 0，1 或布尔函数 f 的 BDD。

aProbLog 也可用于敏感性分析，即估计事实的概率的变化如何影响查询的概率。在此情形中，标签是表 8.1 中一组变量(用 $\mathbb{R}[\boldsymbol{X}]$表示)上的多项式。在例 97 中，如果我们分别使用变量 x 和 y 来标记事实 burglary 和 hears_alarm(mary)，则 calls(mary)的标签将变为 $0.99\cdot x\cdot y+0.01\cdot y$，这也是 calls(mary)的概率。

另一个任务是梯度计算。在梯度计算中，我们希望计算查询概率的梯度，例如，与 9.3 节中 LeProbLog 所做的一样。我们考虑这样一种情况：需要计算关于第 k 个事实的参数 p_k 的导数。标签是一个序对，其中第一个元素存储概率，第二个元素则存储对 p_k 的导数。使用乘积的导数规则，很容易看出运算可以定义为

$$(a_1,a_2)\oplus(b_1,b_2)=(a_1+b_1,a_2+b_2) \tag{8.3}$$

$$(a_1,a_2)\otimes(b_1,b_2)=(a_1\cdot b_1,a_1\cdot b_2+a_2\cdot b_1) \tag{8.4}$$

代数事实的标签为

$$\alpha(f_i)=\begin{cases}(p_i,1) & i=k\\ (p_i,0) & i\neq k\end{cases} \tag{8.5}$$

$$\alpha(\sim f_i)=\begin{cases}(1-p_i,-1) & i=k\\ (1-p_i,0) & i\neq k\end{cases} \tag{8.6}$$

为了执行推理，aProbLog 避免生成所有可能的世界，并计算查询的解释覆盖集，如 3.1 节中定义，与 ProbLog 对 PROB 的处理类似。这里，我们将一个解释 E 表示为构建在 $\mathcal{F}$ 上的文字集，这些文字集对于导出查询是充分的，即 $\mathcal{R} \cup E \vDash q$，并且把一个解释覆盖集$\varepsilon(q)$表示为一个集合，使得

$$\forall I \in \mathcal{I}(q), \exists J \in \varepsilon(q): J \subseteq I$$

我们将解释 E 的标签定义为

$$\boldsymbol{A}(E) = \boldsymbol{A}(\mathcal{I}(E)) = \bigoplus_{I \in \mathcal{I}(E)} \bigotimes_{l \in I} \alpha(l)$$

如果

$$\boldsymbol{A}(E) = \bigoplus_{l \in E} \alpha(l)$$

则称 $\boldsymbol{A}(E)$为中性和。

如果$\forall f \in F: \alpha(f) \oplus \alpha(\sim f) = e^{\otimes}$，则 $\boldsymbol{A}(E)$是一个中性和。

如果

$$\bigoplus_{E \in \varepsilon(q)} \boldsymbol{A}(E) = \bigoplus_{I \in \mathcal{I}(q)} \boldsymbol{A}(I)$$

则称$\bigoplus_{E \in \varepsilon(q)} \boldsymbol{A}(E)$是不相交的和。

如果$\forall a \in \mathcal{A}: a \oplus a = a$，则$\oplus$是幂等的。如果$\oplus$是幂等的，那么$\bigoplus_{E \in \varepsilon(q)} \boldsymbol{A}(E)$是一个不相交的和。

给定一个解释覆盖集 $\varepsilon(q)$，我们定义解释和如下：

$$\boldsymbol{S}(\varepsilon(q)) = \bigoplus_{E \in \varepsilon(q)} \bigotimes_{l \in E} \alpha(l)$$

如果对于所有 $E \in \varepsilon(q)$，$\boldsymbol{A}(E)$是中性和，且$\bigoplus_{E \in \varepsilon(q)} \boldsymbol{A}(E)$是一个不相交的和，则解释和等于查询的标签，即

$$\boldsymbol{S}(\varepsilon(q)) = \boldsymbol{A}(q)$$

在这种情况下，可以通过计算 $\boldsymbol{S}(\varepsilon(q))$来执行推理。否则，必须求解中性和与不相交和问题。

为处理中性和问题，令 free(E)表示解释 E 中没有出现的变量：

$$\text{free}(E) = \{f \mid f \in \mathcal{F}, f \notin E, \sim f \notin E\}$$

因此，我们在给定交换半环性质的情况下，将 $\boldsymbol{A}(E)$表示为

$$\boldsymbol{A}(E) = \bigotimes_{l \in E} \alpha(l) \otimes \bigotimes_{l \in \text{free}(E)} (\alpha(l) \oplus \alpha(-l))$$

可以通过下面的性质来计算两个解释的和 $\boldsymbol{A}(E_0) \oplus \boldsymbol{A}(E_1)$。令 $V_i = \{f \mid f \in E_i \vee \sim f \in E_i\}$是解释 E_i 中出现的变量，则

$$\boldsymbol{A}(E_0) \oplus \boldsymbol{A}(E_1) = (\boldsymbol{P}_1(E_0) \oplus \boldsymbol{P}_0(E_1)) \otimes \bigotimes_{f \in \mathcal{F} \setminus (V_0 \cup V_1)} (\alpha(f) \oplus \alpha(-f)) \tag{8.7}$$

且

$$\boldsymbol{P}_j(E_i) = \bigotimes_{l \in E_i} \alpha(l) \otimes \bigotimes_{f \in V_j \setminus V_i} (\alpha(f) \oplus \alpha(-f))$$

所以我们能通过考虑这两个解释所依赖的变量集来对 $\boldsymbol{A}(E_0) \oplus \boldsymbol{A}(E_1)$求值。

为了求解不相交和问题，aProbLog 构建了一个 BDD，它将查询真值表示为一个代数事实的函数。如果和是中性的，那么 aProbLog 将为每个结点 n 分配一个标签：

$$\textbf{label}(1) = e^{\otimes}$$

$$\mathbf{label}(0) = e^{\oplus}$$

$$\mathbf{label}(n) = (\alpha(n) \otimes \mathbf{label}(h)) \oplus (\alpha(\sim n) \otimes \mathbf{label}(l))$$

其中，h 和 l 表示 n 的高孩子和低孩子。事实上，一个完全的布尔决策树将 $\varepsilon(q)$ 表示为如下形式的表达式：

$$\bigvee_{l_1} l_1 \wedge \cdots \wedge \bigvee_{l_n} l_n \wedge \mathbf{1}(\{l_1, \cdots, l_n\} \in \varepsilon(q))$$

其中 l_i 是建立在变量 f_i 上的一个文字，且如果 $\{l_1, \cdots, l_n\} \in \varepsilon(q)$，则 $1(\{l_1, \cdots, l_n\} \in \varepsilon(q))=1$，否则为 0。根据半环的性质有

$$\boldsymbol{A}(q) = \bigoplus_{l_1} l_1 \otimes \cdots \otimes \bigoplus_{l_n} l_n \otimes \boldsymbol{e}(\{l_1, \cdots, l_n\} \in \varepsilon(q)) \tag{8.8}$$

其中，如果 $\{l_1, \cdots, l_n\} \in \varepsilon(q)$，则 $\boldsymbol{e}(\{l_1, \cdots, l_n\} \in \varepsilon(q))$ 为 $e^{\otimes}$，否则为 $e^{\oplus}$。因此，给定一个完全的布尔决策树，可以通过自底向上遍历该树来计算查询的标签，与算法 4 计算查询的概率类似。

重复合并同构子图，同时删除孩子结点相同的结点，直到没有结点再可删去为止，这样可从完全布尔决策树中得到 BDD。合并操作不影响等式(8.8)，因为它只是识别相同的子表达式。当结点 n 的高低子结点是同一结点 s 时，删除操作才能删除结点 n。在这种情况下，结点 n 的标签为

$$\mathbf{label}(n) = (\alpha(n) \otimes \mathbf{label}(s)) \oplus (\alpha(-n) \otimes \mathbf{label}(s))$$

如果和是中性的，则它等于 **label**(n)。如果不是，则使用算法 12，通过式(8.7)处理被删除的结点。在所有结点 n 的 Table(n)被初始化为 null 后，调用函数 LABEL。Table(n)存储与算法 4 类似的中间结果，使得时间复杂度仍然是结点数的线性函数。

算法 12　函数 LABEL：aProbLog 推理算法

```
1:  function LABEL(n)
2:      if Table(n)≠null then
3:          return Table(n)
4:      else
5:          if n is the 1-terminal then
6:              return(e^⊗, ∅)
7:          end if
8:          if n is the 0-terminal then
9:              return(e^⊕, ∅)
10:         end if
11:         let h and l be the high and low children of n
12:         (H, V_h)←LABEL(h)
13:         (L, V_l)←LABEL(l)
14:         P_l(h)←H⊗⊗_{x∈V_l\V_h}(α(x)⊕α(~x))
15:         P_h(l)←L⊗⊗_{x∈V_h\V_l}(α(x)⊕α(~x))
16:         label(n)←(α(n)⊗P_l(h))⊕(α(~n)⊗P_h(l))
17:         Table(n)←(label(n), {n}∪V_h∪V_l)
18:         return Table(n)
19:     end if
20: end function
```

参数学习

本章讨论具有一定结构的概率逻辑程序的参数学习问题。假设已有基原子或解释形式的数据和一个概率逻辑程序，我们希望能找到求最大概率的程序参数。

9.1 PRISM 参数学习

原始文献[Sato，1995]中已说明 PRISM 系统包含了一个参数学习算法。这里讨论的学习任务由以下定义给出。

定义 46(PRISM 参数学习问题) 已知一个 PRISM 程序 $\mathcal{P}$ 和一个实例集 $E=\{e_1, \cdots, e_T\}$，其中每个实例均为基原子，求使得原子 $L=\prod_{t=1}^{T} P(e_t)$ 的似然值最大的 msw 事实的参数。等价地，找出使得原子 $LL=\sum_{t=1}^{T} \log P(e_t)$ 的对数似然(LL)值最大的 msw 事实的参数。

例 98 (血型- PRISM[Sato et al.，2017]) 下列程序：

```
values(gene,[a,b,o]).
bloodtype(P) :-
  genotype(X,Y),
  ( X=Y -> P=X
  ; X=o -> P=Y
  ; Y=o -> P=X
  ; P=ab
  ).
genotype(X,Y) :- msw(gene,X),msw(gene,Y).
```

说明了一个人的血型是如何由其基因类型决定，基因类型由一对基因(a，b 或 o)形成。

PRISM 中的学习通过使用谓词 `learn/1` 执行，`learn/1` 以基原子列表(即实例)作为参数，例如：

```
?- learn([count(bloodtype(a),40),count
        (bloodtype(b),20),
    count(bloodtype(o),30),count
         (bloodtype(ab),10)]).
```

其中，`count(At, N)`表示原子 `At` 重复 `N` 次。在参数学习完成之后，可使用谓词 `show_sw/0` 得到参数，比如：

```
?- show_sw.
Switch gene: unfixed: a (0.292329558535712)
b (0.163020241540856)
o (0.544650199923432)
```

这些值表示开关 gene 的三个值 a、b 和 o 上的概率分布。◀

PRISM 寻找 msw 原子的极大似然参数。但是，这些原子不在数据集中，数据集只包含推导得到的原子。因此，不能使用相对频率来计算参数，而必须使用从不完全数据中进行学习的算法。这类算法中的一个就是期望最大化算法(Expectation Maximization，EM)[Dempster et al.，1977]。

为执行 EM，我们可将值为 $D=\{x_{i1}, \cdots, x_{in_i}\}$的随机变量 X_{ij} 与值域为 D 的 msw(i,

x)的基开关名 $i\theta_j$ 相关联，其中 θ_j 是对 i 的基替换。令 $g(i)$为此类替换的集合：

$$g(i) = \{j \mid \theta_j \text{ 是 } i \text{ 在 } \mathrm{msw}(i,x) \text{ 中的基替换}\}$$

EM 算法在以下两个阶段交替进行：

- 期望值：对所有实例 e、开关 msw(i, x)和 $k\in\{1, \cdots, n_i\}$，计算 $\boldsymbol{E}[c_{ik} \mid e]$，其中 c_{ik}是变量 X_{ij} (j 来自 $g(i)$)取值为 x_{ik} 的次数。$\boldsymbol{E}[c_{ik} \mid e]$由 $\sum_{j\in g(i)} P(X_{ij} = x \mid e)$ 给出。
- 最大化：对所有 msw(i, x)和 $k=1, \cdots, n_i-1$，计算 Π_{ik}，如下所示。

$$\Pi_{ik} = \frac{\sum_{e\in E} \boldsymbol{E}[c_{ik} \mid e]}{\sum_{e\in E} \sum_{k=1}^{n_i} \boldsymbol{E}[c_{ik} \mid e]}$$

因此，对于每个 e，X_{ij} 和 x_{ik}，首先在给定实例时计算 X_{ij} 的期望值 $P(X_{ij}=x_{ik} \mid e)$，此处 $k\in\{1, \cdots, n_i\}$。然后将这些期望值聚合起来，并用它们来完善数据集，以便由相对频率计算参数。如果 c_{ik} 是一个变量 X_{ij} 对任意 j 取 x_{ik} 值的次数，则 $\boldsymbol{E}[c_{ik} \mid e]$为给定实例 e 下 c_{ik} 的期望值。如果 $\boldsymbol{E}[c_{ik}]$是其在给定所有实例时的期望值，则

$$\boldsymbol{E}[c_{ik}] = \sum_{t=1}^{T} \boldsymbol{E}[c_{ik} \mid e_t]$$

且

$$\Pi_{ik} = \frac{\boldsymbol{E}[c_{ik}]}{\sum_{k=1}^{n_i} \boldsymbol{E}[c_{ik}]}$$

如果程序满足异或假设，则 $P(X_{ij}=x_{ik} \mid e)$的定义如下：

$$P(X_{ij} = x_{ik} \mid e) = \frac{P(X_{ij} = x_{ik}, e)}{P(e)} = \frac{\sum_{\kappa\in K_e, \mathrm{msw}(i,x_{ik})\theta_j \in e} P(\kappa)}{P(e)}$$

其中，K_e 是 e 的一组解释构成的集合，且每个解释 κ 是形如 msw(i, x_{ik})的一组 msw 原子。所以我们把包含

$$\mathrm{msw}(i, x_{ik})\theta_j$$

的解释的概率累加起来，并除以 e 的概率，即是所有解释的概率之和。这就产生了算法 13 中的朴素学习函数[Sato, 1995]，它求期望值和最大化的步骤进行迭代，直至 LL 收敛。

算法 13　PRISM-EM 函数：PRISM 中的朴素 EM 学习算法

```
1:  function PRISM-EM-NAIVE(E, P, ε)
2:      LL = -inf
3:      repeat
4:          LL_0 = LL
5:          for all i, k do                                   ▷ Expectation step
6:              E[c_ik] ← Σ_{e∈E} ( Σ_{k∈K_e, msw(i,x_ik θ_j ∈ e)} P(κ) ) / P(e)
7:          end for
8:          for all i, k do                                   ▷ Maximization step
9:              Π_ik ← E[c_ik] / Σ_{k'=1}^{n_i} E[c_ik']
```

```
10:         end for
11:         LL ← ∑_{e∈E} log P(e)
12:     until LL − LL_0 < ε
13:     return LL, Π_ik for all i, k
14: end function
```

这个算法很朴素，因为对于这些实例的解释的数目可能是指数级的，如例 65 中 HMM 的情形。至于推理，可设计一个更有效的动态编程算法，该算法在程序也满足独立-与假设[Sato & Kameya，2001]时，不需要计算所有的解释。可用制表方式找出如下形式的公式：

$$g_i \Leftrightarrow S_{i1} \vee \cdots \vee S_{is_i}$$

其中，g_i 是一个实例 e 的推导的子目标，它们按$\{g_1, \cdots, g_m\}$的顺序排列，使得 $e=g_1$ 且每个 S_{ij} 只包含 msw 原子和来自$\{g_{i+1}, \cdots, g_m\}$的子目标。

对每个实例，动态编程算法计算子目标$\{g_1, \cdots, g_m\}$的概率 $P(g_i)$，$P(g_i)$也称为内部概率，值 $Q(g_i)$称为外部概率。这样命名是由于该算法不仅对概率上下文无关文法的内-外算法[Baker，1979]进行泛化，还对前向-后向算法进行泛化，前向-后向算法在 Baum-Welch 算法中用于 HMM 中的参数学习[Rabiner，1989]。

内部概率由算法 14 中的 GET-INSIDE-PROBS 过程计算得到，该过程与算法 3 中的 PRISM-PROB 函数相同。

算法 14　GET-INSIDE-PROBS 过程：内部概率的计算

```
1:  procedure GET-INSIDE-PROBS(q)
2:      for all i, k do
3:          P(msw(i, v_k)) ← Π_ik
4:      end for
5:      for i ← m → 1 do
6:          P(g_i) ← 0
7:          for j ← 1 → s_i do
8:              Let S_ij be h_ij1, ⋯, h_ijo
9:              P(S_ij) ← ∏_{l=1}^{o} P(h_ijl)
10:             P(g_i) ← P(g_i) + P(S_ij)
11:         end for
12:     end for
13: end procedure
```

外部概率定义为

$$Q(g_j) = \frac{\partial P(q)}{\partial P(g_i)}$$

使用类似于算法 5 中用于计算 d-DNNF 的 CIRCP 过程，递归地从 $i=1$ 到 $i=m$ 计算得到外部概率。对递归公式的推导也与此类似。假定 g_i 出现在下列基程序中：

$$b_1 \leftarrow g_i, W_{11} \quad \cdots \quad b_1 \leftarrow g_i, W_{1i_1}$$

$$\cdots$$

$$b_K \leftarrow g_i, W_{K1} \quad \cdots \quad b_K \leftarrow g_i, W_{Ki_K}$$

同时假设子目标 g_i 也可能是 msw 原子，则：

$$P(b_1) = P(g_i, W_{11}) + \cdots + P(g_i, W_{1i_1})$$

$$\cdots$$

$$P(b_K) = P(g_i, W_{K1}) + \cdots + P(g_i, W_{Ki_K})$$

因为 $q=g_1$，所以有 $Q(g_1)=1$。对于 $i=2$，…，m，已知 $P(q)$是 $P(b_1)$，…，$P(b_K)$的函数，我们可通过导数的链式规则推导出 $Q(g_i)$：

$$\begin{aligned} Q(g_i) &= \frac{\partial P(q)}{\partial P(b_1)} \frac{\partial P(g_i, W_{11})}{\partial P(g_1)} + \cdots + \frac{\partial P(q)}{\partial P(b_K)} \frac{\partial P(g_i, W_{Ki_K})}{\partial P(g_1)} \\ &= Q(b_1) P(g_i, W_{11}) / P(g_i) + \cdots + P(g_i, W_{Ki_K}) / P(g_i) \end{aligned}$$

这将得到下面的递归公式：

$$Q(g_1) = 1$$

$$Q(g_i) = Q(b_1) \sum_{s=1}^{i_1} \frac{P(g_i, W_{1s})}{P(g_i)} + \cdots + Q(b_K) \sum_{s=1}^{i_K} \frac{P(g_i, W_{Ks})}{P(g_i)}$$

可用自顶向下的方式从 $q=g_1$ 向下到 g_m 进行求值。算法 15 的 GET-QUTSIDE-PROBS 过程即可实现这一功能：对每个子目标 b_k 和它的每个解释(g_i, W_{ks})，算法 15 对子目标 g_i 的外部概率 $Q(g_i)$进行更新。

算法 15　GET-QUTSIDE-PROBS 过程：外部概率的计算

```
1:  procedure GET-OUTSIDE-PROBS(q)
2:      Q(g_1) ← 1.0
3:      for i ← 2 → m do
4:          Q(g_i) ← 0.0
5:          for j ← 1 → s_i do
6:              Let S_ij be h_ij1, …, h_ijo
7:              for l ← 1 → o do
8:                  Q(h_ijl) ← Q(h_ijl) + Q(g_i)P(S_ij)/P(h_ijl)
9:              end for
10:         end for
11:     end for
12: end procedure
```

如果 $g_i=\text{msw}(i, x_k)\theta_j$，则

$$P(X_{ij} = x_{ik}, e) = Q(g_i)P(g_i) = Q(g_i)\Pi_{ik}$$

事实上，我们可以把 e 的解释分为两个集合：K_{e1} 包括了含有 $\text{msw}(i, x_k)\theta_j$ 的解释，K_{e2} 则包括了其他的解释。然后有 $P(e)=P(K_{e1})+P(K_{e2})$ 和 $P(X_{ij}=x_{ik}, e)=P(K_{e1})$。由于 K_{e1} 中的每个解释都包含 $g_i=\text{msw}(i, x_k)\theta_j$，所以 K_{e1} 的形式为$\{\{g_i, W_1\}, \cdots, \{g_i, W_s\}\}$，且

$$P(K_{e1}) = \sum_{\{g_i, W\} \in K_{e1}} P(g_i)P(W) = P(g_i) \sum_{\{g_i, W\} \in K_{e1}} P(W) \tag{9.1}$$

所以有

$$\begin{aligned} P(X_{ij}=x_{ik},e) &= P(g_i)\sum_{\{g_i,W\}\in K_{e1}} P(W) \\ &= \frac{\partial P(K_e)}{\partial P(g_i)} P(g_i) \\ &= \frac{\partial P(e)}{\partial P(g_i)} P(g_i) = Q(g_i)P(g_i) \end{aligned} \tag{9.2}$$

由于$\frac{\partial P(K_{e2})}{\partial P(g_i)}=0$，所以式(9.2)成立。

算法16的PRISM-EM函数实现了整个EM算法[Sato & Kameya，2001]。它调用算法17的PRISM-EXPECTATION过程来更新计数器的期望值。

算法16　PRISM-EM函数

```
1:  function PRISM-EM(E, 𝒫, ε)
2:      LL=-inf
3:      repeat
4:          LL_0=LL
5:          LL=EXPECTATION(E)
6:          for all i do
7:              Sum ← Σ_{k=1}^{n_i} E[c_ik]
8:              for k=1 to n_i do
9:                  Π_ik = E[c_ik] / Sum
10:             end for
11:         end for
12:     until LL-LL_0<ε
13:     return LL, Π_ik for all i, k
14: end function
```

算法17　PRISM-EXPECTATION过程

```
1:  function PRISM-EXPECTATION(E)
2:      LL=0
3:      for all e∈E do
4:          GET-INSIDE-PROBS(e)
5:          GET-OUTSIDE-PROBS(e)
6:          for all i do
7:              for k=1 to n_i do
8:                  E[c_ik]=E[c_ik]+Q(msw(i, x_k)) Π_ik/P(e)
9:              end for
10:         end for
11:         LL=LL+log P(e)
12:     end for
13:     return LL
14: end function
```

Sato 和 Kameya[2001]指出，制表方法与算法 16 的结合得到的过程与将 HMM 和 PCFG 表示为特定参数学习算法的程序具有相同的时间复杂度。这里 Baum-Welch 算法[Rabiner，1989]用于 HMM，内-外算法[Baker，1979]用于 PCFG。

9.2 LLPAD 和 ALLPAD 参数学习

LLPAD 系统[Riguzzi，2004]和 ALLPAD 系统[Riguzzi，2007b，2008b]讨论了从解释中学习 LPAD 的参数和结构的问题。本节中我们讨论参数学习，结构学习将在 10.2 节讨论。

定义 47(LLPAD 参数学习问题) 已知一个集合

$$E=\{(I,p_I)\mid I\in \mathrm{Int2},p_I\in[0,1]\}$$

它满足 $\sum_{(I,p_I)\in E} p_I=1$，若参数值存在，并满足

$$\forall (I,p_I)\in E: P(I)=p_I$$

求基 LPAD $\mathcal{P}$ 的参数值。

E 也可为一个由解释构成的多重集 E'。从这种情形看，通过利用相对频率为 E' 中每个不同解释计算一个概率，我们可得到上述形式的学习问题。

注意，如果 $\forall (I,p_I)\in E: P(I)=p_I$，且对于没有出现在 E 中的 I 我们定义 $p_I=0$，那么 $\forall I\in \mathrm{Int2}: P(I)=p_I$，这是由于 $P(I)$是 Int2 上的概率分布，且 $\sum_{(I,p_I)\in E} p_I=1$ 。

Riguzzi[2004]提出的一个定理证明了如下结论：若 $\mathcal{P}$ 的所有子句的头部有一个相同的原子，且它们的体是互斥的，则可通过相对频率计算参数。

定义 48(互斥体) 如果 $\forall I\in J$，B_1 和 B_2 在 I 中不同时为真，则基子句 $h_1\leftarrow B_1$ 和 $h_2\leftarrow B_2$ 在一组解释 J 上有互斥体。

互斥体等价于异或假设。

定理 14(参数作为相对频率) 考虑一个局部分层的基 LPAD $\mathcal{P}$ 和一个如下形式的子句 $C\in\mathcal{P}$：

$$C=h_1:\Pi_1;h_2:\Pi_2;\cdots;h_m:\Pi_m\leftarrow B$$

假定 $\mathcal{P}$ 中所有与 C 在头部有一个相同原子的子句在一组解释 $\mathcal{J}=\{I\mid P(I)>0\}$ 上都与 C 的体互斥。在此情形下：

$$P(h_i\mid B)=\Pi_i$$

该定理意味着，在一定条件下，子句头部的概率可被解释为给定体下头原子的条件概率。由于 $P(h_i\mid B)=P(h_i,B)/P(B)$，所以一条基规则的各个析取头的概率可由概率分布 $P(I)$计算得到(该分布由解释上的程序定义)：对文字集 $S,P(S)=\sum_{S\subseteq I}P(I)$ 。此外，由于 $\forall I\in \mathrm{Int2}: P(I)=p_I$，则 $P(S)=\sum_{S\subseteq I}p_I$ 。

事实上，如果子句有互斥的体，则隐含变量的值就不再是不确定的。一个子句的头部中的一个原子要为真，就必须被体为真的唯一子句选中。因此，不需要用 EM 算法，可以使用相对频率。

9.3 LeProbLog

LeProbLog[Gutmann et al.，2008]是一个参数学习系统，它从一组带有概率标注的实例开始学习过程。LeProbLog 的目标是找到一个 ProbLog 程序的参数值，使得程序分配

给示例的概率尽可能与给定的概率接近。

定义 49(LeProbLog 参数学习问题) 给定一个 ProbLog 程序 $\mathcal{P}$ 和一组训练实例 $E=\{(e_1, P_i), \cdots, (e_T, p_T)\}$，其中 e_t 为基原子，$p_t \in [0, 1](t=1, \cdots, T)$，求使得均方误差

$$\text{MSE} = \frac{1}{T}\sum_{t=1}^{T}(P(e_t) - p_t)^2$$

为最小的程序参数。

为了执行学习过程，LeProbLog 使用了梯度下降法，即在梯度的相反方向上迭代更新参数。这需要计算如下梯度：

$$\frac{\partial \text{MSE}}{\partial \Pi_j} = \frac{2}{T}\sum_{t=1}^{T}(P(e_t) - p_t) \cdot \frac{\partial P(e_t)}{\partial \Pi_j}$$

LeProbLog 将查询编译为 BDD。因此，可使用算法 4 计算 $P(e_t)$。为了计算 $\frac{\partial P(e_t)}{\partial \Pi_j}$，需要使用一个自底向上遍历 BDD 的动态编程算法。事实上：

$$\frac{\partial P(e_t)}{\partial \Pi_j} = \frac{\partial P(f(\boldsymbol{X}))}{\partial \Pi_j}$$

其中，$f(\boldsymbol{X})$是由 BDD 表示的布尔函数，其定义如下：

$$f(\boldsymbol{X}) = X_k \cdot f^{X_k}(\boldsymbol{X}) + \neg X_k \cdot f^{\neg X_k}(\boldsymbol{X})$$

其中，X_k是与根和基事实 $\Pi_k :: f_k$ 相关联的随机布尔变量，所以，如果 $k=j$，则有

$$P(f(\boldsymbol{X})) = \Pi_k \cdot P(f^{X_k}(\boldsymbol{X})) + (1 - \Pi_k) \cdot P(f^{\neg X_k}(\boldsymbol{X}))$$

和

$$\frac{\partial P(f(\boldsymbol{X}))}{\partial \Pi_j} = P(f^{X_k}(\boldsymbol{X})) - P(f^{\neg X_k}(\boldsymbol{X}))$$

如果 $k \neq j$，则有

$$\frac{\partial P(f(\boldsymbol{X}))}{\partial \Pi_j} = \Pi_k \cdot \frac{\partial P(f^{X_k}(\boldsymbol{X}))}{\partial \Pi_j} + \left(1 - \Pi_k\right) \cdot \frac{P(f^{\neg X_k}(\boldsymbol{X}))}{\partial \Pi_j}$$

更进一步，若 X_j 没有出现在 $\boldsymbol{X}$ 中，则

$$\frac{\partial P(f(\boldsymbol{X}))}{\partial \Pi_j} = 0$$

当执行梯度下降过程时，我们必须确保参数保持在[0，1]区间。然而，使用梯度更新参数并不能保证这一点。因此，需要借助 sigmoid 函数 $\sigma(x)=\frac{1}{1+\mathrm{e}^{-x}}$进行重参数化，该函数以一个实值 $x \in (-\infty, +\infty)$作为输入，并返回(0，1)中的一个实值。因此，每个参数表示为 $\Pi_j = \sigma(a_j)$，并且各 a_j 作为要被更新的参数。因为 $a_j \in (-\infty, +\infty)$，所以不会得到值域外的值。

假设$\frac{\mathrm{d}\sigma(x)}{\mathrm{d}x}=\sigma(x) \cdot (1-\sigma(x))$，利用导数的链式规则，我们得到：

$$\frac{\partial P(e_t)}{\partial a_j} = \sigma(a_j) \cdot (1 - \sigma(a_j)) \frac{\partial P(f(\boldsymbol{X}))}{\partial \Pi_j}$$

计算$\frac{\partial P(f(\boldsymbol{X}))}{\partial a_j}$的 LeProbLog 动态编程函数见算法 18。GRADIENTEVAL(n，j)遍历 BDD n 并返回两个值：一个实数和一个布尔变量 seen，如果变量 X_j 出现在 n 中，则 seen 的值为 1。我们考虑以下三种情况：

1）按照 BDD 排序，若结点 n 的变量小于 X_j，则 GRADIENTEVAL 返回结点 n 的概率且 seen＝0。

2）若结点 n 的变量是 X_j，则 GRADIENTEVAL 返回 seen＝1，同时返回由其两个孩子结点的值之差 $\mathrm{val}(\mathrm{child}_1(n))-\mathrm{val}(\mathrm{child}_0(n))$ 给出的梯度。

3）按照 BDD 排序，若结点 n 的变量大于 X_j，且只要 X_j 出现在一个 sub-BDD 中，则 GRADIENTEVAL 返回 $\sigma(a_n)\cdot\mathrm{val}(\mathrm{child}_1(n))+(1-\sigma(a_n))\cdot\mathrm{val}(\mathrm{child}_0(n))$，否则返回 0。

GRADIENTEVAL 使用函数 varinderx(n) 返回结点 n 的变量的索引，同时利用 seen$(\mathrm{child}_1(n))$ 和 seen$(\mathrm{child}_0(n))$ 的值来确定应用上述哪种情况：若其中一个值为 1，另一个值为 0，则 X_j 在结点 n 的变量下面，则对应第三种情况。如果它们的值都是 1，则也对应第三种情况。如果值都是 0，则要么对应第一种情况，要么对应第三种情况，但 X_j 不出现在 BDD 中。我们通过在外部函数 GRADIENT 中返回 0 来处理后一种情况。

算法 18　GRADIENT 函数

```
1:  function GRADIENT(BDD, j)
2:     (val, seen)←DGRADIENTEVAL(BDD, j)
3:     if seen=1 then
4:        return val·σ(a_j)·(1−σ(a_j))
5:     else
6:        return 0
7:     end if
8:  end function
9:  function GRADIENTEVAL(n, j)
10:     if n is the 1-terminal then
11:        return(1, 0)
12:     end if
13:     if n is the 0-terminal then
14:        return(0, 0)
15:     end if
16:     (val(child_1(n)), seen(child_1(n)))←GRADIENTEVAL(child_1(n), j)
17:     (val(child_0(n)), seen(child_0(n)))←GRADIENTEVAL(child_0(n), j)
18:     if varindex(n)=j then
19:        return(val(child_1(n))−val(child_0(n)), 1)
20:     else if seen(child_1(n))=seen(child_0(n))then
21:        return(σ(a_n)·val(child_1(n))+(1−σ(a_n))·val(child_0(n)), seen(child_1(n)))
22:     else if seen(child_1(n))=1 then
23:        return )(σ(a_n)·val(child_1(n)), 1)
24:     else if seen(child_0(n))=1 then
25:        return((1−σ(a_n))·val(child_0(n)), 1)
26:     end if
27: end function
```

算法 19 描述了整个 LeProbLog 函数。给定一个具有 n 个概率基事实的 ProbLog 程序 $\mathcal{P}$，它返回其参数的值。它首先随机初始化参数向量 $\boldsymbol{a}=(a_1,\cdots,a_n)$，然后通过计算梯度

来计算一个更新 $\Delta \boldsymbol{a}$，最后通过减去 $\Delta \boldsymbol{a}$ 与学习率 η 的乘积来更新 $\boldsymbol{a}$。

算法 19 LEPROBLOG 函数：LeProbLog 算法

1： **function** LEPROBLOG(E，$\mathcal{P}$，k，η)
2： initialize all a_j randomly
3： **while** not converged **do**
4： $\Delta a \leftarrow 0$
5： **for** $t \leftarrow 1 \rightarrow T$ **do**
6： find k best proofs and generate BDD_t for e_t
7： $y \leftarrow \frac{2}{T}(P(e_t) - p_t)$
8： **for** $j \leftarrow 1 \rightarrow n$ **do**
9： $deriv_j \leftarrow \text{GRADIENT}(BDD_t, j)$
10： $\Delta a_j \leftarrow \Delta a_j + y \cdot deriv_j$
11： **end for**
12： **end for**
13： $a \leftarrow a - \eta \cdot \Delta a$
14： **end while**
15： **return** $\{\sigma(a_1), \cdots, \sigma(a_n)\}$
16： **end function**

实例的 BDD 是通过计算每个实例的 k 个最佳解释来构建的，正如 7.1.2 节中的 k-best 推理算法。由于当参数变化时 k 个最佳解释的集合可能发生变化，所以在每次迭代中需要重新计算 BDD。

9.4 EMBLEM

EMBLEM[Bellodi & Riguzzi，2013，2012]采用文献[Thon et al.，2008；Ishihata et al.，2008a，b；Inoue et al.，2009]中提出的在 BDD 上执行 EM 的算法来解决 LPAD 的参数学习问题。

定义 50(EMBLEM 参数学习问题) 已知一个参数未知的 LPAD $\mathcal{P}$ 和两组基原子(分别表示正反例集合)$E^+ = \{e_1, \cdots, e_T\}$和 $E^- = \{e_{T+1}, \cdots, e_Q\}$，求使得实例的似然估计最大化的参数 Π，即求解：

$$\underset{\Pi}{\operatorname{argmax}} P(E^+, \sim E^-) = \underset{\Pi}{\operatorname{argmax}} \prod_{t=1}^{T} P(e_t) \prod_{t=T+1}^{Q} P(\sim e_t)$$

由 E^+ 和 E^- 中的原子构成的谓词称为目标，因为这里的目标是能够更好地为它们预测原子的真值。

典型的 LPAD $\mathcal{P}$ 有两个组成部分：一组带有参数并表示常识的规则和一组特定的基事实。这些事实表示一个特定世界中各个情形上的背景知识，从它们出发，利用规则即可得出结论。有时，提供一个以上的世界信息是有用的。对于每个世界，都要提供背景知识和一组正反例。对一个世界的描述也称为 mega-解释或 mega-实例。在此情形下，对一个或多个目标谓词，将正例表示为 mega-解释的基事实，负例表示为适当标注的基事实(如对负例 a，有 neg(a))是很有用的。这样，任务就成为对所有 mega-解释最大化实例的似然估计的乘积。

EMBLEM 为 $E=\{e_1, \cdots, e_T, \sim e_{T+1}, \cdots, \sim e_Q\}$ 中的每个实例生成一个 BDD。实例 e 的 BDD 首先对其解释进行表示。然后 EMBLEM 进入 EM 循环，在此循环中，重复执行期望值步骤和最大化步骤，直到实例的对数似然估计达到局部最大为止。

现在我们给出期望值和最大化阶段的公式。EMBLEM 采用了 PITA 中用布尔随机变量表示多值随机变量的方法，见 5.6 节。令 $X_{ijk}(k=1, \cdots, n_i-1, j\in g(i))$ 是与 $\mathcal{P}$ 中子句 C_i 的基例示 $C_i\theta_j$ 相关联的布尔随机变量，其中，n_i 为 C_i 的头原子个数，$g(i)$ 为 C_i 的基替换的指数集。

例 99 (流行病-LPAD-EM)　让我们回顾例 87 中对流行病发展的描述：

$$\begin{aligned} C_1 &= \text{epidemic} : 0.6 ; \text{pandemic} : 0.3 \leftarrow \text{flu}(X), \text{cold}. \\ C_2 &= \text{cold} : 0.7. \\ C_3 &= \text{flu}(\text{david}). \\ C_4 &= \text{flu}(\text{robert}). \end{aligned}$$

子句 C_1 有两个基例示，它们的头部都有三个原子：第一个与布尔随机变量 X_{111} 和 X_{112} 相关联，第二个与 X_{121} 和 X_{122} 相关联。C_2 只有一个头部有两个原子的基例示，它与变量 X_{211} 相关联。查询epidemic 的 BDD 如图 9.1 所示。◀

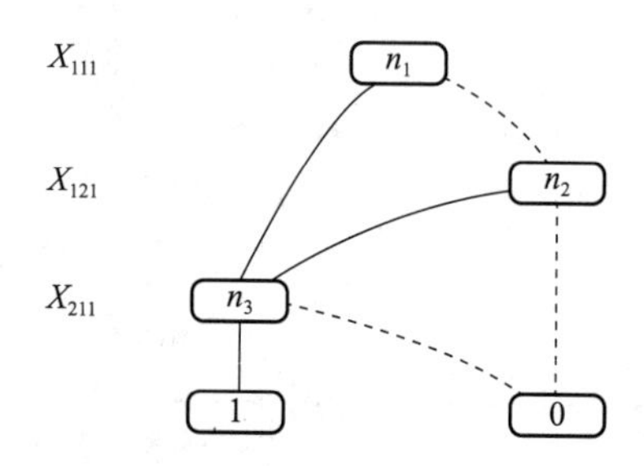

图 9.1　例 99 中查询 epidemic 对应的 BDD [Bellodi & Riguzzi, 2013]

EM 算法中以下两个阶段交替执行：

- 期望值：对于所有实例 e 和 $\mathcal{P}$ 中的规则 C_i，计算 $\boldsymbol{E}[C_{ik0}|e](k=1, \cdots, n_i-1)$ 和 $\boldsymbol{E}[C_{ik1}|e](k=1, \cdots, n_i-1)$，其中，$C_{ikx}$ 是变量 X_{ijk} 取值为 $x\in\{0, 1\}$ 的次数，j 在 $g(i)$ 中。$\boldsymbol{E}[C_{ikx}|e]$ 由 $\sum_{j\in g(i)} P(X_{ijk}=x|e)$ 给出。
- 最大化：对所有规则 C_i，计算 $\pi_{ik}(k=1, \cdots, n_i-1)$。

$$\pi_{ik}=\frac{\sum_{e\in E}\boldsymbol{E}[c_{ik1}|e]}{\sum_{q\in E}\boldsymbol{E}[c_{ik0}|e]+\boldsymbol{E}[c_{ik1}|e]}$$

$P(X_{ijk}=x|e)$ 由 $P(X_{ijk}=x|e)=\dfrac{P(X_{ijk}=x, e)}{P(e)}$ 给出。

现在考虑一个实例 e 的 BDD，其构建只应用了合并规则将相同的子图融合在一起，而不删除结点。例如，在例 99 中只使用合并规则，就可以得到图 9.2 中的图形。我们称所得图为完全二元决策图(Complete Binary Decision Diagram, CBDD)，在该图中，每条路径包含每个级别的一个结点。

$P(e)$ 为 CBDD 中从根到值为 1 的叶子结点的所有路径的概率之和，其中，将路径的概率定义为路径上的各选择的概率的乘积。变量 X_{ijk} 与层级 l 相关联，意味着该级别的所有结点都对变量 X_{ijk} 进行判别。从根到叶子的所有路径都要经过 l 层的一个结点。

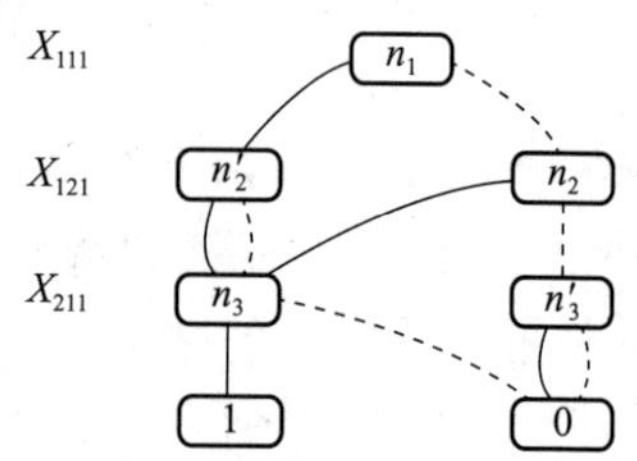

图 9.2　例 99 中使用合并规则后的 BDD [Bellodi & Riguzzi, 2013]

我们可以把 $P(e)$ 表达成如下形式：

$$P(e) = \sum_{\rho \in R(e)} \prod_{d \in \rho} \pi(d)$$

其中 $R(e)$ 为查询 e 到达值为 1 的叶子结点的路径集合，d 为路径 ρ 上的一条边，$\pi(d)$ 是与该边相关联的概率：如果 d 是与变量 X_{ijk} 关联的结点的 1 -分支，则 $\pi(d)=\pi_{ik}$；如果 d 是与变量 X_{ijk} 关联的结点的 0 -分支，则 $\pi(d)=1-\pi_{ik}$。

我们可以进一步将 $P(e)$ 扩展为

$$P(e) = \sum_{n \in N(X_{ijk}), \rho \in R(e)} \pi_{ikx} \prod_{d \in \rho^{n,x}} \pi(d) \prod_{d \in \rho_n} \pi(d)$$

其中，$N(X_{ijk})$ 为所有与变量 X_{ijk} 关联的结点构成的集合，ρ_n 为路径上溯至结点 n 的一部分，$\rho^{n,x}$ 为从 $\text{child}_x(n)$ 到值为 1 的叶子结点的路径的一部分，当 $x=1$ 时，$\pi_{ikx}=\pi_{ik}$，否则 $\pi_{ikx}=1-\pi_{ik}$，则

$$P(e) = \sum_{n \in N(X_{ijk}), \rho_n \in R_n(q), x \in \{0,1\} \rho^{n,x} \in R^n(q,x)} \pi_{ikx} \prod_{d \in \rho^{n,x}} \pi(d) \prod_{d \in \rho_n} \pi(d)$$

其中 $R_n(q)$ 是从根到结点 n 的路径的集合，$R^n(q, x)$ 是从结点 $\text{child}_x(n)$ 到值为 1 的叶子的路径的集合。

为计算 $P(X_{ijk}=x, e)$，我们发现只需要考虑经过与变量 X_{ijk} 关联的结点 n 的 x -孩子的路径，因此：

$$P(X_{ijk} = x, e) = \sum_{n \in N(X_{ijk}), \rho_n \in R_n(q), \rho^n \in R^n(q,x)} \pi_{ikx} \prod_{d \in \rho^n} \pi(d) \prod_{d \in \rho_n} \pi(d)$$

可将上面求和式中的项重新排列为

$$\begin{aligned} P(X_{ijk} = x, e) &= \sum_{n \in N(X_{ijk})} \sum_{\rho_n \in R_n(q)} \sum_{\rho^n \in R^n(q,x)} \pi_{ikx} \prod_{d \in \rho^n} \pi(d) \prod_{d \in \rho_n} \pi(d) \\ &= \sum_{n \in N(X_{ijk})} \pi_{ikx} \sum_{\rho_n \in R_n(q)} \prod_{d \in \rho_n} \pi(d) \sum_{\rho^n \in R_n(q,x)} \prod_{d \in \rho^n} \pi(d) \\ &= \sum_{n \in N(X_{ijk})} \pi_{ikx} F(n) B(\text{child}_x(n)) \end{aligned}$$

其中 $F(n)$ 为前向概率[Ishihata et al., 2008b]，即为从根到 n 的路径的概率质量；$B(n)$ 为后向概率[Ishihata et al., 2008b]，即为从 n 到值为 1 的叶子的路径的概率质量。如果 root 是查询 e 对应的树的根，则 $B(\text{root})=P(e)$。

表达式 $\pi_{ikx}F(n)B(\text{child}_x(n))$ 表示所有经过结点 n 的 x -边的路径的概率之和。我们用 $e^x(n)$ 表示该表达式。因此

$$P(X_{ijk} = x, e) = \sum_{n \in N(X_{ijk})} e^x(n) \tag{9.3}$$

对于 BDD 的情况，即同时应用删除规则得到的一个图，式(9.3)不再成立，这是因为没有与 X_{ijk} 关联的路径也对计算 $P(X_{ijk}=x, e)$ 产生影响。事实上，将删除掉的路径也考虑进来是有必要的：假定一个与变量 Y 关联的结点 n 的层级高于变量 X_{ijk}，且 $\text{child}_0(n)$ 与层级低于 X_{ijk} 的变量 W 关联，与变量 X_{ijk} 关联的结点已从 n 到 $\text{child}_0(n)$ 的路径中删除。可以想象，当前的 BDD 来自另一个 BDD，而后者中有一个结点 m 与变量 X_{ijk} 关联，其为 n 的沿着 0-分支的子孙，且其出边都指向 $\text{child}_0(n)$。合并后的两条路径的概率质量分别为 $e^0(n)(1-\pi_{ik})$ 和 $e^0(n)\pi_{ik}$，对应于经过 m 的 0 -孩子和 1 -孩子的路径的概率。第一个量对 $P(X_{ijk}=0, e)$ 的计算有影响，第二个量则对 $P(X_{ijk}=1, e)$ 有影响。

形式上，令 $\text{Del}^x(X)$ 为结点 n 的集合，使得 X 的层级低于 n 的层级，但高于 $\text{child}_x(n)$ 的层级，即 X 在 n 和子结点 $\text{child}_x(n)$ 之间被删除。例如，对于图 9.1 中的 BDD，

$\text{Del}^1(X_{121})=\{n_1\}$，$\text{Del}^0(X_{121})=\varnothing$，$\text{Del}^1(X_{221})=\varnothing$，$\text{Del}^0(X_{221})=\{n_3\}$，则

$$P(X_{ijk}=0|e)=\sum_{n\in N(X_{ijk})}e^x(n)+(1-\pi_{ik})\Big(\sum_{n\in \text{Del}^0(X_{ijk})}e^0(n)+\sum_{n\in \text{Del}^1(X_{ijk})}e^1(n)\Big)$$

$$P(X_{ijk}=1,e)=\sum_{n\in N(X_{ijk})}e^x(n)+\pi_{ik}\Big(\sum_{n\in \text{Del}^0(X_{ijk})}e^0(n)+\sum_{n\in \text{Del}^1(X_{ijk})}e^1(n)\Big)$$

在证明如何计算概率之后，我们详细描述 EMBLEM。EMBLEM 的典型输入是一组 mega-解释，即一组由基事实构成的集合，每个基事实集描述了感兴趣的论域的一部分。在输入事实的谓词中，用户必须指出哪些是目标谓词：这些谓词的事实将构成实例，即为执行查询所构建的 BDD。谓词可以被视为封闭世界或开放世界。在第一种情形下，提出了一种封闭世界假设，因此，在子句头中有目标谓词的子句体只需由解释中的事实确定。在第二种情形下，在子句头中有目标谓词的子句体需由解释中的事实和理论中的子句共同确定。如果设置了最后一个选项，且理论是循环的，则 EMBLEM 对 SLD 推导使用一个深度限制以避免进入无限循环[Gutmann et al.，2010]。

算法 20 中所示的 EMBLEM 由一个循环组成，在该循环中反复调用 EXPECTATION 和 MAXIMIZATION 过程。EXPECTATION 过程返回在停止准则中使用的数据的 LL：当当前迭代与前一次迭代之间的差值降到阈值 ε 以下或此差值低于当前 LL 的一个部分 δ 时，EMBLEM 即停止。

算法 20　EMBLEM 函数

1：**function** EMBLEM(E，$\mathcal{P}$，ε，δ)
2：　build *BDDs*
3：　$LL=-inf$
4：　**repeat**
5：　　$LL_0=LL$
6：　　LL=EXPECTATION(*BDDs*)
7：　　MAXIMIZATION
8：　**until** $LL-LL_0<\varepsilon \vee LL-LL_0<-LL\cdot\delta$
9：　return LL，π_{ik} for all i，k
10：**end function**

EXPECTATION 过程如算法 21 所示，它将一组 BDD 作为输入，每个实例对应一个 BDD，然后计算每个实例的期望，即对于 BDD 中的所有变量 X_{ijk}，计算 $P(e, X_{ijk}=x)$。在这个过程中，我们使用 $\eta^x(i,k)$表示 $\sum_{j\in g(i)}P(e,X_{ijk}=x)$。EXPECTATION 首先调用 GETFORWARD 和 GETBACKWARD 来计算结点的前向和后向概率，并且只对未删除路径计算$\eta^x(i,k)$，然后更新 $\eta^x(i,k)$以考虑已删除的路径。

算法 21　EXPECTATION 函数

1：**function** EXPECTATION(*BDDs*)
2：　$LL=0$
3：　**for all** $BDD\in BDDs$ **do**
4：　　**for all** i **do**
5：　　　**for** $k=1$ to n_i-1 **do**

```
6:            η⁰(i, k)=0; η¹(i, k)=0
7:          end for
8:        end for
9:        for all variables X do
10:           ζ(X)=0
11:         end for
12:         GETFORWARD(root(BDD))
13:         Prob=GETBACKWARD(root(BDD))
14:         T=0
15:         for l=1 to levels(BDD)do
16:             Let X_ijk be the variable associated with level l
17:             T=T+ζ(X_ijk)
18:             η⁰(i, k)=η⁰(i, k)+T×(1−π_ik)
19:             η¹(i, k)=η¹(i, k)+T ×π_ik
20:         end for
21:         for all i do
22:             for k=1 to n_i−1 do
23:                 E[c_ik0]=E[c_ik0]+η⁰(i, k)/Prob
24:                 E[c_ik1]= E[c_ik1]+η¹(i, k)/Prob
25:             end for
26:         end for
27:         LL=LL+log(Prob)
28:       end for
29:       return LL
30:   end function
```

MAXIMIZATION 过程(算法 22)计算下一个 EM 迭代的参数值。

算法 22 MAXIMIZATION 过程

```
1:  procedure MAXIMIZATION
2:      for all i do
3:          for k=1 to n_i−1 do
4:              π(ik)= E[c_ik1] / (E[c_ik0]+E[c_ik1])
5:          end for
6:      end for
7:  end procedure
```

GETFORWARD 过程，如算法 23 所示，计算前向概率的值。它从根层级开始，一次遍历图中一层。对于每一层，它首先计算每个结点 n 对其子结点的前向概率的贡献，然后更新其子结点的前向概率并存储在表 F 中。

算法 23 GETFORWARD 过程：计算前向概率

```
1:  procedure GETFORWARD(root)
2:      F(root)=1
```

```
3:      F(n)=0 for all nodes
4:      for l=1 to levels do          ▷ levels is the number of levels of the BDD rooted at root
5:          Nodes(l)=∅
6:      end for
7:      Nodes(1)={root}
8:      for l=1 to levels do
9:          for all node∈Nodes(l)do
10:             let X_ijk be v(node), the variable associated with node
11:             if child_0(node) is not terminal then
12:                 F(child_0(node))=F(child_0(node))+F(node)·(1-π_ik)
13:                 add child_0(node)to Nodes(level(child_0(node)))    ▷level(node)returns the level
    of node
14:             end if
15:             if child_1(node)is not terminal then
16:                 F(child_1(node))=F(child_1(node))+F(node)· π_ik
17:                 add child_1(node)to Nodes(level(child_1(node)))
18:             end if
19:         end for
20:     end for
21: end procedure
```

GETBACKWARD过程，如算法24所示，通过从根到叶子对树进行递归遍历来计算结点的后向概率。当对结点n的两个子结点调用GETBACKWARD返回时，我们得到对未删除路径计算e^x值和$\eta^x(i, k)$值所需要的全部信息。

算法24 GETBACKWARD过程：计算后向概率，并更新η和ς

```
1:  function GETBACKWARD(node)
2:      if node is a terminal then
3:          return value(node)
4:      else
5:          let X_ijk be v(node)
6:          B(child_0(node))=GETBACKWARD(child_0(node))
7:          B(child_1(node))=GETBACKWARD(child_1(node))
8:          e^0(node)=F(node)· B(child_0(node))·(1-π_ik)
9:          e^1(node)=F(node)· B(child_1(node))· π_ik
10:         η^0(i, k)=η_i^0(i, k)+e^0(node)
11:         η^1(i, k)=η_i^1(i, k)+e^1(node)
12:         V Succ=succ(v(node))          ▷succ(X)returns the variable following X in the order
13:         ς(V Succq)=ς(V Succ)+e^0(node)+e^1(node)
14:         ς(v(child_0(node)))=ς(v(child_0(node)))-e^0(node)
15:         ς(v(child_1(node)))=ς(v(child_1(node)))-e^1(node)
16:         return B(child_0(node))·(1-π_ik)+B(child_1(node))· π_ik
17:     end if
18: end function
```

数组 ζ 为每个变量 X_{ijk} 存储 $e^x(n)$ 的代数和：在 X_{ijk} 的第 l 层中没有子孙的上层结点的 $e^x(n)$ 值减去第 l 层中有子孙的上层结点的 $e^x(n)$ 值。以这种方式，通过从根层级开始并累积不同层次的 $\zeta(X_{ijk})$ 到变量 T 中(算法 21 中 15～20 行)，可增加已删除路径的影响：对 X_{ijk} 的一个层级，将一个 $e^x(n)$ 值添加到累加器 T 中意味着 n 是该层级结点的祖先。当来自结点 n 的 x -分支到达某一 $l'\leqslant l$ 层的一个结点时，从累加器中减去 $e^x(n)$，因为它不再与该路径上已删除的结点相关，参见算法 24 的第 14 和 15 行。

让我们看一个运行示例。考虑例 99 中的程序和单个实例 epidemic。首先构建图 9.1 中的 BDD(见图 9.3)，然后将指向其根结点 n_1 的指针传递给 EXPECTATION 过程。将计数器 η 初始化为 0 后，以 n_1 作为参数调用 GETFORWARD。n_1 的 F 表被设置为 1(因其为根)，然后计算 0 -孩子 n_2 的 F 表，即 $0+1\cdot 0.4=0.4$，n_2 被添加到集合 Nodes(2)中，该集合是第二层的结点集。然后为 1 -孩子 n_3 计算 F 表，即 $0+1\cdot 0.6=0.6$，并将 n_3 添加到 Nodes(3)。在该循环的下一次迭代中，对第 2 层进行计算，将结点 n_2 从 Nodes(2)中取出。因为 0 -孩子是终端结点，所以跳过它；而 1 -孩子是 n_3，且其 F 值更新为 $0.6+0.4\cdot 0.6=0.84$。在第三次迭代中，取出结点 n_3，但是由于它的子结点是叶子，所以 F 没有更新。最后得到的前向概率如图 9.3 所示。

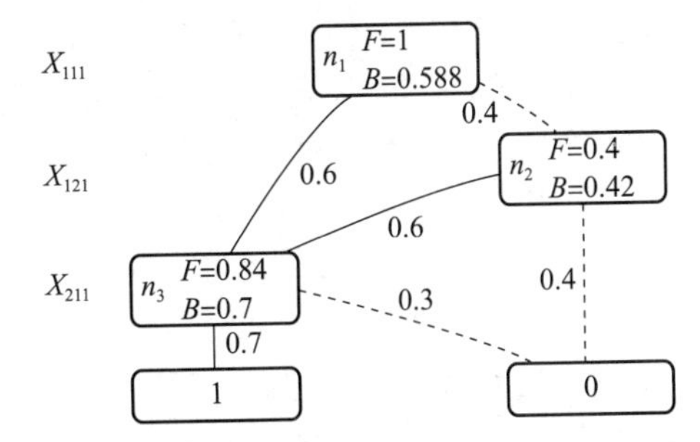

图 9.3 前向和后向概率。F 表示每个结点的前向概率，B 表示每个结点的后向概率[Bellodi & Riguzzi，2013]。)

然后在 n_1 上调用 GETBACKWARD。该函数调用 GETBACKWARD(n_2)，在其中再调用 GETBACKWARD(0)。该调用返回 0，因为它是一个终端结点。然后 GETBACKWARD(n_2)调用 GETBACKWARD(n_3)，后者再调用 GETBACKWARD(1)和 GETBACKWARD(0)，分别返回 1 和 0。最后 GETBACKWARD(n_3)计算 $e^0(n_3)$和 $e^1(n_3)$，方法如下：

$$e^0(n_3)=F(n_3)\cdot B(0)\cdot 0.3(1-\pi_{21})=0.84\cdot 0\cdot 0.3=0$$
$$e^1(n_3)=F(n_3)\cdot B(1)\cdot 0.7(\pi_{21})=0.84\cdot 1\cdot 0.7=0.588$$

现在可以更新 C_2 子句的计数器：

$$\eta^0(2,1)=0$$
$$\eta^1(2,1)=0.588$$

我们没有讨论 ζ 的更新，因为后面并不使用它在叶子层级上的值。GETBACKWARD(n_3)现在返回 n_3 的后向概率 $B(n_3)=1\cdot 0.7+0\cdot 0.3=0.7$。GETBACKWARD($n_2$)可以继续计算：

$$e^0(n_2)=F(n_2)\cdot B(0)\cdot 0.4(1-\pi_{11})=0.4\cdot 0.0\cdot 0.4=0$$
$$e^1(n_2)=F(n_2)\cdot B(n_3)\cdot 0.6(\pi_{11})=0.4\cdot 0.7\cdot 0.6=0.168$$

并且 $\eta^0(1,1)=0$，$\eta^1(1,1)=0.168$，X_{121} 之后的变量是 X_{211}，所以 $\zeta(X_{211})=e^0(n_2)+e^1(n_2)=0+0.168=0.168$。由于 X_{121} 也与 1 -孩子 n_2 相关，因此 $\zeta(X_{211})=\zeta(X_{211})-e^1(n^2)=0$。0 -孩子是一个叶子，所以 ζ 没有更新。

然后 GETBACKWARD(n_2)返回 $B(n_2)=0.7\cdot 0.6+0\cdot 0.4=0.42$ 给 GETBACKWARD(n_1)以计算 $e^0(n_1)$和 $e^1(n_1)$：

$$e^0(n_1) = F(n_1) \cdot B(n_2) \cdot 0.4(1 - \pi_{11}) = 1 \cdot 0.42 \cdot 0.4 = 0.168$$
$$e^1(n_1) = F(n_1) \cdot B(n_3) \cdot 0.6(\pi_{11}) = 1 \cdot 0.7 \cdot 0.6 = 0.42$$

并将计数器 η 更新为 $\eta^0(1, 1)=0.168$，$\eta^1(1, 1)=0.168+0.42=0.588$。

最后更新 ζ，如下：

$$\zeta(X_{121}) = e^0(n_1) + e^1(n_1) = 0.168 + 0.42 = 0.588$$
$$\zeta(X_{121}) = \zeta(X_{121}) - e^0(n_1) = 0.42$$
$$\zeta(X_{211}) = \zeta(X_{211}) - e^0(n_1) = -0.42$$

GETBACKWARD(n_1)返回 $B(n_1)=0.7 \cdot 0.6+0.42 \cdot 0.4=0.588$ 给 EXPECTATION，EXPECTATION 通过对 BDD 层级进行循环并更新 T 来增加删除结点的影响。初始时，将 T 置为 0，然后对于变量 X_{111}，$T=\zeta(X_{111})=0$ 意味着 $\eta^0(1, 1)$和 $\eta^1(1, 1)$没有修改。对于变量 X_{121}，T 更新为 $T=0+\zeta(X_{121})=0.42$，将 η 表修改为

$$\eta^0(1,1) = 0.168 + 0.42 \cdot 0.4 = 0.336$$
$$\eta^1(1,1) = 0.588 + 0.42 \cdot 0.6 = 0.84$$

对于变量 X_{211}，$T=0.42+\zeta(X_{211})=0$，所以 $\eta^0(2, 1)$和 $\eta^1(2, 1)$没有被更新。此时，计算两个规则的预期计数过程如下：

$$\boldsymbol{E}[c_{110}] = 0 + 0.336/0.588 = 0.571\,428\,571\,4$$
$$\boldsymbol{E}[c_{111}] = 0 + 0.84/0.588 = 1.428\,571\,428\,6$$
$$\boldsymbol{E}[c_{210}] = 0 + 0/0.588 = 0$$
$$\boldsymbol{E}[c_{211}] = 0 + 0.588/0.588 = 1$$

9.5 ProbLog2 参数学习

ProbLog2[Fierens et al., 2015]包含算法 LFI-ProbLog[Gutmann et al., 2011b]，后者从部分解释中学习 ProbLog 程序的参数。

部分解释是三值解释：它们指定了一些基原子的真值，不一定针对所有的基原子。一个部分解释 $\mathcal{I}=\langle I_T, I_F\rangle$表示 I_T中的原子为真，而 I_F中的原子为假。一个局部解释 $\mathcal{I}=\langle I_T, I_F\rangle$可与一个合取式 $q(\mathcal{I})=\bigwedge_{a\in I_T} a \wedge \bigwedge_{a\in I_F} \sim a$ 相关联。

定义 51(LFI-ProbLog 学习问题)　给定一个带未知参数的 ProbLog 程序和一个部分解释的集合 $E=\{\mathcal{I}_1, \cdots, \mathcal{I}_T\}$(实例)，求使得 $\mathcal{P}$ 的实例的似然估计最大的参数 Π 的值，即求解：

$$\underset{\Pi}{\operatorname{argmax}} P(E) = \underset{\Pi}{\operatorname{argmax}} \prod_{t=1}^{T} P(q(\mathcal{I}_t))$$

如果 E 中所有解释都是完全的，则可以应用定理 14，通过相对频率计算得到参数，见 9.2 节。如果 E 中的某些解释是部分的，则必须使用 EM 算法，类似于 PRISM 和 EMBLEM 所使用的算法。

LFI-ProbLog 使用 5.7 节中带证据 $q(\mathcal{I})$的 ProbLog2 算法为每个部分解释 $\mathcal{I}=\langle I_T, I_F\rangle$生成一个 d-DNNF 回路。

然后它将布尔随机变量 X_{ij}与每个基概率事实 $f_i\theta_j$ 关联起来。对每个实例 $\mathcal{I}$ 及变量 X_{ij}，$x\in\{0, 1\}$，LFI-ProbLog 计算 $P(X_{ij}=x|\mathcal{I})$。然后用此值来计算 $\boldsymbol{E}[c_{ix}|\mathcal{I}]$，这是对给定实例 $\mathcal{I}$，变量 $X_{ij}(j \in g(i))$取 x 值的次数的期望值，$g(i)$为 f_i 的一组基替换。$\boldsymbol{E}[c_{ix}]$是对所有给定实例的期望值。与在 PRISM 和 EMBLEM 中一样，这些值分别定义如下：

$$\boldsymbol{E}[c_{ix}] = \sum_{t=1}^{T} \boldsymbol{E}[c_{ix} \mid \mathcal{I}_t]$$

$$\boldsymbol{E}[c_{ix} \mid \mathcal{I}_t] = \sum_{j \in g(i)} P(x_{ij} = x \mid \mathcal{I}_t)$$

在最大化阶段，概率事实 f_i 的参数 π_i 可以由下式计算：

$$\pi_i = \frac{\boldsymbol{E}[c_{i1}]}{\boldsymbol{E}[c_{i0}] + \boldsymbol{E}[c_{i1}]}$$

LFI-ProbLog 通过使用算法 5 的 CIRCP 过程计算 $P(X_{ij}=x, \mathcal{I})$来计算 $P(X_{ij}=x \mid \mathcal{I})$：对于所有变量 X_{ij} 和它们的值 x，d-DNNF 回路被访问两次，一次自底向上计算 $P(q(\mathcal{I}))$，一次则是自顶向下计算 $P(X_{ij}=x \mid \mathcal{I})$。这样 $P(X_{ij}=x \mid \mathcal{I})$由$\frac{P(X_{ij}=x, \mathcal{I})}{P(\mathcal{I})}$给出。

Nishino 等人[2014]扩展了 LFI-ProbLog 以进行稀疏参数学习，即尽量减少不同于 0 或 1 的参数个数的学习过程，这样做的目的是希望得到一个较为简单的程序。为此，他们在目标函数中添加了一个惩罚项，并使用梯度下降来优化参数。

9.6 混合程序的参数学习

Gutmann[2011]提出了一种学习混合 ProbLog 程序参数的方法，该方法基于 9.3 节中的 LeProbLog 算法。Gutmann[2011]特别说明了对于混合 ProbLog 程序，目标函数的梯度是如何计算的。

文献[Islam，2012；Islam et al.，2012a]中提出了一种用于扩展 PRISM 的参数学习算法。该算法基于 PRISM 的 EM 过程，计算随机变量的期望充分统计(Expected Sufficient Statistic，ESS)。对于离散随机变量，其 ESS 表示为变量每个值的期望计数构成的元组。

高斯型随机变量 X 的 ESS 是如下三元组：

$$(\mathrm{ESS}^{X}, \mathrm{ESS}^{X^2}, \mathrm{ESS}^{\mathrm{count}})$$

其中，各分量分别表示期望的和、期望的平方和以及随机变量 X 的期望使用次数。

通过对各实例分别进行推导，可计算得到 ESS。一种更快的方法是构造一个符号推导，计算 ESS 函数而不是简单的 ESS，然后将它们应用于每个实例。ESS 函数的推导类似于 5.11 节中讨论的扩展 PRISM 的成功函数的推导。

结构学习

本章介绍的技术用于从数据中诱导出完整的程序，包括程序的结构及其中的参数。

我们将简要回顾归纳逻辑程序中的一些概念，随后讨论概率归纳逻辑程序(Probabilistic Inductive Logic Programming，PILP)系统[De Raedt et al.，2008；Riguzzi et al.，2014]。

10.1 归纳逻辑程序

ILP 主要研究如何从数据中学习逻辑程序。其中一个需要考虑的学习问题是从蕴涵关系中学习。

定义 52(归纳逻辑程序-从蕴涵关系中学习) 给定两个基原子集合 $E^+=\{e_1，\cdots，e_T\}$ 和 $E^-=\{e_{T+1}，\cdots，e_Q\}$(分别代表正例和反例)，一个逻辑程序 B(背景知识)以及一个可能程序的空间 $\mathcal{H}$(语言偏好)，找到一个程序 $P\in\mathcal{H}$，使得：

- $\forall e\in E^+$，$P\cup B\vDash e$(完备性)
- $\forall e\in E^-$，$P\cup B\nvDash e$(协调性)

称一个满足 $P\cup B\vDash e$ 的例子 e 是被覆盖的。我们同时给出以下函数的定义：

- 如果 $P\cup B\vDash e$，则 covers(P，e)=true
- covers(P，e)=$\{e\in E\mid$ covers(P，e)=true$\}$

为我们给出示例的谓词称为目标谓词，通常只有一个单一的目标谓词。

例 100 (ILP 问题) 假定已有

$$
\begin{aligned}
E^+ &= \{\ \text{father(john, mary), father(david, steve)}\ \}\\
E^- &= \{\ \text{father(kathy, mary), father(john, steve)}\ \}\\
B &= \text{parent(john, mary),}\\
&\quad \text{parent(david, steve),}\\
&\quad \text{parent(kathy, mary),}\\
&\quad \text{female(kathy),}\\
&\quad \text{male(john),}\\
&\quad \text{male(david)}\ \}
\end{aligned}
$$

则这个从蕴涵关系进行学习的问题的一个解是：

$$\text{father}(X,Y) \leftarrow \text{parent}(X,Y),\text{male}(X)$$ ◀

各种求解从蕴涵关系学习问题的 ILP 系统间存在差异，主要表现在表达语言偏好的方式不同，以及搜索程序空间的策略有差别，通常包含：两个嵌套循环；一个外部的覆盖循环(covering loop)，用于向当前理论中增加一个子句并删除已覆盖的正例；一个内部的子句搜索循环，用于搜索子句空间。ILP 系统中的示例是 FOIL[Quinlan，1990]、mFOIL[Dzeroski，1993]、Aleph[Srinivasan，2007]和 Progol[Muggleton，1995]。

子句空间是按照一般性关系组织的，该关系引导了对子句的搜索过程。对子句 C、D 和由目标谓词的所有基原子生成的集合 U，若 covers($\{C\}$,U)$\supseteq$covers($\{D\}$,U)，则称 C

比 D 更一般化。若 $B,\{C\}\models D$，则 C 比 D 更一般化，因为 $B,\{D\}\models e$ 意味着 $B,\{C\}\models e$。但是，蕴涵关系是半可判定的，因此在实践中使用更简单一些的一般化关系。其中使用得最多的是 θ-包含：若存在一个替换 θ 使得 $C\theta\subseteq D$[Plotkin，1970]，称 $C\theta$-包含 $D(C\geqslant D)$，其中的子句是文字集。若 $C\geqslant D$，则 $C\models D$，这样 C 比 D 更一般。但反之未必成立，即 $C\geqslant D \nRightarrow C\models D$。当 θ-包含不等于蕴涵关系时，它是可判定的(即使是 NP-完全的)，因此实践中常选其作为一般性关系。

例 101 (θ -包含的例子) 令：

$$
\begin{aligned}
C_1 &= \text{father}(X,Y) \leftarrow \text{parent}(X,Y) \\
C_2 &= \text{father}(X,Y) \leftarrow \text{parent}(X,Y), \text{male}(X) \\
C_3 &= \text{father}(\text{john}, \text{steve}) \leftarrow \text{parent}(\text{john}, \text{steve}), \text{male}(\text{john})
\end{aligned}
$$

则：

- $C_1\geqslant C_2$ 当 $\theta=\varnothing$。
- $C_1\geqslant C_3$ 当 $\theta=\{X/\text{john}，Y/\text{steve}\}$。
- $C_2\geqslant C_3$ 当 $\theta=\{X/\text{john}，Y/\text{steve}\}$。◀

子句空间按一般性有序，而不同的 ILP 系统搜索子句空间的方向有差异：自顶向下的系统从一般性较高的子句向一般性较低的子句搜索，自底向上的系统则采用与之相反的搜索方向。Aleph 和 Progol 是自顶向下系统中的两个代表。在自顶向下系统中，子句搜索循环由逐渐特化(specializing)的子句构成，使用启发式方法(比如束搜索)引导搜索过程。应用一个精化算子 ρ 可得到子句的特化形式：给定子句 C，返回一个由 C 的特化形式构成的集合，即$\rho(C)\subseteq\{D|D\in\mathcal{L}，C\geqslant D\}$，其中 $\mathcal{L}$ 是所有可能子句构成的空间。一个精化算子通常只生成最小的特化形式，且使用以下两个语法操作：

- 替换。
- 向规则体中添加一个文字。

比如，在 Progol 系统中，精化算子在将部分常量替换为变量后，从底子句$\bot$添加一个文字。$\bot$是覆盖实例 e 的最特殊的子句，即$\bot=e\leftarrow B_e$，其中 B_e 是基文字集，其中的基文字关于实例 e 为真，这是语言偏好所允许的。在此方式下，可以确认在整个搜索过程中，精化操作至少覆盖实例 e，该实例可随机从正例集合中选取。

反过来，Progol 中的语言偏好是通过模式声明来表达的。依文献[Muggleton，1995]，一个模式声明 m 或是一个头声明 modeh(r，s)，或是一个体声明 modeb(r，s)，其中框架(schema)s 是一个基文字，整数 r 表示查全率。一个框架是一个子句的头或体中的文字的模板，可包含形如＃type、＋type 和－type 的占位符，这些占位符分别代表一个类型的基项、输入变量和输出变量。一个子句的体文字中的一个输入变量必须或是规则头中的一个输入变量，或是一个体文字中的输出变量。若 M 是一个模式声明的集合，则 $L(M)$是 M 的语言，即子句集合$\{C=h\leftarrow b_1，\cdots，b_m\}$。将 M 中某个头声明的所有＃占位符替换为基项、所有＋占位符替换为输入变量，即得到 $L(M)$中各子句的头原子 h。对应地，将 M 中某一体声明的所有＃占位符替换为基项、所有－占位符替换为输出变量，即得到 $L(M)$中各子句的体文字 b_i。

算法 25 给出了利用过程 saturation 生成底子句的过程。该方法是一个演绎过程，用于找出与 e 有关的原子。假定 modeh(r，s)是一个头声明，使得 e 成为目标 schema(s)的回答，这里 schema(s)表示将 s 中所有占位符替换为互不相同的变量后得到的文字。

e 中的项用于初始化一个逐渐增长的输入项的集合 InTerms：这些项对应于 s 中的＋

占位符。接下来依次考虑各体声明 m。InTerms 中的项被替换为 m 中的+占位符，从而生成一个目标集合 Q。然后将每个目标在数据库中执行，直到 r 个成功的基例示被添加到子句的体中(若 $r=*$，则是所有基例示)。m 中任何对应于−占位符的项若不在 InTerms 中，则将其插入其中。该循环重复执行的次数 NS 由用户定义。

对结果基子句 $\bot=e\leftarrow b_1$，…，b_m 进行如下处理可以得到一个程序子句：把+占位符或−占位符中每个项替换为一个变量(相同的项使用同一变量)，对应于#占位符的项则保留不变。

例 102 (底子句示例) 考虑例 100 中的学习问题及语言偏好：

modeh(father(+person, +person)).
modeh(parent(+person, −person)).
modeh(parent(#person, +person)).
modeh(male(+person)).
modeh(female(#person)).

则 father(john，mary)的底子句是：

father(john, mary) ← parent(john, mary), male(john),
  parent(kathy, mary), female(kathy). ◀

将常量替换为变量后，得到：

$father(X, Y) \leftarrow parent(X, Y), male(X), parent(kathy, Y),$
  $female(kathy).$

算法 25　SATURATION 函数

```
1:  function SATURATION(e, r, NS)
2:      InTerms=∅,
3:      ⊥=∅                               ▷ ⊥: bottom clause
4:      for all arguments t of e do
5:          if t corresponds to a+type then
6:              add t to InTerms
7:          end if
8:      end for
9:      let ⊥'s head be e
10:     repeat
11:         Steps ←1
12:         for all modeb declarations modeb(r, s)do
13:             for all possible subs. σ of variables corresponding to+type in schema(s)by terms from
    InTerms do
14:                 for j=1 →r do
15:                     if goal b=schema(s)succeeds with answer substitution σ' then
16:                         for all v/t∈σ and σ' do
17:                             if v corresponds to a-type then
18:                                 add t to the set InTerms if not already present
19:                             end if
20:                         end for
21:                         Add b to ⊥'s body
```

```
22:                 end if
23:             end for
24:         end for
25:     end for
26:     Steps ←Steps+1
27:   until Steps>NS
28:   replace constants with variables in ⊥, using the same variable for identical terms
29:   return ⊥
30: end function
```

10.2 LLPAD和ALLPAD结构学习

LLPAD[Riguzzi，2004]和ALLPAD[Riguzzi，2007b，2008b]是两个较早提出的结构学习系统。它们从解释中学习基LPAD。我们已在9.2节中探讨了参数学习，这里将探讨结构学习问题。

定义53(ALLPAD结构学习问题) 给定一个集合

$$E = \{(I, p_I) \mid I \in \text{Int2}, p_I \in [0,1]\}$$

其中，$\sum_{(I,p_I)\in E} p_I=1$ 且有一个可能程序 $\mathcal{S}$ 的空间，要求找到一个 $LPAD$，使得：

$$\text{Err} = \sum_{(I,p_I)\in E} |P(I) - p_I|$$

是最小的，其中 $P(I)$ 是由 $\mathcal{P}$ 指派给 I 的概率。

对于参数学习，也可将 E 给定为一个由解释构成的多重集 E。

LLPAD和ALLPAD学习满足互斥假设的基程序，这样，对每一对在头部有相同原子的子句，它们的体是互斥的，即在 $\mathcal{I}$ 中的同一解释下不会同时为真。

这两个系统的学习过程分为三个阶段：首先找到一个满足某些约束的子句结构的集合，然后使用定理14计算这些子句的头原子的标注，最后求解一个约束优化问题，选出一个包含在解答中的子句的子集。

第一阶段可用文献[Stolle et al.，2005]中提出的框架求解，该框架下描述ILP的问题被视为找到满足若干约束的语言偏好的所有子句的问题。利用这些约束，可有效地对子句空间的搜索过程进行剪枝。

对某一约束而言，若一个子句及其(在 θ-包含泛化顺序下的)所有泛化都不满足它，则称该约束是单调的。若一个子句及其所有特化均不满足一个约束，则称该约束是反单调的。

第一个阶段可按以下方式表述，找出所有满足以下约束的互斥子句：

1) 这些子句的体至少在一个解释中为真。

2) 这些子句在所有解释中都被满足。

3) 在所有使得这些子句的体为真的解释下，它们的头原子是互斥的(即在一个使得体为真的解释下，不会有两个头原子同时为真)。

4) 这些子句没有冗余的头原子，即在所有使得体为真的解释下，不会出现头原子为假的情形。

LLPAD和ALLPAD搜索互斥子句空间时，首先对至少在一个解释下为真的所有规则体进行自顶向下的深度优先搜索，然后对每一个规则体，搜索一个满足余下约束的规则头。若找到一个在所有解释下都不为真的体，沿此分支的搜索即停止(约束C1是反单调的)。

以下两个系统在规则头空间上采用自底向上的搜索策略，通过单调性约束C2要求子句在所有解释下为真，从而对搜索过程进行剪枝。

第二阶段的执行基于定理14：给定一个由第二阶段生成的基子句，其头原子在分布P_r下对于规则体的条件概率即为该头原子的概率。

在第三阶段，系统为在第一阶段发现的每个子句关联一个布尔型判定变量。由于互斥假设，每个解释的概率可表示为这些判定变量的函数，因此我们将Err设定为一个优化问题的目标函数。互斥假设是通过在每一对判定变量上施加约束实现的。

约束和目标函数都是线性的，因此可使用混合整数规划方法。

基程序需要满足互斥假设这一条件限制了LLPAD和ALLPAD方法在实际中的应用。

10.3 ProbLog 理论压缩

De Raedt 等人[2008]考虑了在给定一组正例和反例时对一个ProbLog理论进行压缩的问题。该问题的定义如下。

定义 54(理论压缩) 给定一个ProbLog程序$\mathcal{P}$，该程序包含一组概率事实$\mathcal{F}=\{\Pi_1::f_1,\cdots,\Pi_n,\cdots,f_n\}$、两个基原子的集合$E^+=\{e_1,\cdots,e_T\}$和$E^-=\{e_{T+1},\cdots,e_Q\}$(分别代表正例和反例)以及一个常量$k\in\mathbb{N}$，找到一个概率事实$\mathcal{G}\subseteq\mathcal{F}$的子集，其大小最大为$k$(即$|\mathcal{G}|\leqslant k$)，该子集使得实例的似然度最大。即求解：

$$\underset{\mathcal{G}\subseteq\mathcal{F},|\mathcal{G}|\leqslant k}{\operatorname{argmax}}\prod_{i=1}^{T}P(e_i)\prod_{i=T+1}^{Q}P(\sim e_i)$$

上式的目的是通过删除子句使得实例的似然度最大化，从而对理论进行修正。这是一个理论修正过程的例子。但是，若一个实例的概率为0，则总体似然度也将为0。为了能处理这种情形，将$P(e)$替换为$\hat{P}(e)=\min(\varepsilon, P(e))$，$\varepsilon$是由用户定义的一个较小的常量。

文献[De Raedt et al., 2008]中提出的ProbLog压缩算法“贪心地”每次从理论中删去一个概率事实。选取待删事实的依据是其被删去后最大似然度将增长。只要概率事实的个数仍大于k且删去其中一个事实后能提升似然度，算法就反复执行。

算法首先为所有实例建立BDD，然后开始删除概率事实的循环。计算从一个实例的概率上删去一个概率事实的效果很容易：将Π_i置为0，同时使用算法4中的PROB函数重估BDD。根的值是更新后的实例概率。在删去一个概率事实后，计算似然度将非常迅速，因为不必重做耗时的BDD构造过程。

10.4 ProbFOIL 和 ProbFOIL$_+$

ProbFOIL[De Raedt & Thon, 2011]和ProbFOIL$_+$[Raedt et al., 2015]从概率实例中学习规则。这两个系统讨论的学习问题定义如下。

定义 55(ProbFOIL/ProbFOIL$_+$学习问题[Raedt et al., 2015]) 给定：

1) 一个训练实例集合$E=\{(e_1, p_1),\cdots,(e_T, p_T)\}$，其中每个$e_i$都是某个目标谓词中的一个基事实。

2) 一个背景理论$\mathcal{B}$，其中包含了以ProbLog程序形式表达的实例信息。

3) 一个可能子句的空间$\mathcal{L}$。

寻找一个使得绝对误差 $AE=\sum_{i=1}^{T}|P(e_i)-p_i|$ 最小的假设 $H\subseteq\mathcal{L}$，即

$$\underset{H\in\mathcal{L}}{\operatorname{argmin}}\sum_{i=1}^{T}|P(e_i)-p_i|$$

ProbFOIL 和 ProbFOIL_+ 之间的差异在于在 ProbFOIL 中，假设 H 中的子句是确定的，即形如 $h\leftarrow B$，而在 ProbFOIL_+ 中，H 中的子句是或然的，即形如 $x::h\leftarrow B$，其中 $x\in[0,1]$。类似这样的规则被解释为

$$h\leftarrow B,\text{prob(id)}$$
$$x::\text{prob(id)}$$

其中 id 是规则的一个标识符，$x::\text{prob(id)}$是与规则关联的基概率事实。注意这与 LPAD 中形如 $h:x\leftarrow B$ 的规则是不同的，因为后者代表对 $h:x\leftarrow B$ 进行基例化后得到的若干基规则 $h':x\leftarrow B'$的合并。因此 LPAD 的规则对它们的每个基例示生成一个独立随机变量，而 ProbFOIL_+ 规则根据基例示数量独立生成一个单一的随机变量。

ProbFOIL_+ 是对 mFOIL 系统[Dzeroski，1993]的泛化，后者本身又是 FOIL[Quinlan，1990]的泛化。它采用了学习规则集的标准方法：在一个循环结构中，每次迭代将一个规则添加到理论中。一个嵌套的子句搜索循环反复向规则体中添加文字从而生成规则。当一个基于全局计分函数的条件满足时，外循环终止。单个规则的构造借助于 mFOIL 中的束搜索，使用一个局部计分函数作为启发式。算法 26 给出了该方法的全部过程[⊖]。

全局计分函数计算数据集上的精确度，由下式计算：

$$\text{accuracy}_H=\frac{\text{TP}_H+\text{TN}_H}{T}$$

算法 26　函数 PROBFOIL_+

```
1:  function PROBFOIL+(target)
2:      H ←∅
3:      while true do
4:          clause ←LEARNRULE(H, target)
5:          if GSCORE(H)<GSCORE(H∪{clause})∧SIGNIFICANT(H, clause)then
6:              H ←H∪{clause}
7:          else
8:              return H
9:          end if
10:     end while
11: end function
12: function LEARNRULE(H, target)
13:     candidates ←{x :: target ←true}
14:     best ←(x :: target ←true)
15:     while candidates≠∅ do
16:         next_cand ←∅
17:         for all x :: target ←body∈candidates do
```

⊖ ProbFOIL_+方法的描述基于文献[Raedt et al.，2015]，代码参见 https://bitbucket.org/antondries/prob2foil。

```
18:             for all(target ←bod, refinement) ∈ ρ(target ←body) do
19:                 if not REJECT(H, best, (x :: target ←body, refinement)) then
20:                     next_cand ←next_cand ∪ {(x :: target ←body, refinement)}
21:                     if LSCORE(H, (x :: target ←body, refinement)) > LSCORE(H, best) then
22:                         best ←(x :: target ←body, refinement)
23:                     end if
24:                 end if
25:             end for
26:         end for
27:         candidates ←next_cand
28:     end while
29:     return best
30: end function
```

其中 T 是实例的数量，TP_H 和 TN_H 分别是真正例和真反例的数量，即被正确分类的正例和反例的数量。

局部计分函数是一个对精度的 m-估计[Mitchell，1997]，或是当一个实例被规则覆盖时，该实例是正例的概率：

$$m\text{-esimate}_H = \frac{\mathrm{TP}_H + m\dfrac{P}{P+N}}{\mathrm{TP}_H + \mathrm{FP}_H + m}$$

其中 m 是算法中的一个参数，FP_H 是为假的正例(即被划分为正例的反例)的数量，P 和 N 分别是数据集中正例和反例的数量。

这些估算都是基于常用的规则学习量度标准的，即要求训练集可精确划分为正例集和反例集。ProbFOIL$_+$ 对此标准进行了泛化，要求每个实例 e_i 与一个概率 p_i 相关联。确定化的设置可通过对正例设定 $p_i=1$、对反例设定 $p_i=0$ 得到，在概率化设置下，可将一个实例(e_i，p_i)理解为：训练集中的各正例的概率是对应的 p_i，而各负例的概率是 $1-p_i$。在此情形下，有 $P=\sum_{i=1}^{T} p_i$ 且 $N=\sum_{i=1}^{T}(1-p_i)$ 。类似地，也可对预测进行相应的泛化：H 假设为每个实例 e_i 指派一个概率 $p_{H,i}$，而不是简单地将此实例划分为正例($p_{H,i}=1$)或反例($p_{H,i}=0$)。真正例和真反例的数量也可被泛化。若 $p_i>p_{H,i}$，则实例对于 TP_H 的贡献度 $tp_{H,i}$即为 $p_{H,i}$，否则为 p_i。这是因为若 $p_i<p_{H,i}$，那么 H 对 e_i 的估值过高。若 $p_i<p_{H,i}$，则实例 e_i 对于 FP_H 的贡献度即为 $p_{H,i}-p_i$，否则为 0。这是因为若 $p_i>p_{H,i}$，H 对 e_i 的估值过低。至于确定的情况，则有 $\mathrm{TP}_H=\sum_{i=1}^{T} tp_{H,i}$，$\mathrm{FP}_H=\sum_{i=1}^{T} fp_{H,i}$，$\mathrm{TN}_H=N-\mathrm{FP}_H$ 且 $\mathrm{FN}_H=P-\mathrm{TP}_H$，其中 FN_H 是假负例(即被划分为负例的正例)的数量。

函数 LSCORE(H，x::C)运用 m-估计计算向 H 假设中添加子句 $C(x)=x::C$ 的局部计分函数。但这个启发式依赖于 $x\in[0，1]$的值。这样，函数必须找出使得计分数最大的 x 的值：

$$M(x) = \frac{\mathrm{TP}_{H\cup C(x)} + mP/T}{\mathrm{TP}_{H\cup C(x)} + \mathrm{FP}_{H\cup C(x)} + m}$$

上式中需要计算 x 的函数 $\mathrm{TP}_{H\cup C(x)}$ 和 $\mathrm{FP}_{H\cup C(x)}$。这就要求计算每个实例的贡献度 $tp_{H\cup C(x),i}$和 $fp_{H\cup C(x),i}$。

注意，$p_{H\cup C(x),i}$关于x单调递增，因此对于$x=0$和$x=1$可分别计算最大值和最小值。假定分别称其为l_i和u_i，则有$l_i=p_{H\cup C(0)}$，$i=p_{H,i}$和$u_i=p_{H\cup C(1),i}$。由于ProbFOIL与ProbFOIL$_+$的不同之处仅在于使用确定化的子句，而不像后者那样使用概率化子句，因此ProbFOIL使用u_i计算函数LSCORE(H，C)的返回值，得到$M(1)$。

在ProbFOIL$_+$中，我们需要讨论$p_{H\cup C(x),i}$对x的依赖。若子句是确定化的，它在$p_{H,i}$上增加概率质量u_i-l_i。可将u_i视为布尔型公式$F=X_H\vee\neg X_H\wedge X_B$取值为1的概率，其中$X_H$是一个布尔变量(若$H$覆盖实例，其值为真)，$P(X_H)=p_{H,i}$，$X_B$也是一个布尔变量，若子句$C$的体覆盖实例且$P(\neg X_H\wedge X_B)=u_i-l_i$，则$X_B$的值为真。事实上，由于这两个布尔型的项是互斥的，因此$P(F)=P(X_H)+P(\neg X_H\wedge X_B)=p_{H,i}+u_i-p_{H,i}=u_i$。若子句是概率化的，它的随机变量$X_C$独立于所有其他随机变量，这样实例的概率即是布尔函数$F'=X_H\vee X_C\wedge\neg X_H\wedge X_B$取值为1的概率，这里$P(X_C)=x$。因此$p_{H\cup C(x),i}=P(F')=p_{H,i}+x(u_i-l_i)$且$p_{H\cup C(x),i}$是$x$的一个线性函数。

可以将$C(x)$对$tp_{H\cup C(x),i}$和$fp_{H\cup C(x),i}$的贡献度分别考虑如下：

$$tp_{H\cup C(x),i}=tp_{H,i}+tp_{C(x),i}\quad fp_{H\cup C(x),i}=fp_{H,i}+fp_{C(x),i}$$

这样实例可以划分为三个子集：

E_1：$p_i\leqslant l_i$，子句独立于x的值对实例作高估，因此$tp_{C(x),i}=0$且$fp_{C(x),i}=x(u_i-l_i)$。

E_2：$p_i\geqslant u_i$，子句独立于x的值对实例作低估，因此$tp_{C(x),i}=x(u_i-l_i)$且$fp_{C(x),i}=0$。

E_3：$l_i\leqslant p_i\leqslant u_i$，存在一个$x$的值使得子句可正确预测实例的概率。$x$的这个值可通过求解$x(u_i-l_i)=p_i-l_i$得到，因此：

$$x_i=\frac{p_i-l_i}{u_i-l_i}$$

对于$x\leqslant x_i$，有$tp_{C(x),i}=x(u_i-l_i)$且$fp_{C(x),i}=0$。对于$x>x_i$，有$tp_{C(x),i}=p_i-l_i$且$fp_{C(x),i}=x(u_i-l_i)-(p_i-l_i)$。

可将$\mathrm{TP}_{H\cup C(x)}$和$\mathrm{FP}_{H\cup C(x)}$表示为：

$$\begin{aligned}\mathrm{TP}_{H\cup C(x)}&=\mathrm{TP}_H+\mathrm{TP}_1(x)+\mathrm{TP}_2(x)+\mathrm{TP}_3(x)\\\mathrm{FP}_{H\cup C(x)}&=\mathrm{FP}_H+\mathrm{FP}_1(x)+\mathrm{FP}_2(x)+\mathrm{FP}_3(x)\end{aligned}$$

其中$\mathrm{TP}_l(x)$和$\mathrm{FP}_l(x)$是实例集E_l的贡献度。计算方式如下：

$$\begin{aligned}&\mathrm{TP}_1(x)=0\\&\mathrm{FP}_1(x)=x\sum_{i\in E_1}(u_i-l_i)=xU_1\\&\mathrm{TP}_2(x)=x\sum_{i\in E_2}(u_i-l_i)=xU_2\\&\mathrm{FP}_2(x)=0\\&\mathrm{TP}_3(x)=x\sum_{i:i\in E_3,x\leqslant x_i}(u_i-l_i)+\sum_{i:i\in E_3,x>x_i}(p_i-l_i)=xU_3^{\leqslant x_i}+P_3^{>x_i}\\&\mathrm{FP}_3(x)=x\sum_{i:i\in E_3,x>x_i}(u_i-l_i)-\sum_{i:i\in E_3,x>x_i}(p_i-l_i)=xU_3^{>x_i}-P_3^{>x_i}\end{aligned}$$

将以上公式替换进$M(x)$，可得到：

$$M(x)=\frac{(U_2+U_3^{\leqslant x_i})x+\mathrm{TP}_H+P_3^{>x_i}+mP/T}{(U_1+U_2+U_3)x+\mathrm{TP}_H+\mathrm{FP}_H+m}$$

其中$U_3=x\sum_{i\in E_3}(u_i-l_i)=(\mathrm{TP}_3(x)+\mathrm{FP}_3(x))/x$。

由于 $U_3^{\leqslant x_i}$ 和 $P_3^{> x_i}$ 是 x_i 的两个相邻值构成的区间上的常量，$M(x)$是一个分段函数，其中每个分段形如：

$$\frac{Ax+B}{Cx+D}$$

其中 A、B、C、D 为常量。一个分段的导数是

$$\frac{\mathrm{d}M(x)}{\mathrm{d}x}=\frac{AD-BC}{(Cx+D)^2}$$

其值或为 0，或在每个区间上处处与 0 不同，这样 $M(x)$仅在每个区间端点处的各 x_i 处有最大值。因此，我们可对每个 x_i 计算 $M(x)$的值，然后选取最大值。有效的做法是将 x_i 排序后计算 $U_3^{\leqslant x_i}=\sum_{i:i\in E_3, x\leqslant x_i}(u_i-l_i)$ 和 $P_3^{> x_i}=\sum_{i:i\in E_3, x> x_i}(p_i-l_i)$，随着 x_i 的增大，对 $U_3^{\leqslant x_i}$ 和 $P_3^{> x_i}$ 做递增的更新。

算法 26 第 19 行的精化步骤若不能生成一个比当前最好的计分更高的局部分数或全局分数，或并不是一个重要的精化(即该精化步骤的结果的贡献度很小)，那么 $\mathrm{ProbFOIL}_+$ 会对该步骤进行剪枝。

向一个子句中添加一个文字会使得真正例和假正例都减少，这样我们可得到局部分数的一个上界，该值可由任何精化步骤将假实例设置为 0 后计算 m-估值得到。若该值小于当前最好计分，则丢弃此精化步骤。

向一个理论中添加一个子句，会使得真正例和假正例都增加，因此若 $H\cup C(x)$的真正例的数量不大于 H 的真正例数量，精化操作 $C(x)$也可被丢弃。

$\mathrm{ProbFOIL}_+$采用了基于似然率统计的 mFOIL 中的方法进行重要性测试。

$\mathrm{ProbFOIL}_+$计算一个统计值 LhR(H，C)，该值向 H 中添加 C 后对 TP 和 FP 有影响，若一个子句的影响有限，则将其丢弃。LhR(H，C)服从单自由度的 χ^2 分布，则若用户选定的置信度 LhR(H，C)不在区间内，该子句可丢弃。

SkILL[Côrte-Real et al.，2015]是另一个可求解 ProbFOIL 学习问题的系统。与 ProbFOIL 不同的是，它是基于 ILP 系统 TopLog[Muggleton et al.，2008]的。为缩小备选理论的范围并加快学习进程，SkILL 对理论中的预测进行估算[Côrte-Real et al.，2017]。

10.5　SLIPCOVER

SLIPCOVER[Bellodi & Riguzzi，2015]通过首先识别好候选子句，然后在数据的 LL 引导下搜索一个理论，从而学习到 LPAD。与 EMPLEM(见 9.4 节)一样，它以一个由特大实例构成的集合和一个指定了目标谓词的说明作为输入，这些目标谓词正是我们要优化的最终得到的理论的预测。对所有可能出现在子句头中的谓词，无论是目标谓词还是非目标谓词(即背景谓词)，特大实例都必须包含正例和反例。

10.5.1　语言偏好

子句的语言偏好可借助 Progol[Muggleton，1995]中的模式声明(见 10.1 节)进行表示。SLIPCOVER 对此类模式声明进行了扩展，在其中添加了形如－#的占位符项，该占位符在对子句进行变量化时作为#，而在执行 saturation 操作时被视为－，详见 10.5.2.1 节。

SLIPCOVER 也允许如下形式的头声明：

$$\mathrm{modeh}(r,[s_1,\cdots,s_n],[a_1,\cdots,a_n],[P_1/Ar_1,\cdots,P_k/Ar_k])$$

这些声明用于生成具有 2 个以上头原子的子句：s_1，…，s_n 是框架，a_1，…，a_n 是原

子，将 s_i 中的占位符替换为变量即得到 a_n，P_i/Ar_i 是规则体中允许出现的谓词。a_1，…，a_n 用于指明哪些变量应该与子句头中的原子共用。

10.5.3 节中将给出模式声明的例子。

10.5.2 算法描述

算法 27 描述了 SPLIPCOVER 算法的主要步骤：第 2～27 行对子句空间进行搜索，然后在理论空间上执行贪心搜索过程(第 28～38 行)。

算法 27 函数 SPLIPCOVER

```
1:  function SPLIPCOVER(NInt, NS, NA, NI, NV, NB, NTC, NBC, D, NEM, ε, δ)
2:      IB=INITIALBEAMS(NInt, NS, NA)                          ▷Clause search
3:      TC ←[]
4:      BC ←[]
5:      for all(PredSpec, Beam)∈IB do
6:          Steps ←1
7:          NewBeam ←[]
8:          repeat
9:              while Beam is not empty do
10:                 remove the first triple(Cl, Literals, LL)from Beam    ▷Remove the first clause
11:                 Refs ←CLAUSEREFINEMENTS((Cl, Literals), NV)   ▷Find all refinements Refs
    of (Cl, Literals) with at most NV variables
12:                 for all(Cl', Literals')∈Refs do
13:                     (LL'', {Cl''})←EMBLEM({Cl'}, D, NEM, ε, δ)
14:                     NewBeam ←INSERT((Cl'', Literals', LL''), NewBeam, NB)
15:                     if Cl'' is range-restricted then
16:                         if Cl'' has a target predicate in the head then
17:                             TC ←INSERT((Cl'', LL''), TC, NTC)
18:                         else
19:                             BC ←INSERT((Cl'', LL''), BC, NBC)
20:                         end if
21:                     end if
22:                 end for
23:             end while
24:             Beam ←NewBeam
25:             Steps ←Steps+1
26:         until Steps>NI
27:     end for
28:     Th ←∅, ThLL ←-∞                                          ▷Theory search
29:     repeat
30:         remove the first couple(Cl, LL)from TC
31:         (LL', Th')←EMBLEM(Th∪{Cl}, D, NEM, ε, δ)
32:         if LL'>ThLL then
33:             Th ←Th', ThLL ←LL'
34:         end if
```

```
35:        until TC is empty
36:        Th ← Th ∪_{(Cl,LL)∈BC} {Cl}
37:        (LL, Th) ← EMBLEM(Th, D, NEM, ε, δ)
38:        return Th
39:    end function
```

第一个阶段意在找出一个(从数据的LL角度看)有价值的子句的集合，第二阶段——贪心搜索阶段将会用到该集合。从这些有价值的子句出发，贪心搜索过程可生成一个好的最终理论。而子句空间的搜索分为两个步骤：(1)构建一组含底子句的束(beam)(见算法27第2行的INITIALBEAMS函数)；(2)在每个束上进行束搜索以完善各底子句(见第11行的CLAUSEREFINEMENTS函数)。这个搜索阶段的输出是两组有价值的子句：*TC*是一组目标谓词，*BC*是一组背景谓词。对某个被找出的子句，若其头部出现了目标谓词，则将该子句插入*TC*中，否则将其插入*BC*中。*TC*和*BC*都按LL降序排列。

第二个阶段从一个空理论*Th*开始，初始时为LL的最小值(算法27第28行)。然后每次从*TC*列表中添加一个目标子句。每次添加后，在扩展后的理论上运行EMBLEM参数学习过程，且此时数据的LL是所得结果理论Th'的计分。若LL'优于当前最好分数，子句被保留在理论中，否则将其丢弃(第31～34行)。对*TC*中每个子句重复此操作。

最后，SLIPCOVER将列表*BC*中的所有(背景)子句添加到仅含目标子句的理论中(第36行)，然后在所得理论上执行参数学习(第37行)。对那些不能用于推导出实例的子句，其头部的原子的参数的值将置为0，且后续处理步骤最终将移除这些子句。

下文中将对第一个阶段中搜索子句空间时的两个函数进行详细阐述。

10.5.2.1　INITIALBEAMS函数

对于每个出现在一个模式声明中的(*Ar*元)谓词*P*，算法28描述了如何通过构建一个底子句(见10.1节中Progol)来初始化束集合*IB*。算法输入的初始子句由后续的CLAUSEREFINEMENTS进一步精化。

对任意在语言偏好中指定的一个模式声明modeh(*r*, *s*)，为了生成一个与其对应的底子句，选取一个mega-大实例*I*作为输入，同时为目标schema(*s*)选择一个回答*h*(这里schema(*s*)是将*s*中所有占位符替换为不同的变量X_1，…，X_n后得到的文字，见算法28第5～9行)。mega-实例和原子*h*都是由替换随机取样的，其中前者来自可获取的mega-训练实例集，后者来自针对mega-实例中的目标schema(*s*)找出所有回答的集合。该集合中的每个回答都表示一个正例。

算法28　函数INITIALBEAMS

```
1:  function INITIALBEAMS(NInt, NS, NA)
2:      IB ← ∅
3:      for all predicates P/Ar do
4:          Beam ← []
5:          for all modeh declarations modeh(r, s) with P/Ar predicate of s do
6:              for i=1 → NInt do
7:                  select randomly a mega-example I
8:                  for j=1 → NA do
9:                      select randomly an atom h from I matching schema(s)
```

```
10:                bottom clause BC ←SATURATION(h, r, NS), let BC be Head :-Body
11:                Beam ←[(h : 0.5 ←true, Body, -∞) | Beams]
12:            end for
13:        end for
14:    end for
15:    for all modeh declarations modeh(r, [s_1, …, s_n], [a_1, …, a_n], PL) with P/Ar in PL
appearing in s_1, …, s_n do
16:        for i=1 →NInt do
17:            select randomly a mega-example I
18:            for j=1 →NA do
19:                select randomly a set of atoms h_1, …, h_n from I matching a_1, …, a_n
20:                bottom clause BC ←SATURATION((h_1, …, h_n), r, NS), let BC be
Head:-Body
21:                Beam ←[(a_1 : 1/(n+1); …; a_n : 1/(n+1) ←true, Body, -∞) | Beam]
22:            end for
23:        end for
24:    end for
25:    IB ←IB∪{(P/Ar, Beam)}
26:  end for
27:  return IB
28: end function
```

接下来使用修订过的算法 25 对 h 进行 SATURATION 操作，若一个回答置换(第 17 行)中的一项对应于一个－＃type 变量，将其对应于－type 变量添加到 InTerms 中。更进一步，当用变量替换常量时，对应于－＃占位符的项对于＃占位符保留在子句中。这在需要判断一个变量的值是否与一个常量相同，但又希望检索出与此常量有关的其他原子的情况下很有用。

对每一个形如 $h{:}-b_1, \cdots, b_m$ 的底子句，与 h 的谓词 P/Ar 相关联的初始束 Beam 中都包含一个体为空的子句 $h{:}0.5 \leftarrow$ true(算法 28 第 10～11 行)。该过程的循环次数由输入 mega-实例的数目 NInt 和回答的数目 NA 确定，从而生成 NInt · NA 个底子句。

对如下模式声明：

$$m = \text{modeh}(r,[s_1,\cdots,s_n],[a_1,\cdots,a_n],[P_1/Ar_1,\cdots,P_k/Ar_k])$$

其底子句的生成过程是相同的，但待调用的目标由一个以上的原子组成。为构建其子句头，调用目标 $a_1, \cdots, a_n$，并保留对所有 a_i 进行基例化的 NA 个回答(第 15～19 行)。此时可利用 SATURATION 函数(算法 28 第 20 行)构建输入项 InTerms 的集合并找出子句体中的文字。所得到的底子句具有如下形式：

$$a_1;\cdots;a_n \leftarrow b_1,\cdots,b_m$$

初始束 Beam 将包含体为空的子句，形如：

$$a_1:\frac{1}{n+1};\cdots;a_n:\frac{1}{n+1} \leftarrow \text{true}$$

最后，每个谓词 P 的束集合返回到函数 SLIPCOVER 中。

10.5.2.2 带子句精化的束搜索

SLIPCOVER 函数接下来对每个谓词(目标谓词或背景谓词)执行一个循环(算法 27 第

5 行)：在每次迭代中，为当前谓词在子句空间上运行一个束搜索(第 9 行)。

对束中的每个子句 *Cl*，以及允许出现在各子句体中的文字集 Literals，算法 29 中的函数 CLAUSEREFINEMENTS 或者将 Literals 中的文字添加到体中，或者从含 2 个以上析取项(包括原子 null)的多头部子句的头中删去一个原子，从而得到子句的精化。另外，所得到的精化必须服从语言偏好声明的输入-输出模式，必须是连接的(即每一体文字必须与头文字或前一体文字具有一个相同的变量)，且各精化后的子句中的变量数必须超过用户定义的数 NV。二元组(Cl′，Literals′)表示一个精化子句 Cl′和允许出现在 Cl′的体中的文字的集合 Literals′；元组(Cl'_h，Literals)则代表一个特化后的子句，其头部中的一个析取项已被删去。

算法 29　函数 CLAUSEREFINEMENTS

```
1:  function CLAUSEREFINEMENTS(Cl, Literals), NV)
2:      Refs=∅, Nvar=0;            ▷Nvar: number of different variables in a clause
3:      for all b∈Literals do
4:          Literals′ ←Literals \ {b}
5:          add b to Cl body obtaining Cl′
6:          Nvar ←number of Cl′ variables
7:          if Cl′ is connected ∧ Nvar<NV then
8:              Refs ←Refs∪{(Cl′, Literals′)}
9:          end if
10:     end for
11:     if Cl is a multiple-head clause then      ▷It has 3 or more disjuncts including the null atom
12:         remove one atom from Cl head obtaining Cl′h        ▷Not the null atom
13:         adjust the probabilities on the remaining head atoms
14:         Refs ←Refs∪{(Cl′h, Literals′)}
15:     end if
16:     return Refs
17: end function
```

算法 27 的第 13 行在一个由单一精化子句构成的理论上运用 EMBLEM 方法(见 9.4 节)实现参数学习。

该子句随后被插入一组有价值子句中：若其头部出现了目标谓词，则插入 *TC* 中，否则插入 *BC* 中。插入操作按 LL 的降序执行。若子句不是范围受限的，即若子句头中的一些变量不出现在子句体的正文字中，则不会将其插入 *TC* 或 *BC* 中。这些子句列表都有一个最大规模设定：若插入操作使得子句列表的规模超过了最大设定值，则删除最后一个元素。在算法 27 中，函数 INSERT(*I*，Score，List，*N*)按序将一个分数为 Score 的子句 *I* 插入最多有 *N* 个元素的子句列表 List 中。重复执行束搜索直到束为空或达到最大迭代次数 NI。

对子句的划分搜索过程类似于 Aleph、Progol 这样的 ILP 系统中外围循环中的操作。但与 ILP 不同的是，对一个实例的测试要求计算其所有解释，而在 ILP 中，成功完成第一次推导后搜索过程即终止。在 PLP 中，递归的子句间才会相互产生影响。若子句是非递归的，那么向一个理论中添加子句只是增加了实例的解释——增加了它的概率，这样可将子句单独加入理论中。若子句是递归的，可使用子句头中谓词的实例求解子句体中的文字，这样，在单个子句实例上的测试近似于在完整理论上的测试。

10.5.3 运行实例

我们现在用一个在 UW-CSE 数据集[Kok & Domingos，2005]上运行的实例来对算法进行说明，该实例描述了华盛顿大学计算机科学系的情况，其中使用了 22 个不同的谓词，如 advisedby/2，yearsinprogram/2 和 taughtby/3。该实例的目的是对谓词进行断言，即找出某人(学生)由另一人(教授)指导的事实。

语言偏好包括了针对二头部子句的 modeh 声明，比如：

```
modeh(*,advisedby(+person,+person)).
```

以及针对多头部子句的 modeh 声明，比如：

```
modeh(*,[advisedby(+person,+person),
  tempadvisedby(+person,+person)],
  [advisedby(A,B),tempadvisedby(A,B)],
  [professor/1,student/1,hasposition/2,inphase/2,
   publication/2,
  taughtby/3,ta/3,courselevel/2,yearsinprogram/2]).

modeh(*,[student(+person),professor(+person)],
  [student(P),professor(P)],
  [hasposition/2,inphase/2,taughtby/3,ta/3,
   courselevel/2,
  yearsinprogram/2,advisedby/2,tempadvisedby/2]).

modeh(*,[inphase(+person,pre_quals),inphase
        (+person,post_quals),
  inphase(+person,post_generals)],
  [inphase(P,pre_quals),inphase(P,post_quals),
  inphase(P,post_generals)],
  [professor/1,student/1,taughtby/3,ta/3,courselevel/2,
  yearsinprogram/2,advisedby/2,tempadvisedby/2,
  hasposition/2]).
```

另外，语言偏好中还包含如下 modeb 声明：

```
modeb(*,courselevel(+course, -level)).
modeb(*,courselevel(+course, #level)).
```

由例子 advisedby(person155, persion101)根据第一个 modeh 声明生成的一个二头部底子句如下：

```
advisedby(A,B):0.5 :- professor(B),student(A),
        hasposition(B,C),
  hasposition(B,faculty),inphase(A,D),inphase
        (A,pre_quals),
  yearsinprogram(A,E),taughtby(F,B,G),taughtby(F,B,H),
  taughtby(I,B,J), taughtby(I,B,J),taughtby(F,B,G),
  taughtby(F,B,H),
  ta(I,K,L),ta(F,M,H),ta(F,M,H),ta(I,K,L),ta(N,K,O),
        ta(N,A,P),
  ta(Q,A,P),ta(R,A,L),ta(S,A,T),ta(U,A,O),ta(U,A,O),
        ta(S,A,T),
  ta(R,A,L),ta(Q,A,P),ta(N,K,O),ta(N,A,P),ta(I,K,L),
        ta(F,M,H).
```

由例子 student(persion218)、professor(persion218)和第二个 modeh 声明生成的多头部底子句如下：

```
student(A):0.33; professor(A):0.33 :-
  inphase(A,B),
  inphase(A,post_generals),
  yearsinprogram(A,C).
```

在针对谓词 advisedby/2 搜索子句空间时，一个从底子句得到的精化的例子可以是：

```
advisedby(A,B):0.5 :- professor(B).
```

然后在包含了这个单子句的理论上执行 EMBLEM，以 advisedby/2 的正例和反例作为输入查询构建 BDD。对单参数进行更新并得到下式：

```
advisedby(A,B):0.108939 :- professor(B).
```

该子句进一步精化为：

```
advisedby(A,B):0.108939 :- professor(B),
                hasposition(B,C).
```

从第二个底子句生成的一个精化子句的例子是：

```
student(A):0.33; professor(A):0.33 :-
          inphase(A,B).
```

经 EMBLEM 更新后的精化子句是：

```
student(A):0.5869;professor(A):0.09832 :-
          inphase(A,B).
```

在针对目标谓词 advisedby 搜索理论空间时，SLIPCOVER 生成如下程序：

```
advisedby(A,B):0.1198 :- professor(B),
                         inphase(A,C).
advisedby(A,B):0.1198 :- professor(B),student(A).
```

其 LL 值为−350.01。经过 EMBLEM 操作后，可得到：

```
advisedby(A,B):0.05465 :- professor(B),
                          inphase(A,C).
advisedby(A,B):0.06893 :- professor(B),
                          student(A).
```

其 LL 值为−318.17。由于 LL 值下降，因此保留了最后一个子句，在下一次迭代中，添加一个新子句：

```
advisedby(A,B):0.12032 :- hasposition(B,C),
                          inphase(A,D).
advisedby(A,B):0.05465 :- professor(B),
                          inphase(A,C).
advisedby(A,B):0.06893 :- professor(B),student(A).
```

10.6 数据集实例

PILP 系统已经在很多数据集上得以应用，主要包括：

- UW-CSE[Kok & Domingos，2005]：见 10.5.3 节。
- Mutagenesis[Srinivasan et al.，1996]：一个用于定量构效关系(QSAR)的经典基准数据集，该数据集根据化学制品的理化特性或分子结构断言其生物活性。将 PILP 应用于这个数据集，可根据化合物的化学结构对其诱变性(一种与致癌性相关联的性质)进行判断。
- Carcinogenesis[Srinivasan et al. 1997]：另一个经典的用于 QSAR 的 ILP 基准数据

集，其目的在于根据化合物的化学结构对其致癌性进行判断。

- Mondial[Schulte & Khosravi，2012]：一个包含了与全球地理区域相关信息(如人口规模、政治体制、国家边界关系等)的数据集。
- Hepatitis[Khosravi et al.，2012]：一个源于 ECML/PKDD 2002 Discovery Challenge 研讨会的数据集，包含了 B 型和 C 型肝炎感染患者的实验室检查数据。该数据集的目标是对一个患者所患肝炎的类型做出断言。
- Bupa[McDermott & Forsyth，2016]：对患肝功能紊乱患者的诊断信息。
- NBA[Schulte & Routley，2014]：对 NBA 比赛的结果进行预测。
- Pyrimidine，Triazine[Layne & Qiu，2005]：分别通过嘧啶和三嗪对二氢叶酸还原酶的抑制作用进行判断的 QSAR 数据集。
- Financial[Berka，2000]：对银行客户的贷款申请成功与否做预判。
- Sisyphus[Blockeel & Struyf，2001]：一个保险业务客户信息数据集，目的在于对个人人寿保险业务涉及的家庭和个人进行分类。
- Yeast[Davis et al.，2005]：断言某种酵母基因是否编码表达了新陈代谢中所涉及的某种蛋白质。
- Event Calculus[Schwitter，2018]：学习事件演算(Event Calculus)[Kowalski & Sergot，1986]中的效应公理。

cplint 实例

本章给出了一些程序实例，并说明如何在 cplint 系统中对这些程序进行推演。

11.1 cplint 命令

cplint 中使用两个 Prolog 模块实现推理，pita 利用 PITA(见 5.6 节)进行准确推理，mcintyre 则利用 MCINTYRE(见 7.2 节)进行近似推理。这里先给出以上两个模块中所用的谓词。

利用 pita 中的以下谓词可查询一个原子的无条件概率：

```
prob(+Query:atom,-Probability:float).
```

其中“+”和“−”分别表示输入参数和输出参数，“:”后为参数的标注，指明参数类型。

对给定证据原子，一个查询原子的条件概率可通过以下谓词进行查询：

```
prob(+Query:atom,+Evidence:atom,-Probability:float).
```

查询原子的解释表示为 BDD，可由以下谓词得到：

```
bdd_dot_string(+Query:atom,-BDD:string,-Var:list).
```

该谓词返回一个字符串，将 BDD 表示为 Graphviz 中的 dot 格式[Koutsofios et al., 1991]，例子参见 11.3 节。

使用 mcintyre 可将一个目标的无条件概率按下面的方法计算，使用下面的谓词可取得一定数量的样本：

```
mc_sample(+Query:atom,+Samples:int,-Probability:float).
```

另外，下面的谓词是对查询中的参数进行采样：

```
mc_sample_arg(+Query:atom,+Samples:int,?Arg:var,-Values:list).
```

其中“?”表示该参数必须是一个变量。该谓词的采样次数是 Query Samples，Arg 必须是一个出现在 Query 中的变量。该谓词返回一组 Values 中的 L-N 对子，其中 L 是含 Arg 中全部值的列表，Query 对于它在一个随机采样的世界中为真。N 是前述值列表中的样本数。若列表 L 为空，则意味着对于该样本，查询失败。若 L 中只含一个元素，则意味着对于该样本，查询是确定的。若对于所有的 L-N 对子，L 是只含一个元素的列表，则表示程序满足互斥假设。

如下谓词也对查询的参数进行了采样，但对每个采样的状态(world)，只返回该查询的第一个回答。

```
mc_sample_arg_first(+Query:atom,+Samples:int,?Arg:var,
                    -Values:list).
```

条件查询可通过拒绝采样或 Metropolis-Hastings MCMC 实现，前一种方式使用的谓词是：

```
mc_rejection_sample(+Query:atom,+Evidence:atom,
  +Samples:int,-Successes:int,-Failures:int,
   -Probability:float).
```

后一种方式中使用的谓词是：

```
mc_mh_sample(+Query:atom,+Evidence:atom,Samples:int,
  +Lag:int,-Successes:int,-Failures:int,-Probability:float).
```

此外，查询中的参数可由拒绝采样或 Metropolis-Hastings MCMC 采样，所用的谓词是：

```
mc_rejection_sample_arg(+Query:atom,+Evidence:atom,
  +Samples:int,?Arg:var,-Values:list).
mc_mh_sample_arg(+Query:atom,+Evidence:atom,
  +Samples:int,+Lag:int,?Arg:var,-Values:list).
```

期望值由以下谓词计算：

```
mc_expectation(+Query:atom,+Samples:int,?Arg:var,-Exp:float).
```

该谓词通过采样计算返回查询 Query 中参数 Arg 的期望值。

以下谓词使用 Metropolis-Hastings MCMC 计算条件期望值。

```
mc_mh_expectation(+Query:atom,+Evidence:atom,+Samples:int,
  +Lag:int,?Arg:var,-Exp:float).
```

cplint 可从 SWISH 页面[Riguzzi et al.，2016a；Alberti et al.，2017]获取，它允许用户在线编写和运行概率逻辑程序。该系统基于 SWI-Prolog 的 SWISH[Wielemaker et al.，2015]网页前端。SWISH 上的 cplint 在原始 cplint 上添加了图形化功能：采样参数的结果可以表示为条形图。前面给出的所有谓词中都可添加一个附加的参数+Options，该参数接受一组项，这些项对谓词中的选项进行了说明。若使用了选项 bar(-Chart:dict)，谓词在 Chart 中返回一个 SWI-Prolog 字典，之后可用 C3.js[1]绘制为条形图。例如，查询：

```
?- mc_sample_arg(reach(s0,0,S),50,S,ValList,[bar(Chart)]).
```

取自 http://cplint.eu/e/markov_chain.pl，该查询返回的条形图中，每个可能的采样值对应一根条柱，其大小为返回值等于该采样值的样本个数。

若程序中含连续随机变量，则用户可构建采样参数的概率密度。若证据是基于参数是连续值的基原子，则用户需要使用可能性权重或粒子滤波(见 7.4 节)。

谓词：

```
mc_lw_sample_arg(+Query:atom,+Evidence:atom,+Samples:int,
      ?Arg:var,-ValList:list).
```

返回 ValList 中的一组 V-M 对子，其中 V 是 Arg 的一个值，在该值下查询 Query 成功。W 是权值，由可能性权重根据 Evidence 计算得到。

[1] http://c3js.org/

对于粒子滤波，证据是一组原子。谓词：

```
mc_particle_sample_arg(+Query:atom,+Evidence+term,
  +Samples:int,?Arg:var,-Values:list).
```

使用粒子滤波在给定 Evidence 下对 Query 的 Arg 参数进行采样。Evidence 是一组目标，Query 可以是一个单一目标或一组目标。

所得到的采样可用于绘制参数的概率密度。以下谓词取到一组加权采样，并使用 SWISH 上 cplint 中的 C3.js 绘制采样的直方图。

```
histogram(+List:list,-Chart:dict,+Options:list)
```

如下谓词绘制 List 中加权样本的密度的折线图。

```
density(+List:list,-Chart:dict,+Options:list)
```

在 histogram/3 和 density/3 中，各选项用于指定 X 轴的边界和其上的点数。

如下谓词绘制两组采样(通常是观察前和观察后的采样)的密度的折线图。histogram/3 和 density/3 中各选项的作用相同是经过验证的。

```
densities(+PriorList:list,+PostList:list,-Chart:dict,+Options:
        list)
```

例如，以下查询来自 http://cplint.eu/e/gauss_mean_est.pl，对 val(0, X)中的参数 X 采样 1000 次，利用直方图绘制出采样的密度。

```
?-  mc_sample_arg(val(0,X),1000,X,L0,[]),histogram(L0,Chart,[]).
```

对离散参数，谓词

```
argbar(+Values:list,-Chart:dict)
```

返回一个条形图，其中每个条柱对应一个值。Values 是一组 V-N 对子，V 是一个值，N 是返回该值的样本个数。

若使用用于统计计算的 R 语言[⊖]在 SWISH 上的 cplint 中绘图，对应的谓词分别是 density_r/1、densities_r/2、histogram_r/2 和 argbar_r/1。

EMBLEM(见 9.4 节)中可通过以下谓词运行指定文件夹(实例组)中的例程，从而诱导出程序的参数。在 SLIPCOVER(见 10.5 节)中，对程序参数的推导使用如下谓词：

```
induce_par(+ListOfFolds:list,-Program:list)

induce(+ListOfFolds:list,-Program:list)
```

对所推导出的程序，可在一组文件夹中使用以下谓词进行测试：

```
test(+Program:list,+ListOfFolds:list,-LL:float,
  -AUCROC:float,-ROC:list,-AUCPR:float,-PR:list)
```

结果返回值包括：测试实例的对数似然值(LL)，用 C3.js 表示时所需要的 ROC 和精度回调曲线(ROC 和 PR)，以及曲线下的区域面积(AUCROC 和 AUCPR)，这些面积是评价机器学习算法的度量标准[Davis&Goadrich，2006]。

谓词 test_r/5 的作用类似于 test/7，使用 R 语言绘制点状图。

⊖ https://www.r-project.org/

11.2 自然语言处理

在自然语言处理(NLP)中，检查某个语句是否符合语法是一个常规任务。另一个常规任务则是为一个语句中的每个词进行词性(Part-of-Speech，POS)标注。在 NLP 中，那些用于形式语言理论中的语法(如上下文无关文法或左角文法)因语法规则太严格而并不实用。相比之下，自然语言要灵活得多，且其特征就是存在很多不符合语法规则的特殊情况。为了对自然语言进行建模，已出现一些在上述语法中增加概率分析的方法，比如概率上下文无关文法或概率左角文法(PLCG)。类似地，对于 POS 标注，一些基于统计的工具，如 HMM 取得了很好的结果。这些模型都可表达为 PLP[Riguzzi et al.，2017b]。

11.2.1 概率上下文无关文法

一个 PCFG 包含：

1) 一个上下文无关文法 $G=(N, \Sigma, I, R)$，其中 N 是一个有穷的非终端符号集合，Σ 是一个有穷的终端符号集合，$I\in N$，是一个可区别的开始符号，R 是一个有穷的形如 $X\rightarrow Y_1, \cdots, Y_n$ 的规则构成的集合，这里 $X\in N$ 且 $Y_i\in(N\cup\Sigma)$。

2) 对应于每条规则 $\alpha\rightarrow\beta\in R$ 的一个参数 θ。这样可得到形如 θ：$\alpha\rightarrow\beta$ 的概率规则。

这类模型可用 PLP 表示。例如，考虑下面的 PCFG：

$$0.2: S\rightarrow aS$$
$$0.2: S\rightarrow bS$$
$$0.3: S\rightarrow a$$
$$0.3: S\rightarrow b$$

其中 N 是 $\{S\}$，Σ 是 $\{a, b\}$。

链接 http://cplint.eu/e/pcfg.pl 中的程序(改写自文献[Sato & Kubota，2015])使用自顶向下的语法分析方法计算字符串的概率：

```
pcfg(L):- pcfg(['S'],[],_Der,L,[]).
pcfg([A|R],Der0,Der,L0,L2):-
  rule(A,Der0,RHS),
  pcfg(RHS,[rule(A,RHS)|Der0],Der1,L0,L1),
  pcfg(R,Der1,Der,L1,L2).
pcfg([A|R],Der0,Der,[A|L1],L2):-
  \+ rule(A,_,_),
  pcfg(R,Der0,Der,L1,L2).
pcfg([],Der,Der,L,L).
rule('S',Der,[a,'S']):0.2; rule('S',Der,[b,'S']):0.2;
rule('S',Der,[a]):0.3; rule('S',Der,[b]):0.3.
```

在这个例子中，若希望通过准确推导得到字符串 abaa 的概率，可以使用查询 ? - prob(pcfg([a,b,a,a]),Prob)。得到的返回值是 0.002 4。在此情形下，文法不是二义性的，因此只存在一种带概率的推导 0.2·0.2·0.2·0.3=0.002 4。

11.2.2 概率左角文法

一个 PLCG 是*左角文法*的概率化形式。左角文法使用与 PCFG 相同的规则集，但与 PCFG 的自顶向下语法分析过程不同，PLCG 采用自底向上的语法分析方式。PLCG 并不是对非终端结点进行扩展，而是为自底向上分析过程中的三个基本操作(即 shift、attach

和 project)设定概率，结果是定义了一类与 PCFG 不同的概率分布。

用于 PLCG 的程序看上去与 PCFG 的程序差别较大。考虑含如下规则的 PLCG：

$$S \to SS$$

$$S \to a$$

$$S \to b$$

链接 http://cplint.eu/e/plcg.pl 中的程序(改写自文献[Sato et al.，2008])是对该类文法的表示：

```
plc(Ws) :- g_call(['S'],Ws,[],[],_Der).
g_call([],L,L,Der,Der).
g_call([G|R], [G|L],L2,Der0,Der) :- % shift
  terminal(G),
  g_call(R,L,L2,Der0,Der).
g_call([G|R], [Wd|L],L2,Der0,Der) :-
  \+ terminal(G), first(G,Der0,Wd),
  lc_call(G,Wd,L,L1,[first(G,Wd)|Der0],Der1),
  g_call(R,L1,L2,Der1,Der).
lc_call(G,B,L,L1,Der0,Der) :- % attach
  lc(G,B,Der0,rule(G, [B|RHS2])),
  attach_or_project(G,Der0,attach),
  g_call(RHS2,L,L1,[lc(G,B,rule(G, [B|RHS2])),
        attach|Der0],Der).
lc_call(G,B,L,L2,Der0,Der) :- % project
  lc(G,B,Der0,rule(A, [B|RHS2])),
  attach_or_project(G,Der0,project),
  g_call(RHS2,L,L1,[lc(G,B,rule(A, [B|RHS2])),
         project|Der0],Der1),
  lc_call(G,A,L1,L2,Der1,Der).
lc_call(G,B,L,L2,Der0,Der) :-
  \+ lc(G,B,Der0,rule(G,[B|_])),
  lc(G,B,Der0,rule(A, [B|RHS2])),
  g_call(RHS2,L,L1,[lc(G,B,rule(A, [B|RHS2]))|Der0],
         Der1),
  lc_call(G,A,L1,L2,Der1,Der).
attach_or_project(A,Der,Op) :-
  lc(A,A,Der,_), attach(A,Der,Op).
attach_or_project(A,Der,attach) :-
  \+ lc(A,A,Der,_).
lc('S','S',_Der,rule('S',['S','S'])).
lc('S',a,_Der,rule('S',[a])).
lc('S',b,_Der,rule('S',[b])).
first('S',Der,a):0.5; first('S',Der,b):0.5.
attach('S',Der,attach):0.5; attach('S',Der,project):0.5.
terminal(a). terminal(b).
```

若希望知道由此文法生成字符串 ab 的概率，可使用查询 `?- mc_prob(plc([a,b]),P)`，得到的结果约为 0.031。

11.2.3 隐马尔可夫模型

HMM(见例 65)可用于词性标注：单词可视为输出符号，一个语句则是由一个 HMM 生成的输出符号构成的序列。在这种情形下，状态就是对词性的标注，若一个状态序列最有可能生成输出符号序列，则该序列就是对语句所做的词性标注，这样，即可通过求解一个 MPE 任务来完成词性标注。

链接 http://cplint.eu/e/hmmpos.pl 中的程序(改写自文献[Lager，2018；Nivre，2000；Sato & Kameyq，2001])表示了一个简单的 HMM，其中输出概率设置为 1(对每一

状态，存在唯一一个可能的输出)。这里假设一个单词的词性仅依赖其前一个单词的词性(若无前一单词则依赖于初始状态)。程序如下：

```
hmm(O):-hmm(_,O).
hmm(S,O):-
  trans(start,Q0,[]),hmm(Q0,[],S0,O),reverse(S0,S).
hmm(Q,S0,S,[L|O]):-
  trans(Q,Q1,S0),
  out(L,Q,S0),
  hmm(Q1,[Q|S0],S,O).
hmm(_,S,S,[]).
trans(start,det,_):0.30; trans(start,aux,_):0.20;
  trans(start,v,_):0.10; trans(start,n,_):0.10;
  trans(start,pron,_):0.30.
trans(det,det,_):0.20; trans(det,aux,_):0.01;
  trans(det,v,_):0.01; trans(det,n,_):0.77;
  trans(det,pron,_):0.01.
trans(aux,det,_):0.18; trans(aux,aux,_):0.10;
  trans(aux,v,_):0.50; trans(aux,n,_):0.01;
  trans(aux,pron,_):0.21.
trans(v,det,_):0.36; trans(v,aux,_):0.01;
  trans(v,v,_):0.01; trans(v,n,_):0.26; trans(v,pron,_)
                                              :0.36.
trans(n,det,_):0.01; trans(n,aux,_):0.25; trans(n,v,_)
                                                :0.39;
  trans(n,n,_):0.34; trans(n,pron,_):0.01.
trans(pron,det,_):0.01; trans(pron,aux,_):0.45;
  trans(pron,v,_):0.52; trans(pron,n,_):0.01;
  trans(pron,pron,_):0.01.
out(a,det,_).
out(can,aux,_).
out(can,v,_).
out(can,n,_).
out(he,pron,_).
```

例如，若希望知道语句“he can can a can”的最可能的词性序列，可使用以下查询：

```
?- mc_sample_arg( hmm(S,[he,can,can,a,can]),100,S,O).
```

可得到在 `O` 中出现得最多的序列[`pron,aux,v,det,n`]。

11.3 绘制二元决策图

链接 http://cplint.eu/e/epidemic.pl 中的例 87 刻画了流行病或瘟疫的传播过程：

```
epidemic:0.6; pandemic:0.3 :- flu(_), cold.
cold : 0.7.
flu(david).
flu(robert).
```

为计算一个流行病发生的概率，可调用以下查询：

```
?- prob(pandemic,Prob).
```

对应的 BDD 可用以下查询得到：

```
?- bdd_dot_string(pandemic,BDD,Var).
```

该调用以图的方式返回 BDD，图的格式为 Graphviz 中的 dot 格式，在 SWISH 系统上的 cplint 中的可视化表示如图 11.1 所示。此外，调用返回 `Var` 中的一个数据结构，编码如表 11.1 所示，其中将多值变量索引与规则的基例示进行了关联。

表 11.1　变量索引和基规则间的关联

多值变量索引	规则索引	基替换
0	1	[]
1	0	[david]
2	0	[robert]

由 CUDD 构建的 BDD 与 5.3 节中介绍的 BDD 不同。这是由于将指向树中叶子结点的边视为无效，即由叶子结点表示的函数在被其双亲结点使用前已被视为无效。被视为无效的指向叶子结点的边在图中表示为带点的弧，而指向有一个孩子结点的边和指向有 0 个孩子的结点的普通边分别表示为实线弧和虚线弧。此外，BDD 的输出也可视为无效，由一条连接一个输出结点和树根的带点弧表示，如图 11.1 所示。CUDD 使用这种形式的 BDD 是出于计算代价的考虑，比如，否定计算只需要改变一条边的类型，因此非常容易。

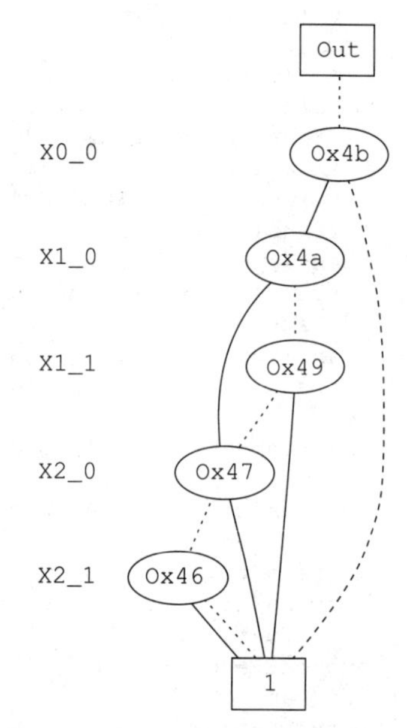

图 11.1　例子 epidemic.pl 中查询 pandemic 的 BDD，使用 CUDD 函数绘制，输出的 BDD 为 Graphviz 的 dot 格式

BDD 的每一层都和一个标记在左侧的变量相关联：i 指明了这个多值变量的索引，k 是布尔变量的索引。

多值变量和子句基例化间的关联表示为 Var 参数。例如，索引为 1 的多值变量与索引为 0 的规则(程序中第一条规则)相关联，这条规则的基例化形式为_/david，这种关联可能有三种取值，因此它可表示为两个布尔变量 X1_0 和 X1_1。结点上的十六进制数是它们所在内存位置的地址，可用于唯一识别各个结点。

11.4　高斯过程

一个高斯过程(GP)定义了函数上的一个概率分布[Bishop，2016]。这一分布具有如下性质：给定 N 个值，它们在一个采样自高斯过程的函数上的图像服从一个 N 维的多元正态分布，其均值为 0，协方差矩阵为 $\boldsymbol{K}$。换句话说，若函数 $f(\boldsymbol{x})$ 是由一个高斯过程采样得到，那么对任一有穷的点集 $\boldsymbol{X}=\{\boldsymbol{x}^1, \cdots, \boldsymbol{x}^N\}$，密度为

$$p(f(\boldsymbol{x}^1),\cdots,f(\boldsymbol{x}^N)) = \mathcal{N}(0,\boldsymbol{K})$$

即它是一个均值为 0、协方差矩阵为 $\boldsymbol{K}$ 的高斯分布。一个 GP 由一个核函数 k 定义，该函数将 $\boldsymbol{K}$ 确定为 $\boldsymbol{K}_{ij}=k(\boldsymbol{x}^i, \boldsymbol{x}^j)$。

GP 可用于回归分析。随机函数利用以下模型预测一个对应于 x 的 y 值：

$$y = f(x) + \varepsilon$$

其中 ε 是一个方差为 s^2 的随机噪声变量。

给定观察值的两个集合(列向量)$\boldsymbol{X}=(x^1, \cdots, x^N)^{\mathrm{T}}$ 和 $\boldsymbol{Y}=(y^1, \cdots, y^N)^{\mathrm{T}}$，需要针对一个新的点 x 预测 y 值。可以证明 y 是高斯分布的[Bishop，2016，式(6.66)和式(6.67)]，其均值和方差分别为

$$\mu = \boldsymbol{k}^{\mathrm{T}}\boldsymbol{C}^{-1}\boldsymbol{Y} \tag{11.1}$$

$$\sigma^2 = k(x,x) - \boldsymbol{k}^{\mathrm{T}}\boldsymbol{C}^{-1}\boldsymbol{k} \tag{11.2}$$

其中 $\boldsymbol{k}$ 是元素为 $k(x^i, x)$ 的列向量，$\boldsymbol{C}$ 中元素为 $\boldsymbol{C}_{ij}=k(x^i, x^j)+s^2\delta_{ij}$，$s^2$ 由用户定义(此为线性回归模型中的随机噪声设定的方差)，δ_{ij} 是 Kronecker 函数(若 $i=j$，则 $\delta_{ij}=1$，否则 $\delta_{ij}=0$)。若 $s^2=0$，则 $\boldsymbol{C}=\boldsymbol{K}+s^2\boldsymbol{I}$ 且 $\boldsymbol{C}=\boldsymbol{K}$。

一种常用的核函数是平方指数

$$k(x,x')=\sigma^2\exp\left[\frac{-(x-x')^2}{2l^2}\right]$$

其中 σ 和 l 为参数。用户定义一个参数上的先验分布，而不是选取某些特定值。在此情形下，核函数本身是一个随机函数且回归预测也是随机的。

以下程序(http://cplint.eu/e/gpr.pl)对核函数进行采样，同时，针对一个平方指数核函数(由谓词 sq_exp_p/3 定义)，计算其预测的期望值，该核函数的参数 l 在 1，2，3 中均匀分布，σ 在[-2，2]上均匀分布。

目标谓词 gp(X,Kernel,Y)对于给定的值集 X 和一个核名称，返回 Y 中的一组值 $f(x)$，其中 x 属于 X 且 f 是一个采样自高斯过程的函数。

目标谓词 compute_vov(X,Kernel,Var,C)返回 C 中用 Var= s^2 定义的矩阵 $\boldsymbol{C}$，该过程由 gp/3 用 Var= 0 调用，目的是得到 $\boldsymbol{K}$ 的返回值：

```
gp(X,Kernel,Y) :-
  compute_cov(X,Kernel,0,C),
  gp(C,Y).
gp(Cov,Y):gaussian(Y,Mean,Cov):-
  length(Cov,N),
  list0(N,Mean).

compute_cov(X,Kernel,Var,C) :-
  length(X,N),
  cov(X,N,Kernel,Var,CT,CND),
  transpose(CND,CNDT),
  matrix_sum(CT,CNDT,C).

cov([],_,_,_,[],[]).
cov([XH|XT],N,Ker,Var,[KH|KY],[KHND|KYND]) :-
  length(XT,LX),
  N1 is N-LX-1,
  list0(N1,KH0),
  cov_row(XT,XH,Ker,KH1),
  call(Ker,XH,XH,KXH0),
  KXH is KXH0+Var,
  append([KH0,[KXH],KH1],KH),
  append([KH0,[0],KH1],KHND),
  cov(XT,N,Ker,Var,KY,KYND).

cov_row([],_,_,[]).
cov_row([H|T],XH,Ker,[KH|KT]) :-
  call(Ker,H,XH,KH),
  cov_row(T,XH,Ker,KT).

sq_exp_p(X,XP,K) :-
  sigma(Sigma),
  l(L),
  K is Sigma^2*exp(-((X-XP)^2)/2/(L^2)).

l(L):uniform(L,[1,2,3]).

sigma(Sigma):uniform(Sigma,-2,2).
```

此处若 L 是一个含 N 个全 0 元素的列表，则 list0(N,L)为真。这一程序利用了 cplint 提供的定义多元高斯分布的可能性。

gp_predict(XP,Kernel,Var,XT,YT,YP)对于给定的(由列表 XT 和 YT 描述的)点、核和一个点的列表 XP，预测 XP 中 x 值对应的点的 y 值并通过 YP 返回。预测结果是式(11.1)中给出的 y 的均值，这里以 Var 作为 s^2 的参数：

```
gp_predict(XP,Kernel,Var,XT,YT,YP) :-
  compute_cov(XT,Kernel,Var,C),
  matrix_inversion(C,C_1),
  transpose([YT],YST),
  matrix_multiply(C_1,YST,C_1T),
  gp_predict_single(XP,Kernel,XT,C_1T,YP).

gp_predict_single([],_,_,_,[]).
gp_predict_single([XH|XT],Kernel,X,C_1T,[YH|YT]) :-
  compute_k(X,XH,Kernel,K),
  matrix_multiply([K],C_1T,[[YH]]),
  gp_predict_single(XT,Kernel,X,C_1T,YT).

compute_k([],_,_,[]).
compute_k([XH|XT],X,Ker,[HK|TK]) :-
  call(Ker,XH,X,HK),
  compute_k(XT,X,Ker,TK).
```

由于这里的核是随机的，因此 gp_predict/6 的预测结果也是随机的。

通过调用以下查询可以得到 5 个采样自高斯过程的函数，该高斯过程在点 $X=[0, \cdots, 10]$处有平方指数核。图 11.2 给出了一个输出的例子。

```
?- numlist(0,10,X),
    mc_sample_arg_first(gp(X,sq_exp_p,Y),5,Y,L).
```

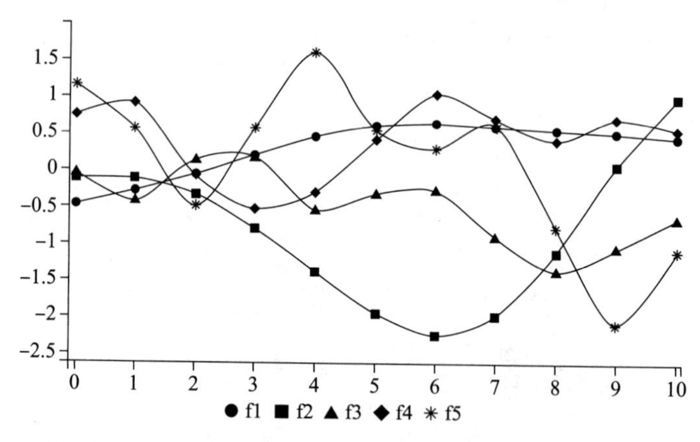

图 11.2　gpr.pl 中采样自带平方指数核的高斯过程的函数

如下查询绘制了 5 个带平方指数核的函数，对于给定的三个点对 $XT=[2.5, 6.5, 8.5]$，$YT=[1, -0.8, 0.6]$，预测 X 值在$[0, \cdots, 10]$时的点。图 11.3 显示了其中三个函数。

```
?- numlist(0,10,X),
   XT=[2.5,6.5,8.5],
   YT=[1,-0.8,0.6],
   mc_lw_sample_arg(gp_predict(X,sq_exp_p,
     0.3,XT,YT,Y),gp(XT,Kernel,YT),5,Y,L).
```

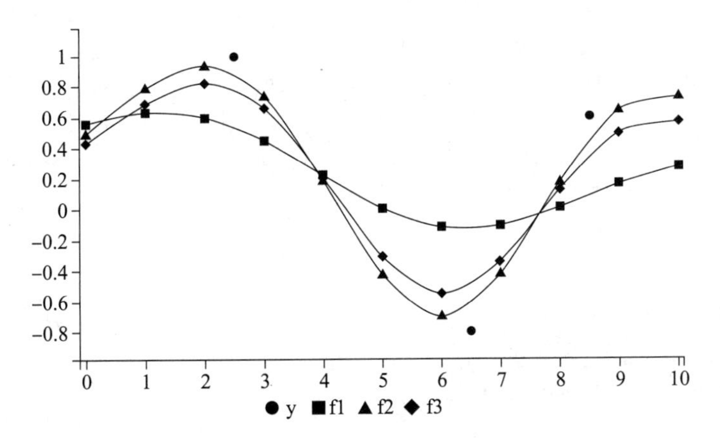

图 11.3　gpr.pl 中采样自带平方指数核的高斯过程的函数，预测 $X=[0, \cdots, 10]$时各处的点

11.5　Dirichlet 过程

Direchlet 过程(DP)[Teh，2011]是一个概率分布，其范围本身也是一组概率分布。DP 由一个基础分布确定，该分布代表了 DP 的期望值。当从一个本身采样自 DP 的分布中采样时，新的采样与已采样的值相等的概率非零。该过程依赖于一个参数 α，称为集中参数。$\alpha\rightarrow 0$ 时采样一个单一值；$\alpha\rightarrow\infty$时，分布等于基础分布。一个带基础分布 H 和集中参数 α 的 DP 表示为 DP(H，α)，其中的一个采样是一个分布 P。我们感兴趣的是来自 P 中的采样值。用术语说就是这些值采样自 DP。存在几种等价的 DP 方法，下面对其中的两种进行介绍。

11.5.1　Stick-Breaking 过程

链接 http://cplint.eu/e/dirichlet_process.pl 中的例子表示了一种称为 stick-breaking 过程的 DP 方法。

在此方法下，从 DP(H，α)中采样的过程描述如下：为采样第一个值，从贝塔分布 Beta(1，α)中取一个样本 β_1，然后抛掷一枚正面向上概率为 β_1 的硬币，若结果为正面向上，则从基础分布中取一个样本 x_1 并返回。若反面向上，则再从 Beta(1，α)中取一个样本 β_2，然后再抛掷硬币。重复该过程，直到抛掷结果是正面向上，此时的下标 i 即为待返回值 x_i 的下标。按此方式采样得到后续各值，区别之处在于，若对下标 i，值 x_i 和 β_i 已经被采样过，则返回该值。

将此方法称为 stick-breaking 是因为它可将整个过程理解为把一根长度为 1 的杆子逐步折断的过程：先折下长度为 β_1 的一段，然后从剩下的另一段中再折下长度为 β_2 的一段，依次类推。这样第 i 段的长度是

$$\prod_{k=1}^{i-1}(1-\beta_k)\beta_i$$

这指明了基础分布中第 i 个样本 x_i 被返回的概率。α 的值越小，β_i 的值越高，已被采样的值越容易被返回，从而生成更为集中的分布。

在下面的例子中，基础分布是一个均值为 0、方差为 1 的高斯分布 $\mathcal{N}(0, 1)$。值的分布由两个谓词处理，其中 `dp_value(NV,Alpha,V)`返回 `V` 中第 `NV` 个采样自集中参数为

Alpha 的 DP 中的样本，另一个谓词 dp_n_values(N0,N,Alpha,L)则返回 L 中一组采样自集中参数为 Alpha 的 DP 的 N-N0 个样本。

索引下标的分布由谓词 dp_stick_index/4 处理。

```
dp_value(NV,Alpha,V) :-
  dp_stick_index(NV,Alpha,I),
  dp_pick_value(I,V).

dp_pick_value(_,V):gaussian(V,0,1).

dp_stick_index(NV,Alpha,I) :-
  dp_stick_index(1,NV,Alpha,I).
dp_stick_index(N,NV,Alpha,V) :-
  stick_proportion(N,Alpha,P),
  choose_prop(N,NV,Alpha,P,V).

choose_prop(N,NV,_Alpha,P,N) :-
  pick_portion(N,NV,P).
choose_prop(N,NV,Alpha,P,V) :-
  neg_pick_portion(N,NV,P),
  N1 is N+1,
  dp_stick_index(N1,NV,Alpha,V).

stick_proportion(_,Alpha,P):beta(P,1,Alpha).

pick_portion(_,_,P):P;neg_pick_portion(_,_,P):1-P.

dp_n_values(N,N,_Alpha,[]) :- !.

dp_n_values(N0,N,Alpha,[[V]-1|Vs]) :-
  N0<N,
  dp_value(N0,Alpha,V),
  N1 is N0+1,
  dp_n_values(N1,N,Alpha,Vs).
```

以下查询使用 2000 个样本绘制了集中参数为 10 的下标的密度(见图 11.4)。

```
?- mc_sample_arg(dp_stick_index(1,10.0,V),2000,V,L),
   histogram(L,Chart,[nbins(100)]).
```

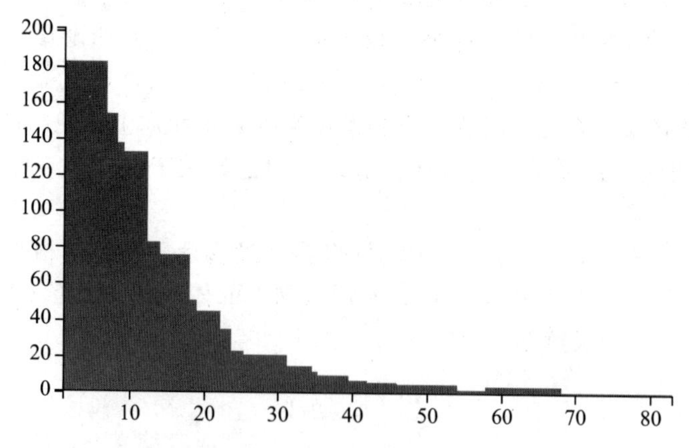

图 11.4　stick-breaking 例子 dirichlet_process.pl 中集中参数为 10 的索引下标分布

以下查询绘制了采样自集中参数为 10 的 DP 中的 2000 个样本上的值密度(见图 11.5)。

```
?- mc_sample_arg_first(dp_n_values(0,2000,10.0,V),1,V,L),
   L=[Vs-_],
   histogram(Vs,Chart,[nbins(100)]).
```

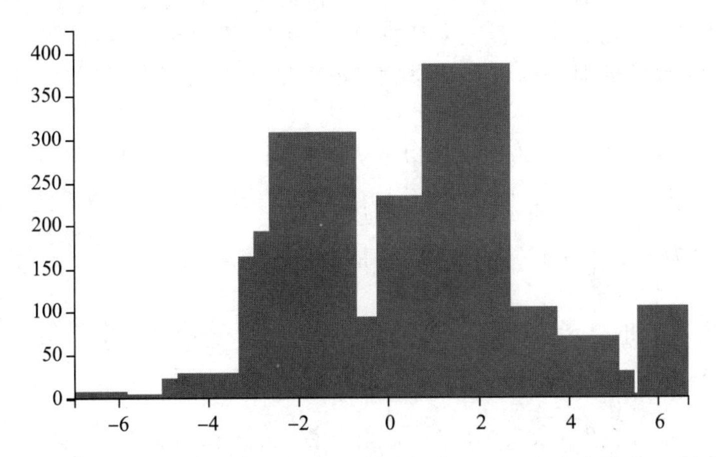

图 11.5 stick-breaking 例子 dirichlet_process.pl 中集中参数为 10 的值分布

查询

```
?- hist_repeated_indexes(1000,100,G).
```

在以下程序中调用：

```
hist_repeated_indexes(Samples,NBins,Chart) :-
  repeat_sample(0,Samples,L),
  histogram(L,Chart,[nbins(NBins)]).

repeat_sample(S,S,[]) :- !.
repeat_sample(S0,S,[[N]-1|LS]) :-
  mc_sample_arg_first(dp_stick_index(1,1,10.0,V),10,V,L),
  length(L,N),
  S1 is S0+1,
  repeat_sample(S1,S,LS).
```

从一个集中参数为 10 的 DP 中采样的 10 个样本显示了样本中唯一下标个数的分布(见图 11.6)。

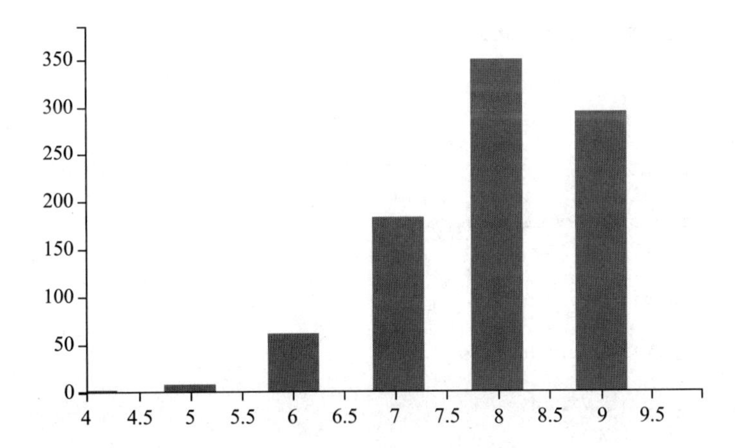

图 11.6 stick-breaking 例子 dirichlet_process.pl 中带集中参数 10 的唯一索引下标的分布

11.5.2 中餐馆过程

从中餐馆过程的角度看，一个DP是一个离散时间随机过程，类似于在一个中餐馆中为客人安排就餐桌位。当一个新客人来到餐馆时，可随机挑选一张桌子入座。该桌可能已有客人入座，选中该桌的概率与已在该桌就座的人数成比例，也可能是一张空桌，选中概率与 α 成比例。

形式上一个样本序列 x_1，x_2，…按以下方法得到：x_1 由基础分布(相当于还没有客人入座的空桌子)生成。对 $n>1$，令 $X^n=\{x^1, \cdots, x^m\}$ 是之前采样的不同值的集合，x_n 以概率 $\frac{n_i}{\alpha+n-1}$ 设定为一个值 $x^i\in X^n$，其中 n_i 是之前观察到的满足 $x_j=x^i$ 的 $x_j(j<n)$ 的个数(对应于在已有客人的桌子入座)，它按概率 $\frac{\alpha}{\alpha+n-1}$ 从基础分布中得到(对应于在一张空桌入座)。由于

$$\sum_{i=1}^{m}\frac{n_i}{\alpha+n-1}+\frac{\alpha}{\alpha+n-1}=\frac{n-1}{\alpha+n-1}+\frac{\alpha}{\alpha+n-1}=1$$

因此保证了采样过程是正确的。

在 http://cplint.eu/e/dp_chinese.pl 的例子中，基础分布是一个均值为0、方差为1的高斯分布。计数由谓词 update_counts/5 记录并更新。

```
dp_n_values(N0,N,Alpha,[[V]-1|Vs],Counts0,Counts) :-
  N0<N,
  dp_value(N0,Alpha,Counts0,V,Counts1),
  N1 is N0+1,
  dp_n_values(N1,N,Alpha,Vs,Counts1,Counts).

dp_value(NV,Alpha,Counts,V,Counts1) :-
  draw_sample(Counts,NV,Alpha,I),
  update_counts(0,I,Alpha,Counts,Counts1),
  dp_pick_value(I,V).

update_counts(_I0,_I,Alpha,[_C],[1,Alpha]) :- !.
update_counts(I,I,_Alpha,[C|Rest],[C1|Rest]) :-
  C1 is C+1.
update_counts(I0,I,Alpha,[C|Rest],[C|Rest1]) :-
  I1 is I0+1,
  update_counts(I1,I,Alpha,Rest,Rest1).

draw_sample(Counts,NV,Alpha,I) :-
  NS is NV+Alpha,
  maplist(div(NS),Counts,Probs),
  length(Counts,LC),
  numlist(1,LC,Values),
  maplist(pair,Values,Probs,Discrete),
  take_sample(NV,Discrete,I).

take_sample(_,D,V):discrete(V,D).

dp_pick_value(_,V):gaussian(V,0,1).

div(Den,V,P) :- P is V/Den.

pair(A,B,A:B).
```

此处 maplist/3 是一个库函数谓词，表示函数式程序设计中的 maplist 原语：若

Goal 可成功应用于所有由列表 List1 和 List2 中相同位置元素构成的对子，则 maplist (Goal,List1,List2)为真。

以下查询绘制了采样自集中参数为 10 的 DP 的 2000 个样本上的值的密度。所得结果类似于图 11.5。

```
?- mc_sample_arg_first(dp_n_values(0,2000,10.0,V,[10.0],_),
   1,V,L),
   L=[Vs-_],
   histogram(Vs,100,Chart).
```

11.5.3 混合模型

在混合模型中可将各类 DP 作为先验概率分布，目的是构建一种不需要预先指明组件数目 k 的混合模型。在 http://cplint.eu/e/dp_mix.pl 的例子中，样本来自几个正态分布的混合，这些正态分布的参数由一个 DP 定义。对每个构成该混合模型的分布而言，方差采样于一个伽马分布，均值采样自一个均值为 0、方差是该分布的 30 倍的高斯分布。此情形下的程序与表示 stick-breaking 例子的程序等价，除了下面给出的 dp_pick_value/3 谓词：

```
dp_pick_value(I,NV,V) :-
  ivar(I,IV),
  Var is 1.0/IV,
  mean(I,Var,M),
  value(NV,M,Var,V).

ivar(_,IV):gamma(IV,1,0.1).

mean(_,V0,M):gaussian(M,0,V) :- V is V0*30.

value(_,M,V,Val):gaussian(Val,M,V).
```

给定一个观察值向量 obs([- 1,7,3])，以下查询

```
?- prior(1000,100,G).
?- post(1000,30,G).
```

在下面的程序中调用：

```
prior(Samples,NBins,Chart) :-
  mc_sample_arg_first(dp_n_values(0,Samples,10.0,V),1,V,L),
  L=[Vs-_],
  histogram(Vs,Chart,[nbins(NBins)]).

post(Samples,NBins,Chart) :-
  obs(O),
  maplist(to_val,O,O1),
  length(O1,N),
  mc_lw_sample_arg_log(dp_value(0,10.0,T),
    dp_n_values(0,N,10.0,O1),Samples,T,L),
  maplist(keys,L,LW),
  min_list(LW,Min),
  maplist(exp(Min),L,L1),
  histogram(L1,Chart,[nbins(NBins),min(-8),max(15)]).

keys(_-W,W).

exp(Min,L-W,L-W1) :- W1 is exp(W-Min).

to_val(V,[V]-1).
```

该程序使用200个样本分别绘制了先验和后验密度(见图11.7和图11.8)。由于证据涉及了连续随机变量的值，因此这里对可能性进行了权重赋值。mc_lw_sample_arg_log/5与mc_lw_sample_arg/5不同，前者返回权重值的自然对数，这在证据很不可靠时十分有用。

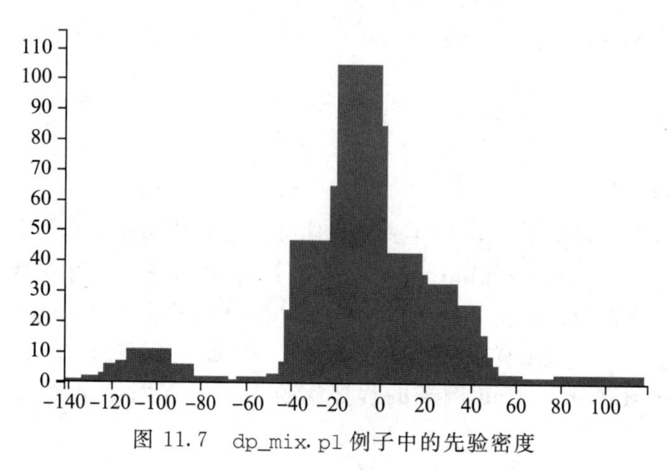

图11.7 dp_mix.pl例子中的先验密度

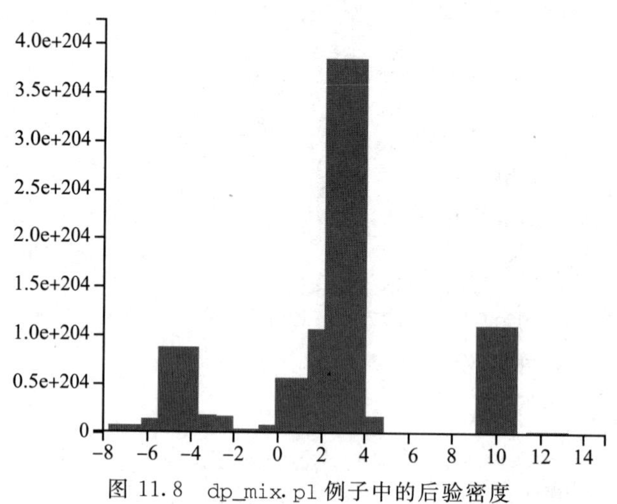

图11.8 dp_mix.pl例子中的后验密度

11.6 贝叶斯估计

现在来考虑一个为Anglican系统的概率程序设计[Wood et al.，2014]提出的问题[⊖]。在此问题中，我们试图根据一些给定的观察数据对一个服从高斯分布的随机变量的真值进行估计。方差已知(值为2)，且假定均值自身也服从一个均值为1，方差为5的高斯分布。在不同时间点进行多次不同的测量，各次测量以整数下标标识。

链接http://cplint.eu/e/gauss_mean_est.pl中的程序

```
val(I,X) :- mean(M), val(I,M,X).
mean(M):gaussian(M,1.0,5.0).
val(_,M,X):gaussian(X,M,2.0).
```

是对此问题的描述。

⊖ https://bitbucket.org/probprog/anglican-examples/src/master/worksheets/gaussian-posteriors.clj

假定我们在下标 1、2 处观察到的值分别是 9 和 8，在没有任何观察时，这个随机变量的分布(下标为 0 处的值)是如何变化的？这个例子说明分布原子的参数可取自概率原子(分别为 gaussian(X,M,2.0)和 value(_,M,X))。以下查询在对 val(1,9)，val(2,8)进行观察前后，分别取了 1000 个 val(0,X)中参数 X 的样本，然后使用折线图绘制了样本的先验和后验密度。图 11.9 显示了所得结果图形，其中后验密度很显然在 8 附近达到峰值。

```
?- mc_sample_arg(val(0,Y),1000,Y,L0),
   mc_lw_sample_arg(val(0,X),(val(1,9),val(2,8)),1000,X,L),
   densities(L0,L,Chart,[nbins(40)]).
```

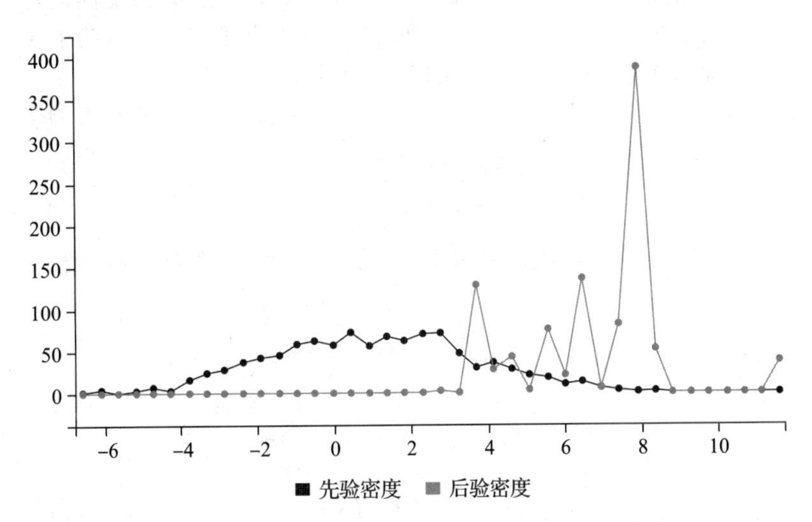

图 11.9　gauss_mean_est.pl 中的先验和后验密度

11.7　Kalman 滤波器

例 59 表示了一个 Kalman 滤波器，即一个以两个实数值分别作为状态和输出的隐式马尔可夫模型。链接 http://cplint.eu/e/kalman_filter.pl 中的程序(改写自文献[Nampally & Ramakrishnan，2014])表示了以下例子：

```
kf_fin(N,O,T) :-
  init(S),
  kf_part(0,N,S,O,T).

kf_part(I,N,S,[V|RO],T) :
  I < N,
  NextI is I+1,
  trans(S,I,NextS),
  emit(NextS,I,V),
  kf_part(NextI,N,NextS,RO,T).
kf_part(N,N,S,[],S).

trans(S,I,NextS) :-
  {NextS =:= E+S},
  trans_err(I,E).

emit(NextS,I,V) :-
  {V =:= NextS+X},
  obs_err(I,X).

init(S):gaussian(S,0,1).
```

```
trans_err(_,E):gaussian(E,0,2).

obs_err(_,E):gaussian(E,0,1).
```

下一状态由当前状态和高斯噪声(本例中均值为 0，方差为 2)共同确定，输出也由当前状态和高斯噪声(本例中均值为 0，方差为 1)共同确定。一个 Kalman 滤波器可认为是对含噪声情形下单一连续状态变量的随机游走状态建模。

目标{NextS=:=E+S}和{V=:=NextS+X}是 CLP(R)约束。

假定在时刻 0 观察到的值是 2.5，时刻 1 的状态的分布是什么(过滤问题)? 可能性权重可用于影响一个连续随机变量上的证据的分布(概率为 0 的证据)。由于存在 CLP(R)约束，因此可以用相同的程序进行采样并对样本赋权值：采样时，约束{V=:=NextS+X}用于从 X 和 NextS 计算 V；而在赋权值时，该约束用于从 V 和 NextS 计算 X。上面的查询可表示为：

```
?- mc_sample_arg(kf_fin(1,_O1,Y),1000,Y,L0),
   mc_lw_sample_arg(kf_fin(1,_O2,T),kf_fin(1,[2.5],_T),1000,
   T,L),densities(L0,L,Chart,[nbins(40)]).
```

其返回值如图 11.10 所示，图中显示出后验分布在 1.5 ⊖ 附近到达峰值。

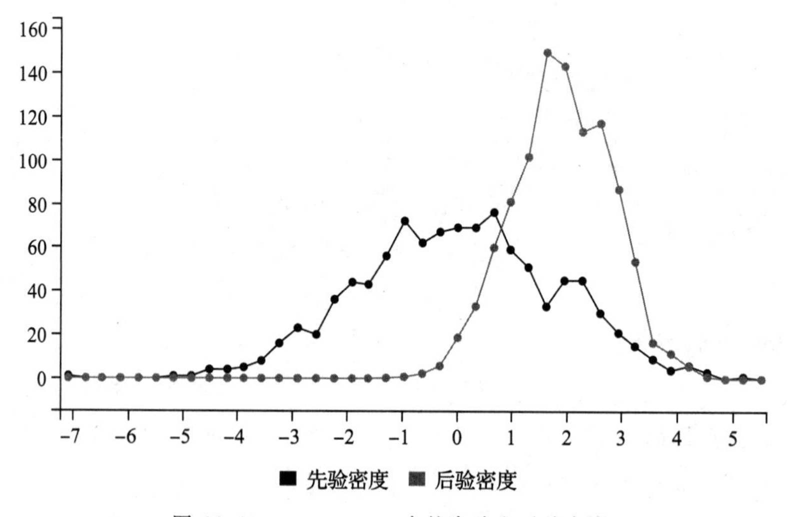

图 11.10　kalman.pl 中的先验和后验密度

给定一个带 4 个观测的 Kalman 滤波器，这些时间点上的状态可由粒子滤波算法采样：

```
?- [O1,O2,O3,O4]=[-0.133, -1.183, -3.212, -4.586],
   mc_particle_sample_arg([kf_fin(1,T1),kf_fin(2,T2),
     kf_fin(3,T3),kf_fin(4,T4)],[kf_o(1,O1),kf_o(2,O2),
     kf_o(3,O3),kf_o(4,O4)],100,[T1,T2,T3,T4],
     [F1,F2,F3,F4]).
```

其中 kf_o/2 定义为：

```
kf_o(N,ON):-
  init(S),
  N1 is N-1,
  kf_part(0,N1,S,_O,_LS,T),
  emit(T,N,ON).
```

样本列表由[F1,F2,F3,F4]返回，每个元素是一个时间点对应的样本。

⊖ 此处原书有误。——译者注

给定获取观测值的真状态，图 11.11 显示了状态变量在时刻 1，2，3，4(S1，S2，S3，S4，左边 Y 轴为密度)的分布，以及观测值和状态关于(右边 Y 轴上的)时刻的点。

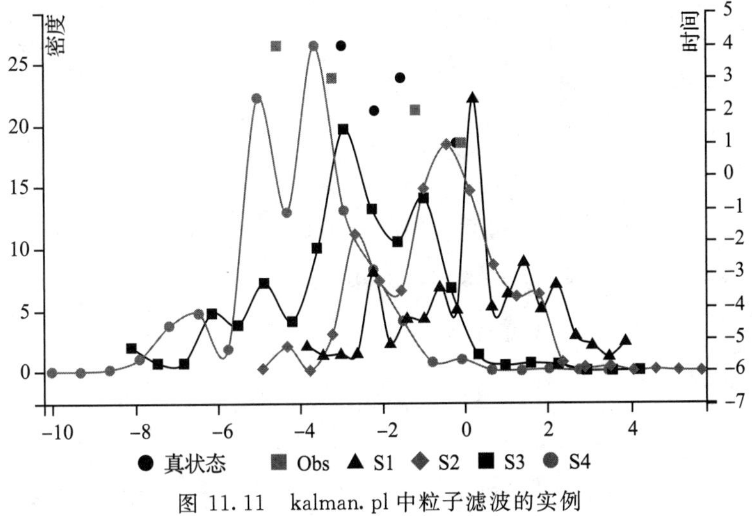

图 11.11　kalman.pl 中粒子滤波的实例

一个二维的 Kalman 滤波器可用于跟踪平面上一个物体的移动。例如[⊖]，该物体可能会做扰动的环形运行。可以观察到含扰动的物体的位置且需要预估它在下一时间点的位置。一个 Kalman 滤波器可能生成物体下一位置的一个二维分布，如图 11.12 所示，其中上半部分的红线和绿线分别表示真实的和观察到的物体的移动轨迹。

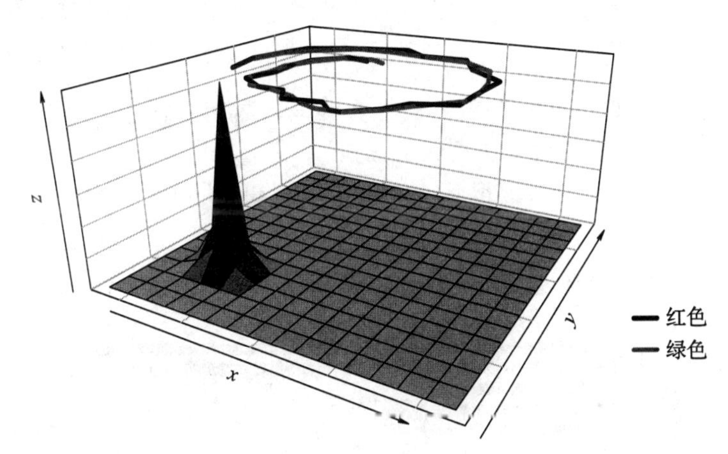

图 11.12　二维 Kalman 滤波器的粒子滤波

11.8　随机逻辑程序

随机逻辑程序(SLP，见 2.11.1 节)最常用于定义一个查询的参数值的分布。SLP 是 PCFG 的一个直接的泛化，因此特别适于表示后者。例如，如下文法：

```
0.2:S->aS
0.2:S->bS
0.3:S->a
0.3:S->b
```

⊖　改写自 http://bitbucket.org/probprog/anglican-examples/src/master/worksheets/kalman.clj。

可用 SLP 表示为：

```
0.2::s([a|R]):-
  s(R).

0.2::s([b|R]):-
  s(R).

0.3::s([a]).

0.3::s([b]).
```

这个 SLP 在 cplint 中表示为程序(http://cplint.eu/e/slp_pcfg.pl)：

```
s_as(N):0.2;s_bs(N):0.2;s_a(N):0.3;s_b(N):0.3.
s([a|R],N0):-
  s_as(N0),
  N1 is N0+1,
  s(R,N1).

s([b|R],N0):-
  s_bs(N0),
  N1 is N0+1,
  s(R,N1).

s([a],N0):-
  s_a(N0).

s([b],N0):-
  s_b(N0).

s(L):-
  s(L,0).
```

其中谓词 s/2 多用了一个涉及 SLP 的参数，该参数用于传递一个计数器，以确保对 s/2 的不同调用都与独立的随机变量相联系。

这样可用 cplint 的推理过程模拟 SLP 的行为。例如，以下查询从语言中采样了 100 个句子，并绘制了图 11.13 中的条形图。

```
?- mc_sample_arg_bar(s(S),100,S,P),
  argbar(P,C).
```

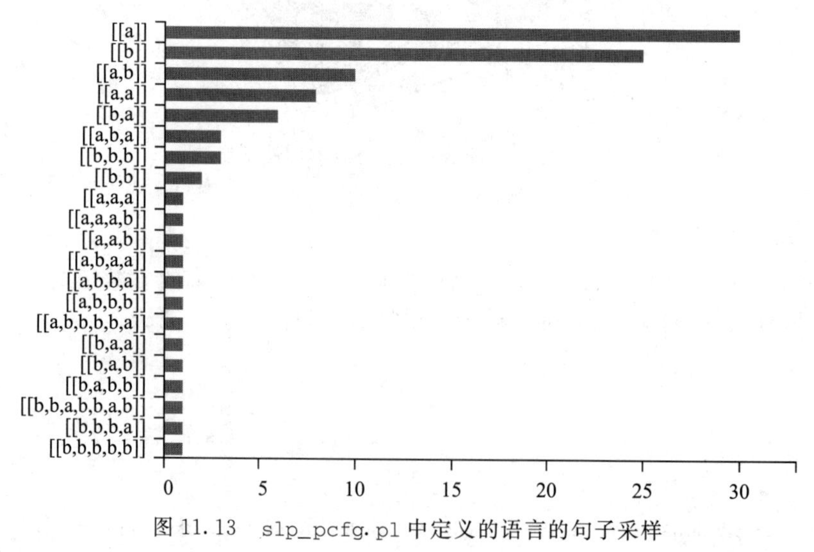

图 11.13　slp_pcfg.pl 中定义的语言的句子采样

11.9 方块地图生成

PLP 可用于生成随机的组合结构。例如，我们可以编写程序为电子游戏生成随机地图。假设给定一个固定的方块集合，我们要使用这些方块生成一个随机的二维地图，但方块的摆放位置需要满足一些软性约束。

假定要绘制一幅 10×10 的中心有一个湖的地图。方块随机摆放，但应使得图的中间部分大概率可以出现水。这个问题可建模为 http://cplint.eu/e/tile_map.swinb 中的程序，其中 map(H,W,M)将 M 实例化为一幅高为 H，宽为 W 的地图：

```
map(H,W,M):-
  tiles(Tiles),
  length(Rows,H),
  M=..[map,Tiles|Rows],
  foldl(select(H,W),Rows,1,_).

select(H,W,Row,N0,N):-
  length(RowL,W),
  N is N0+1,
  Row=..[row|RowL],
  foldl(pick_row(H,W,N0),RowL,1,_).

pick_row(H,W,N,T,M0,M):-
  M is M0+1,
  pick_tile(N,M0,H,W,T).
```

此处 foldl/4 是一个 SWI-Prolog[Wielemaker et al.，2012]库函数谓词，它汇集了将一个谓词应用于一个或多个列表后的所有结果，以函数式程序实现了元原语 foldl。foldl/4 定义如下：

```
foldl(P, [X11,...,X1n], [Xm1,...,Xmn], V0, Vn) :-
  P(X11, Xm1, V0, V1),
  ...
  P(X1n, Xmn, V', Vn).
```

pick_tile(Y,X,H,W,T)返回在大小为 W×H 的地图上位置为(X,Y)的一个方块。中间方块的位置是水：

```
pick_tile(HC,WC,H,W,water):-
  HC is H//2,
  WC is W//2,!.
```

在中间区域，出现水的可能性更大：

```
pick_tile(Y,X,H,W,T):
  discrete(T,[grass:0.05,water:0.9,tree:0.025,rock:0.025]):-
  central_area(Y,X,H,W),!
```

若(X,Y)邻接到大小为 W×H 地图的中心，central_area(Y,X,H,W)为真(为了简洁，删去了对地图的定义)。在其他位置，按以下分布随机选择方块：

```
[grass:0.5,water:0.3,tree:0.1,rock:0.1]:
```

```
pick_tile(_,_,_,_,T):
  discrete(T,[grass:0.5,water:0.3,tree:0.1,rock:0.1]).
```

可从查询 map(10,10,M)中选取一个样本并收集 M 的值，从而生成一个地图。例如，可得到图 11.14 中的地图[⊖]。

⊖ Tiles from http://github.com/silveira/openpixels

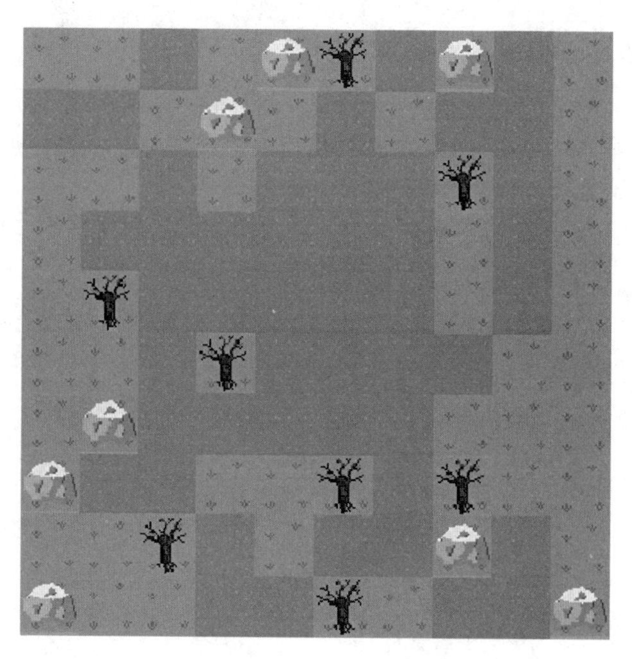

图 11.14　一个随机方块地图

11.10　马尔可夫逻辑网络

我们已在 2.12.2 节中知道 MLN：

```
1.5 Intelligent(x) => GoodMarks(x)
1.1 Friends(x, y) => (Intelligent(x) <=> Intelligent(y))
```

可翻译为以下程序(http://cplint.eu/e/inference/mln.swinb)：

```
clause1(X): 0.8175744762:- \+intelligent(X).
clause1(X): 0.1824255238:- intelligent(X), \+good_marks(X).
clause1(X): 0.8175744762:- intelligent(X), good_marks(X).

clause2(X,Y): 0.7502601056:-
  \+friends(X,Y).
clause2(X,Y): 0.7502601056:-
  friends(X,Y), intelligent(X),intelligent(Y).
clause2(X,Y): 0.7502601056:-
  friends(X,Y), \+intelligent(X),\+intelligent(Y).
clause2(X,Y): 0.2497398944:-
  friends(X,Y), intelligent(X),\+intelligent(Y).
clause2(X,Y): 0.2497398944:-
  friends(X,Y), \+intelligent(X),intelligent(Y).

intelligent(_):0.5.
good_marks(_):0.5.
friends(_,_):0.5.

student(anna).
student(bob).
```

证据必须包含谓词 clausei 的所有基例化的真值(这些谓词的基例化在证据中应为真)：

```
evidence_mln:- clause1(anna),clause1(bob),clause2(anna,anna),
    clause2(anna,bob),clause2(bob,anna),clause2(bob,bob).
```

已有证据表明 Anna 与 Bob 是朋友且 Bob 是聪明的：

```
ev_intelligent_bob_friends_anna_bob :-
    intelligent(bob),friends(anna,bob),
    evidence_mln.
```

若想知道在给定证据下 Anna 取得好成绩的概率，可进行如下查询：

```
?- prob(good_marks(anna),
   ev_intelligent_bob_friends_anna_bob,P).
```

已知 Anna 得到好分数的先验概率如下：

```
?- prob(good_marks(anna),evidence_mln,P).
```

从第 1 个和第 2 个查询可先后得到 P=0.733 和 P=0.607：假定 Bob 是聪明的且 Anna 是他的朋友，那么 Anna 更有可能取得好的分数。

11.11 Truel

Truel[Kilgour & Brams，1997]是一种三个对手决斗的游戏。游戏有三个玩家 a、b 和 c。三人轮流用一把枪射击，开枪的顺序是 a、b、c。每个玩家可以射向另一个玩家或射向天空(故意射偏)。若不是故意射向天空，则每个玩家击中目标的概率是：a 为 1/3，b 为 2/3，c 为 1。每个玩家的目的是“杀掉”另两个玩家。问题如下：a 应该怎么做才能使自己获胜的概率最大？瞄准 b，c 还是天空？

首先考虑文献[Nguembang Fadja & Riguzzi，2017]中讨论的其他玩家的策略和射击情形。当只剩下两个玩家时，最好的策略是瞄准对方。

若三个玩家都还存在，b 的最佳策略是瞄准 c。这是因为若 c 瞄准 b，则 b 必死无疑；若 c 瞄准 a，最后将剩下 b 和 c，c 是最好的射手，b 也必死。类似地，在三个玩家都存在的情形下，c 的最佳策略是瞄准 b，这样做的话，c 和 a 留下来，而 a 是最差的射手。

对于 a，情况比较复杂。首先计算 a 与单个对手决斗时获胜的概率。若只剩下 a 和 c，a 射中 c 的概率为 1/3。若 a 没射中，c 反过来肯定会射中 a。若只剩下 a 和 b，a 获胜的概率 p 按下式计算：

$$p = P(a\text{ 射中 }b) + P(a\text{ 没射中 }b)P(b\text{ 没射中 }a)p$$

$$p = \frac{1}{3} + \frac{2}{3} \times \frac{1}{3} \times p$$

$$p = \frac{3}{7}$$

也可通过构建如图 11.15 所示的概率树来计算概率。这样 a 活下来的概率为

$$p = \frac{1}{3} + \frac{2}{3} \cdot \frac{1}{3} \cdot \frac{1}{3} + \frac{2}{3} \cdot \frac{1}{3} \cdot \frac{2}{3} \cdot \frac{1}{3} \cdot \frac{1}{3} + \cdots$$

$$= \frac{1}{3} + \frac{2}{3^3} + \frac{2^2}{3^5} + \cdots = \frac{1}{3} + \sum_{i=0}^{\infty} \frac{2}{3^3}\left(\frac{2}{9}\right)^i = \frac{1}{3} + \frac{\frac{2}{3^3}}{1 - \frac{2}{9}}$$

$$= \frac{1}{3} + \frac{\frac{2}{3^3}}{\frac{7}{9}} = \frac{1}{3} + \frac{\frac{2}{3}}{7} = \frac{1}{3} + \frac{2}{21} = \frac{9}{21} = \frac{3}{7}$$

当三个玩家都存在时，若 a 瞄准 b，b 被射中的概率是 1/3，但接着 c 会射中 a。若 b 没被射中(概率为 2/3)，b 瞄准 c 且“杀死” c 的概率为 2/3。在此情形下，留下 a 与 b 进行决斗，a 活下来的概率是 3/7。若 b 没有“杀死” c(概率为 1/3)，c 肯定会“杀死” b 且留下 a 与 c 决斗，a 活下来的概率是 1/3。因此总体上看，若 a 瞄准 b，则 a 获胜的概率是

$$\frac{2}{3}\cdot\frac{2}{3}\cdot\frac{3}{7}+\frac{2}{3}\cdot\frac{1}{3}\cdot\frac{1}{3}=\frac{4}{21}+\frac{2}{27}$$
$$=\frac{36+15}{189}=\frac{50}{189}\approx 0.2645$$

当三个玩家都存在时，若 a 瞄准 c，c 被“杀死”的概率是 1/3。这样 b 瞄准 a 时 a 活下来的概率是 1/3，然后在 a 与 b 的决斗中 a 活下来的概率是 3/7。若 c 活下来(概率为 2/3)，b 瞄准 c 并“杀死” c 的概率是 2/3，这样 a 留下来与 b 决斗并获胜的概率是 3/7。若 c 再次活下来，那么 c 肯定会“杀死” b，则 a 留下来与 c 决斗，a 获胜的概率是 1/3。因此总体上看，若 a 瞄准 c，则 a 获胜的概率是

$$\frac{1}{3}\cdot\frac{1}{3}\cdot\frac{3}{7}+\frac{2}{3}\cdot\frac{2}{3}\cdot\frac{3}{7}+\frac{2}{3}\cdot\frac{1}{3}\cdot\frac{1}{3}$$
$$=\frac{1}{21}+\frac{4}{21}+\frac{2}{27}=\frac{59}{189}\approx 0.3122$$

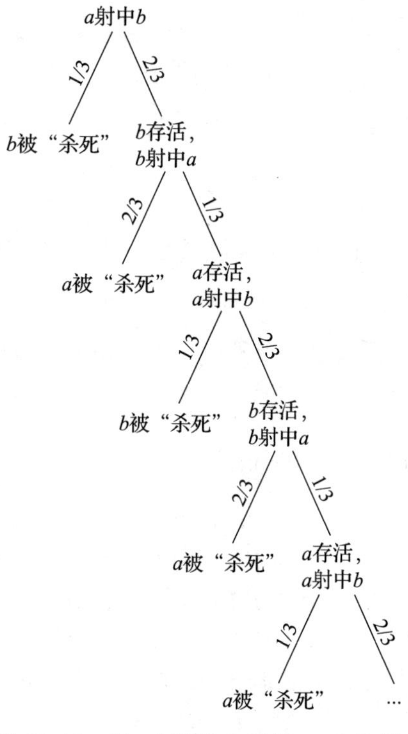

图 11.15　Truel 游戏中玩家 a、b 的概率树[Nguembang Fadja & Riguzzi，2017]

当三个玩家都存在时，若 a 射向天空，b 瞄准 c 并“杀”了 c 的概率是 2/3，留下 a 与 b 进行决斗。若 b 没有“杀掉” c，c 肯定会“杀”了 b，留下 a 与 c 决斗。总的看来，若 a 射向天空，则 a 获胜的概率是

$$\frac{2}{3}\cdot\frac{3}{7}+\frac{1}{3}\cdot\frac{1}{3}=\frac{2}{7}+\frac{1}{9}=\frac{25}{63}\approx 0.3968$$

因此，游戏开始时 a 的最佳策略是射向天空，这与应该立即消灭一个对手的直觉正好相反。

这个问题可用一个 LPAD 表示[Nguembang Fadja & Riguzzi，2017]表示。但是，从图 11.15 中可以看出，解释的数目可能是无穷多个，这样我们需要使用一个近似的准确推理算法，比如在 5.10 节中讨论过的算法，或是采用蒙特卡罗推理算法。下面讨论的程序(http://cplint.eu/e/truel.pl)使用了 MCINTYRE。

在 `survives_action(A,L0,T,S)` 中，`L0` 是在第 `T` 轮中还活着的玩家列表，若在本轮中，`A` 执行动作 `S` 后活下来，则 `survives_action(A,L0,T,S)` 为真：

```
survives_action(A,L0,T,S):-
  shoot(A,S,L0,T,L1),
  remaining(L1,A,Rest),
  survives_round(Rest,L1,A,T).
```

在 `shoot(H,S,L0,T,L)` 中，若 `H` 在第 `T` 轮瞄准 `S`，集合 `L0` 中是在此动作前活着的玩

家，L 中则是在这一动作后还活着的玩家，shoot(H,S,L0,T,L)为真：

```
shoot(H,S,L0,T,L):-
    (S=sky -> L=L0
    ;   (hit(T,H) ->  delete(L0,S,L)
      ;   L=L0
      )
    ).
```

每个玩家击中其所选目标的概率如下：

```
hit(_,a):1/3.
hit(_,b):2/3.
hit(_,c):1.
```

若玩家 A 在第 T 轮与列表 L 中的玩家一起活下来，则 survices(L,A,T)为真：

```
survives([A],A,_):-!.

survives(L,A,T):-
  survives_round(L,L,A,T).
```

在 survices_rount(Rest,L0,A,T)谓词中，列表 Rest 中是在第 T 轮还将被射击的玩家，L0 中是本轮还存活的玩家，若玩家 A 在本轮活下来，则该谓词为真：

```
survives_round([],L,A,T):-
  survives(L,A,s(T)).

survives_round([H|_Rest],L0,A,T):-
  base_best_strategy(H,L0,S),
  shoot(H,S,L0,T,L1),
  remaining(L1,H,Rest1),
  member(A,L1),
  survives_round(Rest1,L1,A,T).
```

很容易确定下面的策略：

```
base_best_strategy(b,[b,c],c).
base_best_strategy(c,[b,c],b).
base_best_strategy(a,[a,c],c).
base_best_strategy(c,[a,c],a).
base_best_strategy(a,[a,b],b).
base_best_strategy(b,[a,b],a).
base_best_strategy(b,[a,b,c],c).
base_best_strategy(c,[a,b,c],b).
```

辅助谓词定义如下：

```
remaining([A|Rest],A,Rest):-!.
remaining([_|Rest0],A,Rest):-
  remaining(Rest0,A,Rest).
```

我们可通过询问以下查询的概率来确定玩家 a 的最佳策略：

```
?- survives_action(a,[a,b,c],0,b)
?- survives_action(a,[a,b,c],0,c)
?- survives_action(a,[a,b,c],0,sky)
```

若取 1000 个样本，可分别得到 0.256，0.316 和 0.389，这也说明了 a 首先应射向天空。

11.12 优惠券收集者问题

文献[Kaminski et al.，2016]中将优惠券收集者问题描述如下。

> 假定每盒麦片中含 N 种不同优惠券中的一种，一旦某个消费者收集齐每一种类型的优惠券，则可用它们兑奖。本问题需要确定：若想集齐所有类型的优惠券，则消费者平均需要购买多少盒麦片？这里假定每种优惠券出现在麦片盒子中的概率是相同的。

若有 N 种不同的优惠券，消费者必须至少购买多少盒(以 T 表示)才能集齐并兑奖？该问题表示为链接 http://cplint.eu/e/coupon.swinb 中的程序，其中定义了谓词 coupons/2，coupons(N,T)为真表示需要购买 T 盒麦片才能得到 N 种优惠券。优惠券表示一个项，这是一个元数为优惠券种数的函子 cp/N。该项的第 i 个参数为 1 表示已收集到第 i 种优惠券，若尚未收集到，则此参数的值仍为一个变量。这样可将这个项表示为一个数组：

```
coupons(N,T):-
  length(CP,N),
  CPTerm=..[cp|CP],
  new_coupon(N,CPTerm,0,N,T).
```

若还需要收集的优惠券数目为 0，则收集过程终止：

```
new_coupon(0,_CP,T,_N,T).
```

若还需要收集的优惠券数目为 N0，则收集 1 张并进入递归过程：

```
new_coupon(N0,CP,T0,N,T):-
  N0>0,
  collect(CP,N,T0,T1),
  N1 is N0-1,
  new_coupon(N1,CP,T1,N,T).
```

谓词 collect/4 收集 1 张新的优惠券并更新已购买的麦片盒数：

```
collect(CP,N,T0,T):-
  pick_a_box(T0,N,I),
  T1 is T0+1,
  arg(I,CP,CPI),
  (var(CPI)->
    CPI=1, T=T1
  ;
    collect(CP,N,T1,T)
  ).
```

谓词 pick_a_box/3 随机选取一盒麦片并因而得到一张随机的优惠券，这张优惠券来自列表[1…N]：

```
pick_a_box(_,N,I):uniform(I,L):- numlist(1, N, L).
```

若有 5 种不同的优惠券，我们可能想知道：

- 必须购买多少盒麦片才能得奖？
- 为得奖，必须购买的盒数服从什么分布？
- 为得奖，必须购买的盒数的期望值是多少？

为了回答以上问题，我们可为 coupons(5,T)做一个单独的采样。在这个样本中，由于 counpons/2 是一个确定谓词，结果会将 T 实例化为一个特定值，因此查询会成功返回。例如，我们可能会得到 T= 15。注意，需要购买盒数的最大值没有上限，但我们不得不购买无穷多盒麦片的概率为 0，因此采样必会终止。

为计算购买盒数的分布，我们可取一定数目(比如 1000)的样本，然后将一个值出现的次数标绘为该值的函数。这样可得到图 11.16 中的图。

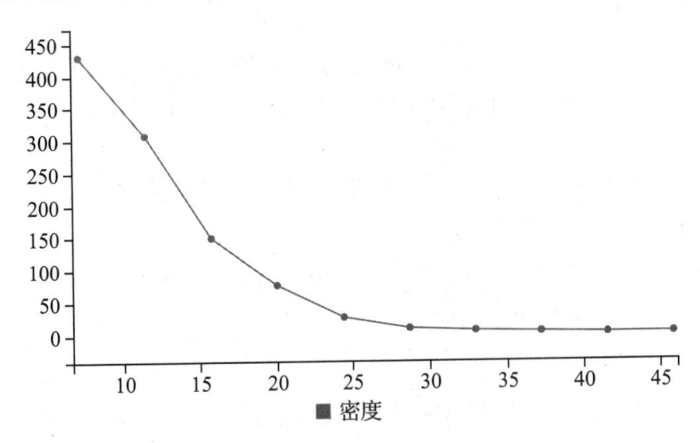

图 11.16 麦片盒数的分布

为计算购买盒数的期望值，我们可取 coupons(5,T)的一定数量(比如 100)的样本。每个样本都会实例化 T。将这些值汇总再除以样本数 100，则可得到一个估计的期望值。例如，可能会得到一个值 11.47。

也可标绘出盒数的期望值与优惠券数目的依赖性，如图 11.17 所示。

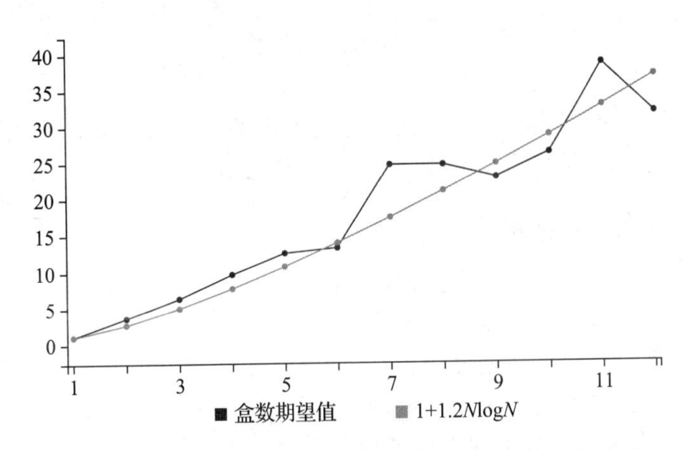

图 11.17 麦片盒数期望值与优惠券种类数间的函数关系

如文献[Kaminski et al.，2016]中所观察到的，盒数增长率为 $O(N\log N)$，其中 N 为优惠券数目。图中也包含与第一条类似的曲线 $1+1.2N\log N$。

优惠券收集问题类似于贴纸收集问题。贴纸问题中，我们有一个簿册，每种不同的贴纸可在其中占用一个位置。我们可整包购买贴纸，目标是在簿册中集齐所有类型的贴纸。一个用于求解优惠券收集者问题的程序可用于求解贴纸收集者问题：若你有 N 种不同的贴纸且一包中有 P 张贴纸，相当于求解有 N 种优惠券、购买盒数为 T 的优惠券收集者问题，这里需要购买贴纸的包数是$\lceil T/P \rceil$，因此有：

```
stickers(N,P,T):- coupons(N,T0), T is ceiling(T0/P).
```

若有 50 种不同的贴纸且每包有 4 张贴纸，对查询 stickers(50,4,T)进行采样，可得到 T= 47，即需要购买 47 包贴纸才能完成收集。

11.13　一维随机游走

考虑文献[Kaminski et al.，2016]中描述的一个随机游走的例子：一个粒子的初始位置为 $x=10$，之后每一轮以相同的概率向左或向右移动一个单位长度。当到达位置 $x=0$ 时粒子停止随机游走。

终止游走的概率是1[Hurd，2002]，但平均情况下需要无穷时间，即期望的移动轮次数是无穷的[Kaminski et al.，2016]。

使用 http://cplint.eu/e/random_walk.swinb 中的程序可计算移动的轮次数。游走动作在时刻0从位置 $x=10$ 处开始：

```
walk(T):- walk(10,0,T).
```

若 x 是0，则游走停止，否则粒子执行一次移动：

```
walk(0,T,T).

walk(X,T0,T):-
  X>0,
  move(T0,Move),
  T1 is T0+1,
  X1 is X+Move,
  walk(X1,T1,T).
```

以相同的概率向左或向右移动一步：

```
move(T,1):0.5; move(T,-1):0.5.
```

通过对查询 `walk(T)`采样，由于 `walk/1` 是确定的，可得到查询成功的结果。`T` 的值表示轮次数。例如，我们可能会得到 `T = 3692` 这样的值。

11.14　隐含 Dirichlet 分配

文本挖掘[Holzinger et al.，2014]的目的在于从文本中提炼出知识。隐含 Dirichlet 分配(LDA)[Blei et al.，2003]是一种文本挖掘技术，它为文本中的单词确定主题。主题取自一个有穷集合$\{1,\cdots,K\}$。该模型描述了一个生成过程，在该过程中文本被表示为隐藏主题上的随机混合，每个主题定义了单词上的一个分布。对一个包含了 M 个长度为 N_i 的文本的语料库，LDA 为其假定如下的生成过程：

1) 样本 θ_i 来自 $\mathrm{Dir}(\alpha)$，其中 $i\in\{1,\cdots,M\}$ 且 $\mathrm{Dir}(\alpha)$是参数为 α 的 Dirichlet 分布。
2) 样本 φ_k 来自 $\mathrm{Dir}(\beta)$，其中 $k\in\{1,\cdots,K\}$。
3) 对每个单词位置 i、j，其中 $i\in\{1,\cdots,M\}$ 且 $j\in\{1,\cdots,N_i\}$：
   (a) 从 $\mathrm{Discrete}(\theta_i)$中采样一个主题 $z_{i,j}$。
   (b) 从 $\mathrm{Discrete}(\varphi_{z_{i,j}})$中采样一个单词 $w_{i,j}$。

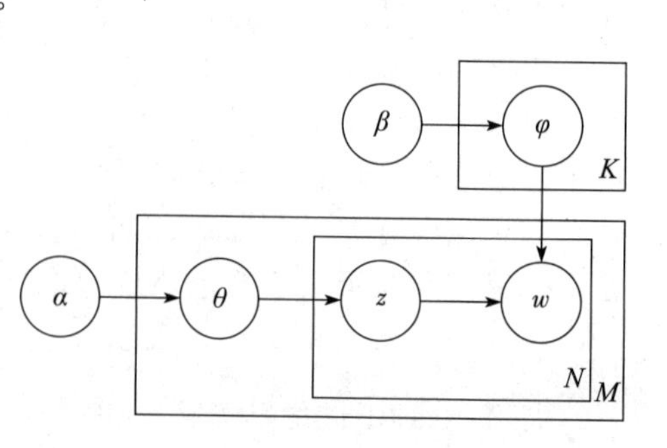

图 11.18　平滑处理后的 LDA[Nguembang Fadja & Riguzzi，2017]

这是一个平滑处理后的 LDA 模型，还需要精确化。如图 11.18 所示，通常可将下标省略。

Dirichlet 分布是一个连续的多元分布，其参数 $\boldsymbol{\alpha}$ 是一个向量$\{\alpha_1,\cdots,\alpha_K\}$，且从 $\mathrm{Dir}(\alpha)$中采样的一个值 $\boldsymbol{x}=\{x_1,\cdots,x_K\}$对于 $j=1,\cdots,K$，满足

$x_j \in (0, 1)$和 $\sum_{j=1}^{K} x_i = 1$。这样，一个取自 Dirichlet 分布的采样 $\boldsymbol{x}$ 可作为一个离散分布 Discrete($\boldsymbol{x}$)的参数，该连续分布中值的个数与 $\boldsymbol{x}$ 中分量的个数相同：该分布下对于值 v_j，有 $P(v_j)=x_j$。因此，Dirichlet 分布常用作离散分布的先验分布。上述向量有 V 个分量，V 为不同单词的个数。

问题的目标是对每个主题计算单词的概率分布，对每个单词计算主题的概率分布，以及实现每个文档的独特的主题混合。利用推理可实现以上目标：数据集中的文本表示观察(证据)，我们想要计算上述各量的后验分布。

这个问题可建模为 MCINTYRE 程序(http://cplint.eu/e/lda.swinb)，其中谓词：

```
word(Doc,Position,Word)
```

指明文本 `Doc` 在位置 `Position` 处(从 1 到文本中单词总数)的单词 Word，谓词：

```
topic(Doc,Position,Topic)
```

指明文本 `Doc` 与主题 `Topic` 通过位置 `Position` 处的单词相关联。也可假定 θ_i 和 φ_k 服从带标量集中参数集的对称 Dirichlet 分布，对谓词 `eta/1` 只使用一个事实，即 $\alpha=[\eta, \cdots, \eta]$和 $\beta=[\eta, \cdots, \eta]$。则程序如下：

```
theta(_,Theta):dirichlet(Theta,Alpha):-
  alpha(Alpha).

topic(DocumentID,_,Topic):discrete(Topic,Dist):-
  theta(DocumentID,Theta),
  topic_list(Topics),
  maplist(pair,Topics,Theta,Dist).

word(DocumentID,WordID,Word):discrete(Word,Dist):-
  topic(DocumentID,WordID,Topic),
  beta(Topic,Beta),
  word_list(Words),
  maplist(pair,Words,Beta,Dist).

beta(_,Beta):dirichlet(Beta,Parameters):-
  n_words(N),
  eta(Eta),
  findall(Eta,between(1,N,_),Parameters).

alpha(Alpha):-
  eta(Eta),
  n_topics(N),
  findall(Eta,between(1,N,_),Alpha).

eta(2).

pair(V,P,V:P).
```

假定有两个主题(分别表示为 1 和 2)和 10 个单词(表示为整数 1，…，10)：

```
topic_list(L):-
  n_topics(N),
  numlist(1,N,L).

word_list(L):-
  n_words(N),
  numlist(1,N,L).
```

```
n_topics(2).

n_words(10).
```

我们可以生成方式运用此模型采样文本 1 的位置 1 处单词的值。图 11.19 给出了采样数为 100 时单词取值频率的柱状图。

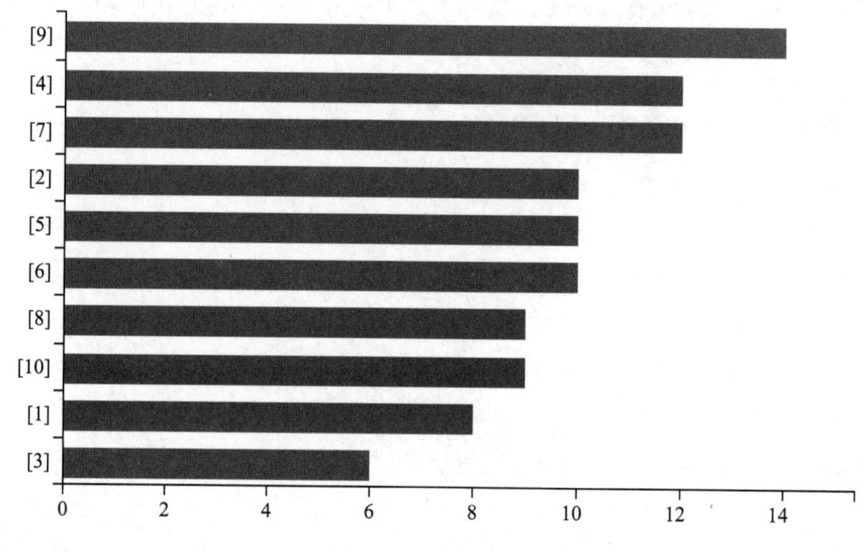

图 11.19　文本 1 的位置 1 处单词的值

也可采样文本 1 的位置 1 处的二元组(word，topic)的值。图 11.20 给出了采样数为 100 时二元组频率的柱状图。

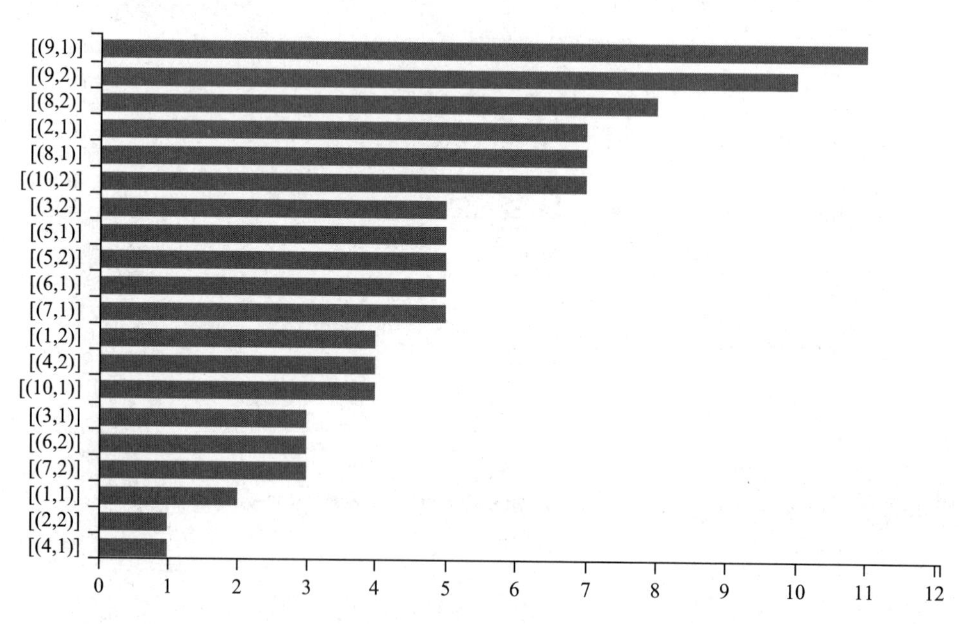

图 11.20　文本 1 的位置 1 处二元组(word，topic)的值

可使用此模型将单词分类到不同主题中。这里使用 Metropolis-Hastings 的条件推理。文本中的单词 1 关联到两个主题的可能性大致相等，因此若取 `topic(1,1,T)`的 100 个样本，我们得到图 11.21 中的柱状图。若观察到文本 1 的单词 1 和单词 2 是相等的(`word(1,1,1)`, `word(1,2,1)`作为证据)，且再取 100 个样本，其中一个主题的可能性增大，如图 11.22 所示。

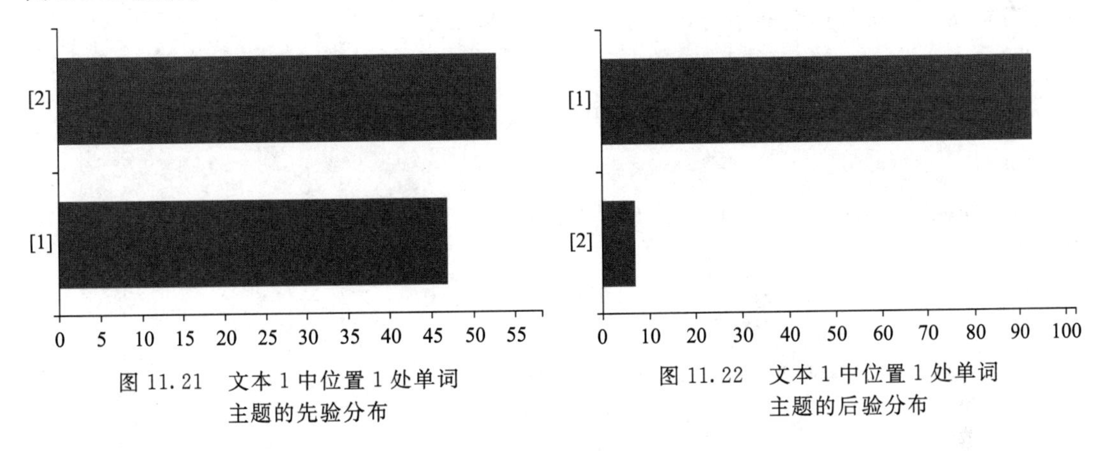

图 11.21　文本 1 中位置 1 处单词主题的先验分布

图 11.22　文本 1 中位置 1 处单词主题的后验分布

若在观察文本 1 的单词 1、2 相等前后考虑主题 1 的概率密度，也可发现这一结果：观察值降低了分布的一致性，如图 11.23 所示。`piercebayes`[Turliuc et al.，2016]是一个 PLP 语言，它允许在离散分布上对 Dirichlet 的先验进行规范。用它描述 LDA 模型非常简单。

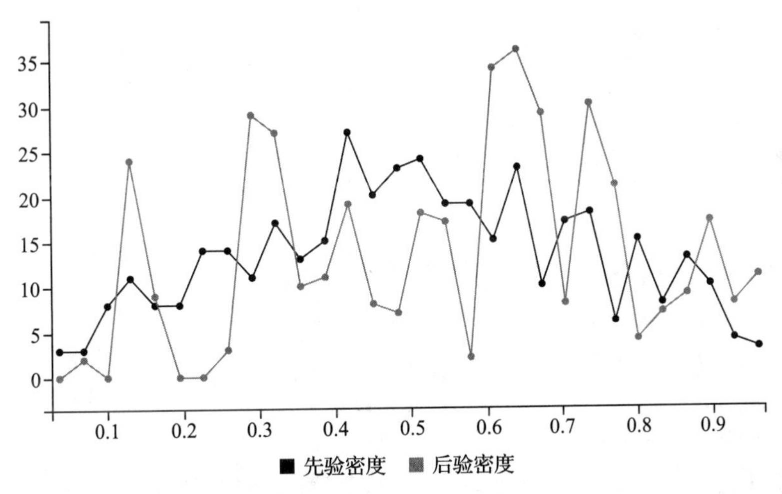

图 11.23　观察文本 1 中单词 1、2 相等前后主题 1 的概率密度

11.15　印度人 GPA 问题

在 Stuart Russel[Perov et al.，2017；Nitti et al.，2016]提出的印度人 GPA 问题中，需要解答：若观察到一个学生 GPA 的准确值是 4.0，那这个学生是印度人的概率是多少？这里假定美国学生的 GPA 分数范围是 0.0 至 4.0，印度学生的 GPA 分数范围是 0.0 至 10.0。

Stuart Russel 观察到大多数概率程序系统都不能处理此类查询，因为这需要结合考虑连续和离散分布。对这个问题的建模可通过为每个国家构建由一个连续分布与一个离散分布合成的混合分布以解释评分等级膨胀(极值概率非0)来实现。这样学生的GPA值是国家混合分布的混合。在此模型下，若一个学生的GPA准确值为4.0，则此学生是美国人的概率是1.0。

此问题可建模为MCINTYRE程序(http://cplint.eu/e/indian_gpa.pl)。美国学生的GPA分数概率分布是连续概率为0.95，离散概率为0.05：

```
is_density_A:0.95;is_discrete_A:0.05.
```

若分布是连续的，一个美国学生的GPA服从一个贝塔分布：

```
agpa(A): beta(A,8,2) :- is_density_A.
```

若分布是离散的，一个美国学生的GPA等于4.0的概率是0.85，等于0.0的概率是0.15：

```
american_gpa(G) : discrete(G,[4.0:0.85,0.0:0.15]) :-
                  is_discrete_A.
```

或可通过重新标度agpa/1的返回值为(0.0，4.0)区间得到：

```
american_gpa(A):- agpa(A0), A is A0*4.0.
```

印度学生的GPA分数概率分布是连续概率为0.99，离散概率为0.01：

```
is_density_I : 0.99; is_discrete_I:0.01.
```

若分布是连续的，则一个印度学生的GPA服从贝塔分布：

```
igpa(I): beta(I,5,5) :- is_density_I.
```

若分布是离散的，则一个印度学生的GPA等于10.0的概率为0.9，等于0.0的概率为0.1：

```
indian_gpa(I): discrete(I,[0.0:0.1,10.0:0.9]):-  is_discrete_I.
```

或可重新标度igpa/1的返回值为(0.0，10.0)区间：

```
indian_gpa(I) :- igpa(I0), I is I0*10.0.
```

某个国家是美国的概率为0.25，是印度的概率为0.75：

```
nation(N) : discrete(N,[a:0.25,i:0.75]).
```

学生的GPA值可根据其所属国家计算：

```
student_gpa(G) :- nation(a),american_gpa(G).
student_gpa(G) :- nation(i),indian_gpa(G).
```

若给定学生的GPA为4.0，所属国家是美国的先验概率是0.25，我们查询他是美国学生的概率，将得到1.0。

11.16 Bongard问题

文献[De Raedt & Van Laer，1995]中将Bongard问题[Bongard，1970]作为ILP的一个测试平台。每个问题包含若干分为两类的图片，一组为正，一组为负，目标是对两类图片进行区分。

图片中包含如正方形、三角形和圆形等几何图形，各种图形有尺寸和指向等属性，彼此间还有包含、层叠等关系。图11.24显示了一些这类图片。

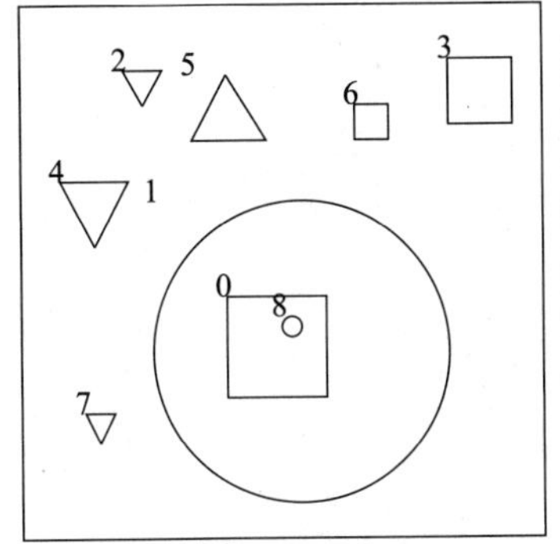

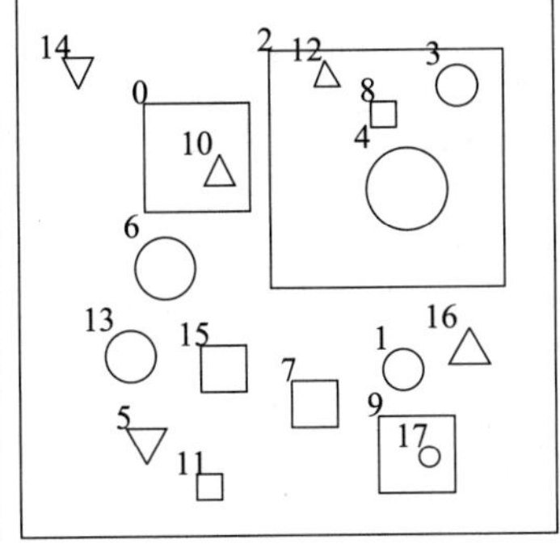

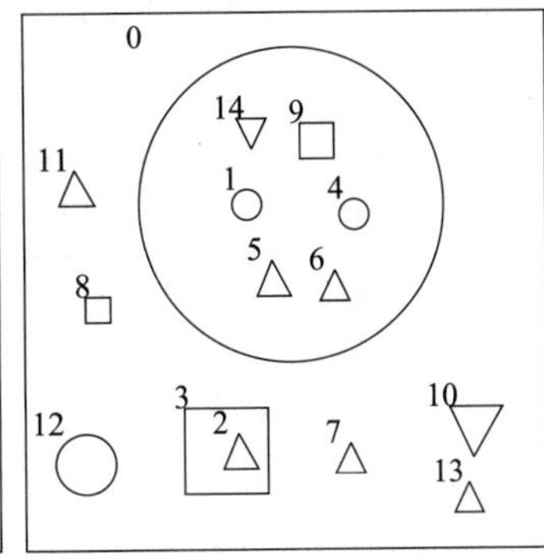

图 11.24 Bongard 图片

Bongard 问题表示为 http://cplint.eu/e/bongard_R.pl 中的程序。每个图描述为一个 mega-解释，在此情形下，包含单个实例，可以是正例或负例。一个这样的 mega-解释可能是：

```
begin(model(2)).
pos.
triangle(o5).
config(o5,up).
square(o4).
in(o4,o5).
circle(o3).
triangle(o2).
config(o2,up).
in(o2,o3).
triangle(o1).
config(o1,up).
end(model(2)).
```

其中 begin(model(2))和 end(model(2))表示标识符为 2 的 mega-解释的开始和结尾。目标谓词 pos/0 指出了正类别。上面的 mega-解释包含一个正例。

考虑下面的输入 LPAD：

```
pos:0.5 :-
  circle(A),
  in(B,A).
pos:0.5 :-
  circle(A),
  triangle(B).
```

和 fold(实例的集合)的定义：

```
fold(train,[2,3,...]).
fold(test,[490,491,...]).
```

可在 EMPLEM 中用以下查询得到输入程序的参数：

```
induce_par([train],P).
```

结果是一个带参数更新值的程序：

```
pos:0.0841358 :-
  circle(A),
  in(B,A).
pos:0.412669 :-
  circle(A),
  triangle(B).
```

通过使用 SLIPCOVER 指明语言偏好可进行结构学习：

```
modeh(*,pos).
modeb(*,triangle(-obj)).
modeb(*,square(-obj)).
modeb(*,circle(-obj)).
modeb(*,in(+obj,-obj)).
modeb(*,in(-obj,+obj)).
modeb(*,config(+obj,-#dir)).
```

然后是以下查询

```
induce([train],P).
```

进行结构学习并返回一个程序：

```
pos:0.220015 :-
  triangle(A),
  config(A,down).
pos:0.12513 :-
  triangle(A),
  in(B,A).
pos:0.315854 :-
  triangle(A).
```

总　结

我们已完成概率逻辑程序的整个学习之旅。笔者真诚希望能将自己对这一领域的热忱传递给读者。这一领域结合了原先各自分离的人工智能中的不确定性研究和逻辑程序研究中的有用结果。PLP 的研究发展很迅速但仍有很多问题待解决。一个重要的开放问题是如何使得系统适用于 Web 环境下的大量数据，以充分利用 Web、语义网、知识图谱、像 Wikidata 这样的大数据库以及语义注释 Web 页面中的数据。另一个重要问题是如何处理像自然语言文本、图像、视频和通常的多媒体数据这样的非结构化数据。

为应对可扩展性问题，可利用模型运用中的对称性设计更快的系统，例如，可使用提升推理或限制来获得更易于处理的子语言。另一种可行的方法是利用先进的基础设施，如集群和云平台计算，并开发并行算法，比如，可以使用 MapReduce[Riguzzi et al., 2016b]。

对于非结构化数据和多媒体数据，基本问题是如何有效处理连续分布。混合程序的推理是一个相对新兴的方向，但也已出现了一些不同的系统。相反，混合程序的学习问题却较少受到关注，特别是结构学习。在涉及连续随机变量的领域，神经网络和深度学习[Goodfellow et al., 2016]取得了令人印象深刻的成果。未来工作的一个有趣的方向是如何利用深度学习的技术学习混合概率逻辑程序。

对这方面的一些研究已经开始进行[Rocktäschel & Riedel, 2016; Yang et al., 2017; Nguembang Fadja et al., 2017; Rocktäschel & Riedel, 2017; Evans & Grefenstette, 2018]，但仍缺乏一个包容性的框架来全面处理不同确定性层次、实体间复杂联系、混合离散和连续的非结构化数据及极大规模性问题等。

缩略语及符号对照表

缩略语

ADD(Algebraic Decision Diagram)	代数决策图
AI(Artificial Intelligence)	人工智能
APLP(Annotated Probabilistic Logic Program)	带标注的概率逻辑程序
ASP(Answer Set Programming)	回答集程序
BDD(Binary Decision Diagram)	二元决策图
BLP(Bayesian Logic Program)	贝叶斯逻辑程序
BN(Bayesian Network)	贝叶斯网
CBDD(Complete Binary Decision Diagram)	完全二元决策图
CLP(Constraint Logic Programming)	约束逻辑程序
CNF(Conjunctive Normal Form)	合取范式
CPT(Conditional Probability Table)	条件概率表
DC(Distributional Clause)	分布子句
DCG(Definite Clause Grammar)	确定子句文法
d-DNNF(Deterministic Decomposable Negation Normal Form)	确定可分解否定范式
DNF(Disjunctive Normal Form)	析取范式
DP(Dirichlet Process)	Dirichlet 过程
DS(Distribution Semantic)	分布语义
EM(Expectation Maximization)	期望最大化
ESS(Expected Sufficient Statistic)	期望充分统计
FED(Factored Explanation Diagram)	分解解释图
FG(Factor Graph)	因子图
GP(Gaussian Process)	高斯过程
HMM(Hidden Markov Model)	隐马尔可夫模型
HPT(Hybrid Probability Tree)	混合概率树
ICL(Independent Choice Logic)	独立选择逻辑
IHPMC(Iterative Hybrid Probabilistic Model Counting)	迭代混合概率模型计数
IID(Independent and Identically Distributed)	独立同分布
ILP(Inductive Logic Programming)	归纳逻辑程序
KBMC(Knowledge Base Model Construction)	知识库模型构造
LDA(Latent Dirichlet Allocation)	隐含 Dirichlet 分配
LL(Log Likelihood)	对数似然
LPAD(Logic Program with Annotated Disjunction)	带标注析取的逻辑程序
MCMC(Markov Chain Monte Carlo)	马尔可夫蒙特卡罗
MDD(Multivalued Decision Diagram)	多值决策图
MLN(Markov Logic Network)	马尔可夫逻辑网
MN(Markov Network)	马尔可夫网
NLP(Natural Language Processing)	自然语言处理

NNF(Negation Normal Form)	否定范式
PCFG(Probabilistic Context-Free Grammar)	概率上下文无关文法
PCLP(Probabilistic Constraint Logic Programming)	概率约束逻辑程序
PFL(Prolog Factor Language)	Prolog 因子语言
PHA(Probabilistic Horn Abduction)	概率 Horn 溯因推理
PHPT(Partially evaluated Hybrid Probability Tree)	部分求值的混合概率树
PILP(Probabilistic Inductive Logic Programming)	概率归纳逻辑程序
PLCG(Probabilistic Left Corner Grammar)	概率左角文法
PLP(Probabilistic Logic Programming)	概率逻辑程序
POS(Part-of-Speech)	词性
PPDF(Product Probability Density Function)	积概率密度函数
PPR(Personalized PageRank)	个性化 PageRank
PRV(Parameterized Random Variable)	参数化随机变量
QSAR(Quantitative Structure-Activity Relationship)	定量构效关系
SDD(Sentential Decision Diagram)	句子决策图
SLP(Stochastic Logic Program)	随机逻辑程序
WFF(Well-Formed Formula)	合适公式
WFM(Well-Founded Model)	良基模型
WFOMC(Weighted First-Order Model Counting)	加权一阶模型计数
WFS(Well-Founded Semantic)	良基语义
WMC(Weighted Model Counting)	加权模型计数

符号

$\mathbb{N}$	自然数，即非负整数$\{0, 1, 2, \cdots\}$
$\mathbb{N}_1$	正整数$\{1, 2, \cdots\}$
$\mathbb{R}$	实数
$\mathbb{P}(S)$	集合 S 的幂集
Ω	序数
ω	第一个无穷序数
P	逻辑程序
$\mathrm{lhm}(P)$	P 的最小 Herbrand 模型
$\mathcal{U}$	Herbrand 域
$\mathcal{B}$	Herbrand 基
$\mathrm{lfp}(T)$	映射 T 的最小不动点
$\mathrm{gfp}(T)$	映射 T 的最大不动点
$\mathrm{glb}(X)$	偏序集 X 的最大下界
$\mathrm{lub}(X)$	偏序集 X 的最小上界
$X, Y, \cdots$	局部变量
$\boldsymbol{X}, \boldsymbol{Y}, \cdots$	局部变量向量
$x, y, \cdots$	逻辑常量
$\phi, \psi, \cdots$	因子
$a, b, \cdots$	逻辑原子
μ	概率测度
$X, Y, \cdots$	随机变量
$x, y, \cdots$	随机变量的值

$\boldsymbol{X}$，$\boldsymbol{Y}$，…	随机变量向量
$\boldsymbol{x}$，$\boldsymbol{y}$，…	随机变量值向量
X，Y，…	参数化的随机变量或 parfactor
$\mathbf{X}$，$\mathbf{Y}$，…	parfactor 向量
$\mathcal{P}$	概率程序
(f, θ, k)	原子选择
κ	复合选择
σ	选择
w_σ	由选择 σ 识别的世界
w	世界
$\mathrm{W}_{\mathcal{P}}$	程序 $\mathcal{P}$ 的所有事件集合
K	复合选择集
ω_κ	与复合选择 κ 兼容的世界集
ω_K	与复合选择 K 兼容的世界集
$\Omega_{\mathcal{P}}$	程序 $\mathcal{P}$ 的事件空间

参考文献

M. Alberti, E. Bellodi, G. Cota, F. Riguzzi, and R. Zese. `cplint` on SWISH: Probabilistic logical inference with a web browser. *Intelligenza Artificiale*, 11(1):47–64, 2017. doi: 10.3233/IA-170105.

M. Alviano, F. Calimeri, C. Dodaro, D. Fuscà, N. Leone, S. Perri, F. Ricca, P. Veltri, and J. Zangari. The ASP system DLV2. In M. Balduccini and T. Janhunen, editors, *14th International Conference on Logic Programming and Non-monotonic Reasoning (LPNMR 2017)*, volume 10377 of *LNCS*. Springer, 2017. doi: 10.1007/978-3-319-61660-5_19.

N. Angelopoulos. clp(pdf(y)): Constraints for probabilistic reasoning in logic programming. In F. Rossi, editor, *9th International Conference on Principles and Practice of Constraint Programming (CP 2003)*, volume 2833 of *LNCS*, pages 784–788. Springer, 2003. doi: 10.1007/978-3-540-45193-8_53.

N. Angelopoulos. Probabilistic space partitioning in constraint logic programming. In M. J. Maher, editor, *9th Asian Computing Science Conference (ASIAN 2004)*, volume 3321 of *LNCS*, pages 48–62. Springer, 2004. doi: 10.1007/978-3-540-30502-6_4.

N. Angelopoulos. Notes on the implementation of FAM. In A. Hommersom and S. A. Abdallah, editors, *3rd International Workshop on Probabilistic Logic Programming (PLP 2016)*, volume 1661 of *CEUR Workshop Proceedings*, pages 46–58. CEUR-WS.org, 2016.

K. R. Apt and M. Bezem. Acyclic programs. *New Generation Computing*, 9(3/4):335–364, 1991.

K. R. Apt and R. N. Bol. Logic programming and negation: A survey. *Journal of Logic Programming*, 19:9–71, 1994.

R. Ash and C. Doléans-Dade. *Probability and Measure Theory*. Harcourt/Academic Press, 2000. ISBN 9780120652020.

F. Bacchus. Using first-order probability logic for the construction of bayesian networks. In *9th Conference Conference on Uncertainty in Artificial Intelligence (UAI 1993)*, pages 219–226, 1993.

R. I. Bahar, E. A. Frohm, C. M. Gaona, G. D. Hachtel, E. Macii, A. Pardo, and F. Somenzi. Algebraic decision diagrams and their applications. *Formal Methods in System Design*, 10(2/3):171–206, 1997. doi: 10.1023/A:1008699807402.

J. K. Baker. Trainable grammars for speech recognition. In D. H. Klatt and J. J. Wolf, editors, *Speech Communication Papers for the 97th Meeting of the Acoustical Society of America*, pages 547–550, 1979.

C. Baral, M. Gelfond, and N. Rushton. Probabilistic reasoning with answer sets. *Theory and Practice of Logic Programming*, 9(1):57–144, 2009. doi: 10.1017/S1471068408003645.

L. Bauters, S. Schockaert, M. De Cock, and D. Vermeir. Possibilistic answer set programming revisited. In *26th International Conference on Uncertainty in Artificial Intelligence (UAI 2010)*. AUAI Press, 2010.

V. Belle, G. V. den Broeck, and A. Passerini. Hashing-based approximate probabilistic inference in hybrid domains. In M. Meila and T. Heskes, editors, *31st International Conference on Uncertainty in Artificial Intelligence (UAI 2015)*, pages 141–150. AUAI Press, 2015a.

V. Belle, A. Passerini, and G. V. den Broeck. Probabilistic inference in hybrid domains by weighted model integration. In Q. Yang and M. Wooldridge, editors, *24th International Joint Conference on Artificial Intelligence (IJCAI 2015)*, pages 2770–2776. AAAI Press, 2015b.

V. Belle, G. V. den Broeck, and A. Passerini. Component caching in hybrid domains with piecewise polynomial densities. In D. Schuurmans and M. P. Wellman, editors, *30th National Conference on Artificial Intelligence (AAAI 2015)*, pages 3369–3375. AAAI Press, 2016.

E. Bellodi and F. Riguzzi. Experimentation of an expectation maximization algorithm for probabilistic logic programs. *Intelligenza Artificiale*, 8(1): 3–18, 2012. doi: 10.3233/IA-2012-0027.

E. Bellodi and F. Riguzzi. Expectation maximization over binary decision diagrams for probabilistic logic programs. *Intelligent Data Analysis*, 17(2):343–363, 2013.

E. Bellodi and F. Riguzzi. Structure learning of probabilistic logic programs by searching the clause space. *Theory and Practice of Logic Programming*, 15(2):169–212, 2015. doi: 10.1017/S1471068413000689.

E. Bellodi, E. Lamma, F. Riguzzi, V. S. Costa, and R. Zese. Lifted variable elimination for probabilistic logic programming. *Theory and Practice of Logic Programming*, 14(4-5):681–695, 2014. doi: 10.1017/S1471068414000283.

P. Berka. Guide to the financial data set. In *ECML/PKDD 2000 Discovery Challenge*, 2000.

C. Bishop. *Pattern Recognition and Machine Learning*. Information Science and Statistics. Springer, 2016. ISBN 9781493938438.

D. M. Blei, A. Y. Ng, and M. I. Jordan. Latent Dirichlet allocation. *Journal of Machine Learning Research*, 3:993–1022, 2003.

H. Blockeel. Probabilistic logical models for Mendel's experiments: An exercise. In *Inductive Logic Programming (ILP 2004), Work in Progress Track*, pages 1–5, 2004.

H. Blockeel and J. Struyf. Frankenstein classifiers: Some experiments on the Sisyphus data set. In *Workshop on Integration of Data Mining, Decision Support, and Meta-Learning (IDDM 2001)*, 2001.

M. M. Bongard. *Pattern Recognition*. Hayden Book Co., Spartan Books, 1970.

S. Bragaglia and F. Riguzzi. Approximate inference for logic programs with annotated disjunctions. In *21st International Conference on Inductive Logic Programming (ILP 2011)*, volume 6489 of *LNAI*, pages 30–37, Florence, Italy, 27–30 June 2011. Springer.

D. Brannan. *A First Course in Mathematical Analysis*. Cambridge University Press, 2006. ISBN 9781139458955.

R. Carnap. *Logical Foundations of Probability*. University of Chicago Press, 1950.

M. Chavira and A. Darwiche. On probabilistic inference by weighted model counting. *Artificial Intelligence*, 172(6-7):772–799, 2008.

W. Chen and D. S. Warren. Tabled evaluation with delaying for general logic programs. *Journal of the ACM*, 43(1):20–74, 1996.

W. Chen, T. Swift, and D. S. Warren. Efficient top-down computation of queries under the well-founded semantics. *Journal of Logic Programming*, 24(3):161–199, 1995.

Y. Chow and H. Teicher. *Probability Theory: Independence, Interchangeability, Martingales*. Springer Texts in Statistics. Springer, 2012.

K. L. Clark. Negation as failure. In *Logic and data bases*, pages 293–322. Springer, 1978.

P. Cohn. *Basic Algebra: Groups, Rings, and Fields*. Springer, 2003.

A. Colmerauer, H. Kanoui, P. Roussel, and R. Pasero. Un systeme de communication homme-machine en franais. Technical report, Groupe de

Recherche en Intelligence Artificielle, Universit dAix-Marseille, 1973.

J. Côrte-Real, T. Mantadelis, I. de Castro Dutra, R. Rocha, and E. S. Burnside. SkILL - A stochastic inductive logic learner. In T. Li, L. A. Kurgan, V. Palade, R. Goebel, A. Holzinger, K. Verspoor, and M. A. Wani, editors, *14th IEEE International Conference on Machine Learning and Applications (ICMLA 2015)*, pages 555–558. IEEE Press, 2015. doi: 10.1109/ICMLA.2015.159.

J. Côrte-Real, I. de Castro Dutra, and R. Rocha. Estimation-based search space traversal in PILP environments. In J. Cussens and A. Russo, editors, *26th International Conference on Inductive Logic Programming (ILP 2016)*, volume 10326 of *LNCS*, pages 1–13. Springer, 2017. doi: 10.1007/978-3-319-63342-8_1.

V. S. Costa, D. Page, M. Qazi, and J. Cussens. CLP(BN): Constraint logic programming for probabilistic knowledge. In *19th International Conference on Uncertainty in Artificial Intelligence (UAI 2003)*, pages 517–524. Morgan Kaufmann Publishers, 2003.

F. G. Cozman and D. D. Mauá. On the semantics and complexity of probabilistic logic programs. *Journal of Artificial Intelligence Research*, 60:221–262, 2017.

J. Cussens. Parameter estimation in stochastic logic programs. *Machine Learning*, 44(3):245–271, 2001. doi: 10.1023/A:1010924021315.

E. Dantsin. Probabilistic logic programs and their semantics. In *Russian Conference on Logic Programming*, volume 592 of *LNCS*, pages 152–164. Springer, 1991.

A. Darwiche. A logical approach to factoring belief networks. In D. Fensel, F. Giunchiglia, D. L. McGuinness, and M. Williams, editors, *8th International Conference on Principles and Knowledge Representation and Reasoning*, pages 409–420. Morgan Kaufmann, 2002.

A. Darwiche. New advances in compiling CNF into decomposable negation normal form. In R. L. de Mántaras and L. Saitta, editors, *16th European Conference on Artificial Intelligence (ECAI 20014)*, pages 328–332. IOS Press, 2004.

A. Darwiche. *Modeling and Reasoning with Bayesian Networks*. Cambridge University Press, 2009.

A. Darwiche. SDD: A new canonical representation of propositional knowledge bases. In T. Walsh, editor, *22nd International Joint Conference on Artificial Intelligence (IJCAI 2011)*, pages 819–826. AAAI Press/IJCAI, 2011. doi: 10.5591/978-1-57735-516-8/IJCAI11-143.

A. Darwiche and P. Marquis. A knowledge compilation map. *Journal of Artificial Intelligence Research*, 17:229–264, 2002.

J. Davis and M. Goadrich. The relationship between precision-recall and ROC curves. In *European Conference on Machine Learning (ECML 2006)*, pages 233–240. ACM, 2006.

J. Davis, E. S. Burnside, I. de Castro Dutra, D. Page, and V. S. Costa. An integrated approach to learning bayesian networks of rules. In J. Gama, R. Camacho, P. Brazdil, A. Jorge, and L. Torgo, editors, *European Conference on Machine Learning (ECML 2005)*, volume 3720 of *LNCS*, pages 84–95. Springer, 2005. doi: 10.1007/11564096_13.

L. De Raedt and A. Kimmig. Probabilistic (logic) programming concepts. *Machine Learning*, 100(1):5–47, 2015.

L. De Raedt and I. Thon. Probabilistic rule learning. In P. Frasconi and F. A. Lisi, editors, *20th International Conference on Inductive Logic Programming (ILP 2010)*, volume 6489 of *LNCS*, pages 47–58. Springer, 2011. doi: 10.1007/978-3-642-21295-6_9.

L. De Raedt and W. Van Laer. Inductive constraint logic. In *6th Conference on Algorithmic Learning Theory (ALT 1995)*, volume 997 of *LNAI*, pages 80–94. Springer, 1995.

L. De Raedt, A. Kimmig, and H. Toivonen. ProbLog: A probabilistic Prolog and its application in link discovery. In M. M. Veloso, editor, *20th International Joint Conference on Artificial Intelligence (IJCAI 2007)*, volume 7, pages 2462–2467. AAAI Press/IJCAI, 2007.

L. De Raedt, B. Demoen, D. Fierens, B. Gutmann, G. Janssens, A. Kimmig, N. Landwehr, T. Mantadelis, W. Meert, R. Rocha, V. Santos Costa, I. Thon, and J. Vennekens. Towards digesting the alphabet-soup of statistical relational learning. In *NIPS 2008 Workshop on Probabilistic Programming*, 2008.

L. De Raedt, P. Frasconi, K. Kersting, and S. Muggleton, editors. *Probabilistic Inductive Logic Programming*, volume 4911 of *LNCS*, 2008. Springer. ISBN 978-3-540-78651-1.

L. De Raedt, K. Kersting, A. Kimmig, K. Revoredo, and H. Toivonen. Compressing probabilistic Prolog programs. *Machine Learning*, 70(2-3): 151–168, 2008.

R. de Salvo Braz, E. Amir, and D. Roth. Lifted first-order probabilistic inference. In L. P. Kaelbling and A. Saffiotti, editors, *19th International Joint Conference on Artificial Intelligence (IJCAI 2005)*, pages 1319–1325. Professional Book Center, 2005.

A. Dekhtyar and V. Subrahmanian. Hybrid probabilistic programs. *Journal of Logic Programming*, 43(2):187–250, 2000.

A. P. Dempster, N. M. Laird, and D. B. Rubin. Maximum likelihood from incomplete data via the EM algorithm. *Journal of the Royal Statistical Society. Series B (methodological)*, 39(1):1–38, 1977.

A. Dries, A. Kimmig, W. Meert, J. Renkens, G. Van den Broeck, J. Vlasselaer, and L. De Raedt. ProbLog2: Probabilistic logic programming. In *European Conference on Machine Learning and Principles and Practice of Knowledge Discovery in Databases (ECMLPKDD 2015)*, volume 9286 of *LNCS*, pages 312–315. Springer, 2015. doi: 10.1007/978-3-319-23461-8_37.

D. Dubois and H. Prade. Possibilistic logic: a retrospective and prospective view. *Fuzzy Sets and Systems*, 144(1):3–23, 2004.

D. Dubois, J. Lang, and H. Prade. Towards possibilistic logic programming. In *8th International Conference on Logic Programming (ICLP 1991)*, pages 581–595, 1991.

D. Dubois, J. Lang, and H. Prade. Possibilistic logic. In D. M. Gabbay, C. J. Hogger, and J. A. Robinson, editors, *Handbook of logic in artificial intelligence and logic programming,vol. 3*, pages 439–514. Oxford University Press, 1994.

S. Dzeroski. Handling imperfect data in inductive logic programming. In *4th Scandinavian Conference on Artificial Intelligence (SCAI 1993)*, pages 111–125, 1993.

R. Evans and E. Grefenstette. Learning explanatory rules from noisy data. *Journal of Artificial Intelligence Research*, 61:1–64, 2018. doi: 10.1613/jair.5714.

F. Fages. Consistency of Clark's completion and existence of stable models. *Journal of Methods of Logic in Computer Science*, 1(1):51–60, 1994.

R. Fagin and J. Y. Halpern. Reasoning about knowledge and probability. *Journal of the ACM*, 41(2):340–367, 1994. doi: 10.1145/174652.174658.

D. Fierens, G. Van den Broeck, J. Renkens, D. S. Shterionov, B. Gutmann, I. Thon, G. Janssens, and L. De Raedt. Inference and learning in probabilistic logic programs using weighted Boolean formulas. *Theory and Practice of Logic Programming*, 15(3):358–401, 2015.

N. Fuhr. Probabilistic datalog: Implementing logical information retrieval for advanced applications. *Journal of the American Society for Information Science*, 51:95–110, 2000.

H. Gaifman. Concerning measures in first order calculi. *Israel Journal of Mathematics*, 2:1–18, 1964.

M. Gebser, B. Kaufmann, R. Kaminski, M. Ostrowski, T. Schaub, and M. T. Schneider. Potassco: The Potsdam answer set solving collection. *AI Commununications*, 24(2):107–124, 2011. doi: 10.3233/AIC-2011-0491.

M. Gelfond and V. Lifschitz. The stable model semantics for logic programming. In *5th International Conference and Symposium on Logic Programming (ICLP/SLP 1988)*, volume 88, pages 1070–1080. MIT Press, 1988.

G. Gerla. *Fuzzy Logic*, volume 11 of *Trends in Logic*. Springer, 2001. doi: 10.1007/978-94-015-9660-2_8.

V. Gogate and P. M. Domingos. Probabilistic theorem proving. In F. G. Cozman and A. Pfeffer, editors, *27th International Conference on Uncertainty in Artificial Intelligence (UAI 2011)*, pages 256–265. AUAI Press, 2011.

T. Gomes and V. S. Costa. Evaluating inference algorithms for the prolog factor language. In F. Riguzzi and F. Železný, editors, *21st International Conference on Inductive Logic Programming (ILP 2012)*, volume 7842 of *LNCS*, pages 74–85. Springer, 2012.

I. Goodfellow, Y. Bengio, A. Courville, and Y. Bengio. *Deep learning*, volume 1. MIT Press, 2016.

N. D. Goodman and J. B. Tenenbaum. Inducing arithmetic functions, 2018. http://forestdb.org/models/arithmetic.html, accessed January 5, 2018.

A. Gorlin, C. R. Ramakrishnan, and S. A. Smolka. Model checking with probabilistic tabled logic programming. *Theory and Practice of Logic Programming*, 12(4-5):681–700, 2012.

P. Grünwald and J. Y. Halpern. Updating probabilities. *Journal of Artificial Intelligence Research*, 19:243–278, 2003. doi: 10.1613/jair.1164.

B. Gutmann. *On continuous distributions and parameter estimation in probabilistic logic programs*. PhD thesis, Katholieke Universiteit Leuven, Belgium, 2011.

B. Gutmann, A. Kimmig, K. Kersting, and L. De Raedt. Parameter learning in probabilistic databases: A least squares approach. In *European Conference on Machine Learning and Principles and Practice of Knowledge Discovery in Databases (ECMLPKDD 2008)*, volume 5211 of *LNCS*, pages 473–488. Springer, 2008.

B. Gutmann, A. Kimmig, K. Kersting, and L. De Raedt. Parameter estimation in ProbLog from annotated queries. Technical Report CW 583, KU Leuven, 2010.

B. Gutmann, M. Jaeger, and L. De Raedt. Extending problog with continuous distributions. In P. Frasconi and F. A. Lisi, editors, *20th International Conference on Inductive Logic Programming (ILP 2010)*, volume 6489 of *LNCS*, pages 76–91. Springer, 2011a. doi: 10.1007/978-3-642-21295-6_12.

B. Gutmann, I. Thon, and L. De Raedt. Learning the parameters of probabilistic logic programs from interpretations. In D. Gunopulos, T. Hofmann, D. Malerba, and M. Vazirgiannis, editors, *European Conference on Machine Learning and Principles and Practice of Knowledge Discovery in Databases (ECMLPKDD 2011)*, volume 6911 of *LNCS*, pages 581–596. Springer, 2011b.

B. Gutmann, I. Thon, A. Kimmig, M. Bruynooghe, and L. De Raedt. The magic of logical inference in probabilistic programming. *Theory and Practice of Logic Programming*, 11(4-5):663–680, 2011c.

Z. Gyenis, G. Hofer-Szabo, and M. Rédei. Conditioning using conditional expectations: the Borel–Kolmogorov paradox. *Synthese*, 194(7): 2595–2630, 2017.

S. Hadjichristodoulou and D. S. Warren. Probabilistic logic programming with well-founded negation. In D. M. Miller and V. C. Gaudet, editors, *42nd IEEE International Symposium on Multiple-Valued Logic, (ISMVL 2012)*, pages 232–237. IEEE Computer Society, 2012. doi: 10.1109/ISMVL.2012.26.

J. Halpern. *Reasoning About Uncertainty*. MIT Press, 2003.

J. Y. Halpern. An analysis of first-order logics of probability. *Artificial Intelligence*, 46(3):311–350, 1990.

A. C. Harvey. *Forecasting, structural time series models and the Kalman filter*. Cambridge University Press, 1990.

J. Herbrand. *Recherches sur la théorie de la démonstration*. PhD thesis, Université de Paris, 1930.

P. Hitzler and A. Seda. *Mathematical Aspects of Logic Programming Semantics*. Chapman & Hall/CRC Studies in Informatics Series. CRC Press, 2016.

A. Holzinger, J. Schantl, M. Schroettner, C. Seifert, and K. Verspoor. Biomedical text mining: State-of-the-art, open problems and future challenges. In A. Holzinger and I. Jurisica, editors, *Interactive Knowledge Discovery and Data Mining in Biomedical Informatics*, volume 8401 of *LNCS*, pages 271–300. Springer, 2014. doi: 10.1007/978-3-662-43968-5_16.

J. Hurd. A formal approach to probabilistic termination. In V. Carreño, C. A. Muñoz, and S. Tahar, editors, *15th International Conference on Theorem Proving in Higher Order Logics (TPHOLs 2002)*, volume 2410 of *LNCS*, pages 230–245. Springer, 2002. doi: 10.1007/3-540-45685-6_16.

K. Inoue, T. Sato, M. Ishihata, Y. Kameya, and H. Nabeshima. Evaluating abductive hypotheses using an EM algorithm on BDDs. In *21st International Joint Conference on Artificial Intelligence (IJCAI 2009)*, pages 810–815. Morgan Kaufmann Publishers Inc., 2009.

M. Ishihata, Y. Kameya, T. Sato, and S. Minato. Propositionalizing the EM algorithm by BDDs. In *Late Breaking Papers of the 18th International Conference on Inductive Logic Programming (ILP 2008)*, pages 44–49, 2008a.

M. Ishihata, Y. Kameya, T. Sato, and S. Minato. Propositionalizing the EM algorithm by BDDs. Technical Report TR08-0004, Dep. of Computer Science, Tokyo Institute of Technology, 2008b.

M. A. Islam. *Inference and learning in probabilistic logic programs with continuous random variables*. PhD thesis, State University of New York at Stony Brook, 2012.

M. A. Islam, C. Ramakrishnan, and I. Ramakrishnan. Parameter learning in PRISM programs with continuous random variables. *CoRR*, abs/1203.4287, 2012a.

M. A. Islam, C. Ramakrishnan, and I. Ramakrishnan. Inference in probabilistic logic programs with continuous random variables. *Theory and Practice of Logic Programming*, 12:505–523, 2012b. ISSN 1475-3081.

M. Jaeger. Reasoning about infinite random structures with relational bayesian networks. In A. G. Cohn, L. K. Schubert, and S. C. Shapiro, editors, *4th International Conference on Principles of Knowledge Representation and Reasoning*, pages 570–581. Morgan Kaufmann, 1998.

M. Jaeger and G. Van den Broeck. Liftability of probabilistic inference: Upper and lower bounds. In *2nd International Workshop on Statistical Relational AI (StarAI 2012)*, pages 1–8, 2012.

J. Jaffar, M. J. Maher, K. Marriott, and P. J. Stuckey. The semantics of constraint logic programs. *Journal of Logic Programming*, 37(1-3):1–46, 1998. doi: 10.1016/S0743-1066(98)10002-X.

T. Janhunen. Representing normal programs with clauses. In R. L. de Mántaras and L. Saitta, editors, *16th European Conference on Artificial Intelligence (ECAI 20014)*, pages 358–362. IOS Press, 2004.

B. L. Kaminski, J.-P. Katoen, C. Matheja, and F. Olmedo. Weakest pre-condition reasoning for expected run-times of probabilistic programs. In P. Thiemann, editor, *25th European Symposium on Programming, on Programming Languages and Systems (ESOP 2016)*, volume 9632 of *LNCS*, pages 364–389. Springer, 2016. doi: 10.1007/978-3-662-49498-1_15.

K. Kersting and L. De Raedt. Towards combining inductive logic programming with Bayesian networks. In *11th International Conference on Inductive Logic Programming (ILP 2001)*, volume 2157 of *LNCS*, pages 118–131, 2001.

K. Kersting and L. De Raedt. Basic principles of learning Bayesian logic programs. In *Probabilistic Inductive Logic Programming*, volume 4911 of *LNCS*, pages 189–221. Springer, 2008.

H. Khosravi, O. Schulte, J. Hu, and T. Gao. Learning compact Markov logic networks with decision trees. *Machine Learning*, 89(3):257–277, 2012.

D. M. Kilgour and S. J. Brams. The truel. *Mathematics Magazine*, 70(5): 315–326, 1997.

A. Kimmig. *A Probabilistic Prolog and its Applications*. PhD thesis, Katholieke Universiteit Leuven, Belgium, 2010.

A. Kimmig, V. Santos Costa, R. Rocha, B. Demoen, and L. De Raedt. On the efficient execution of ProbLog programs. In *24th International Conference on Logic Programming (ICLP 2008)*, volume 5366 of *LNCS*, pages 175–189. Springer, 9–13 December 2008.

A. Kimmig, B. Demoen, L. De Raedt, V. S. Costa, and R. Rocha. On the implementation of the probabilistic logic programming language ProbLog. *Theory and Practice of Logic Programming*, 11(2-3):235–262, 2011a.

A. Kimmig, G. V. den Broeck, and L. D. Raedt. An algebraic Prolog for reasoning about possible worlds. In W. Burgard and D. Roth, editors, *25th AAAI Conference on Artificial Intelligence (AAAI 2011)*. AAAI Press, 2011b.

J. Kisynski and D. Poole. Lifted aggregation in directed first-order probabilistic models. In C. Boutilier, editor, *21st International Joint Conference on Artificial Intelligence (IJCAI 2009)*, pages 1922–1929, 2009a.

J. Kisynski and D. Poole. Constraint processing in lifted probabilistic inference. In J. Bilmes and A. Y. Ng, editors, *25th International Conference on Uncertainty in Artificial Intelligence (UAI 2009)*, pages 293–302. AUAI Press, 2009b.

B. Knaster and A. Tarski. Un théorème sur les fonctions d'ensembles. *Annales de la Société Polonaise de Mathématique*, 6:133–134, 1928.

K. Knopp. *Theory and Application of Infinite Series*. Dover Books on Mathematics. Dover Publications, 1951.

S. Kok and P. Domingos. Learning the structure of Markov logic networks. In L. De Raedt and S. Wrobel, editors, *22nd International Conference on Machine learning*, pages 441–448. ACM Press, 2005.

D. Koller and N. Friedman. *Probabilistic Graphical Models: Principles and Techniques*. Adaptive computation and machine learning. MIT Press, Cambridge, MA, 2009.

E. Koutsofios, S. North, et al. Drawing graphs with dot. Technical Report 910904-59113-08TM, AT&T Bell Laboratories, 1991.

R. A. Kowalski. Predicate logic as programming language. In *IFIP Congress*, pages 569–574, 1974.

R. A. Kowalski and M. J. Sergot. A logic-based calculus of events. *New Generation Computing*, 4(1):67–95, 1986. doi: 10.1007/BF03037383.

T. Lager. Spaghetti and HMMeatballs, 2018. https://web.archive.org/web/20150619013510/http://www.ling.gu.se/~lager/Spaghetti/spaghetti.html, accessed June 14, 2018, snapshot at the Internet Archive from June 6, 2015 of http://www.ling.gu.se/~lager/Spaghetti/spaghetti.html, no more accessible.

L. J. Layne and S. Qiu. Prediction for compound activity in large drug datasets using efficient machine learning approaches. In M. Khosrow-Pour, editor, *International Conference of the Information Resources Management Association*, pages 57–61. Idea Group Publishing, 2005. doi: 10.4018/978-1-59140-822-2.ch014.

N. Leone, G. Pfeifer, W. Faber, T. Eiter, G. Gottlob, S. Perri, and F. Scarcello. The DLV system for knowledge representation and reasoning. *ACM Transactions on Computational Logic*, 7(3):499–562, 2006. doi: 10.1145/1149114.1149117.

J. W. Lloyd. *Foundations of Logic Programming, 2nd Edition*. Springer, 1987. ISBN 3-540-18199-7.

T. Mantadelis and G. Janssens. Dedicated tabling for a probabilistic setting. In M. V. Hermenegildo and T. Schaub, editors, *Technical Communications of the 26th International Conference on Logic Programming (ICLP 2010)*, volume 7 of *LIPIcs*, pages 124–133. Schloss Dagstuhl - Leibniz-Zentrum fuer Informatik, 2010. doi: 10.4230/LIPIcs.ICLP.2010.124.

J. McDermott and R. S. Forsyth. Diagnosing a disorder in a classification benchmark. *Pattern Recognition Letters*, 73:41–43, 2016. doi: 10.1016/j.patrec.2016.01.004.

S. Michels. *Hybrid Probabilistic Logics: Theoretical Aspects, Algorithms and Experiments*. PhD thesis, Radboud University Nijmegen, 2016.

S. Michels, A. Hommersom, P. J. F. Lucas, M. Velikova, and P. W. M. Koopman. Inference for a new probabilistic constraint logic. In F. Rossi, editor, *23nd International Joint Conference on Artificial Intelligence (IJCAI 2013)*, pages 2540–2546. AAAI Press/IJCAI, 2013.

S. Michels, A. Hommersom, P. J. F. Lucas, and M. Velikova. A new probabilistic constraint logic programming language based on a generalised distribution semantics. *Artificial Intelligence*, 228:1–44, 2015. doi: 10.1016/j.artint.2015.06.008.

S. Michels, A. Hommersom, and P. J. F. Lucas. Approximate probabilistic inference with bounded error for hybrid probabilistic logic programming. In S. Kambhampati, editor, *25th International Joint Conference on Artificial Intelligence (IJCAI 2016)*, pages 3616–3622. AAAI Press/IJCAI, 2016.

B. Milch, L. S. Zettlemoyer, K. Kersting, M. Haimes, and L. P. Kaelbling. Lifted probabilistic inference with counting formulas. In D. Fox and C. P. Gomes, editors, *23rd AAAI Conference on Artificial Intelligence (AAAI 2008)*, pages 1062–1068. AAAI Press, 2008.

T. M. Mitchell. *Machine learning*. McGraw Hill series in computer science. McGraw-Hill, 1997. ISBN 978-0-07-042807-2.

P. Morettin, A. Passerini, and R. Sebastiani. Efficient weighted model integration via SMT-based predicate abstraction. In C. Sierra, editor, *26th International Joint Conference on Artificial Intelligence (IJCAI 2017)*, pages 720–728. IJCAI, 2017. doi: 10.24963/ijcai.2017/100.

S. Muggleton. Inverse entailment and Progol. *New Generation Computing*, 13:245–286, 1995.

S. Muggleton. Learning stochastic logic programs. *Electronic Transaction on Artificial Intelligence*, 4(B):141–153, 2000a.

S. Muggleton. Learning stochastic logic programs. In L. Getoor and D. Jensen, editors, *Learning Statistical Models from Relational Data, Papers from the 2000 AAAI Workshop*, volume WS-00-06 of *AAAI Workshops*, pages 36–41. AAAI Press, 2000b.

S. Muggleton. Learning structure and parameters of stochastic logic programs. In S. Matwin and C. Sammut, editors, *12th International Conference on Inductive Logic Programming (ILP 2002)*, volume 2583 of *LNCS*, pages 198–206. Springer, 2003. doi: 10.1007/3-540-36468-4_13.

S. Muggleton, J. C. A. Santos, and A. Tamaddoni-Nezhad. Toplog: ILP using a logic program declarative bias. In M. G. de la Banda and E. Pontelli, editors, *24th International Conference on Logic Programming (ICLP 2008)*, volume 5366 of *LNCS*, pages 687–692. Springer, 2008. doi: 10.1007/978-3-540-89982-2_58.

S. Muggleton et al. Stochastic logic programs. *Advances in inductive logic programming*, 32:254–264, 1996.

C. J. Muise, S. A. McIlraith, J. C. Beck, and E. I. Hsu. Dsharp: Fast d-DNNF compilation with sharpSAT. In L. Kosseim and D. Inkpen, editors, *25th Canadian Conference on Artificial Intelligence, Canadian AI 2012*, volume 7310 of *LNCS*, pages 356–361. Springer, 2012. doi: 10.1007/978-3-642-30353-1_36.

K. P. Murphy. *Machine learning: a probabilistic perspective*. The MIT Press, 2012.

A. Nampally and C. Ramakrishnan. Adaptive MCMC-based inference in probabilistic logic programs. *arXiv preprint arXiv:1403.6036*, 2014.

R. T. Ng and V. S. Subrahmanian. Probabilistic logic programming. *Information and Computation*, 101(2):150–201, 1992.

A. Nguembang Fadja and F. Riguzzi. Probabilistic logic programming in action. In A. Holzinger, R. Goebel, M. Ferri, and V. Palade, editors, *Towards Integrative Machine Learning and Knowledge Extraction*, volume 10344 of *LNCS*. Springer, 2017. doi: 10.1007/978-3-319-69775-8_5.

A. Nguembang Fadja, E. Lamma, and F. Riguzzi. Deep probabilistic logic programming. In C. Theil Have and R. Zese, editors, *4th International Workshop on Probabilistic Logic Programming (PLP 2017)*, volume 1916 of *CEUR-WS*, pages 3–14. Sun SITE Central Europe, 2017.

P. Nicolas, L. Garcia, I. Stéphan, and C. Lefèvre. Possibilistic uncertainty handling for answer set programming. *Annals of Mathematics and Artificial Intelligence*, 47(1-2):139–181, 2006.

J. C. Nieves, M. Osorio, and U. Cortés. Semantics for possibilistic disjunctive programs. In *9th International Conference on Logic Programming and Non-monotonic Reasoning (LPNMR 2007)*, volume 4483 of *LNCS*, pages 315–320. Springer, 2007.

N. J. Nilsson. Probabilistic logic. *Artificial Intelligence*, 28(1):71–87, 1986.

M. Nishino, A. Yamamoto, and M. Nagata. A sparse parameter learning method for probabilistic logic programs. In *Statistical Relational Artificial Intelligence, Papers from the 2014 AAAI Workshop*, volume WS-14-13 of *AAAI Workshops*. AAAI Press, 2014.

D. Nitti, T. De Laet, and L. De Raedt. Probabilistic logic programming for hybrid relational domains. *Machine Learning*, 103(3):407–449, 2016. ISSN 1573-0565. doi: 10.1007/s10994-016-5558-8.

J. Nivre. Logic programming tools for probabilistic part-of-speech tagging. Master thesis, School of Mathematics and Systems Engineering, Växjö University, October 2000.

M. Osorio and J. C. Nieves. Possibilistic well-founded semantics. In *8th Mexican International International Conference on Artificial Intelligence (MICAI 2009)*, volume 5845 of *LNCS*, pages 15–26. Springer, 2009.

A. Paes, K. Revoredo, G. Zaverucha, and V. S. Costa. Probabilistic first-order theory revision from examples. In S. Kramer and B. Pfahringer, editors, *15th International Conference on Inductive Logic Programming (ILP 2005)*, volume 3625 of *LNCS*, pages 295–311. Springer, 2005. doi: 10.1007/11536314_18.

A. Paes, K. Revoredo, G. Zaverucha, and V. S. Costa. PFORTE: revising probabilistic FOL theories. In J. S. Sichman, H. Coelho, and S. O. Rezende, editors, *2nd International Joint Conference, 10th Ibero-American Conference on AI, 18th Brazilian AI Symposium, IBERAMIA-SBIA 2006*, volume 4140 of *LNCS*, pages 441–450. Springer, 2006. doi: 10.1007/11874850_48.

L. Page, S. Brin, R. Motwani, and T. Winograd. The PageRank citation ranking: Bringing order to the web. Technical report, Stanford InfoLab, 1999.

J. Pearl. *Probabilistic Reasoning in Intelligent Systems: Networks of Plausible Inference*. Morgan Kaufmann, 1988.

Y. Perov, B. Paige, and F. Wood. The Indian GPA problem, 2017. https://bitbucket.org/probprog/anglican-examples/src/master/worksheets/indian-gpa.clj, accessed June 1, 2018.

A. Pfeffer. *Practical Probabilistic Programming*. Manning Publications, 2016. ISBN 9781617292330.

G. D. Plotkin. A note on inductive generalization. In *Machine Intelligence*, volume 5, pages 153–163. Edinburgh University Press, 1970.

D. Poole. Probabilistic Horn abduction and Bayesian networks. *Artificial Intelligence*, 64(1):81–129, 1993a.

D. Poole. Logic programming, abduction and probability - a top-down anytime algorithm for estimating prior and posterior probabilities. *New Generation Computing*, 11(3):377–400, 1993b.

D. Poole. The Independent Choice Logic for modelling multiple agents under uncertainty. *Artificial Intelligence*, 94:7–56, 1997.

D. Poole. Abducing through negation as failure: Stable models within the independent choice logic. *Journal of Logic Programming*, 44(1-3):5–35, 2000.

D. Poole. First-order probabilistic inference. In G. Gottlob and T. Walsh, editors, *18th International Joint Conference on Artificial Intelligence (IJCAI 2003)*, pages 985–991. Morgan Kaufmann Publishers, 2003.

D. Poole. The independent choice logic and beyond. In L. De Raedt, P. Frasconi, K. Kersting, and S. Muggleton, editors, *Probabilistic Inductive Logic Programming*, volume 4911 of *LNCS*, pages 222–243. Springer, 2008.

T. C. Przymusinski. Perfect model semantics. In R. A. Kowalski and K. A. Bowen, editors, *5th International Conference and Symposium on Logic Programming (ICLP/SLP 1988)*, pages 1081–1096. MIT Press, 1988.

T. C. Przymusinski. Every logic program has a natural stratification and an iterated least fixed point model. In *Proceedings of the 8th ACM SIGACT-SIGMOD-SIGART Symposium on Principles of Database Systems (PODS-1989)*, pages 11–21. ACM Press, 1989.

J. R. Quinlan. Learning logical definitions from relations. *Machine Learning*, 5:239–266, 1990. doi: 10.1007/BF00117105.

L. R. Rabiner. A tutorial on hidden Markov models and selected applications in speech recognition. *Proceedings of the IEEE*, 77(2):257–286, 1989.

L. D. Raedt, A. Dries, I. Thon, G. V. den Broeck, and M. Verbeke. Inducing probabilistic relational rules from probabilistic examples. In Q. Yang and M. Wooldridge, editors, *24th International Joint Conference on Artificial Intelligence (IJCAI 2015)*, pages 1835–1843. AAAI Press, 2015.

I. Razgon. On OBDDs for CNFs of bounded treewidth. In C. Baral, G. D. Giacomo, and T. Eiter, editors, *14th International Conference on Principles of Knowledge Representation and Reasoning (KR 2014)*. AAAI Press, 2014.

J. Renkens, G. Van den Broeck, and S. Nijssen. k-optimal: a novel approximate inference algorithm for ProbLog. *Machine Learning*, 89(3):215–231, 2012. doi: 10.1007/s10994-012-5304-9.

J. Renkens, A. Kimmig, G. Van den Broeck, and L. De Raedt. Explanation-based approximate weighted model counting for probabilistic logics. In *28th National Conference on Artificial Intelligence, AAAI'14, Québec City, Québec, Canada*, pages 2490–2496. AAAI Press, 2014.

K. Revoredo and G. Zaverucha. Revision of first-order Bayesian classifiers. In S. Matwin and C. Sammut, editors, *12th International Conference on*

Inductive Logic Programming (ILP 2002), volume 2583 of *LNCS*, pages 223–237. Springer, 2002. doi: 10.1007/3-540-36468-4_15.

F. Riguzzi. Learning logic programs with annotated disjunctions. In A. Srinivasan and R. King, editors, *14th International Conference on Inductive Logic Programming (ILP 2004)*, volume 3194 of *LNCS*, pages 270–287. Springer, Sept. 2004. doi: 10.1007/978-3-540-30109-7_21.

F. Riguzzi. A top down interpreter for LPAD and CP-logic. In *10th Congress of the Italian Association for Artificial Intelligence, (AI*IA 2007)*, volume 4733 of *LNAI*, pages 109–120. Springer, 2007a. doi: 10.1007/978-3-540-74782-6_11.

F. Riguzzi. ALLPAD: Approximate learning of logic programs with annotated disjunctions. In S. Muggleton and R. Otero, editors, *16th International Conference on Inductive Logic Programming (ILP 2006)*, volume 4455 of *LNAI*, pages 43–45. Springer, 2007b. doi: 10.1007/978-3-540-73847-3_11.

F. Riguzzi. Inference with logic programs with annotated disjunctions under the well founded semantics. In *24th International Conference on Logic Programming (ICLP 2008)*, volume 5366 of *LNCS*, pages 667–771. Springer, 2008a. doi: 10.1007/978-3-540-89982-2_54.

F. Riguzzi. ALLPAD: Approximate learning of logic programs with annotated disjunctions. *Machine Learning*, 70(2-3):207–223, 2008b. doi: 10.1007/s10994-007-5032-8.

F. Riguzzi. Extended semantics and inference for the independent choice logic. *Logic Journal of the IGPL*, 17(6):589–629, 2009. doi: 10.1093/jigpal/jzp025.

F. Riguzzi. SLGAD resolution for inference on logic programs with annotated disjunctions. *Fundamenta Informaticae*, 102(3-4):429–466, Oct. 2010. doi: 10.3233/FI-2010-392.

F. Riguzzi. MCINTYRE: A Monte Carlo system for probabilistic logic programming. *Fundamenta Informaticae*, 124(4):521–541, 2013. doi: 10.3233/FI-2013-847.

F. Riguzzi. Speeding up inference for probabilistic logic programs. *The Computer Journal*, 57(3):347–363, 2014. doi: 10.1093/comjnl/bxt096.

F. Riguzzi. The distribution semantics for normal programs with function symbols. *International Journal of Approximate Reasoning*, 77:1–19, 2016. doi: 10.1016/j.ijar.2016.05.005.

F. Riguzzi and N. Di Mauro. Applying the information bottleneck to statistical relational learning. *Machine Learning*, 86(1):89–114, 2012. doi: 10.1007/s10994-011-5247-6.

F. Riguzzi and T. Swift. Tabling and answer subsumption for reasoning on logic programs with annotated disjunctions. In *Technical Communications of the 26th International Conference on Logic Programming (ICLP 2010)*, volume 7 of *LIPIcs*, pages 162–171. Schloss Dagstuhl - Leibniz-Zentrum fuer Informatik, 2010. doi: 10.4230/LIPIcs.ICLP.2010.162.

F. Riguzzi and T. Swift. The PITA system: Tabling and answer subsumption for reasoning under uncertainty. *Theory and Practice of Logic Programming*, 11(4–5):433–449, 2011. doi: 10.1017/S147106841100010X.

F. Riguzzi and T. Swift. Well-definedness and efficient inference for probabilistic logic programming under the distribution semantics. *Theory and Practice of Logic Programming*, 13(2):279–302, 2013. doi: 10.1017/S1471068411000664.

F. Riguzzi and T. Swift. Terminating evaluation of logic programs with finite three-valued models. *ACM Transactions on Computational Logic*, 15(4):32:1–32:38, 2014. ISSN 1529-3785. doi: 10.1145/2629337.

F. Riguzzi and T. Swift. Probabilistic logic programming under the distribution semantics. In M. Kifer and Y. A. Liu, editors, *Declarative Logic Programming: Theory, Systems, and Applications*. Association for

Computing Machinery and Morgan & Claypool, 2018.

F. Riguzzi, E. Bellodi, and R. Zese. A history of probabilistic inductive logic programming. *Frontiers in Robotics and AI*, 1(6), 2014. ISSN 2296-9144. doi: 10.3389/frobt.2014.00006.

F. Riguzzi, E. Bellodi, E. Lamma, R. Zese, and G. Cota. Probabilistic logic programming on the web. *Software: Practice and Experience*, 46(10):1381–1396, 10 2016a. doi: 10.1002/spe.2386.

F. Riguzzi, E. Bellodi, R. Zese, G. Cota, and E. Lamma. Scaling structure learning of probabilistic logic programs by MapReduce. In M. Fox and G. Kaminka, editors, *22nd European Conference on Artificial Intelligence (ECAI 2016)*, volume 285 of *Frontiers in Artificial Intelligence and Applications*, pages 1602–1603. IOS Press, 2016b. doi: 10.3233/978-1-61499-672-9-1602.

F. Riguzzi, E. Bellodi, R. Zese, G. Cota, and E. Lamma. A survey of lifted inference approaches for probabilistic logic programming under the distribution semantics. *International Journal of Approximate Reasoning*, 80:313–333, 1 2017a. doi: 10.1016/j.ijar.2016.10.002.

F. Riguzzi, E. Lamma, M. Alberti, E. Bellodi, R. Zese, and G. Cota. Probabilistic logic programming for natural language processing. In F. Chesani, P. Mello, and M. Milano, editors, *Workshop on Deep Understanding and Reasoning, URANIA 2016*, volume 1802 of *CEUR Workshop Proceedings*, pages 30–37. Sun SITE Central Europe, 2017b.

J. A. Robinson. A machine-oriented logic based on the resolution principle. *Journal of the ACM*, 12(1):23–41, 1965. doi: 10.1145/321250.321253.

T. Rocktäschel and S. Riedel. Learning knowledge base inference with neural theorem provers. In J. Pujara, T. Rocktäschel, D. Chen, and S. Singh, editors, *5th Workshop on Automated Knowledge Base Construction, AKBC@NAACL-HLT 2016, San Diego, CA, USA, June 17, 2016*, pages 45–50. The Association for Computer Linguistics, 2016.

T. Rocktäschel and S. Riedel. End-to-end differentiable proving. *CoRR*, abs/1705.11040, 2017.

B. Russell. Mathematical logic as based on the theory of types. In J. van Heikenoort, editor, *From Frege to Godel*, pages 150–182. Harvard Univ. Press, 1967.

T. P. Ryan. *Modern Engineering Statistics*. John Wiley & Sons, 2007.

V. Santos Costa, R. Rocha, and L. Damas. The YAP Prolog system. *Theory and Practice of Logic Programming*, 12(1-2):5–34, 2012.

T. Sato. A statistical learning method for logic programs with distribution semantics. In L. Sterling, editor, *12th International Conference on Logic Programming (ICLP 1995)*, pages 715–729. MIT Press, 1995.

T. Sato and Y. Kameya. PRISM: a language for symbolic-statistical modeling. In *15th International Joint Conference on Artificial Intelligence (IJCAI 1997)*, volume 97, pages 1330–1339, 1997.

T. Sato and Y. Kameya. Parameter learning of logic programs for symbolic-statistical modeling. *Journal of Artificial Intelligence Research*, 15: 391–454, 2001.

T. Sato and Y. Kameya. New advances in logic-based probabilistic modeling by PRISM. In L. De Raedt, P. Frasconi, K. Kersting, and S. Muggleton, editors, *Probabilistic Inductive Logic Programming - Theory and Applications*, volume 4911 of *LNCS*, pages 118–155. Springer, 2008. doi: 10.1007/978-3-540-78652-8_5.

T. Sato and K. Kubota. Viterbi training in PRISM. *Theory and Practice of Logic Programming*, 15(02):147–168, 2015.

T. Sato and P. Meyer. Tabling for infinite probability computation. In A. Dovier and V. S. Costa, editors, *Technical Communications of the 28th International Conference on Logic Programming (ICLP 2012)*, volume 17 of *LIPIcs*, pages 348–358. Schloss Dagstuhl - Leibniz-Zentrum fuer Informatik, 2012.

T. Sato and P. Meyer. Infinite probability computation by cyclic explanation graphs. *Theory and Practice of Logic Programming*, 14:909–937, 11 2014. ISSN 1475-3081. doi: 10.1017/S1471068413000562.

T. Sato, Y. Kameya, and K. Kurihara. Variational Bayes via propositionalized probability computation in PRISM. *Annals of Mathematics and Artificial Intelligence*, 54(1-3):135–158, 2008.

T. Sato, N.-F. Zhou, Y. Kameya, Y. Izumi, K. Kubota, and R. Kojima. PRISM User's Manual (Version 2.3), 2017. http://rjida.meijo-u.ac.jp/prism/download/prism23.pdf, accessed June 8, 2018.

O. Schulte and H. Khosravi. Learning graphical models for relational data via lattice search. *Machine Learning*, 88(3):331–368, 2012.

O. Schulte and K. Routley. Aggregating predictions vs. aggregating features for relational classification. In *IEEE Symposium on Computational Intelligence and Data Mining (CIDM 2014)*, pages 121–128. IEEE, 2014.

R. Schwitter. Learning effect axioms via probabilistic logic programming. In R. Rocha, T. C. Son, C. Mears, and N. Saeedloei, editors, *Technical Communications of the 33rd International Conference on Logic Programming (ICLP 2017)*, volume 58 of *OASICS*, pages 8:1–8:15. Schloss Dagstuhl - Leibniz-Zentrum fuer Informatik, 2018. doi: 10.4230/OASIcs.ICLP.2017.8.

P. Sevon, L. Eronen, P. Hintsanen, K. Kulovesi, and H. Toivonen. Link discovery in graphs derived from biological databases. In *International Workshop on Data Integration in the Life Sciences*, volume 4075 of *LNCS*, pages 35–49. Springer, 2006.

G. Shafer. *A Mathematical Theory of Evidence*. Princeton University Press, 1976.

D. S. Shterionov, J. Renkens, J. Vlasselaer, A. Kimmig, W. Meert, and G. Janssens. The most probable explanation for probabilistic logic programs with annotated disjunctions. In J. Davis and J. Ramon, editors, *24th International Conference on Inductive Logic Programming (ILP 2014)*, volume 9046 of *LNCS*, pages 139–153. Springer, 2015. doi: 10.1007/978-3-319-23708-4_10.

P. Singla and P. Domingos. Discriminative training of Markov logic networks. In *20th National Conference on Artificial Intelligence (AAAI 2005)*, pages 868–873. AAAI Press/The MIT Press, 2005.

F. Somenzi. *CUDD: CU Decision Diagram Package Release 3.0.0*. University of Colorado, 2015. URL http://vlsi.colorado.edu/~fabio/CUDD/cudd.pdf.

A. Srinivasan. The aleph manual, 2007. http://www.cs.ox.ac.uk/activities/machlearn/Aleph/aleph.html, accessed April 3, 2018.

A. Srinivasan, S. Muggleton, M. J. E. Sternberg, and R. D. King. Theories for mutagenicity: A study in first-order and feature-based induction. *Artificial Intelligence*, 85(1-2):277–299, 1996.

A. Srinivasan, R. D. King, S. Muggleton, and M. J. E. Sternberg. Carcinogenesis predictions using ILP. In N. Lavrac and S. Dzeroski, editors, *7th International Workshop on Inductive Logic Programming*, volume 1297 of *LNCS*, pages 273–287. Springer Berlin Heidelberg, 1997.

S. Srivastava. *A Course on Borel Sets*. Graduate Texts in Mathematics. Springer, 2013.

L. Steen and J. Seebach. *Counterexamples in Topology*. Dover Books on Mathematics. Dover Publications, 2013.

L. Sterling and E. Shapiro. *The Art of Prolog: Advanced Programming Techniques*. Logic programming. MIT Press, 1994. ISBN 9780262193382.

C. Stolle, A. Karwath, and L. De Raedt. *Cassic'cl*: An integrated ILP system. In A. Hoffmann, H. Motoda, and T. Scheffer, editors, *8th International*

Conference on Discovery Science (DS 2005), volume 3735 of *LNCS*, pages 354–362. Springer, 2005.

T. Swift and D. S. Warren. XSB: Extending prolog with tabled logic programming. *Theory and Practice of Logic Programming*, 12(1-2):157–187, 2012. doi: 10.1017/S1471068411000500.

T. Syrjänen and I. Niemelä. The Smodels system. In T. Eiter, W. Faber, and M. Truszczynski, editors, *6th International Conference on Logic Programming and Non-Monotonic Reasoning (LPNMR 2001)*, volume 2173 of *LNCS*. Springer, 2001. doi: 10.1007/3-540-45402-0_38.

N. Taghipour, D. Fierens, J. Davis, and H. Blockeel. Lifted variable elimination: Decoupling the operators from the constraint language. *Journal of Artificial Intelligence Research*, 47:393–439, 2013.

A. Tarski. A lattice-theoretical fixpoint theorem and its applications. *Pacific Journal of Mathematics*, 5(2):285–309, 1955.

Y. W. Teh. Dirichlet process. In *Encyclopedia of machine learning*, pages 280–287. Springer, 2011.

A. Thayse, M. Davio, and J. P. Deschamps. Optimization of multivalued decision algorithms. In *8th International Symposium on Multiple-Valued Logic*, pages 171–178. IEEE Computer Society Press, 1978.

I. Thon, N. Landwehr, and L. D. Raedt. A simple model for sequences of relational state descriptions. In *European conference on Machine Learning and Knowledge Discovery in Databases*, volume 5212 of *LNCS*, pages 506–521. Springer, 2008. ISBN 978-3-540-87480-5.

C. Turliuc, L. Dickens, A. Russo, and K. Broda. Probabilistic abductive logic programming using Dirichlet priors. *International Journal of Approximate Reasoning*, 78:223–240, 2016. doi: 10.1016/j.ijar.2016.07.001.

G. Van den Broeck. On the completeness of first-order knowledge compilation for lifted probabilistic inference. In J. Shawe-Taylor, R. S. Zemel, P. L. Bartlett, F. C. N. Pereira, and K. Q. Weinberger, editors, *Advances in Neural Information Processing Systems 24 (NIPS 2011)*, pages 1386–1394, 2011.

G. Van den Broeck. *Lifted Inference and Learning in Statistical Relational Models*. PhD thesis, Ph. D. Dissertation, KU Leuven, 2013.

G. Van den Broeck, I. Thon, M. van Otterlo, and L. De Raedt. DTProbLog: A decision-theoretic probabilistic Prolog. In M. Fox and D. Poole, editors, *24th AAAI Conference on Artificial Intelligence (AAAI 2010)*, pages 1217–1222. AAAI Press, 2010.

G. Van den Broeck, N. Taghipour, W. Meert, J. Davis, and L. De Raedt. Lifted probabilistic inference by first-order knowledge compilation. In T. Walsh, editor, *22nd International Joint Conference on Artificial Intelligence (IJCAI 2011)*, pages 2178–2185. IJCAI/AAAI, 2011.

G. Van den Broeck, W. Meert, and A. Darwiche. Skolemization for weighted first-order model counting. In C. Baral, G. D. Giacomo, and T. Eiter, editors, *14th International Conference on Principles of Knowledge Representation and Reasoning (KR 2014)*, pages 111–120. AAAI Press, 2014.

A. Van Gelder, K. A. Ross, and J. S. Schlipf. The well-founded semantics for general logic programs. *Journal of the ACM*, 38(3):620–650, 1991.

J. Vennekens and S. Verbaeten. Logic programs with annotated disjunctions. Technical Report CW386, KU Leuven, 2003.

J. Vennekens, S. Verbaeten, and M. Bruynooghe. Logic programs with annotated disjunctions. In B. Demoen and V. Lifschitz, editors, *24th International Conference on Logic Programming (ICLP 2004)*, volume 3131 of *LNCS*, pages 431–445. Springer, 2004. doi: 10.1007/978-3-540-27775-0_30.

J. Vennekens, M. Denecker, and M. Bruynooghe. CP-logic: A language of causal probabilistic events and its relation to logic programming. *Theory and Practice of Logic Programming*, 9(3):245–308, 2009.

J. Vlasselaer, J. Renkens, G. Van den Broeck, and L. De Raedt. Compiling probabilistic logic programs into sentential decision diagrams. In *1st International Workshop on Probabilistic Logic Programming (PLP 2014)*, pages 1–10, 2014.

J. Vlasselaer, G. Van den Broeck, A. Kimmig, W. Meert, and L. De Raedt. Anytime inference in probabilistic logic programs with Tp-compilation. In *24th International Joint Conference on Artificial Intelligence (IJCAI 2015)*, pages 1852–1858, 2015.

J. Vlasselaer, G. Van den Broeck, A. Kimmig, W. Meert, and L. De Raedt. Tp-compilation for inference in probabilistic logic programs. *International Journal of Approximate Reasoning*, 78:15–32, 2016. doi: 10.1016/j.ijar.2016.06.009.

J. Von Neumann. Various techniques used in connection with random digits. *Nattional Bureau of Standard (U.S.), Applied Mathematics Series*, 12: 36–38, 1951.

W. Y. Wang, K. Mazaitis, N. Lao, and W. W. Cohen. Efficient inference and learning in a large knowledge base. *Machine Learning*, 100(1):101–126, Jul 2015. doi: 10.1007/s10994-015-5488-x.

M. P. Wellman, J. S. Breese, and R. P. Goldman. From knowledge bases to decision models. *The Knowledge Engineering Review*, 7(1):35–53, 1992.

J. Wielemaker, T. Schrijvers, M. Triska, and T. Lager. SWI-Prolog. *Theory and Practice of Logic Programming*, 12(1-2):67–96, 2012. doi: 10.1017/S1471068411000494.

J. Wielemaker, T. Lager, and F. Riguzzi. SWISH: SWI-Prolog for sharing. In S. Ellmauthaler and C. Schulz, editors, *International Workshop on User-Oriented Logic Programming (IULP 2015)*, 2015.

S. Willard. *General Topology*. Addison-Wesley series in mathematics. Dover Publications, 1970.

F. Wood, J. W. van de Meent, and V. Mansinghka. A new approach to probabilistic programming inference. In *17th International conference on Artificial Intelligence and Statistics (AISTAT 2014)*, pages 1024–1032, 2014.

F. Yang, Z. Yang, and W. W. Cohen. Differentiable learning of logical rules for knowledge base reasoning. In I. Guyon, U. von Luxburg, S. Bengio, H. M. Wallach, R. Fergus, S. V. N. Vishwanathan, and R. Garnett, editors, *Advances in Neural Information Processing Systems 30 (NIPS 2017)*, pages 2316–2325, 2017.

N. L. Zhang and D. Poole. A simple approach to bayesian network computations. In *10th Canadian Conference on Artificial Intelligence, Canadian AI 1994*, pages 171–178, 1994.

N. L. Zhang and D. L. Poole. Exploiting causal independence in Bayesian network inference. *Journal of Artificial Intelligence Research*, 5:301–328, 1996.

推荐阅读

数据挖掘与商务分析：R语言

作者：约翰尼斯·莱道尔特 ISBN：978-7-111-54940-6 定价：69.00元

统计学习导论——基于R应用

作者：加雷斯·詹姆斯 等 ISBN：978-7-111-49771-4 定价：79.00元

数据科学：理论、方法与R语言实践

作者：尼娜·朱梅尔 等 ISBN：978-7-111-52926-2 定价：69.00元

商务智能：数据分析的管理视角（原书第3版）

作者：拉姆什·沙尔达 等 ISBN：978-7-111-49439-3 定价：69.00元

推荐阅读

数理统计与数据分析（原书第3版）

作者：John A. Rice ISBN：978-7-111-33646-4 定价：85.00元

数理统计学导论（原书第7版）

作者：Robert V. Hogg，Joseph W. McKean，Allen Craig

ISBN：978-7-111-47951-2 定价：99.00元

统计模型：理论和实践（原书第2版）

作者： David A. Freedman ISBN：978-7-111-30989-5 定价：45.00元

例解回归分析（原书第5版）

作者：Samprit Chatterjee；Ali S.Hadi ISBN：978-7-111-43156-5 定价：69.00元

线性回归分析导论（原书第5版）

作者：Douglas C.Montgomery ISBN：978-7-111-53282-8 定价：99.00元